高等学历继续教育规划教材

炼铁生产工艺与实践

主　编　吴胜利　周　恒　王广伟

副主编　寇明银　宁晓钧　邵久刚

扫码输入刮刮卡密码
查看本书数字资源

U0314309

北　京
冶 金 工 业 出 版 社
2023

内 容 提 要

本书系统阐述了炼铁基础理论、炼铁生产相关工序的工艺特点及有关技术。全书共分 10 章，主要内容包括高炉炼铁简述、炼铁原料及其质量要求、高炉焦炭与焦化技术、烧结和球团固结基础理论、高炉内铁矿石的还原反应、造渣与脱硫、高炉冶炼过程中的炉料与煤气运动、高炉冶炼操作及强化技术、炼铁技术发展概论、生产现场岗位职责与典型案例。

本书可作为继续工程教育、职业院校、专升本函授的炼铁相关专业教材，也可供科研院所、生产企业的科研及工程技术人员参考。

图书在版编目(CIP)数据

炼铁生产工艺与实践/吴胜利，周恒，王广伟主编 . —北京：冶金工业出版社，2023.1

高等学历继续教育规划教材

ISBN 978-7-5024-9674-6

Ⅰ.①炼⋯ Ⅱ.①吴⋯ ②周⋯ ③王⋯ Ⅲ.①高炉炼铁—生产工艺—成人高等教育—教材 Ⅳ.①TF53

中国国家版本馆 CIP 数据核字(2023)第 214201 号

炼铁生产工艺与实践

出版发行 冶金工业出版社		**电 话** (010)64027926	
地 址 北京市东城区嵩祝院北巷 39 号		**邮 编** 100009	
网 址 www.mip1953.com		**电子信箱** service@mip1953.com	

责任编辑 杜婷婷 马媛馨 美术编辑 彭子赫 版式设计 郑小利
责任校对 郑 娟 责任印制 窦 唯
三河市双峰印刷装订有限公司印刷
2023 年 1 月第 1 版，2023 年 1 月第 1 次印刷
787mm×1092mm 1/16；22.5 印张；545 千字；348 页
定价 59.00 元

投稿电话 (010)64027932 投稿信箱 tougao@cnmip.com.cn
营销中心电话 (010)64044283
冶金工业出版社天猫旗舰店 yjgycbs.tmall.com
(本书如有印装质量问题，本社营销中心负责退换)

前　言

钢铁行业作为国民经济的重要基础性原材料产业，是国民经济健康发展的"压舱石"，提供了人类文明发展不可或缺的结构材料和功能材料。近年来，我国钢铁工业发展迅速，炼铁生产技术已走在世界前列，正在向绿色化、智能化转型升级。

为进一步适应炼铁生产技术的发展需求，更好满足继续教育体系教学与生产实践的需要，更好服务我国"碳达峰、碳中和"战略和"一带一路"倡议，作者在多年教学和科研工作基础上编写了本书。

本书是冶金工程继续教育专业"炼铁生产工艺与实践"课程的教学用书。本书主要内容包括高炉炼铁简述、炼铁原料及其质量要求、高炉焦炭与焦化技术、烧结和球团固结基础理论、高炉内铁矿石的还原反应、造渣与脱硫、高炉冶炼过程中的炉料与煤气运动、高炉冶炼操作及强化技术、炼铁技术发展概论、生产现场岗位职责与典型案例。

本书内容突出综合性和应用性，力求内容全面、实用，注重理论与生产实践相结合，着力反映炼铁生产新技术。此外，为落实立德树人根本任务，本书结合继续教育特点与定位，深入挖掘思政元素，增强教材育人的针对性和实效性。同时，结合我国炼铁工艺发展历程和取得的伟大成就，分析阐释蕴含其中的理论逻辑、历史逻辑和实践逻辑，激发学生爱党、爱国、爱社会主义的深厚情怀。

本书由吴胜利、周恒、王广伟任主编，寇明银、宁晓钧、邵久刚任副主编。具体编写分工为：第1、3、5章由王广伟、吴胜利编写，第2、7、8章由周恒、宁晓钧编写，第4、6、9章由寇明银、吴胜利编写，第10章及生产案例部分由邵久刚编写。本书的审定工作由吴胜利负责，校对工作由王广伟负责。

本书在出版之际，作者要特别表达如下感谢之意：

（1）本书参考了有关专著及文献资料，在此向相关作者表示感谢；

（2）本书作为北京科技大学规划教材建设项目而得到资助，北京科技大学教务处、管庄校区、冶金与生态工程学院对本书的编写给予了热情鼓励和大力支持，在此一并感谢；

（3）北京科技大学的研究生田旭、胡一帆、曾旺、张众、王新蕊、陶欣、徐坤、李仁国、李德胜、刘嘉雯、吴君毅等同学参与了书稿的资料收集和编辑校核等工作，在此专致谢忱。

由于作者水平所限，书中不妥之处，敬请广大读者批评指正。

吴胜利

2022 年 10 月

目　录

1 高炉炼铁简述

思政课堂

钢铁故事

钢铁的故事可以追溯到数千年前的铁器时代。最早的铁器是由自然界中的铁矿石炼制成的，通过加热炼铁的方式获得纯铁，但这种纯铁太过柔软，不适合作为武器和工具使用。在公元前 6 世纪的中国，人们开始掌握炼钢技术，即在炼铁的过程中添加少量的碳和其他金属元素来提高铁的硬度和强度。

有一位古代冶金学家在冶炼时，发现铜杆一直无法融化，于是他发明了高炉。曾经有一个叫作大禹的水利工程师，他在处理铜的时候也发现了同样的问题。为了解决这个难题，他短期内赶制出一个巨大的炉子来熔炼铜杆。这个炉子比普通的炉子高很多，于是便称之为高炉。故事中所说的大禹，是我国古代的水利工程师、政治家、文化名人，是夏朝时期的著名人物。关于高炉的发明历史，早在汉代的《礼记·月令》中就有记载，而现在的高炉技术已相当成熟，逐渐成为了钢铁制造的主要手段之一。

毛泽东曾经说过，一个粮食，一个钢铁，有了这两样东西就什么都好办了。在抗战时期，钢铁是制造武器的必备原材料，是兵家必争之"地"。南昌起义是中国共产党领导的一次著名的武装起义，其成功也与钢铁制造有关。1930 年 8 月 1 日晚，湖南部队张发奎、朱德、毛泽东等率领 300 多人悄悄离开南昌，他们带上了武器和弹药，计划在南昌城外的红军山主导全国范围内的工人农民武装起义。然而，当他们到达山上时，发现手中的武器子弹不足，甚至连军帽和靴子都不够。毛泽东当即决定利用当地蕲水锻铁厂的设备，不惜一切代价生产出更多的子弹，以确保起义顺利进行。面对极其短缺的原材料，工人们只得将家里的铁器以及工厂里可用的铁废料等重熔再利用，最后研制出了更加高效的子弹并成功地将它们用于南昌起义。虽然还有许多困难和障碍，但南昌起义最终成功地点燃了全国人民革命之烈火。

抗美援朝时期正值中国百废待兴之时。1950 年，我国钢产量 61 万吨，同年美国钢产量约 9683.6 万吨，占据全球将近一半的钢产量。正是这巨大的差距才会让麦克阿瑟将军在长津湖战役中提出圣诞之前结束战斗的狂言。钢铁象征着国家实力，中国钢铁经过艰苦奋斗一路阔步前行，钢铁产量分别于 1975 年、1993 年赶超英国、美国，并于长津湖战役胜利 70 周年的 2020 年突破粗钢产量 10 亿吨。

在和平年代，钢铁犹如工业的脊梁，在建筑、机械设备和武器装备等领域发挥着不可或缺的作用。鸟巢、水立方、港珠澳大桥、广州塔等著名建筑的建成都离不开优质的钢铁材料。钢铁的发展也象征着国家的发展与进步，见证着我国一步步富起来强起来，逐步成为世界钢铁生产强国。党的二十大报告对"加快节能降碳先进技术研发和推广应用"提出重点要求，推动钢铁产业结构调整和绿色低碳发展，已成为新时期钢铁生产的主旋律。

钢铁材料是人类社会使用的最主要结构材料和功能材料，在国家建设和社会进步中发挥着重要作用。高炉炼铁技术具有技术经济指标良好、工艺流程简单、装备成熟度高、单体产量大、劳动生产效率高和能耗水平低的特点，是目前世界炼铁生产最重要的技术，本章内容结合我国炼铁生产的基本情况，概括地介绍了中国钢铁工业的发展概况、高炉炼铁工艺流程、高炉冶炼原燃料特点、耐火材料、高炉产品以及高炉冶炼的主要技术经济指标等。

1.1　中国钢铁工业概况

中国是使用铁器最早的国家之一，春秋晚期（公元前 6 世纪）铁器已较广泛得到应用。西汉时期盐铁官营，冶铁工业得到较大的发展，并在规模及生产技术等方面达到先进的水平。据资料记载，当时已具有炉缸断面积为 $8.5m^2$ 的高炉。中国这种领先的优势一直延续了 2000 年，直到明代中叶（约 17 世纪初）西方资本主义世界的产业革命兴起时为止。

近代由于封建主义的束缚，外加帝国主义的掠夺和摧残，中国工业生产及科学技术的发展极度缓慢。到 1949 年，中国钢铁工业技术水平及装备极其落后，钢的年产量只有 25 万吨。

新中国成立后至 1960 年，中国逐步建立了现代化钢铁工业的基础，钢的年产量比 1949 年增加了 40 多倍，达到了 1000 万吨以上，某些生产指标接近了当时的世界先进水平，具备了独立发展自己钢铁工业的实力。

1960—1966 年间，在困难的条件下，中国钢铁工业继续得到了发展，如炼铁方面以细粒铁精矿粉为原料生产自熔性及超高碱度烧结矿、向高炉内喷吹煤粉以及成功地冶炼了一些特有的复合矿石等。

1966—1976 年间，中国国民经济基本上处于停滞不前的状态，1976 年的粗钢产量仅为 2045 万吨。与迅速发展的世界经济相比，中国与世界经济水平的差距扩大了，装备陈旧，机械化、自动化水平低，技术经济指标落后，效率低，质量差，成本高。

从 1977 年开始，特别是党的十一届三中全会以来，中国钢铁工业走向持续发展的阶段。1982 年，中国钢产量已接近 4000 万吨，仅次于苏联、美国、日本，跃居世界第 4 位。1996 年起，中国年钢产量已超过 1 亿吨，此后一直名列世界首位。

进入 21 世纪，中国的粗钢产量迅速增长，2001—2020 年粗钢产量的增长情况如图 1-1 所示。可见，粗钢产量的平均年上升率为 11.11%，最大年上升率为 28.24%。21 世纪以来世界和中国粗钢产量的进程如图 1-2 所示。2021 年，中国粗钢产量达到 10.32 亿吨，占世界粗钢产量的 54%。除钢铁产量外，中国钢铁工业的装备、工艺技术水平和钢材品种质量等方面也取得了显著的进步。中国钢铁工业目前在整体生产效率、能耗、高级产品性能、环境保护、重要技术研发能力方面与发达国家的差距逐渐缩小，部分领域已经达到国际先进和领先水平。随着钢铁工业技术的不断进步，中国已成为名副其实的钢铁大国和强国。

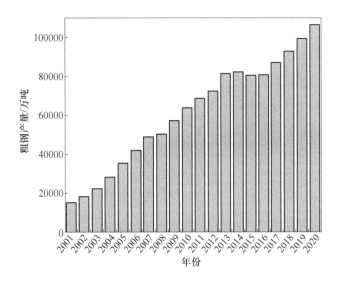

图 1-1　2001—2020 年中国粗钢产量的增长情况

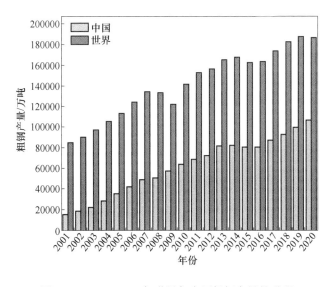

图 1-2　2001—2020 年世界与中国粗钢产量的进程

21 世纪以前，中国的生铁年产量超过粗钢产量。进入 21 世纪后，2001 年开始粗钢产量超过生铁产量。中国生铁产量的变化情况如图 1-3 所示。

钢铁工业的发展水平主要体现在钢铁生产总量（或人均产量）、品种、质量、单位能耗和排放、经济效益和劳动生产率等方面。在一个国家的工业化发展进程中，都必须拥有

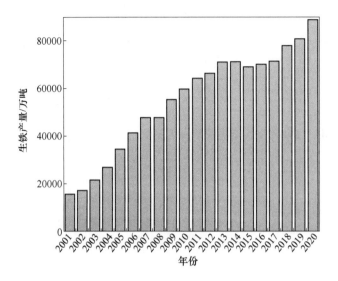

图 1-3　中国生铁产量的变化情况

相当发达的钢铁工业作为支撑。钢铁工业为制造各种机械设备提供了重要的基础材料，它是现代社会生产和扩大再生产的物质基础。钢铁工业还直接为人民的日常生活服务，如为运输业、建筑业及民用品生产提供基本材料。因此在一定意义上讲，一个国家钢铁工业的发展状况间接反映其国民经济发达的程度。

　　钢铁工业是一个集成度很高的工业，其发展需要多方面条件的支撑，如稳定的原材料供应，包括铁矿石、煤炭、耐火材料、熔剂等；稳定的动力供应，如电、水、气等。此外由于钢铁工业属于资源密集型行业且生产规模大，日常生产消耗的原材料和产出的产品吞吐量巨大，如一个年产 2000 万吨的钢铁企业，厂外运输量达到 1.6 亿~2 亿吨，需要有庞大且稳定的运输设施为其服务，因此钢铁厂一般建在有铁路或水运干线经过的地域。对大型钢铁企业来说，还必须有重型机械制造业为其服务，满足钢铁生产设备安全、高效和长期稳定运行的需求。钢铁企业建设需要大量资金的投入，存在建设周期长、回收效益慢的特点，需要有雄厚的资金保障，同时还需要配套的工程设计部门、设备制造商和建设安装工程公司的大力协作。

　　钢铁产品之所以能成为各种机械装备及建筑、民用等各部分的基础材料，是因为它具有以下优越的性能和相对低廉的价格：

　　（1）具有较高的强度和韧性；

　　（2）可通过铸、锻、轧、切削和焊接等多种方式进行加工，以得到任何结构的工部件；

　　（3）所用资源（铁矿、煤炭等）储量丰富，可供长期大量采用，废弃的钢铁产品可以循环利用；

　　（4）人类自进入铁器时代以来，积累了丰富的生产和加工钢铁材料的经验，已具有成熟的生产技术。

　　与其他工业相比，钢铁工业生产规模大、效率高、质量好、成本低，具有强大的竞争优势。在可以预见的将来，还没有其他材料能替代钢铁产品现有的地位。

1.2 高炉冶炼过程

1.2.1 高炉炼铁工艺流程

图1-4为典型的高炉炼铁生产工艺流程及其主要设备示意框图，从中看出高炉炼铁具有庞大的主体和辅助系统，包括高炉本体、原燃料系统、上料系统、送风系统、渣铁处理系统和煤气清洗系统，各系统相互联系到一起，但又相互制约，只有互相配合才能确保高炉冶炼过程的稳定和顺行，取得较好的技术经济指标。

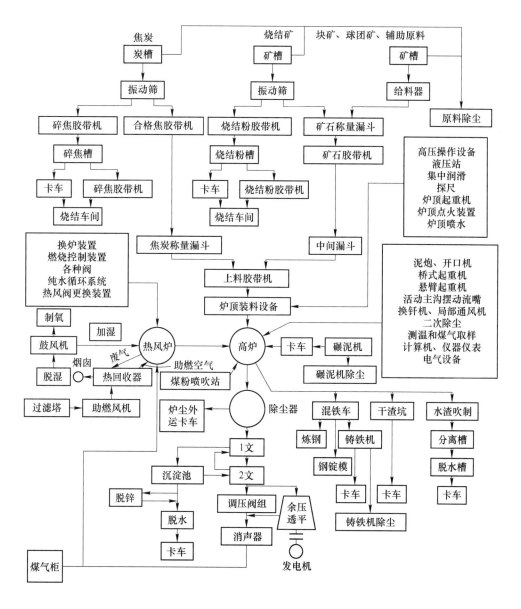

图1-4 典型的高炉炼铁生产工艺流程及其主要设备示意框图

高炉冶炼过程是在一个密闭的竖炉内进行的，煤气的生成、铁矿石的还原、焦炭的熔损和渣铁的熔化分离过程在高炉不同区域完成。现代高炉内型剖面图如图 1-5 所示。高炉冶炼过程中，炉料自上而下运动，煤气自下而上运行，逆流运动的过程中完成了复杂的物理化学变化，最终生成温度和成分合格的铁水排出炉外。高炉是密封的容器，除去投入（装料）和产出（铁、渣及煤气）外，操作人员无法直接观察到反应过程的状况，只能凭借仪器、仪表间接观察。

高炉冶炼过程的主要目的是用铁矿石经济而高效地得到温度和成分合格的铁水。为此在高炉内需要实现铁矿石中铁元素和氧元素的化学分离，即还原过程；此外，还需要实现已被还原的金属与脉石的机械分离，即熔化造渣过程。最后通过控制温度和液态渣铁间的交互作用，得到温度和化学成分合格的液态铁水。高炉冶炼的全过程可以概括为：在尽量低能量消耗的条件下，通过受控的炉料及煤气流的逆向运动，高效率地完成还原、造渣、传热及渣铁反应等过程，得到化学成分与温度较为理想的液态金属产品，供下步工序炼钢（炼钢生铁）或机械制造（铸造生铁）使用。

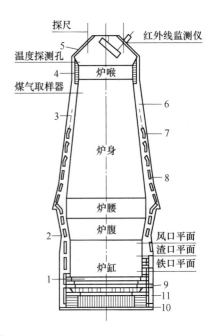

图 1-5 现代高炉内型剖面图

1—炉底耐火材料；2—炉壳；
3—炉内砖衬生产后的侵蚀线；
4—炉喉钢砖；5—炉顶封盖；
6—炉体砖衬；7—带凸台镶砖冷却壁；
8—镶砖冷却壁；9—炉底炭砖；
10—炉底水冷管；11—光面冷却壁

1.2.2 高炉炼铁原燃料特点

1.2.2.1 铁矿石

地壳中铁的储量比较丰富，按元素总量计占 4.2%，仅次于氧、硅及铝，居第 4 位。但在自然界中铁不能以纯金属状态存在，绝大多数形成氧化物、硫化物或碳酸盐等化合物。不同的岩石含 Fe 品位可以差别很大，凡在当前技术条件下可以从中经济地提取出金属铁的岩石，均称为铁矿石。铁矿石中除了含 Fe 的有用矿物外，还含有其他化合物，统称为脉石。脉石中常见的氧化物有 SiO_2、Al_2O_3、CaO 及 MgO 等。

A 铁矿石的分类

根据铁矿石中铁氧化物的主要矿物形态，把铁矿石分为赤铁矿、磁铁矿、褐铁矿和菱铁矿等。不同种类铁矿石的主要特征见表 1-1。

表 1-1 不同种类铁矿石的主要特征

矿石名称	化学式	理论含铁量（质量分数）/%	密度 /t·m^{-3}	颜色	实际富矿含铁量（质量分数）/%	有害杂质	强度及还原性
磁铁矿	Fe_3O_4	72.4	5.2	黑色或灰色	40~70	含硫、磷高	坚硬，致密，难还原

矿石名称	化学式	理论含铁量(质量分数)/%	密度/t·m⁻³	颜色	实际富矿含铁量(质量分数)/%	有害杂质	强度及还原性
赤铁矿	Fe_2O_3	70.0	4.9~5.3	暗红色	55~60	含硫、磷低	软、易破碎，易还原
褐铁矿	水赤铁矿 $2Fe_2O_3 \cdot H_2O$	66.1	4.0~5.0	黄褐色、暗褐色至绒黑色	37~55	含硫低，含磷高低不等	疏松，易还原
	针赤铁矿 $Fe_2O_3 \cdot H_2O$	62.9	4.0~4.5				
	水针赤铁矿 $3Fe_2O_3 \cdot 4H_2O$	60.9	3.0~4.4				
	褐铁矿 $2Fe_2O_3 \cdot 3H_2O$	60.0	3.0~4.2				
	黄针铁矿 $Fe_2O_3 \cdot 2H_2O$	57.2	3.0~4.0				
	黄赭石 $Fe_2O_3 \cdot 3H_2O$	55.2	2.5~4.0				
菱铁矿	$FeCO_3$	48.2	3.8	灰色带黄褐色	30~40	含硫低，含磷较高	易破碎，焙烧后易还原

B　对铁矿石的评价

(1) 含铁品位。矿石品位基本上决定了矿石的价格，即冶炼的经济性。Fe 含量越高的矿石，脉石含量越低，则冶炼时所需的熔剂量和形成的渣量也越少，用于分离渣与铁所耗的热量相应降低。Fe 含量高并可直接进行造块并送入高炉冶炼的铁矿石为富矿，含 Fe 品位低，需要经过选矿提升品位后才能造块入炉的铁矿石为贫矿。我国富矿储量很少，绝大部分是 Fe 的质量分数为 30% 左右的贫矿，要经过选矿提升 Fe 品位后才能使用。

(2) 脉石的成分及分布。铁矿石中的脉石包括 SiO_2、Al_2O_3、CaO 及 MgO 等金属氧化物，在高炉条件下，这些氧化物不能或很难被还原为金属，最终以炉渣的形式与金属分离。为了使炉渣具有较低的熔点和黏度，需要控制炉渣中碱性氧化物与酸性氧化物的质量分数应大体相等。常见铁矿石中的脉石主要以酸性氧化物 (SiO_2) 为主，需要额外配加熔剂才能得到性能理想的炉渣。常用的熔剂种类包括石灰石 ($CaCO_3$) 和白云石 ($CaCO_3 \cdot MgCO_3$)，为了减少石灰石和白云石在高炉内高温分解吸热并大量生成 CO_2 加重焦炭的碳素熔损反应，一般将熔剂配加到烧结矿和球团矿中，在烧结和球团工序将石灰石和白云石分解为氧化物。

（3）有害元素的含量。矿石中除了不能还原而造渣的氧化物外，常含有其他化合物，它们可以被还原为元素形态。其中有的可与 Fe 形成合金，有的则不能，还有些则是有害的。常见的有害元素是 S、P，较少见的有碱金属（K、Na 等）以及 Cu、Pb、Zn、F 及 As 等。S、P、As 和 Cu 易还原为元素并进入生铁，对铁及其后的钢及钢材的性能有害。碱金属及 Zn、Pb 和 F 等虽不能进入生铁，但易于破坏炉衬，或易于挥发并在炉内循环累积造成结瘤事故，或污染环境、有害人身健康。

（4）有益元素。有些与 Fe 伴生的元素可被还原并进入生铁，能改进钢铁材料的性能，这些有益元素有 Cr、Ni、V 及 Nb 等。还有的矿石中伴生元素有极高的单独分离提取价值，如 Ti 及稀土元素等。在某些情况下，这些元素的品位已经达到了可以单独分离使用的程度，虽然其绝对含量相对于 Fe 仍然是少的，但其价值已经远超铁矿石本身，则这类矿石应作为宝贵的综合利用资源。

含铁品位高的块状天然富矿可以经过破碎、筛分后直接入炉，在生产现场称为块矿。富矿在破碎和筛分过程中会产生粉末，贫矿在选矿过程中也是以粉末形式存在，将粉末状的铁矿粉直接入炉会严重影响高炉的透气性。对粉末状的铁矿石须进行人工造块处理，获得一定粒度和较好冶金性能的块状物，该过程称为烧结或球团工艺，生产出来的产品称为烧结矿和球团矿。目前国内高炉冶炼以烧结矿为主，球团矿次之，辅助使用块矿以降低冶炼成本。但由于球团工艺的能耗和环保效果优于烧结，国内重点钢铁企业入炉矿石中球团矿的比例逐渐提高。

1.2.2.2 焦炭

高炉冶炼需要利用还原剂将铁矿石中的铁元素和氧元素进行化学分离，同时还需要足够多的热量将金属铁和脉石熔化后进行渣铁分离得到液态铁水。为高炉冶炼过程提供还原剂和热量的主要炉料为焦炭，焦炭在高炉内的作用不可替代。焦炭在炼铁过程中有四种作用：一是在风口前燃烧，提供高炉冶炼所需的热量；二是焦炭中的 C 及其氧化物 CO 作为还原剂还原矿石中的铁氧化物；三是在高温区唯一以固态形式存在的物料，是支撑高达数十米的料柱的骨架，是炉内煤气和渣铁流动的主要通道；四是作为生铁形成过程中渗碳的碳源。高炉对焦炭的要求是含碳量高、强度好，有一定的块度且块度均匀，有合适的反应性，灰分和杂质含量低。

传统的典型高炉生产，其燃料为焦炭。现代发展高炉喷吹燃料技术后，焦炭已不再是高炉唯一的燃料。但是任何一种喷吹燃料只能部分代替焦炭的热源、还原剂和铁水渗碳的作用，而代替不了焦炭在高炉内的料柱"骨架"作用。而且随着冶炼技术的进步，焦比不断下降，焦炭作为骨架保证炉内透气、透液性的作用更为突出。焦炭质量对高炉冶炼过程有极大的影响，成为限制高炉生产发展的因素之一。

焦炭由炼焦煤在焦炉内经过高温干馏后获得。按我国的分类标准，可用于炼焦的煤以煤的变质程度、挥发分的多少及黏结性大小（胶质层的厚度）分为四大类，见表 1-2。其中，焦煤可以单独炼制性能优良的焦炭，但焦煤资源紧缺、价格昂贵，在实际生产中通过不同炼焦煤的配合使用生产冶金焦炭。配煤的原则是既要得到性能良好的焦炭，又要尽量节约稀缺的主焦煤的用量，以降低成本。

表 1-2　炼焦煤的分类标准

煤类别	可燃基挥发分/%	胶质层厚度/mm
气煤	30~37 以上	5~25
肥煤	26~37	25~30 以上
焦煤	14~30	8~25
瘦煤	14~30	0~12

1.2.2.3　煤粉

为降低高炉生产对焦炭的消耗量，国内外炼铁生产者都尝试通过风口喷吹燃料部分替代焦炭在高炉内的作用，燃料种类包括重油、天然气和煤粉等。我国石油和天然气资源有限，而煤炭资源丰富，高炉喷吹燃料技术以煤粉为主。1964 年，我国首先在首钢成功地向高炉喷吹无烟煤粉，作为辅助燃料置换一部分昂贵的焦炭，降低了生铁成本。现在，我国80%以上的高炉都采用喷吹煤粉的工艺，并且开始逐步扩大到喷吹其他含挥发分较高的煤种。

高炉喷吹煤粉在风口前高温、高压和高速的条件下燃烧，为保证高炉喷吹煤粉技术实施的效果，对高炉喷吹用的煤粉质量有如下要求。

（1）灰分含量低，固定碳含量高。高炉冶炼要求喷吹煤粉的灰分含量越低越好，但煤粉灰分含量越低对应洗煤成本越高，各企业根据自身情况在兼顾性能和价格的基础上确定喷吹煤粉灰分的含量。目前国内对喷吹煤粉的灰分含量没有统一标准，一般要求煤粉中灰分含量要低于焦炭灰分。

（2）硫含量低。煤粉中的硫含量（质量分数）要求低于 0.7%，在高喷煤比（180~210kg/tHM）时宜低于 0.5%。

（3）可磨性好。高炉喷吹煤粉需要利用磨机将其粒度磨细，以改善管道输送和风口前燃烧的性能。可磨性好的煤制成适合喷吹工艺要求的细粒煤粉时所耗能量少，同时对管道、阀门和喷枪等输送喷吹设备的磨损也弱。

（4）粒度细。粒度是影响煤粉燃烧速率的关键指标，粒度越细煤粉的燃烧性能越好，在有限的时间和空间中燃尽率越高。根据不同条件，煤粉应磨细至一定程度，以保证煤粉在风口前完全气化和燃烧。一般要求小于 0.074mm 的占80%以上。细粒煤粉也便于输送。

（5）爆炸性弱。爆炸性弱以确保在制备及输送过程中人身及设备安全。

（6）燃烧性和反应性好。煤粉的燃烧性表征煤粉与 O_2 反应的快慢程度。煤粉从插在直吹管上的喷枪喷出后，要在极短暂的时间内（一般为 0.01~0.04s）燃烧而转变为气体。如果在风口带不能大部分气化，剩余部分就随炉腹煤气一起上升。这一方面影响喷煤效果，另一方面大量的未燃煤粉会使料柱透气性变差，甚至影响炉况顺行。在反应性上，与上述焦炭的情况相反，人们希望煤粉的反应性好，以使未能与 O_2 反应的煤粉能很快与高炉煤气中的 CO_2 反应而气化。高炉生产的实践表明，有喷吹量15%~30%的煤粉是与煤气中的 CO_2 反应而气化的。这种气化反应对高炉顺行和提高煤粉置换比都是有利的。

（7）高的灰分熔点。为避免高炉喷吹煤粉在喷枪和风口小套内壁结渣，要求煤的灰分熔点要高，一般要求灰分熔点高于热风温度。

（8）煤的结焦性小。烟煤的角质层指数 Y 值应小于 10mm，以避免喷煤过程中结焦。高炉喷吹煤应尽量采用不黏结煤，例如贫煤、贫瘦煤、长焰煤、无烟煤，或者由它们组成的混合煤。

1.2.2.4　熔剂

高炉炉渣性能是影响其冶炼效果的重要因素，为获得合适成分和性能优良的炉渣，往往需要在入炉料中配加一定数量的熔剂。由于铁矿石的脉石成分中多以酸性氧化物为主，因此最常用的是碱性熔剂，即石灰石（$CaCO_3$）、白云石（$CaCO_3 \cdot MgCO_3$）等。

对熔剂质量要求主要是有效成分含量高。如对石灰石及白云石来说，即要求其有效熔剂性高。熔剂含有的碱性氧化物扣除其本身酸性物造渣需要的碱性氧化物后所余的碱性氧化物质量分数即为有效熔剂性：

$$w(CaO) + w(MgO)_{有效} = \left[w(CaO) + w(MgO) \right] - w(SiO_2) \times R$$

式中　$w(CaO)$，$w(MgO)$，$w(SiO_2)$——熔剂中各相应组分的质量分数，%；

$$R——造渣所要求炉渣碱度，R = \frac{m(CaO + MgO)}{m(SiO_2)}。$$

其次，要求熔剂中含 S、P 等有害杂质的量尽可能低。

1.2.2.5　其他含铁代用品

钢铁联合企业中，一些工序产生的含铁废弃物尚有进一步利用的价值，如高炉炉尘、出铁场渣铁沟内的残铁、铁水罐内的黏结物和轧钢铁鳞等。其中有些可以经简单处理即可返回高炉，如大小适当的残铁；有的则必须经造块工序，作为混合料的一部分，如高炉炉尘一般与矿粉混合经过烧结工序造块后再进入高炉冶炼。

废钢作为一种含铁很高的社会固体废弃物，近几年也逐渐有企业开始作为冶炼原料加入高炉。高炉加废钢不仅使废弃钢铁得到了循环利用，节约了社会资源，同时也起到增产、节焦和减排的功效。国内部分企业高炉废钢的加入量在每吨铁几十千克到 200kg 不等，在废钢品种的选择上以破碎料为主，少数高炉使用钢筋粒。需要注意的是，将废钢添加到高炉的多为长流程钢铁企业，废钢应该作为电炉原料进行炼钢生产才是其主要的利用途径。

1.2.3　耐火材料

钢铁企业的各主要设施及其产品均处于高温状态，必须根据不同设备及其不同工作部位的特殊需要选用不同的耐火材料。

钢铁工业是消耗耐火材料的大户，占所有工业耐火材料总消耗量的 40%~50%。根据不同材料的化学特性，耐火材料可分为：酸性耐火材料，以 SiO_2 质为主；碱性耐火材料，以 CaO、MgO 质为主；中性耐火材料，以 SiC、Si_3N_4 质等为主。

按制造工艺和成品形态，耐火材料还可分为定形耐火材料，如各种耐火砖；不定形耐火材料，如固体状散料、具有可塑性的耐火泥、耐火纤维以及有良好流动性的泥浆等。

1.2.3.1　高炉砌体用耐火材料

根据高炉的部位不同，除要求耐火材料具有一定的耐火度以外，还应具有一定的强度，耐磨损（高炉炉身上部砖衬），抗碱金属侵蚀（炉身中下部砖衬），抗炉渣冲刷及侵蚀（炉腹以下砖衬、堵口泥以及铁水沟的铺垫材料等），抗铁水渗透（炉底砖）以及一定的热导率。例如，炉底砖层应有较大的温度梯度，以保证铁水凝固温度（1150℃）的等温线尽量靠近炉底平面而远离炉壳，避免炉底砖过分侵蚀，保证安全。一方面要加强炉底冷却，另一方面要使用导热良好的炉底砖。此外，所有耐火砖的热稳定性要高，不会由于温度的变化产生应力而剥落（热稳定性高的耐火砖其高温体积稳定性好，高温下耐火材料体积发生永久性不可逆变化的量很小，砌体不致发生过大的变形而脱落）。

现代世界上先进的大型高炉，各部位砖衬选用的耐火材料材质如图1-6所示。

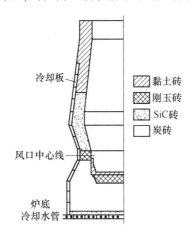

图 1-6 现代大型高炉各部位砖衬耐火砖材质

通常，耐火材料选用的原则是：炉身上部温度较低，采用耐火度低、成本也低的黏土砖；炉身下部、炉腰及炉腹部位承受较高的温度，更重要的是这些部位受初成渣、高温煤气和由下部蒸发的碱金属的冲刷和侵蚀，故选用质量高、强度大又耐多种侵蚀的用 Si_3N_4 结合的 SiC 砖或烧成铝碳砖；炉缸上部风口带附近，为防止氧化烧蚀而选用高铝砖；以下部位要用来储存液态渣铁，故选用抗渗透、抗渣侵蚀、耐火度高、导热性好的炭砖，但为防止开炉时强氧化气氛对炭砖的烧蚀，炉缸炉底覆盖了一层黏土砖及高铝砖。在炉底靠近水冷管处有一薄层导热性良好、强度又高的石墨-SiC 砖。

高炉用各种耐火砖的理化性能见表1-3。

SiC 砖是 20 世纪 80 年代以来才在高炉上推广应用的高级耐火材料，主要是解决炉身下部及炉腰部位砖衬侵蚀过快的问题。SiC 的优点是耐碱金属侵蚀、耐氧化、耐热震性强、导热性好、强度高、耐磨性强。

这些特征适合炉身下部恶劣工作环境的需要。但 SiC 砖较贵，直到 1985 年 11 月才在鞍钢的一座高炉上试用。初步鉴定认为，用 SiC 砖可延长炉身砖衬寿命约 2 年。大约 4 个月内收回用在 SiC 砖上的费用。

我国大多数高炉的炉底炉缸用炭砖，但是质量不尽理想。改进的途径：使用电煅烧无烟煤及碎石墨为原料，以提高热导率及抗热震性；高压成型，降低气孔尺寸及气孔率，提高抗铁水渗透的性能；加入某些特殊添加物，如 Al_2O_3、SiC 及 ZrO_2 等，提高抗铁水及炉渣化学侵蚀的能力。

表 1-3　高炉各种耐火砖的理化性能

| 性能 | 黏土砖 | 高铝砖 | | 石墨-SiC（日本 GBI） | 半石墨化 | | Si₃N₄ 结合 SiC 砖 | | 铝碳砖 | |
		普通高铝	刚玉型		中国	日本	法国 Sicanit20	德国 Refrax20	普通型	致密性
密度/g·cm⁻³		2.95		1.91	1.19	1.94				
体积密度/g·cm⁻³	2.37	2.54	3.17	1.55	1.62	1.55	2.56	2.62	2.5	2.75
显气孔率/%	12.8	14.0	14.0	12.3			17	14.5~17.0	12~14	
全气孔率/%					19.47	20.26				
抗压强度/MPa	94.4	80.0	141.0	37.4	42.2	39.6		43.5	30.0	38.0
荷重软化点/℃	1645	1550	>1700				>1675（N₂ 中）		>1630	>1650
导热系数（1000℃ 以下）/W·(m·K)⁻¹				24.1			10.0		11.5（900℃）	13.6（900℃）
主要化学成分（质量分数）/% SiO₂	52.3	41.84	4.8					1.0		
Al₂O₃	44.3	54.04	93.07						55~60	60
固定碳				61.0	91.86	94.0			14	12
SiC				22.0			75	79.4	4~5	8
N₂							8.25	15.2		
灰分					7.27	4.54	Si₃N₄			
挥发分					0.55	0.49				

1.2.3.2　热风炉用耐火材料

热风炉用的耐火砖量几乎是高炉的 3~4 倍，砖的型号多，形状也特别复杂。由于其他部位可用一般耐火材料，这里只涉及温度最高、结构复杂的关键部位——球顶及格子砖上部。

先进的热风炉的风温可达 1250~1350℃，要求炉顶温度相应达到 1500~1550℃，用普通高铝质耐火材料构筑，往往使用一年之后就发生剥落（或脱落）以及格子砖塌陷等现象，此外，高铝质材料资源有限，成本较高，而硅砖就成为较理想的耐火材料。

1.2.4　高炉产品

高炉主要的产品是铁水（包括少量的高碳铁合金），炉渣和煤气是副产品。煤气是钢铁厂，特别是大型钢铁联合企业内部重要的二次能源，在企业内部能量平衡中占有重要地位。普通的高炉渣也具有相当的价值，是高炉重要的副产品。可根据需要将高炉渣制备成不同的形态，如干渣、水渣、陶粒及矿渣棉等。

1.2.4.1 生铁

生铁是 Fe 与 C 及其他少量元素（Si、Mn、P 及 S 等）组成的合金。其 C 的质量分数随其他元素的含量而变，但处于化学饱和状态。通常，$w(C)$ 的范围为 2.5%～5.5%。

生铁质硬而脆，有较高的耐压强度，但抗拉强度低。生铁无延展性，无可焊性，但当 $w(C)$ 降至 2.0% 以下时（即钢），上述性能均有极大的改善。

生铁分为炼钢生铁和铸造生铁两大类。炼钢生铁供转炉和电炉冶炼成钢，而铸造生铁则供机械行业等生产耐压的机械部件或民用产品。

1.2.4.2 高炉煤气

高炉冶炼每吨普通生铁所产生的煤气量随焦比水平的差异及鼓风含氧量的不同差别很大，低者只有 1400m³/t，高者可能超过 2500m³/t。不同高炉煤气成分差别也很大，先进的高炉煤气的化学能得到了充分的利用。其 CO 的利用率可超过 50%，即煤气中 $\varphi(CO)$ 可低于 21%，而 $\varphi(CO_2)$ 比值高，喷吹燃料的高炉中 H_2 含量较高，一般喷吹煤粉的高炉 H_2 含量（体积分数）低于 3%，喷吹天然气高炉 H_2 含量（体积分数）可以高达 7% 以上。高炉富氧鼓风之后，煤气中的 N_2 含量降低，煤气热值升高。

在钢铁联合企业中，高炉煤气的一半作为热风炉及焦炉的燃料，其余的作为轧钢厂加热炉、锅炉房或自备发电厂的燃料，在能源平衡中起重要作用，应避免排空造成浪费。虽然这种低发热量的煤气是由昂贵的冶金焦转换来的，似乎得不偿失，但在 20 世纪 70 年代世界性石油价格危机之后，石油、石油气及天然气的价格已相对超过了焦炭，原来使用石油或石油气为燃料的发电厂及锅炉房等不得不改用高炉煤气，而企业内总的燃料消耗的费用降低了。

1.2.4.3 炉渣

每吨生铁的产渣量随入炉原料中 Fe 品位高低、燃料比及焦炭和煤粉中灰分含量的不同而差异很大。我国大型高炉吨铁的渣量在 250～350kg 之间，先进企业的吨铁渣量已经接近 200kg 的水平。地方小型高炉由于原料条件差，技术水平低，造成高炉冶炼渣量较大，吨铁渣量达到 450～550kg。

炉渣是多种金属氧化物构成的复杂硅酸盐系，外加少量硫化物、碳化物等。除去原料条件特殊者外，一般炉渣成分的范围为：$w(CaO) = 35\% \sim 44\%$；$w(SiO_2) = 32\% \sim 42\%$；$w(Al_2O_3) = 6\% \sim 16\%$；$w(MgO) = 4\% \sim 13\%$ 及少量的 MnO、FeO 及 CaS 等。特殊条件下如包钢的高炉渣含有 CaF_2、K_2O、Na_2O 及 RE_2O 等，攀钢和承钢炉渣含有 TiO_2、V_2O_5，酒钢炉渣含有 BaO 等。

除特殊成分的炉渣外（如含 TiO_2 的攀钢渣），几乎所有的高炉炉渣都可供制造水泥或以其他形式得以应用。我国高炉渣量的 70% 以高压水急冷方式制成了水冲渣，供水泥厂作为原料。有自备水泥厂的钢铁厂，则可自行消耗自产水渣，甚至进一步再加工制成各种混凝土制品，可取得更显著的经济效益。为保证水泥质量，必要时应适当提高渣中 CaO 和 Al_2O_3 的含量。

炉渣的另一种利用方式是缓冷后破碎成适当粒度的致密渣块（密度为 2.5～2.8t/m³，

堆积密度为 1.1~1.4t/m³）可代替天然碎石料作铁路道碴，或铺公路路基。作为这种用途消耗的渣量在我国不超过总渣量的 10%。

一般炉渣出炉时温度为 1400~1550℃，热含量 1680~1900kJ/kg，目前这部分潜热的利用仍有待研究。

1.3 高炉冶炼的主要技术经济指标

评价高炉生产的技术水平和经济效益可用如下技术经济指标来衡量。

1.3.1 高炉有效容积利用系数

高炉有效容积是指炉喉钢砖上沿位置至出铁口中心线之间的炉内容积，高炉有效容积利用系数（η_u）是指高炉单位有效容积的日产铁量。

$$\eta_u = \frac{P}{V_u} \tag{1-1}$$

式中 P——生铁日产量，t/d；

V_u——高炉有效容积，m³。

可见，利用系数越大，生铁产量越高，高炉的生产率也就越高。P 和 η_u 都是生产率指标。对一定容积的高炉，η_u 随 P 成正比地增加。对不同容积高炉，P 无可比性，而 η_u 可比。

式（1-1）中生铁日产量是以炼钢生铁为校准计算的，其他各种牌号的生铁可按冶炼难易程度折合为炼钢生铁吨数。铸造生铁的折算系数随硅含量不同而存在差异，通常为 1.14~1.34。

一般高炉有效容积利用系数为 2.2~2.8t/(m³·d)，大高炉相对低一些，小高炉要高一些，可达 3t/(m³·d) 以上。

1.3.2 焦比和燃料比

焦比（$K_焦$）是指生产每吨生铁所消耗的焦炭量，不包括喷吹的各种辅助燃料量。对高炉生产而言，焦比越低越好。

$$K_焦 = \frac{Q_焦}{P} \tag{1-2}$$

式中 $Q_焦$——焦炭日消耗量，kg/d。

煤比（$K_煤$）是指生产每吨生铁所消耗的煤粉量，其定义为：

$$K_煤 = \frac{Q_煤}{P} \tag{1-3}$$

式中 $Q_煤$——煤粉日消耗量，kg/d。

喷吹燃料时，高炉的能耗情况用燃料比（$K_燃$）表示，即冶炼单位生铁所消耗的各种燃料之总和。

$$K_燃 = K_焦 + K_煤 + \cdots \tag{1-4}$$

现代大中型高炉焦比一般在 350kg/t 左右，燃料比一般在 500kg/t 左右。

1.3.3 冶炼强度

冶炼强度 (I) 指单位体积高炉有效容积焦炭日消耗量。

$$I = \frac{Q_{\text{焦}}}{V_{\text{u}}} \tag{1-5}$$

冶炼强度是标志高炉强化程度的指标之一。在喷吹燃料条件下，相应有综合冶炼强度 (I)，即不仅计算焦炭消耗量，还计算喷吹燃料按置换比折合成的焦炭量。

由式 (1-1)、式 (1-2) 和式 (1-5) 可推导出利用系数、焦比和冶炼强度三者之间的关系为：

$$\eta_{\text{u}} = \frac{I}{K_{\text{焦}}} \tag{1-6}$$

利用系数 η_{u} 与冶炼强度 I 成正比，与焦比 $K_{\text{焦}}$ 成反比。要提高利用系数，强化高炉生产，应从降低焦比和提高冶炼强度两方面考虑。在当前能源紧张的情况下，首先应考虑降低焦比（燃料比）。

1.3.4 焦炭负荷

焦炭负荷用以估计配料情况和燃料利用水平，也是用配料调节高炉热状态时的重要参数。

$$焦炭负荷 = \frac{每批炉料中铁矿石的质量}{每批炉料中焦炭的质量} \tag{1-7}$$

1.3.5 休风率

休风率指高炉休风时间（包括季修和年修休风时间，但不包括计划中的中修和大修）占规定作业时间的百分数，反映了高炉操作及设备维护水平。降低休风率是增产节约的重要途径。

$$休风率 = \frac{休风时间}{规定工作时间} \times 100\% \tag{1-8}$$

1.3.6 生铁成本

生铁成本指生产 1t 生铁所需的费用，包括原料费用、燃料费用、材料费用、动力费用、人工费用和设备折旧费用。它是衡量高炉生产经济效益的重要指标。

1.3.7 炉龄

炉龄的定义为两代高炉大修之间高炉实际运行的时间。目前认为炉龄超过 15 年的为长寿高炉，小于 10 年的为短寿高炉。

衡量炉龄及一代炉龄中高炉工作效率的另一个指标为每立方米炉容在一代炉龄期内的累计产铁量。先进高炉不但每日平均的利用系数高，而且炉龄长，即实际工作日多，故累计产量很高，平均可达 8000t/m³ 以上。世界先进高炉的累计产铁量超过 15000t/m³。

1.3.8　吨铁工序能耗

　　能源是维持各种生产及活动得以正常进行的动力。钢铁工业是国民经济各部门中的耗能大户。近年来我国钢铁工业每年消耗标准煤 7000 万吨以上，占全国总能耗的 15% 左右。其中钢铁冶炼工艺的能耗占 70%，而这些能耗中又主要消耗于炼铁这一工序上。炼铁工序能耗是指每 1t 冶炼生铁的能耗，它是以标准煤计量的（每 1kg 标准煤规定的发热量为 29310kJ）各种能量消耗的总和。炼铁所消耗的能量应包括各种形式的燃料，主要是焦炭，还有少量的煤、油及其他形式的燃料，甚至也要计入炮泥及铺垫铁沟消耗的焦粉；还应计入各种形式的动力消耗，如电力、蒸汽、压缩空气、氧气及鼓风等能耗。但应注意扣除回收的二次能源，如外供的高炉煤气、炉顶余压发电的电能及各种形式的余热回收等。我国重点企业炼铁的能耗水平以标准煤计为 400kg/t 左右，约占吨钢综合能耗的 70%。因此，降低单位钢铁产品的能源消耗量是个重大的课题。

习题和思考题

1-1　试说明钢铁材料的特点以及在社会发展中的作用。

1-2　简述高炉炼铁的主要任务。

1-3　试说明高炉炼铁生产在钢铁联合企业中的作用和地位。

1-4　画出高炉本体剖面图，注明各部位名称和它们的作用，并列出高炉生产的主要辅助系统，说明它们的作用。

1-5　试说明焦炭在高炉冶炼过程中的作用及高炉冶炼对焦炭质量的要求。

1-6　试说明高炉喷吹煤粉的意义及高炉冶炼对煤粉质量的要求。

1-7　阐述高炉本体用耐火材料的选取原则，以及这些耐火材料的种类和特性。

1-8　高炉冶炼的产品有哪些，各有何用途？

1-9　熟练掌握高炉冶炼主要技术经济指标的表达方式及其含义。

参考文献及建议阅读书目

[1] 吴胜利，王筱留，张建良. 钢铁冶金学（炼铁部分）[M]. 北京：冶金工业出版社，2019.

[2] 李慧，顾飞. 钢铁冶金概论 [M]. 北京：冶金工业出版社，1993.

[3] 姚昭章，郑明东. 炼焦学 [M]. 3 版. 北京：冶金工业出版社，2005.

[4] 周师庸，赵俊国. 炼焦煤性质与高炉焦炭质量 [M]. 北京：冶金工业出版社，2005.

[5] 薛群虎，徐维忠. 耐火材料 [M]. 2 版. 北京：冶金工业出版社，2009.

炼铁原料

铁矿石是一种含有铁元素的矿物，是制造铁和钢的主要原料之一。地球上分散在各处含有铁的岩石，风化崩解，里面的铁也被氧化，这些氧化铁溶解或悬浮在水中，随着水的流动，逐渐沉淀堆积在水下，成为铁比较集中的矿层，在整个聚集过程中，许多生物起着积极的作用。铁矿层形成后，再经过多次变化，譬如地壳中的高温高压作用，有时还有含矿物质多的热液掺加进来，使这些沉积而成的铁矿或含铁较多的岩石变质，形成规模很大的铁矿；这些经过变质的铁矿或含铁较多的岩石，还可以再经过风化，把铁进一步集中起来，形成含铁量很高的富铁矿。铁矿石通常包含铁氧化物、碳酸盐、硅酸盐等物质，其中最常见的是赤铁矿、磁铁矿和褐铁矿。

铁矿石是世界上最重要的自然资源之一，已经被人类利用了数千年。在人类历史的不同阶段，炼铁技术也在不断发展和进步，从最初的单一技术到复合技术，为我们创造出了无数不同种类、不同质量的钢铁产品。最早的炼铁技术可以追溯到公元前1600年左右的中亚地区，当时的人们利用富含铁矿石的山岗，在路边用篝火对其进行加热，然后用木棒敲打，将其中的铁矿石提炼出来，生产了简单的工具和武器。这种最古老的铁矿石炼铁方法被称为"烈火冶金法"。

距今2000年前，中国也开始利用铁矿石生产铁器。为了提高冶炼效率，人们开始将铜加入到铁矿石中一起冶炼，也就是传说中的"炼铁合并法"。这一复合技术的出现，大大提高了冶炼的效率，使中国的冶炼技术在当时处于世界先进水平。铁的生产在整个欧洲的中世纪时期得到很大发展。在1100年左右，欧洲的铁炉已经相当成熟，使用的主要设备是冶炼炉和风箱。欧洲人还将有色金属加入铁矿石中，并控制温度，制成多种类型的钢铁。

16世纪，在英国，随着烟煤的使用，炼铁行业开始迎来新的变化。烟煤可以在高温下燃烧，产生更高的温度和更多的还原气体，从而加速铁矿石的还原，使炼铁速度相应地加快。20世纪，钢铁生产的不同阶段开始出现融合现象，被广泛应用的复合冶炼技术，不仅缩短了生产周期，也大大提高了钢铁的产量和品质。同时，人们对原材料能源资源日益重视，使钢铁生产技术不断升级，例如新的高炉和转炉等现代化设备的应用，进一步节约了能源，使钢铁生产更加高效和环保。

我国矿产资源虽较为丰富，但可开发的资源短缺，铁矿石整体品位较低且贫矿多，目前较依赖进口矿石。根据2019年的数据，我国的铁矿石进口量占全球进口总量的

70%左右，依赖程度非常高。由于外部环境因素的不确定性，比如市场需求和国际贸易形势的波动，这种依赖程度可能对我国产业和经济造成不利的影响。如果国外矿山对我国铁矿石的供应出现短缺或价格上涨等情况，将会对我国的钢铁产业和社会经济带来负面的影响。在党的二十大报告中首次提到了"以新安全格局保障新发展格局"，对于长期受制于铁矿石资源瓶颈的钢铁行业而言，如何保证铁矿石供应的长期安全与价格的持续稳定成为钢铁行业今后发展亟待解决的问题。我国政府和有关企业已经采取了一系列措施，包括为国内开发和利用高品质矿石资源提供政策支持，加快打造国内铁矿石开发、钢铁产业和贸易的体系，促进资源的多元化配置，以及在海外开展铁矿石矿业投资等。目前，我国仍在努力发展铁矿石产业、优化产业结构、加强技术创新和质量控制，以实现能源高效利用和资源多样化，从而尽可能降低对国外铁矿石的依赖程度。

　　炼铁过程的主要原料包括天然铁矿石、烧结矿和球团矿，它们主要是提供铁源，满足生铁的生产需求。主要燃料包括焦炭和煤粉，除了提供冶炼所需的热量和还原剂，焦炭在高炉内还具有支撑料柱骨架的作用。为了促进冶炼过程的顺利进行，在高炉中添加熔剂也是保证生铁产量和质量的关键操作。目前我们所追求的是精料入炉，但在不能满足高质量原料的情况下，可以通过配料以及对上下部操作的调整来实现高炉的稳定运行。

2.1　天然铁矿石

2.1.1　天然铁矿石的分类

　　铁矿石作为主要的冶炼对象，是高炉冶炼的物质基础。凡是含有可经济利用的铁元素的矿石都称为铁矿石，已经知道的天然铁矿石有300多种，但是目前作为炼铁原料的只有20余种，按照其不同的存在形态可分为赤铁矿、磁铁矿、褐铁矿和菱铁矿。

2.1.1.1　赤铁矿
赤铁矿矿物成分为不含结晶水的 Fe_2O_3，理论含铁量（质量分数）为70%，铁呈高价氧化物，为氧化程度最高的铁矿石。赤铁矿的组织结构多种多样，由非常致密的结晶体到疏松分散的粉体。矿物结构成分也具有多种形态，晶形为 α-Fe_2O_3 和 γ-Fe_2O_3 两种。外表呈片状具有金属光泽，明亮如镜的称为镜铁矿；外表呈云母片状而光泽度稍差的称为云母状赤铁矿；质地松软，无光泽，含有黏土杂质的称为红色土状赤铁矿；以胶体沉积形成鲕状、豆状和肾形集合体的赤铁矿，其结构较坚实。

　　赤铁矿在常温下无磁性；但在一定温度下，当 α-Fe_2O_3 转变为 γ-Fe_2O_3 时便具有磁性，其色泽为赤褐色到暗红色，由于硫、磷含量低，其还原性较磁铁矿好，是优良原料。赤铁矿的熔融温度为1580~1640℃。

2.1.1.2　磁铁矿
磁铁矿具有强磁性，其化学式为 Fe_3O_4，其理论含铁量（质量分数）为72.4%，晶体呈八面体，组织结构比较致密坚硬，一般呈块状，硬度达 5.5~6.5，密度约为 $5.2t/m^3$，其外表呈钢灰或黑灰色，具有黑色条痕，难还原和破碎。

在自然界中，由于氧化作用，可使部分磁铁矿氧化为赤铁矿，成为既含 Fe_2O_3，又含 Fe_3O_4 的矿石，但仍保持原磁铁矿结晶形态。这种现象称为"假象化"，多称为假象赤铁矿或半假象赤铁矿。一般以矿石中全铁含量 $w(TFe)$ 与 $w(FeO)$ 的比值判别磁铁矿受到氧化的程度：

$$w(TFe)/w(FeO) \geqslant 7.0 \qquad 假象赤铁矿$$

$$7.0 > w(TFe)/w(FeO) \geqslant 3.5 \qquad 半假象赤铁矿$$

$$w(TFe)/w(FeO) < 3.5 \qquad 磁铁矿$$

$$w(TFe)/w(FeO) = 2.3 \qquad 纯磁铁矿$$

式中　$w(TFe)$——矿石中全铁含量（质量分数），%；

　　　$w(FeO)$——矿石中 FeO 含量（质量分数），%；

2.1.1.3　褐铁矿

褐铁矿是一种含结晶水的 Fe_2O_3，可用 $mFe_2O_3 \cdot nH_2O$ 表示，其中以 $2Fe_2O_3 \cdot 3H_2O$ 形态存在较多。褐铁矿可分为六种，即水赤铁矿 $2Fe_2O_3 \cdot H_2O$、针赤铁矿 $Fe_2O_3 \cdot H_2O$、水针赤铁矿 $3Fe_2O_3 \cdot 4H_2O$、褐铁矿 $2Fe_2O_3 \cdot 3H_2O$、黄针铁矿 $Fe_2O_3 \cdot 2H_2O$ 和黄赭石 $Fe_2O_3 \cdot 3H_2O$。

褐铁矿的外表颜色为黄褐色、暗褐色和黑色，呈黄色或褐色条痕，密度为 $2.5~5.0t/m^3$，硬度为 1~4，无磁性。褐铁矿是由其他矿石风化而成，其结构松软，密度小，含水量大，气孔多，且在温度升高时结晶水脱除后又留下新的气孔，故还原性都比前两种铁矿石高。

自然界中褐铁矿富矿很少，一般含铁量（质量分数）为 37%~55%，其脉石主要为黏土、石英等，但杂质 S、P 含量较高。当含铁品位低于 35% 时，需进行选矿处理。目前，褐铁矿主要用重力选矿和磁力焙烧-磁选联合法处理。褐铁矿由于含结晶水和气孔多，用烧结、球团造块时收缩性很大，产品质量降低，只有延长高温处理时间，产品强度可相应提高，但导致燃料消耗增大，加工成本提高。

2.1.1.4　菱铁矿

菱铁矿的化学式为 $FeCO_3$，理论含铁量（质量分数）达 48.2%，$w(FeO)$ 达 62.1%。在碳酸盐内的一部分铁可被其他金属混入而部分生成复盐，如 $(Ca \cdot Fe)CO_3$ 和 $(Mg \cdot Fe)CO_3$ 等。在水和氧的作用下，易转变为褐铁矿和覆盖在菱铁矿矿床的表面。在自然界中分布最广的是黏土质菱铁矿，其夹杂物为黏土和泥沙。

常见的菱铁矿致密坚硬，外表呈灰色或黄褐色，风化后则转变为深褐色，具有灰色或黄色条痕，玻璃光泽，无磁性，密度约为 $3.8t/m^3$，硬度为 3.5~4。

2.1.2　铁矿石的质量评价

铁矿石是高炉冶炼的主要原料，其质量的优劣与冶炼进程及技术经济指标有极为密切的关系。决定铁矿石质量优劣的主要因素是化学成分、物理性质及冶金性能。高炉冶炼对铁矿石的质量要求是：含铁量高，脉石少，有害杂质少，化学成分稳定，粒度均匀，具有良好的还原性及一定的机械强度性能。

2.1.2.1　化学成分

A　含铁品位

含铁品位基本决定了矿石的价格，即冶炼的经济性，市场上往往以 Fe 含量单位数计价。Fe 含量越高的矿石，脉石含量越低，则冶炼时所需的熔剂量和形成的渣量也越少，用于分离渣与铁所耗的能量相应降低。另外，品位也决定着矿石入炉前的处理工艺。入炉品位越高，越有利于降低焦比和提高产量，从而提高经济效益。经验表明，矿石品位提高 1%，则焦比降低 2%，产量增加 3%。

矿石的贫富一般以其理论铁含量的 70% 来评估。实际铁含量超过理论铁含量的 70%，称为富矿。但这并不是绝对固定的标准，它还与矿石的脉石成分、杂质含量和矿石类型等因素有关，如对褐铁矿、菱铁矿和碱性脉石矿铁含量的要求可适当放宽。这是因为褐铁矿、菱铁矿受热分解出 H_2O 和 CO_2，品位提高。碱性脉石矿 CaO 含量高，冶炼时可少加或不加石灰石，其品位应按扣除 CaO 含量的铁含量来评价。因此，目前来说划分富矿与贫矿没有统一的标准，此界限将随选矿及冶炼技术水平的提高而变化。一般将矿石中 Fe 的质量分数高于 65% 而 S、P 等杂质少的矿石，供直接还原法和熔融还原法使用，而矿石中 Fe 的质量分数高于 50% 而低于 65% 的矿石供高炉使用。我国富矿储量已经很少，绝大部分是 Fe 的质量分数为 30% 左右的贫矿，要经过富选才能使用。

B　脉石成分及分布

铁矿石脉石的成分主要为 SiO_2、Al_2O_3、CaO 和 MgO。一般铁矿石含酸性脉石者多，即其中 SiO_2 含量高，需加入相当数量的石灰石造碱度 $w(CaO)/w(SiO_2) \approx 1.0$ 的炉渣，才能满足冶炼工艺的需求。因此，希望酸性脉石含量越少越好。脉石中含 CaO 较多的碱性脉石，具有较高的冶炼价值。这种矿石可视为酸性脉石的富矿和石灰石的混合矿，冶炼时可少加或不加石灰石，对降低焦比是有利的。

炉料中的 MgO 在冶炼时全部进入炉渣，矿石中含 MgO 较高时，渣中 MgO 含量易升高。渣中有适量 MgO 能改善炉渣的流动性，增加其稳定性，有利于脱硫和炉况顺行。但若 MgO 含量过高时，又会降低其脱硫能力和流动性，给高炉操作带来困难。如河北省涞源的高 MgO 铁矿石，即属于这种类型。

Al_2O_3 在高炉渣中为中性氧化物，其含量也应该控制。若 Al_2O_3 含量过高，使炉渣中的 $w(Al_2O_3)$ 超过 20%，则炉渣难熔而不易流动，冶炼困难。印度塔塔钢铁公司矿石中 Al_2O_3 含量高，炉渣中 $w(Al_2O_3)$ 高达 25% 左右。通常可提高炉渣 $w(MgO)$ 以解决炉渣流动性的问题。

有的矿石脉石中还含有 TiO_2、CaF_2、碱金属（K、Na）氧化物、$BaSO_4$ 等，它们对冶炼都有一定影响。

此外，矿石中脉石的结构和分布，特别对于贫矿，是很重要的特性。如果含 Fe 矿物结晶颗粒比较粗大，则在选矿过程中容易实现对有用矿物的单体分离，从而使有用元素达到有效的富集；相反，如果含 Fe 矿物呈细粒结晶镶嵌分布在脉石矿物的晶粒中，则要消耗更多的能量来细碎矿石才能实现有用矿物的单体分离。我国河北省冀东矿属于前者，而四川省攀西地区的钒钛磁铁矿属于后者。

有用矿物及脉石矿物的结构决定了矿石的致密程度，影响矿石的机械强度及还原性，一定的机械强度可以满足矿物在进行加工和被还原时的要求。

C 有害杂质

矿石中的有害杂质是指那些对冶炼有妨碍或使矿石冶炼时不易获得优质产品的元素，主要有硫、磷、铅、锌、砷、钾、钠等。高炉冶炼要求矿石中的有害元素含量越少越好。我国规定矿石中有害元素含量的界限见表2-1。

表 2-1 矿石中有害元素的界限

元素名称与符号	硫（S）	磷（P）	铅（Pb）	锌（Zn）	砷（As）
允许含量（质量分数）/%	≤0.3	≤0.3	≤0.1	≤0.2	≤0.7

a 硫

硫在矿物中主要以硫化物状态存在。硫的主要危害主要表现在以下几个方面。

（1）钢中的含硫量超过一定量时，会使钢材具有热脆性。这是由于 FeS 和铁结合成低熔点（985℃）的合金，冷却时最后凝固成薄膜状并分布于晶粒之间，当钢材被加热到 1150~1200℃时，硫化物首先熔化，使钢材沿晶粒界面形成裂纹。

（2）对铸造生铁，硫会降低铁水的流动性，阻止 Fe_3C 分解，使铸件产生气孔、难以切削并降低其韧性。

（3）硫会显著降低钢材的焊接性、抗腐蚀性和耐磨性。

炼钢生铁含硫最高允许含量（质量分数）不超过 0.07%，铸造生铁不超过 0.06%。高炉冶炼过程中可以除去90%的硫，但需要高的炉温与较高的炉渣碱度，这不利于增产节焦。根据实践经验，矿石中含硫量升高0.1%，焦比升高5%。因此，要求矿石中含硫量越低越好。一般规定矿石中 $w(S) \leqslant 0.3\%$。高硫矿需要通过选矿、焙烧等处理。

b 磷

在矿石中磷一般以磷灰石（$3CaO \cdot P_2O_5$）形式存在。磷在选矿和烧结过程中不易除去，而在高炉冶炼过程中几乎全部还原进入生铁，因此控制生铁含磷的唯一途径就是控制原料的含磷量，要求矿石中含磷量要尽可能低。磷对冶炼的影响如下。

（1）降低钢在低温下的冲击韧性，使钢材产生"冷脆"。因为磷化物是脆性物质，钢水冷凝时，它凝聚在钢的晶界周围，减弱其结合力，使钢材在冷却时产生很大的脆性。

（2）磷高时还使钢的焊接性能、冷弯性能和塑形降低。

（3）由于磷共晶有较低的熔点，可使铁水的熔化温度降低，因而能延长铁水的凝固时间，改善铁水的流动性，对于铸造形状复杂的普通铸件是有利的，可使铁水充满铸型，改善铸件质量。但是由于磷的存在影响铸件的强度，故除少数高磷铸造铁允许有较高的含磷量外，一般生铁含磷量越低越好。根据磷的平衡：

$$w(P)_{矿}K + w(P)_{熔、焦} = w[P] \tag{2-1}$$

得到

$$w(P)_{矿} = \frac{w[P] - w(P)_{熔、焦}}{K} = \frac{(w[P] - w(P)_{熔、焦})w(Fe)_{矿}}{w[Fe]} \tag{2-2}$$

式中 $w[P]$ ——生铁中磷含量（质量分数），%；

$w(P)_{熔、焦}$ ——生产单位生铁所需熔剂和焦炭带来的磷量（质量分数），一般为 0.03%；

K ——生产单位生铁的矿石消耗量，$K = w[Fe]/w(Fe)_{矿}$；

$w[Fe]$ ——生铁中的铁含量（质量分数），%；

$w(Fe)_{矿}$ ——矿石铁含量（质量分数），%。

若矿石中含磷量超过允许界限，则应与低磷矿石配合使用，以保证生铁含磷量符合规定要求。

c 铅

铅在矿石中一般以方铅矿（PbS）形态存在。它在高炉中是易还原元素，但铅不溶于生铁且密度大于生铁，因此沉入炉底，渗入砖缝而破坏炉底炭砖，甚至使炉底砌砖浮起。铅又极易挥发，在高炉上部被氧化成 PbO，黏结于炉墙，易引起结瘤。一般要求矿石中含铅量（质量分数）低于 0.1%。

d 锌

锌在矿石中常以闪锌矿（ZnS）形态存在。我国某些矿石中含有少量的锌。高炉冶炼中锌全部被还原，其沸点低（905℃），不溶于生铁。锌还原后挥发出的大量锌蒸气上升到高炉上部，遇炉料冷凝，并被煤气中的 CO_2 氧化成 ZnO，部分 ZnO 沉积在炉身上部炉墙上，形成炉瘤；部分渗入炉衬的空隙和砖缝隙中，引起炉衬膨胀而破坏炉壳。矿石中的锌含量（质量分数）一般不应大于 0.1%。

e 砷

矿石中的砷常以毒砂（FeAsS）、斜方砷矿（$FeAsS_2$）及氧化物 As_2O_3、As_3O_5 等形态存在于褐铁矿石中，其他矿石中很少见。砷在高炉冶炼过程中全部被还原进入生铁。由于砷的非金属性很强，不具有延展性，故当钢中的砷含量（质量分数）大于 0.1%时，就产生"冷脆"，并降低其焊接性能。高炉冶炼要求矿石中的砷含量（质量分数）不大于 0.07%。

f 钾和钠

碱金属主要是指钾和钠，一般以硅酸盐形式存在于矿石中。在高炉冶炼中，钾、钠的危害是很严重的。因为它们在高炉内被直接还原、到下部高温区（高于 1500℃）生成大量碱蒸气，其中一部分碱蒸气在高温下与焦炭中的 C、煤气中的 N_2 生成氰化物。氰化物的沸点较高（高于 1500℃），呈雾状液体状态。这些碱蒸气和雾状氰化物，随煤气上升到炉身中部的低温区（低于 800℃），被氧化成碳酸盐，部分沉积在炉料和炉墙上，部分又随炉料下降，如此循环富集。其危害性主要表现在：

（1）碱金属与炉衬作用生成钾霞石（$K_2O \cdot Al_2O_3 \cdot 2SiO_2$）等，体积膨胀而破坏炉衬，缩短高炉寿命；

（2）与炉衬作用生成低熔点化合物，使炉料黏在炉墙上，或使炉料黏结在一起，不断恶化上部料层透气性，最后导致炉瘤的形成；

（3）钾、钠与焦炭中的石墨反应，生成插入式化合物 CK_8、CNa_8，体积膨胀很大，破坏焦炭的高温强度，使高炉下部料柱透气性变差；

（4）钾、钠能增大焦炭的反应性，扩大直接还原区，加之前述几个因素的影响，使高炉焦比升高，产量降低；

（5）使烧结矿和球团矿的软化温度降低，低温还原粉化率升高，并导致球团矿的恶性膨胀。

因此，对矿石中的碱金属含量要加以限制，一般要求（K_2O+Na_2O）含量（质量分数）小于0.1%~0.6%，碱负荷低于3~5kg/t为宜。

g 铜

铜是贵重的有色金属，铜在钢中的含量（质量分数）不超过0.3%时，能增强金属的抗腐蚀性能；但当含铜量（质量分数）超过0.3%时，钢的焊接性能降低，并产生热脆。为使钢中含铜量（质量分数）不超过0.3%，要求矿石中含铜量（质量分数）应小于0.2%。

D 有益元素

矿石中的有益元素指对金属质量有改善作用或可提取的元素，但对高炉冶炼过程不一定有利。如锰、铬、钴、镍、钒、钛等元素，当这些元素达到一定含量时可视为复合矿石，其经济价值很大，是宝贵的矿石资源。我国复合矿石种类多、储量较大，对这类矿石应大力开展综合利用。

a 锰

铁矿中几乎都含有锰，但一般含量（质量分数）都不超过5%。锰能增加钢材的强度和硬度，它在高炉中的还原率为40%~60%。生铁中含有一定量的锰能降低生铁的含硫量，含锰的矿粉在烧结时可以改善烧结矿的质量。

b 铬

铬是很贵重的合金元素，它能够提高钢的耐腐蚀能力和强度，是冶炼不锈钢的重要合金元素。铬在矿石中常以铬铁矿（$FeO \cdot Cr_2O_3$）的形态存在，在高炉中的还原率为80%~85%。

c 镍

镍能提高钢的强度，也是冶炼不锈钢的重要合金元素。它在铁矿石中含量很少，常存在于褐铁矿中，高炉冶炼时全部进入生铁。

d 钒

钒是非常宝贵的合金元素，它能提高钢的耐疲劳强度。钒大量存在于钒钛磁铁矿中，少量存在于褐铁矿中。高炉冶炼时，钒的还原率为70%~90%。

e 钛

含有钛的合金钢具有耐高温、抗腐蚀的良好性能，是近代制造飞机、火箭、航天器的高温合金。钛在钒钛磁铁矿中以$FeO \cdot TiO_2$的形态存在。钛化物进入炉渣后，使炉渣变得黏稠，高炉不易操作。

2.1.2.2 铁矿石的还原性

铁矿石中铁氧化物与气体还原剂CO、H_2之间反应的难易程度称为铁矿石的还原性。矿石还原性的好坏，在很大程度上影响矿石还原的速率，随之影响高炉冶炼的技术经济指标。因为还原性好的矿石，在中温区域被气体还原剂还原出的铁就多，不仅可减少高温区的热量消耗，有利于较低焦比，而且还可以改善造渣过程，促进高炉稳定顺行，使高炉冶炼高产、优质。

铁矿石的还原性与矿石的矿物组成和结构、脉石成分、矿石粒度与孔隙率、矿的软化性等有关。结构致密、气孔度低、与煤气难以接触的矿石较难还原。磁铁矿组织致密，气孔率低，最难还原；赤铁矿稍疏松，具有中等气孔度，较易还原；褐铁矿和菱铁矿加热后失去结晶水和 CO_2，气孔度大大增加，还原性很好。高碱度烧结矿和球团矿具有良好的还原性。

2.1.2.3　矿石的高温性能

矿石是在炉内逐渐受热、升温的过程中被还原的。矿石在受热和被还原的过程中以及还原后都不应因强度下降而破碎，以免矿粉堵塞煤气流通孔道而造成冶炼过程的障碍。

为了在熔化造渣之前使矿石更多地被煤气所还原，矿石的软化熔融温度不可过低，软化与熔融的温度区间不可过宽。这样一方面可保证炉内有良好的透气性，另一方面可使矿石在软熔前达到较高的还原度，以减少高温直接还原，降低能源消耗。

2.1.2.4　粒度

铁矿石的粒度是指矿石颗粒的直径。它直接影响着炉料的透气性和传热、传质条件。粒度太小，会影响炉内料柱的透气性，使煤气上升的阻力增大；粒度过大，又使矿石的加热和还原速度降低。近年来，有降低矿石粒度上限的趋势，同时采用分级入炉。

适宜的矿石粒度与矿石的还原性、机械强度及高炉大小等因素有关。目前我国高炉入炉矿的粒度见表 2-2。

表 2-2　高炉入炉矿石粒度分布情况

高炉类型	还原性	粒度/mm	分级粒度/mm
大型高炉	难还原 易还原	8~40	8~20，20~40 8~25，25~50
中型高炉	难还原 易还原	8~50	8~15，15~30 8~20，20~40
小型高炉		25~35	

与国外先进指标相比，表 2-2 中的粒度偏大一些。日本大于 2000m³ 级的高炉，矿石的粒度仅为 10~40mm，甚至 8~28mm，冶炼效果很好。根据国内外生产实践，矿石的粒度宜小而均匀，高炉使用的铁矿石都必须严格进行整粒，将入炉铁矿石的粒度控制在 8~20mm，粒度小于 5mm 的铁矿石一定要筛除。

2.1.2.5　孔隙率

铁矿石的孔隙率有体积孔隙率和面积孔隙率两种表示法。体积孔隙率是矿石的空隙占总体积的百分数。面积孔隙率是单位体积内气孔表面积的绝对值。气孔有开口气孔和闭口气孔两种。高炉冶炼要求矿石的开口气孔要大，烧结矿和球团矿等人造富矿能满足这一要求。

2.1.2.6　机械强度

铁矿石的机械强度是指铁矿石耐冲击、耐摩擦、抗挤压的强弱程度。机械强度差的矿石，在炉内下降过程中很容易产生粉末，从而恶化料柱的透气性。高炉冶炼要求矿石具有较高的机械强度，但矿石在常温下的机械强度并不能反映高炉内的实际情况。近年来，国内外日益重视高炉原料在高温条件下的机械强度的研究工作。

2.1.2.7　铁矿石各项指标的稳定性

要保证高炉的正常生产和最大限度地发挥其生产效率，必须有一个相对稳定的冶炼条件，要求铁矿石的各项理化指标应符合要求并保持相对稳定。在前述各项指标中，矿石的品位、脉石成分与数量、有害杂质含量的稳定性尤为重要。高炉冶炼要求成分波动范围为 $w(\mathrm{TFe}) \pm 1.0\%$，$w(\mathrm{SiO_2}) \pm 0.3\%$；烧结矿的碱度波动范围为 ± 0.1。

2.1.3　铁矿石入炉前的预处理

从矿山开采出来的铁矿石，其含铁量及其他化学成分波动很大，粒度大小相差悬殊，有的达到几百毫米，有的则以粉末存在，并且伴随着多种金属共生物。从物理和化学的性质来看，大部分矿石都不能满足高炉冶炼的需求，入炉前必须经过一系列的加工处理，其处理工艺流程如图 2-1 所示。

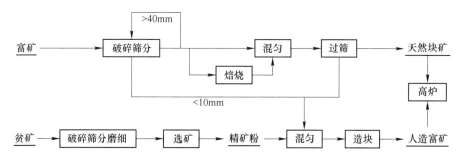

图 2-1　铁矿石入炉前预处理的基本流程

2.1.3.1　矿石破碎筛分

矿石破碎筛分的目的是按照高炉冶炼要求提供适宜粒度的矿石以及满足贫矿选分处理对粒度的需求。

根据对产品粒度要求的不同，可以将产品的破碎分为粗碎、中碎、细碎、粗磨及细磨几个级别。粗碎是指从 1000mm 破碎到 400mm；中碎是指从 400mm 破碎到 100mm；细碎是指从 100mm 破碎到 25mm；粗磨是指从 25mm 破碎到 1mm 以下；细磨是指从 1mm 破碎到 0.3mm 以下。

筛分是将物料按粒度分为两种或多种级别的作业。筛分设备主要有固定条筛、圆筒滚筛和振动筛等。筛分的效果工业上用筛分效率表示。所谓筛分效率，是指实际筛下物的质量与筛分物料中粒度小于筛孔的物料总量之比，常用百分数表示。筛孔的大小（筛分尺寸）用毫米表示。对于粉碎很细的物料用网目表示，简称目。网目是指筛子表面 25.4mm（1in）长度上所具有的大小相同的筛孔数。根据国际标准筛制：200 目为 0.074mm；100 目为 0.15mm；16 目为 1mm。

2.1.3.2　矿石混匀

混匀也称为中和，目的在于稳定入炉矿石的化学组分。常用的方法是平铺直取，即将矿石一层一层地铺在地上，达到一定高度后，沿垂直断面截取（直取），通过截取多层矿石达到混匀的目的。混匀的机械设备有门型抓斗起重机、电铲抓斗、电铲垂直取矿机等。混匀后要求矿石品位波动小于 $\pm 1\%$。

2.1.3.3　焙烧

焙烧是在专门的设备中控制适宜的气氛（还原或氧化气氛），将铁矿石加热到低于软化温度200~300℃，使铁矿石在固态下发生一系列可更好地满足高炉冶炼要求的物理化学变化。焙烧的目的是改变矿石的化学组成和内部结构，除去部分有害杂质，回收有用元素，同时还可以使矿石组织变得疏松，提高铁矿石的还原性。焙烧的方法有氧化焙烧、还原磁化焙烧和氯化焙烧等。

A　氧化焙烧

氧化焙烧是指铁矿石在氧化性气氛条件下焙烧，主要用于去除菱铁矿中的CO_2和褐铁矿中的结晶水，并提高品位，改善还原性，同时还减少了菱铁矿和褐铁矿结晶水在高炉内的分解耗热。

菱铁矿的氧化焙烧是在500~900℃之间进行的，按式（2-3）发生分解：

$$4FeCO_3 + O_2 === 2Fe_2O_3 + 4CO_2 \tag{2-3}$$

褐铁矿的脱水，在250~500℃之间发生下列反应：

$$2Fe_2O_3 \cdot H_2O === 2Fe_2O_3 + H_2O \tag{2-4}$$

在氧化焙烧中还可以使矿石中的硫氧化去掉，其反应式如下：

$$3FeS_2 + 8O_2 === Fe_3O_4 + 6SO_2 \tag{2-5}$$

B　还原磁化焙烧

还原磁化焙烧是在还原气氛下，通过焙烧将弱磁性的赤铁矿（或褐铁矿、菱铁矿）及非磁性的黄铁矿，还原转变为具有强磁性的磁铁矿，以便磁选。

C　氯化焙烧

对于含有一定量有色金属铜、铅、锌等的铁矿粉（如硫酸渣），可以采用氯化焙烧的方法进行处理，使原料中的金属氧化物与加入的氯或氯化物作用生成金属氯化物。在焙烧过程中，金属氯化物便从矿石中分离出来，进入烟气，然后再进行回收。

在氯化焙烧中，氯化原料多为氧化物，氯化剂也常采用氯气。

氧化物被氯气氯化的反应通式为：

$$MeO + Cl_2 === MeCl_2 + \frac{1}{2}O_2 \tag{2-6}$$

氯化物沸点低、熔点不高，与金属矿、硫化物、氧化物几乎不互溶，既易生成，又易还原或分解，再加上氯化选择性好，因此氯化焙烧得到广泛应用。氯化焙烧多用于处理低品位复杂矿物原料或冶炼的中间产物，目的在于富集和综合回收有价金属；或作为备料工序，把氧化物、碳化物、氮化物等转变为氯化物，以使进一步制取纯金属；也可用作精炼脱杂提纯金属。氯化焙烧典型应用实例有：金红石或高钛渣在流态化炉或竖炉内还原氯化制取$TiCl_4$；二氧化锆在竖炉内进行还原氯化制取$ZrCl_4$；菱镁矿煅烧球团在竖炉内还原氯化制取$MgCl_2$；黄铁矿烧渣和锡中矿的处理；可在回转窑内进行高温氯化挥发焙烧，以达到综合利用及富集有价金属的目的。此外，还有钨精矿反射炉焙烧时采用氯化挥发焙烧脱除杂质锡；NiO在流态化炉内选择氯化挥发焙烧脱除少量的铜等。

氯化焙烧虽然可以回收多种有用金属，但费用高，操作严格，其收尘处理及设备材料的防腐蚀和环境保护等问题，都有待进一步研究解决。

2.1.3.4　选矿

选矿的目的主要是提高铁矿石的品位。矿石经过选择可得到精矿、中矿和尾矿三种产品。

精矿是指选矿后得到的含有用矿物含量较高的产品；中矿为选矿过程的中间产品，需进一步选矿处理；尾矿是经选矿后留下的废弃物。

对于铁矿石，常用的选矿方法有重力选矿法、磁力选矿法和浮游选矿法三种。

A　重力选矿法

重力选矿法简称重选法。重选法是利用不同密度或粒度的矿粒在选矿介质中具有不同沉降速度的特性，将在介质中运动的矿粒混合物进行选别，从而达到被选矿物与脉石分离的目的。一般铁矿物的相对密度为4~5，而脉石矿物的相对密度为2~3。重力选矿法在处理粗粒级物料时具有处理量大、成本低、指标好的优点。

重力选矿过程是在介质中进行的，作为介质的有水、空气、重液和重悬浮液。以空气为介质而进行选别的方法称为风力选矿；以重液和重悬浮液为介质的选矿，称为重介质选矿。大多数情况下，是以水为介质进行选别的。在选别的过程中，介质的动力作用有极为重要的作用和意义。矿粒在介质中的运动，是由矿粒本身的重力、介质对矿粒的阻力的合力来支配的。密度、形状、粒度不同的矿粒，由于在介质中的运动情况不同，沉降速度也不相同，因而达到分离的目的。

B　磁力选矿法

磁力选矿法简称为磁选法。磁选法是利用矿物和脉石的磁性差异，在不均匀的磁场中，磁性矿物被磁选机的磁性吸引，而非磁性矿物则被磁极排斥，从而达到选别的目的。磁选法是分选黑色金属矿石，特别是磁铁矿石和锰矿石的主要选矿方法。

国内外生产的磁选机种类很多，除按磁场强弱不同分类外，在生产中也常常按照其选别的方式不同，而将磁选机分为干式磁选机和湿式磁选机。或按照结构的不同，分为筒式、盘式、辊式、环式、转鼓式、转笼式和带式磁选机等。

C　浮游选矿法

浮游选矿法简称浮选法。浮选法是利用矿物表面不同的亲水性，选择性地将疏水性强的矿物用泡沫浮到矿浆表面，而亲水性矿物则留在矿浆中，从而实现有用矿物与脉石的分离。

一般把矿物易浮与难浮的性质称为矿物的可浮性。浮选就是利用矿物的可浮性的差异来分选矿物的。在现代浮选过程中，浮选药剂的应用尤其重要，因为经浮选药剂处理后，可以改变矿物的可浮性，使要浮的矿物能选择性地附着于气泡，从而达到选矿的目的。

2.1.3.5　造块

天然富矿开采和处理过程中产生的富矿粉以及贫矿选矿后得到的精矿粉都不能直接入炉，为了满足冶炼要求，必须将其制成具有一定粒度的块矿。此外，冶金工业生产中产生的大量粉尘和烟尘等，为了保护环境和回收利用这些含铁粉料（如高炉、转炉炉尘、轧钢皮、铁屑、硫酸渣等），也需要进行造块处理。

粉矿造块的方法很多，应用最广泛的是烧结法和球团法。烧结法生产出来的烧结矿呈块状，粒度并不均匀；而球团法生产出来的球团矿则呈球状，粒度非常均匀。铁矿粉造块技术并非简单地将细矿粉制成团矿，而是在造块过程中采用一些技术，以生产出优质的冶炼原料。例如，加入 CaO、MgO 以提高矿石碱度；在可能的条件下加入还原剂 C，改善矿石的还原性能。铁矿粉造块还可以去除某些杂质元素。

归纳起来，粉矿造块的作用主要是：（1）可以有效地利用资源，例如，通过造块能回收钢铁工业或化工企业中产生的大量副产品和废弃的燃料；（2）高炉使用烧结矿和球团矿可提高生铁质量；（3）高炉使用烧结矿和球团矿有利于强化冶炼、提高产量、降低焦比。高炉生产实践证明，使用质量良好的人造富矿（烧结矿和球团矿）可使高炉冶炼各项技术经济指标得到大幅度提高，因而粉矿造块已经成为钢铁工业中不可缺少的一个重要生产工序。

2.2　烧结矿和球团矿

我国烧结矿和球团矿的生产发展极为迅速。现在全国主要钢铁企业的熟料比都在 80% 以上，相当一部分高炉已达 100%，中小企业也都建起了人造富矿的生产体系，部分企业为降低冶炼成本仍采用少量高品位块矿入炉。

2.2.1　烧结矿

烧结法生产烧结矿是重要的造块方法之一。所谓烧结，就是将各种粉状含铁原料，配入适量的燃料和熔剂，加入适量的水，经混合和造球后在烧结设备上进行烧结的过程。在此过程中借助燃料燃烧产生高温，使物料发生一系列物理化学变化，并产生一定数量的液相。当冷却时，液相将矿粉颗粒黏结成块，即烧结矿。

目前生产上广泛采用带式抽风烧结机生产烧结矿。烧结生产的工艺流程如图 2-2 所示，主要包括烧结料的准备工作、配料和混合、烧结过程以及产品的处理等工序。

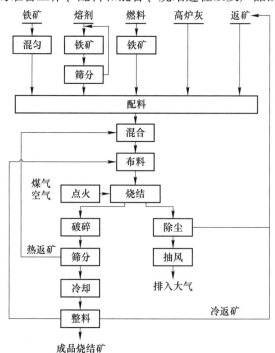

图 2-2　抽风烧结的工艺流程

对入场烧结原料的一般要求见表2-3。

表 2-3　入场烧结原料一般要求

名称	品位	粒度/mm	水分/%	其　他
精矿	$w(\text{TFe})$ 波动范围±1%	—	磁选<11 浮选<12	—
富矿粉	$w(\text{CaO})+w(\text{TFe})>45\%$ $w(\text{TFe})$ 波动范围<2%	10~0	—	—
高炉炉尘	—	—	5~8	均匀湿润后入厂
石灰石	$w(\text{CaO})>50\%$，$w(\text{SiO}_2)<3\%$ $w(\text{CaO})$ 波动范围±1.5%	40~0 80~0	<2	粒度 40~0mm 适用于中小型烧结厂 粒度 80~0mm 适用于大型烧结厂
消化石灰	—	3~0	<15	—
生石灰	—	<10 其中 5~0 占85%	—	—
碎焦	—	25~0	<10	粒度范围 25~0mm 是按一段破碎考虑的。如为两段破碎，则按粗破碎机的容许给料粒度决定
无烟煤	灰分质量分数<15%， 挥发分质量分数<8%， 硫含量尽量低	25~0	<10	粒度范围 25~0mm 是按一段破碎考虑的。如为两段破碎，则按粗破碎机的容许给料粒度决定
轧钢皮	—	<10	—	其他铁屑物，粒度都应小于 10mm

2.2.1.1　烧结流程

带式烧结机抽风烧结过程是自上而下进行的，沿其料层高度温度变化的情况一般可分为五层，各层中的反应变化情况如图 2-3 所示。点火开始以后，依次出现烧结矿层、燃烧层、预热层、干燥层和湿料层。然后后四层又相继消失，最终只剩烧结矿层。

（1）烧结矿层。经高温点火后，烧结料中燃料燃烧放出大量热，使料层中矿物产生熔融，随着烧结矿层下移和冷空气的通过，生成的熔融液相被冷却而再结晶（1000~1100℃）凝固成网孔结构的烧结矿。这层的主要变化是熔融物的凝固，伴随着结晶和析出新矿物，还有吸入的冷空气被预热，同时烧结矿被冷却，和空气接触时低价氧化物可能被再氧化。

（2）燃烧层。燃料在该层燃烧，温度高达 1350~1600℃，使矿物软化熔融黏结成块。该层除燃烧反应外，还发生固体物料的熔化、还原、氧化以及石灰石和硫化物的分解等反应。

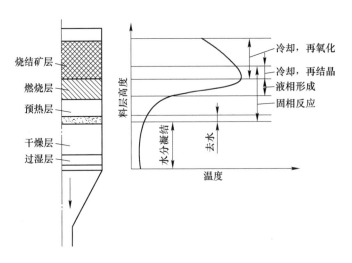

图 2-3　烧结矿过程各层反应及温度分布示意图

（3）预热层。由燃烧层下来的高温废气，把下部混合料很快预热到着火温度，一般为400~800℃。此层内开始进行固相反应，结晶水及部分碳酸盐、硫酸盐分解，磁铁矿局部被氧化。

（4）干燥层。干燥层受预热层下来的废气加热，温度很快上升到100℃以上，混合料中的游离水大量蒸发，此层厚度一般为10~30mm。实际上干燥层与预热层难以截然分开，可以统称为干燥预热层。此层中料球被急剧加热，迅速干燥，易被破坏，恶化料层透气性。

（5）湿料层。从干燥层下来的热废气含有大量水分，料温低于水蒸气的露点温度时，废气中的水蒸气会重新凝结，使混合料中水分大量增加而形成湿料层。此层水分过多，使料层透气性变坏，降低烧结速度。

2.2.1.2　烧结过程的基本化学反应

A　固体 C 的燃烧和水蒸气的汽化

碳的燃烧反应是烧结过程中其他一切物理化学反应的基础。固体碳燃烧反应式为：

$$2C + O_2 \Longrightarrow 2CO \quad 和 \quad C + O_2 \Longrightarrow CO_2 \tag{2-7}$$

反应后生成 CO 和 CO_2，还有部分剩余氧气，为其他反应提高了氧化还原气体和热量。燃烧产生的废气成分取决于烧结的原料条件、燃料用量、还原和氧化反应的发展程度以及抽过燃烧层的气体成分等因素。

为了混合化造球，常外加一定量的水（精矿粉加水7%~8%，富矿粉加水4%~5%）。这种水称为游离水或吸附水，在100℃温度下即可大量蒸发出去。如用褐铁矿烧结，则还含有较多的结晶水（化合水），需要在200~300℃下才开始分解放出；脉石中含有黏土质高岭土矿物（$Al_2O_3 \cdot 2SiO_2 \cdot H_2O$），需要在400~600℃下才能分解，甚至在900~1000℃下才能去尽。因此，用褐铁矿烧结时需要更多的燃料，配比一般高达8%~9%。

此外，分解出的水会与碳发生反应，使得烧结过程或高炉冶炼过程的燃耗增加。

烧结料中水分蒸发的条件是气相中水蒸气分压（P_{H_2O}）低于该温度条件下水的饱和蒸气压（P'_{H_2O}）。在烧结干燥层中，由于水分不断蒸发，故 P_{H_2O} 不断升高；相反，由于温度不断降低，P'_{H_2O} 则不断下降，当 $P_{H_2O} = P'_{H_2O}$ 时，蒸发和凝结处于动态平衡状态，干燥过程也就结束。废气离开干燥层后，继续将热传给下面的湿料层，温度继续下降，P'_{H_2O} 继续降低。当 $P_{H_2O} > P'_{H_2O}$ 时，废气温度低于该条件下的露点温度，便产生水气的凝结，产生过湿现象，致使料层透气性恶化。如果采取预热措施，使得烧结混合料层的温度超过露点温度（一般在 50~60℃），则可避免或减轻过湿现象，提高烧结矿的产量和质量。

B　碳酸盐的分解和矿化作用

烧结料中的碳酸盐有碳酸钙、碳酸镁、碳酸亚铁、碳酸锰等，其中以碳酸钙为主。在烧结条件下，碳酸钙在 720℃ 左右开始分解，880℃ 时开始化学沸腾，其他碳酸盐相应的分解温度较低些。碳酸钙分解产物 CaO 能与烧结料中的其他矿物发生反应，生成新的化合物，这就是矿化作用。反应式为：

$$CaCO_3 + SiO_2 \rule[0.5ex]{2em}{0.4pt} CaSiO_3 + CO_2 \tag{2-8}$$

$$CaCO_3 + Fe_2O_3 \rule[0.5ex]{2em}{0.4pt} CaO \cdot Fe_2O_3 + CO_2 \tag{2-9}$$

如果矿化作用不完全，将有残留的自由 CaO 存在，在存放过程中，它将同大气中的水分进行消化作用生成氢氧化钙，使烧结矿的体积膨胀而粉化。

C　铁和锰氧化物的分解、还原和氧化

铁的氧化物在烧结条件下，温度高于 1300℃ 时，Fe_2O_3 可以分解：

$$3Fe_2O_3 \rule[0.5ex]{2em}{0.4pt} 2Fe_3O_4 + \frac{1}{2}O_2 \tag{2-10}$$

Fe_3O_4 在烧结条件下分解压很小，但是有 SiO_2 存在，温度大于 1300℃ 时，也可能分解：

$$2Fe_3O_4 + 3SiO_2 \rule[0.5ex]{2em}{0.4pt} 3(2FeO \cdot SiO_2) + O_2 \tag{2-11}$$

D　有害杂质的去除

烧结过程可部分去除矿石中的硫、铅、锌、砷、氟、钾、钠等对高炉有害的物质，从而改善烧结矿的质量，有利于高炉冶炼顺行。

烧结可以去除大部分的硫。对于以硫化物形式存在的硫，主要反应为：

$$2FeS_2 + \frac{11}{2}O_2 \rule[0.5ex]{2em}{0.4pt} Fe_2O_3 + 4SO_2 \, (>366℃) \tag{2-12}$$

$$2FeS + \frac{7}{2}O_2 \rule[0.5ex]{2em}{0.4pt} Fe_2O_3 + 2SO_2 \tag{2-13}$$

铁矿石中的硫有时以硫酸盐（$CaSO_4$、$BaSO_4$ 等）的形式存在。硫酸盐的分解压很小，开始分解的温度相当高，如 $CaSO_4$ 高于 975℃、$BaSO_4$ 高于 1150℃，因此其去硫比较困难。但当有 Fe_2O_3 和 SiO_2 存在时，可改善其去硫热力学条件：

$$CaSO_4 + Fe_2O_3 \rule[0.5ex]{2em}{0.4pt} CaO \cdot Fe_2O_3 + SO_2 + \frac{1}{2}O_2 \tag{2-14}$$

$$BaSO_4 + Fe_2O_3 \rule[0.5ex]{2em}{0.4pt} BaO \cdot Fe_2O_3 + SO_2 + \frac{1}{2}O_2 \tag{2-15}$$

　　硫化物烧结去硫主要是氧化反应。高温、氧化性气氛有利于脱硫,两者都与燃料量直接有关。硫化物的去硫反应为放热反应,而硫酸盐的去硫反应则为吸热反应。因此,提高烧结温度对硫酸盐矿石去硫有利。而在烧结硫化物矿石时,为稳定烧结温度,促进脱硫,应相应减低燃耗。

　　砷的脱出需要有适当的氧化气氛。砷氧化成 As_2O_3,容易挥发,但过氧化生成 As_2O_5 则不能气化。因此,烧结去砷率一般不超过 50%。若加入少量 $CaCl_2$,可使去砷率达 60%~70%。

　　烧结去氟率一般只有 10%~15%,有时可达 40%。若在烧结料层中通入水气,可使其生成 HF,大大提高去氟率。硫、砷、氟以 SO_2、As_2O_3、HF 等有毒气体形式随废气排出,严重污染大气,危害生物和人体健康。因此,许多国家对烧结废气制定了严格的排放标准。

　　对一些含碱金属钾、钠和锌的矿石,可在烧结料中加入 $CaCl_2$,使其在烧结过程中相应生成极易挥发的氯化物而被去除和回收。如加入 2%~3% $CaCl_2$,可去铅 90%,去锌 65%;加 0.7% $CaCl_2$,钾、钠的脱碱率可达 70%。但采用氯化烧结时,应注意设备腐蚀和环境污染问题。

2.2.1.3　烧结矿的形成

　　烧结矿的成矿机理,包括烧结过程的固相反应、液相形成及结晶过程。在烧结过程中,主要矿物都具有高熔点,在烧结过程中大多不能熔化。当物料加热到一定温度时,各组分之间进行固相反应,生成熔点较低的新化合物,使它们在较低温度下生成液相,并将周围的固相黏结起来。当燃烧层移动后,被熔物温度下降,液相放出能量并结晶,液相冷凝固结形成多孔烧结矿。

　　烧结构成产生的基本液相是硅酸盐和铁酸盐体系的矿物,如 $FeO\text{-}SiO_2$（硅酸铁）、$CaO\text{-}SiO_2$（硅酸钙）、$CaO\text{-}Fe_2O_3$（铁酸钙）、$CaO\text{-}FeO\text{-}SiO_2$（铁钙橄榄石）等,它们是烧结矿形成的主要胶结物。液相矿物的组成及其多少对烧结矿的质量有很大的影响,要根据需要进行控制。

　　烧结矿的成矿过程,实际上就是指颗粒很细小的混合料在高温作用下,通过一系列的物理化学反应,冷却固结后形成多孔矿物的过程。整个成矿过程大致可分为固相反应、液相形成、冷却结晶和固结成矿。固相反应是形成烧结矿的基础。

2.2.1.4　烧结矿的分类

　　烧结矿按照碱度的不同,可分为以下四类。

　　(1) 酸性烧结矿（普通烧结矿）,其碱度小于 1.0。这种烧结矿强度好,但还原性较差,高炉使用它时需加入较多的熔剂,对提高产量和降低焦比不利。

　　(2) 自熔性烧结矿,其碱度为 1.0~1.5。这种烧结矿还原性较好,高炉使用这种烧结矿时一般可不加或少加熔剂,对提高产量和降低焦比有利;但它的强度较差,对高炉顺行不利。

　　(3) 高碱度烧结矿,其碱度为 1.5~3.5。这种烧结矿的强度和还原性都较好,而且高炉冶炼时可不加熔剂,因而对高炉提高产量、降低焦比以及顺行均有好处。当前普遍生产的是高碱度烧结矿,它在高炉配矿比中占 80% 以上。

　　(4) 超高碱度烧结矿,其碱度大于 3.5。

2.2.1.5　烧结矿的质量

A　烧结矿的质量指标

烧结矿的质量指标包括化学成分、物理性能和冶金性能三个方面。这三方面包含的各个指标都应符合冶金标准规定的产品，称为合格品。我国高炉用烧结矿的质量标准见表2-4，其中TFe含量和碱度$w(CaO)/w(SiO_2)$由企业根据实际情况而定。

表2-4　高炉用烧结料质量指标（YB/T 421—2005）

类别		品级	化学成分（质量分数）				物理性能/%			冶金性能/%	
			$w(TFe)$ /%	$w(CaO)$ $w(SiO_2)$	$w(FeO)$ /%	$w(S)$ /%	转股指数 (+6.3mm)	抗磨指数 (-0.5mm)	筛分指数 (-5mm)	低温还原粉化指数 RDI (+3.15mm)	还原度指数 RI
			波动范围		不大于						
碱度	1.50~2.50	一级品	±0.5	±0.08	11.0	0.06	≥68.0	≤7.0	≤7.0	≥72	≥78
		二级品	±1.0	±0.12	12.0	0.08	≥65.0	≤8.0	≤9.0	≥70	≥75
	1.00~1.50	一级品	±0.5	±0.05	12.0	0.04	≥64.0	≤8.0	≤9.0	≥74	≥74
		二级品	±1.0	±0.1	13.0	0.06	≥61.0	≤9.0	≤11.0	≥72	≥72

B　烧结矿质量对高炉冶炼的影响

从化学成分看，烧结矿品位越高，越有利于提高生铁产量，降低焦比；硫的影响则相反，其含量越低，对冶炼越有利。但烧结矿品位取决于所使用的原料条件，烧结生产中只能通过合理准确地配料，使之保持稳定，这对高炉冶炼至关重要。入炉矿含铁量稳定是炉温稳定的基础，而炉温稳定，是高炉顺行、获得良好冶炼效果的前提。否则，高炉原料含铁量忽高忽低，高炉热值度频繁波动，调节不及时，将导致炉况失常。

烧结矿的碱度，应根据各企业的具体条件确定，以获得较高强度和还原性好的产品并保证高炉不加或少加石灰石为原则。合适的碱度有利于改善高炉的还原和造渣过程，大幅度降低焦比，提高产量。烧结矿碱度应保持稳定，这是稳定造渣制度的重要条件。只有造渣制度稳定，才有助于热制度稳定和炉况顺行，并使炉渣具有良好的脱硫能力，改善生铁质量。

烧结矿中的FeO含量，在一定程度上决定烧结矿的还原性。对普通烧结矿和自熔性烧结矿而言，FeO的高低与铁橄榄石、钙铁橄榄石等难还原相的含量密切相关，直接受烧结温度水平、气氛性质和烧结矿碱度的影响，因而也可间接反映烧结矿的熔融程度、气孔数量与性质、显微结构等影响其还原性的诸多因素。

研究表明，精粉率越高，烧结矿含铁原料氧化度越低，烧结矿FeO含量越高。烧结矿碱度高，容易生成铁酸钙，有利于降低烧结矿FeO含量。改善料层透气性，增加料层厚度，有利于降低烧结矿FeO含量。配碳增加，还原气氛增强，烧结矿FeO含量明显上升。从矿相组成看，随着FeO含量的升高，铁酸钙降低，硅酸二钙显著升高。但是当FeO含量（质量分数）为8%以下，铁酸钙增加不多。根据我国当前的原料条件，烧结矿FeO含量（质量分数）一般应以7%~8%为宜。

烧结矿的强度好，粒度均匀，粉末少，是保证高炉合理布料及获得良好料柱透气性的重要条件，因而对炉况顺行有积极影响。首钢试验表示，烧结矿中小于 5mm 的粉末含量每减少 1%，高炉产量提高 1%，焦比降低 0.5%。

烧结矿的质量指标中，转鼓指数和筛分指数表示烧结矿的常温机械强度和粉末含量，前者越高越好，后者越低越好。

C　烧结生产的主要技术经济指标

烧结生产的主要技术经济指标包括生产能力指标、能耗指标及生产成分等。

（1）烧结机利用系数 $[t/(m^2 \cdot h)]$：烧结机利用系数是衡量烧结机生产效率的指标，它与烧结机有效面积无关。用单位时间内每平方米有效抽风面积的生产量来表示。

$$利用系数 = \frac{台时产量}{有效抽风面积}$$

台时产量系指每台烧结机每小时的生产量。用一台烧结机的总产量与该烧结机总时间之比来表示，单位为 t/h。该指标体现烧结机生产能力的大小，与烧结机的有效面积有关。

（2）烧结矿成品率：烧结矿成品率是指成品烧结矿占成品烧结矿量与返矿量之和的百分数。

$$成品率 = \frac{成品烧结矿}{成品烧结矿 + 返矿量} \times 100\%$$

（3）烧成率：烧成率是指烧结成品烧结矿量占混合料总消耗量的百分数。

$$烧成率 = \frac{成品烧结矿量}{混合料总消耗量} \times 100\%$$

（4）返矿率：返矿率是指烧结矿经破碎筛分所得到的筛下矿量占烧结混合料总消耗量的百分数。

$$返矿率 = \frac{返矿量}{混合料总消耗量} \times 100\%$$

（5）作业率：作业率是描述设备工作状况的指标，以运转时间占设备日历时间的百分数表示。

$$日历作业率 = \frac{烧结机运转时间（台·时）}{日历时间（台·时）} \times 100\%$$

（6）劳作生产率：劳作生产率综合反应烧结厂的管理水平和生产技术水平，又称全员劳动生产率，即每人每年生产烧结矿的吨数。

（7）生产成本：生产成本是指生产每吨烧结矿所需的费用，由原料费和加工费两项组成。

（8）工序能耗：工序能耗是指在烧结生产过程中生产 1t 烧结矿所消耗的各种能源之和。各种能源在烧结总能耗所占的比例：固体燃耗约 70%，电耗约 20%，点火煤气消耗约 5%，其他约 5%。不同能耗通过折算以标准煤计。

烧结工序能耗是衡量烧结生产能耗高低的重要技术指标。降低工序能耗的主要措施有：采用厚料层操作，降低固体燃耗消耗；采用新能节能点火器，节约点火煤气；加强管理与维护，降低烧结机漏风率；积极推广烧结余热利用，回收二次能源；采用蒸汽预热混合料技术以及生石灰消化技术，提高料温，降低燃耗，强化烧结过程。

2.2.2 球团矿

球团是人造块状原料的一种方法。它是将精矿粉、熔剂（有时还有黏结剂和燃料）的混合物在造球机中滚成直径为 8~15mm 的生球，然后干燥、焙烧、固结形成具有良好冶金性能的含铁熟料。

球团过程中，物料的物理性质，如密度、孔隙率、形状、粒度和机械强度等发生变化；其他性质，如化学组成、还原性、膨胀性、高温还原软化性、低温还原软化性、熔融性等也发生了变化，冶金性能得到改善。

球团矿具有粒度均匀、品位高、冶炼效果好、便于运输和储存等优点。但在高温下球团矿易产生体积膨胀和软化收缩。目前，国内外大多习惯于把球团矿和烧结矿按比例搭配使用。

球团矿可分为自熔性球团矿、非自熔性球团矿和金属化球团矿等几种，金属化球团又称为预还原球团。球团矿除了用于高炉冶炼之外，还可以直接用于电炉、转炉等代替废钢使用。

2.2.2.1 球团矿的生产工艺流程

球团矿的生产工艺流程一般包括原料的准备、配料、混合、造球、干燥和焙烧、成分和返矿处理等步骤，如图 2-4 所示。

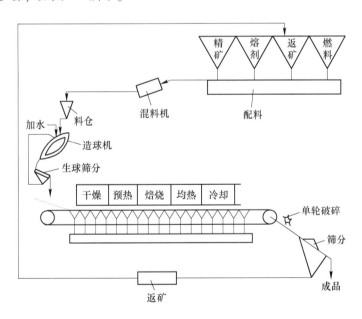

图 2-4　球团矿的生产工艺流程图

造球过程中常用的熔剂有消石灰（$Ca(OH)_2$）、石灰石粉（$CaCO_3$）、生石灰粉（CaO），加入石灰石粉及消石灰、生石灰粉还能提高生球强度和破碎温度。氯化钙（$CaCl_2$）是作为氯化剂加到球团料中的，它能与铜、铅、锌等作用生成氯化物，从球团中出去并加以回收。

采用固体燃料焙烧球团时，通常加入的是煤粉和焦粉。如果将煤粉混入精矿粉中造球，会因煤粉的亲水性比矿粉小而大大降低生球强度和成球速度，所以常采用在合适的生球表面上加一层煤粉或焦粉的添加方法。

2.2.2.2 球团焙烧设备

焙烧设备形式主要有带式球团焙烧机、链箅机-回转窑和竖炉等。它们的特点见表 2-5。

表 2-5 三种球团焙烧设备的对比

方法	带式焙烧机	链箅机-回转窑	竖炉
优点	(1) 便于操作、管理和维护； (2) 可处理各种矿石； (3) 焙烧周期短，各段长度易控制； (4) 可处理易结团原料	(1) 设备结构简单； (2) 焙烧均匀，产品质量好； (3) 可处理各种矿石，生产自熔性球团矿； (4) 不需要耐热合金材料	(1) 结构简单； (2) 材质无特殊要求； (3) 炉内热利用好
缺点	(1) 上下层球团矿质量不均； (2) 台车箅条采用耐高温合金； (3) 铺边、铺底料流程复杂	(1) 窑内易结圈； (2) 环冷机冷却效果差； (3) 维修工作量大； (4) 大型部件运输困难	(1) 焙烧不够均匀； (2) 单机生产能力受限； (3) 处理矿石种类范围不广泛
生产能力	单机生产能力大，最大为 6000～6500t/d，适于大型生产	单机生产能力大，最大为 6500～12000t/d，适于大型生产	单机生产能力小，最大为 2000t/d，适于中小型生产
产品质量	良好	良好	稍差
基建投资	稍高	较高	低
经营费用	稍高	低	一般
电耗	中	稍低	高

A 带式焙烧机

带式焙烧机是目前球团矿生产中产量比例最大的一种焙烧设备，世界上近 60% 的球团矿用带式焙烧机生产。如图 2-5 所示，它的构造与带式烧结机相似，但实质差别甚大，其采用多辊布料器，抽风系统比烧结机复杂，传热方式也不同。一般焙烧球团全靠外部供热，沿烧结机长度分为干燥、预热、焙烧、均热和冷却 5 个带（每个带的长度和热工制度随原料条件的不同而异），生球在台车上依次经过上述 5 个带后焙烧成为成品球团。机上球层厚度为 500mm 左右，各带温度为干燥带不高于 800℃，预热带不超过 1100℃，焙烧带 1250℃ 左右。

带式焙烧机可以采用固体、气体和液体燃料作为热源。全部使用固体燃料时，将燃料粉末滚附在生球表面，经点火燃烧供给焙烧所需的热量。也可全部使用气体或液体燃料，将燃料通入上部的机罩中燃烧，产生的高温废气被抽风机抽过球层进行焙烧。还可以在使用气体或液体燃料的同时，在生球的表面滚附少量固体燃料，组成气-固或液-固混合供热形式。

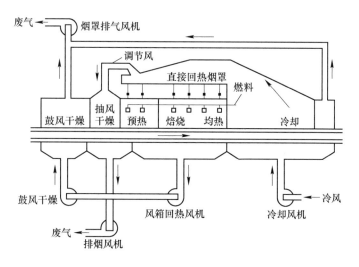

图 2-5 带式焙烧机

B 链箅机-回转窑

链箅机-回转窑从 20 世纪 60 年代后期开始发展，用于焙烧球团矿虽然时间不长，但发展较快。目前，约有 26% 的球团矿由它生产，现已成为焙烧球团矿的一种重要方法。

生球在链箅机上进行干燥和预热，然后进入回转窑中高温焙烧，如图 2-6 所示。链箅机装在衬有耐火砖的室内，分为干燥室和预热室两部分。生球经辊式布料机在链箅机上，随箅条向前移动的同时，抽来预热的废气（250~450℃）对生球进行干燥；干燥后的生球进入预热室，再被从回转窑出来的温度为 1000~1100℃的氧化性废气加热，干球被部分氧化和再结晶，然后进入回转窑高温焙烧。

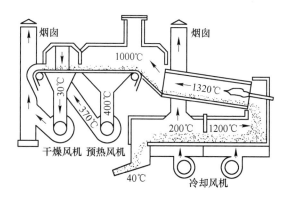

图 2-6 链箅机-回转窑

C 竖炉

竖炉是世界上最早采用的球团矿焙烧设备。如图 2-7 所示，它中间是焙烧室，两侧是燃烧室，下部是卸料辊和密封闸门，焙烧室和燃烧室的横截面多为矩形。现代竖炉在顶部设有烘干床，焙烧室中央设有导风墙。燃烧室内产生的高温气体从两侧喷入焙烧室并向顶部运动，生球从上部均匀地铺在烘干床上被上升热气流干燥、预热；然后沿烘干床斜坡滑入焙烧室内焙烧固结，在出焙烧室后与从底部鼓进的冷却风相遇，得到冷却；最后经排矿机排出竖炉。一般竖炉是矩形断面，但也有少量是圆形断面。

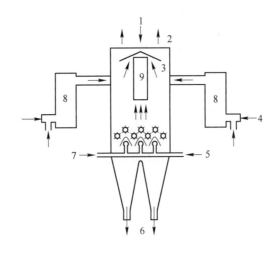

图 2-7　竖炉

1—生球；2—废气；3—烘干床；4—燃料；5—助燃风；6—成品球；
7—冷却风；8—燃烧室；9—导风墙

2.2.2.3　球团矿质量指标

A　生球质量指标

质量优良的生球是获得高产、优质球团矿的先决条件。优质生球必须具有适宜而均匀的粒度、足够的抗压强度和落下强度以及良好的抗热冲击性。

（1）生球粒度。近年来球团力度逐渐变小，生产实践表明，粒度为 6~12mm 的球团较为理想。球团粒度均匀、孔隙率大、气流阻力小，在高炉中还原速度快，为高炉高产低耗提供了有利条件。目前，大多数生产厂家都以生产 6~16mm 的球团为目标。

（2）生球抗压强度。生球必须具有一定的抗压强度，以承受生球在热固结过程中的各种应力、台车上料层的压力和抽风负压的作用等。抗压强度使用压力机进行检测。一般选取 10 个粒度均匀的生球（通常直径为 12.5mm）在压力机上加压，直到破裂为止。以生球破裂时的平均压力值作为生球平均抗压强度。生球的抗压强度随焙烧方法的不同而异，目前尚无统一标准，一般带式焙烧机要求单球抗压强度达 9.8~29.4N，链箅机-回转窑要求单球抗压强度达 9.8N。

（3）生球落下强度。生球必须有足够的落下强度，以保证生球既不破裂又很少变形。其检验方法是，选取 10 个直径为 12.5mm 的生球，自 500mm 高处自由落在钢板上，反复数次，直至出现裂纹或破裂为止。记录每个生球的落下次数并求出其平均值，作为落下强度指标。

（4）生球破裂温度。生球在干燥时受到水分强烈蒸发和快速加热所产生的应力作用，从而使生球产生破裂式剥落，影响了球团的质量。生球的破裂温度除了与干燥介质状态有关外，还与原料的组成及理化性质有关。

B 球团矿质量指标

球团矿质量要求的项目主要有粒度、机械强度、还原性、软化点及熔点、化学成分及其稳定性。近年来，对高温还原条件下的强度以及热膨胀性能也开始受到重视。

（1）冷强度。冷强度是球团矿入炉前的一项重要指标，主要反映球团矿的抗冲击、抗摩擦、抗压能力。检验方法包括落下试验、转鼓试验及抗压强度试验等。落下强度反映球团矿的抗冲击能力，即产品的耐转运能力。转鼓试验可同时反映出球团的抗冲击和抗摩擦的综合特性，是球团质量鉴定的主要手段之一。抗压强度可用材料试验机测定。

（2）还原性。评价球团矿还原性的主要指标是还原度，用还原过程中失去的氧量与试样在试验前氧化铁中所含的总氧量之比的百分数表示。测定炼铁原料的还原性方法很多，但由于方法不同，还原结果难以相互比较。与球团矿还原性能有关的指标还有低温（500～600℃）还原粉化性和还原膨胀指标。低温还原粉化性的测定方法是：将一定粒度范围的试样，在固定床中于500℃下，用CO、CO_2和N_2组成的还原气体进行静态还原。恒温还原60min，试样经冷却后装入转鼓（ϕ130mm×200mm），转300转后取出，用6.3mm、3.15mm和0.5mm的方孔筛分级，分别计算各粒级量，用RDI表示铁矿石的粉化性。球团矿还原时体积膨胀的测定方法是：用水银置换法测出球团矿还原前和冷却后的体积，根据还原前后体积的变化和氧的损失可计算出膨胀率和还原度。

（3）高温软化和熔融特性。球团矿和其他炉料一起降至高炉炉身下部，被煤气还原，温度逐渐升高直至熔化。为了避免黏稠的熔化带扩大，造成煤气分布的恶化，降低料柱的透气性，应尽可能避免使用软化区间特别宽及熔点低的球团矿及其他炉料。有关球团矿软化性能及软化温度的测定方法很多，但基本思路都是模拟高炉内气氛、温度和负荷条件，通过试样的收缩和膨胀及压降变化进行分析。

C 球团矿与烧结矿的质量对比

目前国内外普遍认为，球团矿与烧结矿相比，在冶金性能上有以下优点。

（1）粒度小而均匀，有利于高炉料柱透气性的改善和气流的均匀分布。通常，球团粒度为8～16mm的部分占90%以上，即使整粒最好的烧结矿也难以相比。

（2）冷态强度（抗压和抗磨）高，在运输、装卸和储存时产生的粉末少。

（3）还原性好，有利于改善煤气化学能的利用。

（4）原料来源较宽，产品种类多。适于球团法处理的原料包括磁铁矿、赤铁矿、褐铁矿以及各种含铁粉尘、化工硫酸渣等。不仅能制造常规氧化球团，还可以生产还原球团、金属化球团等。

（5）适于处理细精矿粉。为了提高选矿过程铁的收得率，细磨铁精矿的粒度从小于0.074mm（200目）减少到小于0.044mm（325目）。这种过细精矿透气性不好，影响烧结矿产量和质量的提高。而细精矿粉易于成球、球团强度高，适于用球团方法处理。

2.2.3 天然块矿

块矿（尤其是高品位的块矿）是高炉使用的重要含铁原料之一，它与高碱度烧结矿、酸性球团矿一起构成高炉的含铁炉料结构，为高炉炉料合理性奠定了重要基础。

高炉块矿按化学成分分为四个品级，以干矿品位计算，应符合表2-6的规定。

表 2-6　高炉块矿质量标准（质量分数）

品级	TFe 含量 /%	杂质含量（不大于）/%						
		SiO$_2$	S			P		
			I 组	II 组	III 组	I 组	II 组	III 组
一级	≥58	12	0.1	0.3	0.5	0.2	0.5	0.9
二级	≥55	14	0.1	0.3	0.5	0.2	0.5	0.9
三级	≥50	17	0.1	0.3	0.5	0.2	0.5	0.9
四级	≥45	18	0.1	0.3	0.5	0.2	0.5	0.9

对粒度要求为，8~30mm 的块矿为优等级，10~40mm 的次之。粒级中大于上限和小于下限粒度的包含率均不得大于该粒级量的 10%。每批产品含铁品位的波动值应控制在 ±5% 以内。

2.3　燃　　料

炼铁过程是还原过程，需要大量的还原剂和热量。高炉炼铁消耗的燃料很多，目前先进高炉炼 1t 铁，需要约 0.5t 燃料。这样巨大的燃料需求量，能满足高炉此要求的只有碳元素。

最早使用的高炉燃料是木炭。木炭含碳高、含硫低，有一定强度和块度，是高炉较好的燃料。但木炭价格太贵，而且大量用木炭炼铁，必然破坏生态平衡。煤在炼铁上的应用，我国最早在公元 4 世纪成书的《释氏西域记》就有记载。

煤的储量巨大，但作为高炉燃料，局限性很大。煤含有 20%~40% 的挥发物，在 250~350℃ 开始剧烈分解，坚硬的煤块爆裂成碎块和煤灰。这些粉煤会填塞到大块铁矿石、烧结矿、球团矿的间隙中，显著破坏高炉料柱的透气性，较大的高炉难以顺行，灰渣还会填满炉缸。在高炉中使用煤作为主要燃料，开始时技术经济指标降低，接着就是炉况不佳甚至出现大的事故。同时，煤中含硫一般较高，用块煤炼铁，常常引起铁水硫量升高，降低了生铁质量。目前，高炉炼铁主要用焦炭，辅以煤粉和燃料喷吹。

2.3.1　焦炭

焦炭在高炉中起着非常重要的作用。焦炭在风口前燃烧放出大量热量并产生煤气，煤气在上升过程中将热量传给炉料，使高炉内的各种物理化学反应得以进行。高炉冶炼过程中的热量有 70%~80% 来自焦炭的燃烧。焦炭燃烧产生的 CO 及焦炭中的固定碳是铁矿石的还原剂。焦炭在料柱中占 1/3~1/2 的体积，尤其是在高炉下部高温区只有焦炭是以固体状态存在，它对料柱起骨架作用，高炉下部料柱的透气性完全由焦炭来维持。

2.3.1.1　焦炭的作用

焦炭是高炉冶炼的主要燃料，其具有以下作用。

（1）发热剂。高炉冶炼是一个高温物理化学过程，矿石被加热，进行各种化学反应熔化成液态渣铁，并将其加热到能从高炉中顺利流出的温度，需要大量的热量。这些热量主要是靠炉料中的焦炭燃烧提供。焦炭燃烧提供的热量占高炉热量总收入的70%~80%。

（2）还原剂。高炉冶炼主要是一个高温还原过程。生铁中的主要成分 Fe、Si、Mn、P 等元素都是从矿石的氧化物中还原得来的。焦炭中固体 C 及其氧化物 CO 是铁氧化物等的还原剂。

（3）高炉料柱的骨架。高炉料柱中的其他炉料，在下降到高温区后，相继软化熔融，唯有焦炭不软化也不熔化，在料柱中所占的体积较大，为 1/3~1/2，如骨架一样支撑着软融状态的矿石炉料，使煤气流能够从料柱中穿透上升。这也是当前其他燃料无法替代焦炭的根本原因。

另外，由于还原出的纯铁熔点很高，为 1535℃，但在高炉冶炼的温度下难以熔化。当铁在高温下与燃料接触不断渗碳后，其熔化温度逐渐降低，可至 1150℃。这样生铁在高炉内能顺利熔化、滴落，与由脉石组成的熔渣良好分离，保证高炉生产过程不断地进行。生铁中含碳量（质量分数）达 3.5%~4.5%，焦炭是生铁组成成分中碳的主要来源。质量优良的冶金焦在很大程度上决定着高炉生产和冶炼的效果。

2.3.1.2 高炉生产对焦炭质量的要求

高炉生产对焦炭质量的要求如下。

（1）碳含量高，灰分含量低。固定碳和灰分是焦炭的主要组成部分，两者互为消长关系。焦炭灰分含量高，固定碳含量相应降低，单位焦炭提供的热量和还原剂少，导致高炉冶炼的焦比升高、产量降低。实际生产中有"灰分含量降低 1%，则焦比降低 2%，产量提高 3%"的经验。降低焦炭灰分含量的主要措施是加强洗煤、合理配煤。炼焦过程中不能降低灰分含量。

（2）有害杂质少。高炉中的硫约 80% 来自焦炭。当焦炭硫含量高时，需要多加石灰石以提高炉渣碱度脱硫，致使渣量增加。洗煤、炼焦过程中可除 10%~30% 的硫。此外，合理配煤也是控制焦炭硫含量的措施之一。焦炭含磷量一般很少。

（3）成分稳定，挥发分含量适中，含水率低且稳定。

（4）强度高。机械强度差的焦炭，在转运过程和炉内下降过程中破裂产生大量粉末，使料柱透气性恶化，炉况不顺。M_{40} 和 M_{10} 指标作为日常生产检验指标，其重要性仍不可忽视。

（5）焦炭均匀，使透气性良好，但粒度稳定与否取决于焦炭强度。

（6）焦炭高温性能良好（包括反应性 CRI 和反应后强度 CSR）。反应性是衡量焦炭在高温状态下抵抗 CO_2 气化能力的化学稳定性指标。焦炭的反应性高，在高炉内易被熔损，则强度下降显著。因此，希望焦炭反应性低些。反应后强度是衡量焦炭在经受 CO_2 和碱金属侵蚀状态下，保持高温强度的能力。显然，焦炭高温强度高有利于生产。

不同容积高炉对焦炭的质量要求不同，根据《高炉炼铁工艺设计规范》（GB 50427—2008）对不同容积高炉焦炭质量的要求见表 2-7。

表 2-7　不同容积高炉对焦炭质量的要求

炉容级别/m³	1000	2000	3000	4000	5000
$M_{40}/\%$	≥78	≥82	≥84	≥85	≥86
$M_{10}/\%$	≤8.0	≤7.5	≤7.0	≤6.5	≤6.0
反应后强度 $CSR/\%$	≥58	≥60	≥65	≥65	≥66
反应性指数 $CRI/\%$	≤28	≤26	≤25	≤25	≤25
焦炭灰分（质量分数）/%	≤13	≤13	≤12.5	≤12	≤12
焦炭含硫（质量分数）/%	≤0.7	≤0.7	≤0.7	≤0.6	≤0.6
焦炭粒度范围/mm	75~20	75~25	75~25	75~25	75~30
>75mm 含硫（质量分数）/%	≤10	≤10	≤10	≤10	≤10

2.3.2　煤粉

焦炭在高炉中起着不可替代的作用，但炼焦过程的污染排放严重以及冶金焦的价格昂贵，近年来冶金工作者一直在探究是否可以用其他燃料来部分替代焦炭，从而减轻环境和成本的压力。

钢铁厂中除炼焦用煤外，还使用大量的煤以提供多种形式的动力，如电力、蒸汽等；或者将煤直接用于如烧结、炼钢及高炉冶炼工艺等冶金过程。1964 年，我国首先在首钢成功地向高炉喷吹无烟煤粉，作为辅助燃料置换一部分昂贵的冶金焦，降低了生铁成本。现在，我国的高炉都采用喷吹煤粉的工艺，并且开始逐步扩大到喷吹其他挥发分含量较高的煤种。

对高炉喷吹用煤粉的质量有如下要求。

（1）灰分含量低（应低于焦炭灰分，至多与焦炭灰分相同），固定碳含量高。

（2）硫含量低，要求低于 0.7%，高煤比（180~210kg/t）时宜低于 0.5%。

（3）可磨性好（即将原煤制成是和喷吹工艺要求的细粒煤粉时所耗能量少，同时对煤枪等输送设备的磨损也轻）。

（4）粒度细。根据不同条件，煤粉应磨细至一定程度，以保证煤粉在风口前有较高的燃烧率，烟煤的为 70%，无烟煤的在 80% 以上。一般要求无烟煤小于 0.074mm 的粒级占80% 以上，而烟煤占 50% 以上。此外，细粒煤粉也便于输送。目前，西欧有少量高炉采用喷粒煤工艺。为了节约磨煤能耗，煤粉粒度维持在 0.8~1.0mm，但并没有得到推广。为了保证煤尽量多地（例如 80% 以上）在风口带内气化，应喷吹挥发分含量较高的烟煤。国外钢铁企业大多采用混合煤喷吹工艺，煤中挥发分的质量分数一般控制在 22%~25%。

（5）爆炸性弱，以确保在制备及输送过程中人身及设备安全。

（6）燃烧性和反应性好。煤粉的燃烧性表征煤粉与 O_2 反应的快慢程度。煤粉从插在直吹管上的喷枪喷出后，要在极短暂的时间内（一般为 0.01~0.04s）燃烧而转变为气体。如果在风口带不能大部分气化，剩余部分就随炉腹煤气一起上升。这一方面影响喷煤效果；另一方面，大量的未燃煤粉会使料柱透气性变差，甚至影响炉况顺行。在反应性上，与上述焦炭的情况相反，人们希望煤粉的反应性好，以使未能与 O_2 反应的煤粉能很快与高炉煤气中的 CO_2 反应而气化。高炉生产的实践表明，约占喷吹量15%的煤粉是与煤气中的 CO_2 反应而气化的。这种气化反应对高炉顺行和提高煤粉置换比都是有利的。

（7）煤的灰分熔点高。煤的灰分熔点应高于1500℃，灰分熔点低易造成煤枪口和风口挂渣堵塞。

（8）煤的结焦性小，烟煤的胶质层指数 Y 值应小于10mm，以避免喷煤过程中结焦和结渣。应尽量采用弱黏结和不黏结煤，例如贫煤、贫瘦煤、长烟煤和无烟煤或由它们组成的混合煤。

2.4　熔　剂

高炉冶炼中，除主要加入铁矿石和焦炭外，还要加入一定量的助熔物质，即熔剂。

2.4.1　熔剂的作用

为了保证高炉能够冶炼出合格的生铁，在高炉冶炼过程中还需要加入一定量的熔剂。熔剂一般在烧结矿和球团矿中加入，高炉直接加入熔剂的情况很少。高炉冶炼过程中加入熔剂的作用主要如下。

（1）使渣铁分离。高炉冶炼加入熔剂能与铁矿石中高熔点的脉石和焦炭中高熔点的灰分结合，生成熔化温度较低的炉渣，使其能顺利地从炉缸排出，并同铁水分离，保证高炉生产的顺利进行。

（2）改善生铁质量获得合格生铁。加入适量的熔剂，获得具有一定化学成分和物理性能的炉渣，以增加其脱硫能力，并控制硅、锰等元素的还原，有利于改善生铁质量。

2.4.2　熔剂的分类

根据成分的不同，高炉冶炼使用的熔剂可分为碱性、酸性和中性三种。在确定熔剂的添加量时，应考虑燃料灰分是高酸性物质的影响。

（1）碱性熔剂。当铁矿石中的脉石为酸性氧化物时，需加入碱性熔剂。由于燃料灰分的成分和绝大多数矿石的脉石成分都是酸性的，因此普遍使用碱性熔剂。常用的碱性熔剂有石灰石（$CaCO_3$）和白云石（$CaCO_3 \cdot MgCO_3$）。

（2）酸性熔剂。当使用含碱性脉石的矿石冶炼时，可加入酸性熔剂，如石英（SiO_2）等。但由于铁矿石中的脉石绝大部分是酸性氧化物，所以高炉生产中很少使用酸性熔剂，就是有一部分碱性脉石的铁矿石，通常也是和含酸性脉石的铁矿石搭配使用而不另外配加石英。只有在生产中遇到炉渣 Al_2O_3 含量（质量分数大于18%）过高，导致高炉冶炼过程失常时，才使用石英来改善造渣，调节炉况。

（3）中性熔剂（高铝熔剂）。当矿石中脉石与焦炭灰分中含 Al_2O_3 很低时，由于渣中 Al_2O_3 低，炉渣的流动性会非常不好，这时需加入一些含 Al_2O_3 高的中性熔剂，如铁矾土、黏土页岩等。在实际生产中很少使用中性熔剂。若遇渣中 Al_2O_3 低时，最合理的还是加入一些含 Al_2O_3 较高的铁矿石，增加渣中 Al_2O_3 含量而不单独加入中性熔剂。

由于铁矿石中的脉石绝大多数呈酸性，所以高炉冶炼使用的熔剂绝大多数是碱性的，且主要是石灰石。

2.4.3 碱性熔剂的质量要求

碱性熔剂的质量要求如下。

（1）碱性氧化物含量要高。由于高炉冶炼使用的熔剂主要是石灰石，所以对作为碱性熔剂加入炉内的石灰石，就要求它的碱性氧化物（$CaO+MgO$）含量要高，酸性氧化物（$SiO_2+Al_2O_3$）含量要低。石灰石中 CaO 的理论含量（质量分数）为 56%，但自然界中石灰石都含有一定的杂质，CaO 的实际含量要比理论含量低一些，一般要求 CaO 含量（质量分数）不低于 50%，SiO_2 和 Al_2O_3 含量（质量分数）不应超过 3.5%。

对于石灰石仅考虑它的 CaO 含量是不够的，实际生产中评价它的质量指标是石灰石的有效容积性。石灰石的有效容积性是指熔剂按炉渣碱度的要求，除去自身酸性氧化物含量所消耗的碱性氧化物外，剩余部分的碱性氧化物含量。它是评价熔剂最重要的质量指标，可用下式表示：

$$石灰石的有效容积性 = CaO_{熔剂} + MgO_{熔剂} - SiO_{2熔剂}\frac{CaO_{炉渣} + MgO_{炉渣}}{SiO_{2炉渣}}$$

当石灰石与炉渣中的 MgO 含量很少时，为了计算简便，在工厂多用 CaO/SiO_2 来表示炉渣碱度，则其有效容积性计算式可简化为：

$$有效容积性 = CaO_{熔剂} - SiO_{2熔剂}\frac{CaO_{炉渣}}{SiO_{2炉渣}}$$

高炉生产要求石灰石的有效容积性越高越好。

（2）硫、磷含量要少。高炉生产要求熔剂中的有害杂质硫、磷含量越少越好。石灰石中一般含硫（质量分数）0.01%~0.08%，磷（质量分数）0.001%~0.03%。

（3）石灰石应有一定的强度和均匀的块度。除方解石在加热过程中很易破碎产生粉末外，其他石灰石的强度都是足够的。石灰石的粒度不能过大，过大的块度在炉内分解慢，会增加炉内高温区的热量消耗，使炉缸温度降低。目前的石灰石粒度，大中型高炉为 25~75mm，最好控制在 25~50mm；小型高炉为 10~30mm，有的把石灰石的粒度降低到与矿石相同。石灰石的技术条件见表 2-8。

表 2-8 石灰石的技术条件

级别	化学成分（质量分数）/%				
	CaO	MgO	$Al_2O_3+SiO_2$	P_2O_5	SO_3
Ⅰ	≥52	≤3.5	≤2.0	≤0.02	≤0.25
Ⅱ	≥50	≤3.5	≤3.0	≤0.04	≤0.25
Ⅲ	≥49	≤3.5	≤3.5	≤0.06	≤0.25
白云石或石灰石	35~44	6~10	≤5		

习题和思考题

2-1　高炉冶炼对矿石（天然矿、烧结矿、球团矿）有何要求，如何达到这些要求？

2-2　烧结过程气氛如何判断，怎样控制以达到要求的气氛？

2-3　如何改善烧结矿料层透气性？

2-4　按还原性以及强度的好坏排列各种矿物组成的顺序，说明其对烧结矿的影响。

2-5　试述球团烧结的工艺的特点及意义。

2-6　简述目前主要的炼焦新技术，以及其技术特点。

2-7　试说明高炉冶炼过程中焦炭劣化的主要原因。

参考文献及建议阅读书目

［1］甘敏，范晓慧，陈许玲，等 . 钙和镁添加剂在氧化球团中的应用［J］. 中南大学学报（自然科学版），2010，41（5）：1645-1651.

［2］张立国，任伟，刘德军，等 . 半焦作为高炉喷吹用煤研究［J］. 鞍钢技术，2015（1）：13-17.

［3］杜刚 . 兰炭替代部分高炉喷吹用煤及其性能的研究［D］. 西安：西安建筑科技大学，2013.

［4］吴胜利，苏博 . 铁矿粉的高温特性及其在烧结矿配矿和工艺优化方面的研究［C］. 2014 钢铁冶金设备及工业炉窑节能长寿技术交流会论文集，2014.

［5］张同山 . 均质烧结技术的发展与配套设计［J］. 烧结球团，2001（2）：1-5.

［6］Hayashi N，Komarov S V，Kasai K. Heat transfer analysis of the mosaic embedding iron ore sintering（MEBIOS）process［J］. Isij International，2009，49（5）：681-686.

［7］烧结机喷吹天然气减排 CO_2 技术［J］. 烧结球团，2012，37（3）：63.

［8］刘晓文，黄从俊 . 铁矿粉富氧烧结试验研究［J］. 粉末冶金工艺，2016，26（5）：38-24.

［9］范晓慧，袁晓丽，姜涛，等 . 精铁矿粒度对球团强度的影响［J］. 中国有色金属学报，2006（11）：1965-1970.

［10］吴胜利，韩宏亮，姜伟忠，等 . 烧结矿中 MgO 作用机理［J］. 北京科技大学学报，2009（4）：428-432.

3 高炉焦炭与焦化技术

★ 思政课堂

煤焦简史

古代中国人很早就会使用优质的煤替代木炭炼铁，推动了炼铁技术的一次进步，但直接用煤炼铁也存在一些缺点。煤在炼铁炉内燃烧时很容易开裂破碎，影响炉体的透气性；即使是优质的煤与木炭相比，硫及其他有害杂质含量也相对较高，会影响生铁的质量。中国人随后受到用木材加工木炭的启发，于是一些智者开始尝试用煤炭来制造燃料，把煤（炼焦煤）在不完全隔绝空气的条件下，利用煤自身的燃烧加热炼成焦炭，再用焦炭来炼铁。可以说是扬长避短，既保留了煤的长处，又避免了煤的缺点，成为炼铁工业历史上的里程碑。据史料记载，中国使用焦炭炼铁的历史至少可以追溯到明代，是世界最早使用焦炭炼铁的国家，但受当时经济发展水平的限制，炼焦生产一直采用手工作坊型的经营方式。

17 世纪末，英国资本主义经济迅猛发展，极大地刺激了对钢铁的需求，也促使人们开始探索新的炼铁技术以提高产量。近代炼焦和焦炭炼铁技术正是在这一背景下应运而生的。当时，炼铁技术正在逐渐发展，人们对炉火的控制越来越熟练，焦炭的制造技术也得以不断完善。真正推动焦炭大量产业化生产的，是名为亚伯拉罕·达比（Abraham Darby）的英国人。1709 年，达比尝试以廉价的焦炭代替当时在英国已日益匮乏的木炭用于高炉炼铁。随后，他的焦炭炼铁技术迅速在欧洲和北美洲传播，焦炭的需求开始大幅增加。炼焦炉如雨后春笋般出现，呈拱形的土焦炉大多连成片，建在山坡上，有时多达数百孔，远看酷似蜂窝，被形象地称作"蜂窝焦炉"，这是早期形成产业化生产的炼焦炉，所炼出来的焦炭就是已被逐步淘汰的"土焦"。在英国工业革命时期，煤炭成为主要的能源，焦炭取代了木炭，成为了主要的炼铁燃料，促进了工业的迅速发展。随着时间的推移，焦炭在钢铁工业中的作用越来越重要。达比取得的巨大成功，不但提高了生铁的产量，降低了成本，还大大提高了生铁的质量。达比的突破具有划时代的意义，经常被后世视为引燃世界工业革命的火种，这是因为它完全改变了当时英国工业的格局和发展历程。

中国近代第一座炼焦炉于 1919 年在辽宁鞍山诞生，后在战火中曾遭破坏一度熄灭，新中国成立后修复重启，从此新中国炼焦产业的发展开始"生生不熄（息）"。1957 年起，我国开始自己独立设计建造炼焦炉，至 1970 年中国炼焦炉的建造已达到较高水平。随着我国的改革开放，炼焦产业进入一个快速发展期，到 1991 年中国的焦炭产量超过苏联，首次跃居全球第一位，并延续至今。焦炭生产不仅可以自给自足，我国甚至一度成为全球最大的焦炭出口国。

我国炼焦行业经过改革开放 40 多年来的发展，已基本形成了以常规焦炉生产高炉炼铁用冶金焦，以热回收焦炉生产铸造用焦，以中低温干馏炉加工低变质煤生产电石、铁合金、化肥与化工等用焦，以及进行煤焦油、粗苯、焦炉煤气深加工，产业链较为完整的、对煤资源开发利用最为广泛的、炼焦煤的价值潜力挖掘最为充分的、独具中国特色的焦化工业体系，正在努力朝着建设现代化经济体系和焦化强国目标奋进。党的二十大报告指出："深入推进能源革命，加强煤炭清洁高效利用"，加强炼焦煤清洁高效利用，持续提升炼焦煤的价值，对于深入推进我国能源革命、维护我国能源安全意义重大。

焦炭是高炉冶炼主要的燃料，同时承担了炉内数十米高料柱的骨架作用，冶炼过程是否使用焦炭成为区分高炉炼铁和非高炉炼铁的根本特征。高炉炼铁技术的进步离不开焦炭质量的提升，优质焦炭的获取也成为限制高炉炼铁技术进步的关键因素。本章内容结合高炉炼铁炉内反应特点，介绍了焦炭的性质及作用、煤成焦基本原理、炼焦生产过程，以及炼焦技术的发展方向。

3.1 焦炭的性质及作用

3.1.1 焦炭的性质

焦炭是由烟煤、沥青或其他液体碳氢化合物为原料，在隔绝空气条件下经过干燥、热解、熔融、黏结、固化、收缩等阶段得到的固体产物。根据焦化温度的不同可以分为高温焦炭（950~1050℃）和低温焦炭（500~700℃），低温焦炭也称热解半焦。冶金焦炭主要是指以炼焦煤为主要原料，在室式炼焦炉中加热至 950~1050℃经过高温干馏之后形成的具有一定块度和强度的高温焦炭。根据炼焦过程工艺条件和所使用原料煤性质的不同，可形成不同规格和质量的高温焦炭，其中应用于高炉炼铁工艺的焦炭称为高炉焦炭，本书中如未特别说明，焦炭即指高炉焦炭。

焦炭物理性质包括焦炭筛分组成、散密度、真相对密度、视相对密度、气孔率、比热容、热导率、热应力、热膨胀系数、收缩率、电阻率和焦炭透气性等。焦炭的物理性质与其常温机械强度、热强度及化学性质密切相关。焦炭的主要物理性质如下：散密度为 400~500kg/m³，真相对密度为 1.8~1.95g/cm³，视相对密度为 0.88~1.08g/cm³，气孔率为 35%~55%，比表面积为 0.6~0.8m²/g，平均比热容为 0.808kJ/(kg·K)(100℃)、1.465kJ/(kg·K)(1000℃)，干燥无灰基低热值为 30~32 kJ/g。

焦炭的化学组成通常采用工业分析和元素分析来体现，工业分析包括水分、挥发分、灰分和固定碳。水分主要受焦炭熄焦工艺影响，湿法熄焦生产的焦炭水分含量较高。挥发分受干馏温度和时间的影响，实际生产中常以挥发分含量判断焦炭的成熟度。灰分由炼焦配合煤的灰分决定，高炉冶炼生产要求焦炭具有较低的灰分含量。按干燥无灰基计算，焦炭中主要元素组成是碳，其次为氢、氮、氧及可燃硫。

焦炭成焦过程中伴随着胶质体的熔化、固化以及气体生成析出，造成焦炭内部存在大量裂纹和不规则孔孢结构体。焦炭中裂纹的存在影响到焦炭的强度和粒度，一般裂纹越多，焦炭强度越低、粒度越小。焦炭孔孢结构利用焦炭气孔率表示，焦炭气孔率大小影响焦炭的反应性和强度。根据焦炭在不同工艺用途差异，对气孔率指标要求不同，高炉焦炭气孔率要求在40%~45%，铸造焦炭要求在35%~40%，一般情况下闭孔容积占全部气孔容积的5%~10%。焦炭裂纹度与气孔率的高低，与炼焦所用煤种有直接关系，如以气煤为主生产的焦炭裂纹多、气孔率高、强度低，以焦煤作为基础煤生产的焦炭裂纹少、气孔率低、强度高。

3.1.2　焦炭在高炉中的作用

焦炭在高炉冶炼过程中有提供热源、还原剂、料柱骨架和渗碳剂等作用。在高炉生产中，焦炭从炉顶加入高炉，在随炉料下降过程中被逐渐消耗，其中在风口回旋区燃烧的焦炭量占入炉量的比重最大，达到55%~65%，金属铁氧化物直接还原消耗量比例为25%~35%，铁水渗碳消耗量为7%~10%，其他非铁元素直接还原消耗量为2%~3%，另外还有不到1%以炉尘的形式随煤气流排出炉外。随着高炉冶炼技术的进步，风口前喷吹煤粉、天然气等燃料替代部分焦炭的功能，焦炭在风口前燃烧的比例相对减少，而消耗于炉内其他反应的焦炭比例相对增加。

3.1.2.1　提供热量

高炉冶炼过程完成金属铁与氧的化学、机械分离需要消耗大量热量，热量来源主要包括热风带入高炉热量、喷吹燃料在风口前燃烧释放热量和焦炭在风口前燃烧释放热量，其中焦炭燃烧释放热量占比最大。对于全焦冶炼高炉，冶炼1t铁水需要消耗500~600kg焦炭，对于风口前喷吹燃料的高炉，冶炼1t铁水消耗300~400kg焦炭。

3.1.2.2　提供还原剂

高炉中矿石由炉顶加入，下降过程与煤气接触发生还原反应，其还原过程可以分为间接还原和直接还原。间接还原是上升煤气中的CO还原矿石生成CO_2，使高价铁氧化物还原生成低价铁或者金属铁，间接还原主要在高炉上部块状带发生。

$$3Fe_2O_3 + CO == 2Fe_3O_4 + CO_2 \tag{3-1}$$

$$Fe_3O_4 + CO == 3FeO + CO_2 \tag{3-2}$$

$$FeO + CO == Fe + CO_2 \tag{3-3}$$

直接还原是在高炉高温区发生，CO还原铁氧化物生成的CO_2在高温条件下立即与焦炭中的碳发生碳素熔损反应生成CO，从反应全过程看可以认为是焦炭中的碳直接参与还原过程。

$$FeO + CO == Fe + CO_2 \tag{3-4}$$

$$CO_2 + C == 2CO \tag{3-5}$$

$$FeO + C == Fe + CO \tag{3-6}$$

不论间接还原或直接还原，都是以CO为还原剂。由于直接还原需要消耗大量热量，并会破坏高温区焦炭强度，所以在现有高炉冶炼条件下，希望间接还原发展多一点，直接还原发展少一点。

3.1.2.3 料柱骨架

高炉炉料中以焦炭堆积密度为最小，块度最大，焦炭体积占炉料总体积的35%~50%。在高温区，矿石软化熔融后，焦炭是炉内唯一以固态形态存在的物料，是支撑高达数十米料柱的骨架，起疏松料柱、保证料柱有良好透气、透液性的作用，是炉况顺行的重要因素。高炉焦炭要求有一定的块度和强度，在块度和强度有保证的前提下高炉冶炼过程料柱才能具有良好的煤气和渣铁通过性能，保证高炉冶炼的稳定和顺行。

3.1.2.4 铁水渗碳

高炉冶炼生铁中碳含量（质量分数）达到4%~5%，其大部分来源于高炉焦炭，进入生铁的碳占入炉焦炭含碳量的7%~10%。铁水渗碳过程在高炉块状带已经开始，此时渗碳量很少。在高炉软熔带，液态渣铁开始产生，液态渣铁和焦炭的接触面积增加，铁水渗碳过程加快。在滴落带，熔化后的液态铁水快速滴落，与高温焦炭直接接触，铁水渗碳快速进行。在高炉炉缸，铁水和浸泡在渣铁中的焦炭接触，发生少量的渗碳，至此铁水在高炉内的渗碳过程结束。

现代高炉采用风口喷吹燃料综合鼓风技术以后，焦炭已经不是高炉的唯一燃料，此时焦炭作为热源、还原剂和渗碳剂的作用可以不同程度地被喷吹燃料替代，唯有焦炭在炉内的料柱骨架作用随着冶炼负荷的增加而更加突出。除以上焦炭在高炉内的四大主要作用外，焦炭在块状带还参与物料的蓄热，以及在高温区参加硅、锰、磷和硫的还原反应。焦炭质量是目前影响高炉冶炼过程最为重要的因素，是限制高炉炼铁技术未来发展的关键因素之一。

3.1.3 焦炭在高炉中的行为

3.1.3.1 焦炭的状态和行为

在高炉中根据温度和炉料状态的不同可以自上而下分为块状带、软熔带、滴落带和风口回旋区，各区域在炉内的位置如图3-1所示。由于这几个区域温度、CO浓度、CO_2浓度等都不相同，因此焦炭的状态和行为也各不相同。

  A 块状带的焦炭

块状带是指炉腰以上温度低于1000℃的部位，矿石为固体形态，炉料相互之间无黏着现象，焦炭和矿石基本保持层状，此部分区域称为块状带。从炉料入高炉时开始，温度与大气温度相近，在块状带运行中温度升至1000℃左右，这一蓄热过程为进入软熔带参与直接还原起重要作用，所以块状带有时也称为蓄热带。块状带中的焦炭温度低于炼焦最终温度，因此焦炭被加热的过程中所承受的热应力作用影响较小。

在块状带下部，矿石中的铁氧化物与上升煤气中的CO发生间接还原生成CO_2。在温度高于800℃的区域，高温焦炭与煤气中CO_2接触后发生碳素熔损反应生成CO，但由于温度较低块状带内焦炭的碳熔损反应不剧

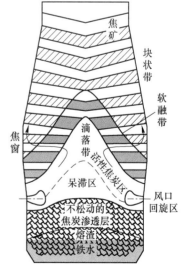

图3-1 高炉冶炼过程中的
不同区域示意图

烈，因此碳的损失一般不超过 10%，对焦炭的块度和强度影响较小。但高炉炉顶温度过高或焦炭反应性过高均会导致块状带焦炭的碳熔损反应量增加，不利于提高高炉炉顶煤气利用率和降低燃料比。

B 软熔带的焦炭

软熔带处于高炉的炉腰和炉腹区域，炉料温度升高到 1000~1300℃ 时矿石开始熔化，故称软熔带。软熔带的形状和位置受炉内温度场和煤气流分布的影响，为提升高炉冶炼效率和获得较好的技术经济指标，现代高炉常采用倒 "V" 形的软熔带操作模式。在软熔带内，焦炭和矿石仍保持层状相间，但矿石由表及里逐渐软化熔融，而焦炭仍以块状起到疏松和使煤气流畅通作用。在软熔带区域矿石间接还原和直接还原过程并存，高温时间接还原生成的 CO_2 立即与焦炭中的碳反应生成 CO，焦炭的碳素熔损反应剧烈，焦炭中的碳熔损失率可达 30%~40%。在软熔带区域焦炭的结构受到破坏，气孔壁变薄，气孔率增大，并在下降过程中受挤压、摩擦作用，使焦炭块度明显减小和粉化，料柱透气性变差，不利于煤气流的畅通。保持焦炭块度均匀和改善反应后强度对高炉软熔带状态有重要的作用。

C 滴落带的焦炭

在软熔带的下部直至炉缸渣面为滴落带，此区域固态炉料完全由焦炭组成，温度在 1350℃ 以上。此时由于矿石中铁氧化物的还原过程大部分已经完成，焦炭的碳素熔损反应开始减弱，因此此时对焦炭破坏作用主要来自不断滴落的液态渣铁的冲刷，以及温度 1700℃ 左右的高温炉气冲击，焦炭中部分灰分蒸发，使焦炭气孔率进一步增大，强度继续降低。滴落带中焦炭块度良好，有一定透气性，对软熔带团中心气流强而保持倒 "V" 形起重要作用，在很大程度上促使高炉顺行。

中心料柱的焦炭大部分来自软熔带最上部，当软熔带顶层熔融而分裂开并向下移动时，倒 "V" 形顶端产生穿透作用，以致焦炭向下滑动，直到顶端新的软熔层形成。也有一部分焦炭来自软熔带各个层间受到一定程度碳溶反应的焦炭，这部分焦炭处于中心料柱焦炭堆的外围，它与滴落带的一部分焦炭向下运动，进入风口区，最后全部燃烧掉为高炉提供热量和还原剂。中心料柱的下部有一堆焦炭，它受到上面炉料的重力、下面液铁液渣的浮力和四周鼓风的压力，形成一个平衡状态，因而处于静止状态，称为呆滞区或死料柱焦。

D 风口回旋区周围的焦炭

热空气由风口鼓入后，形成一个略向上翘起的袋状空腔叫风口回旋区，焦炭在风口回旋区内被高速鼓入的热风带动强烈地回旋并且燃烧，为高炉提供热量和还原剂。空腔的外围因鼓风煤气流动和焦炭床的移动，焦炭以不同状态分布在整个风口区域，如图 3-2 所示。空腔 1 为回旋区，焦炭在此区域燃烧和气化，温度可以达到 2000~2300℃。空腔 1 的上方区域 2 是块度较大焦炭，称为炉腹焦，主要来自中心料柱的活动层，是供给风口循环区燃烧的焦炭主要来源，其块度和承受热力作用的强弱对风口回旋区的状态有重要作用。区域 3 是已经在风口回旋区内燃烧过的焦炭，并且仍不断在回旋区内循环，称为循环区焦炭。区域 4 是在风口回旋区下方存在的结构密实，主要有小块焦粒同时夹杂着因重力流下的渣铁，称为雀巢焦。雀巢焦的下方是大块焦炭区 5，由中心料柱呆滞层焦炭移动和风口与风口间的焦炭堆向下移动所形成，它们能再进入回旋区而浮在液渣上面达 1~2m 厚度，起到渣、铁向下渗透作用。区域 6 是死料柱焦，它始终处于稳定状态，直到碳素完全溶解，灰分进入渣中为止。

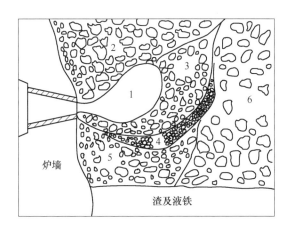

图 3-2　风口回旋区周围的焦炭

3.1.3.2　焦炭在高炉内劣化行为和影响因素

焦炭在高炉内部的骨架作用是决定高炉生产稳定和顺行的关键因素，而骨架作用受到焦炭块度和强度的影响，为此有必要对焦炭在高炉内劣化行为和影响因素进行分析。

A　焦炭在高炉内劣化的外部因素

（1）机械破坏作用。焦炭从布料设备装入高炉时存在一定的落差，会对焦炭的块度产生一定影响，但不会影响焦炭的结构。落到料面的焦炭随料层向下移动，在移动过程中焦炭和炉料以及炉墙之间产生相对摩擦运动，会有移动的磨损产生，但这一磨损对焦炭的块度影响极其有限。料柱的压力也会对焦炭产生破坏作用，但高炉焦炭都具有较高的抗压强度，料柱压力不会引起焦炭块度的大幅变化。

（2）碳素熔损反应。焦炭中碳在高炉内的主要消耗可以分为风口前燃烧、直接还原消耗和铁水渗碳，其中直接还原消耗的碳对焦炭劣化影响最为显著。碳素熔损反应消耗焦炭颗粒中的碳基体，使死孔活化、微孔发展、新孔生成，增大焦炭颗粒的比表面积，焦炭气孔壁变薄。随着熔损反应的继续进行，相邻气孔合并，又导致比表面积下降。以上两个阶段均使焦炭结构松散、强度下降，造成焦炭到达高炉下部高温区迅速粉化，使高炉透气性变差，甚至危及高炉生产。

（3）碱金属。入炉的矿石、燃料和熔剂携带有碱金属矿物，碱金属元素在高炉内循环富集是引起焦炭劣化的一个主要因素。根据生产高炉实际解剖研究结果发现，在高炉内部存在碱金属碳酸盐、氧化物及单质蒸气循环富集过程。在高炉上部碱金属主要以碱金属碳酸盐形式存在，高炉下部主要以碱金属蒸气和碱金属硅酸盐、硅铝酸盐存在，如图 3-3 所示。碱金属对焦炭劣化的作用可以分为对焦炭强度的影响和对焦炭碳素熔损反应的催化作用两方面。碱金属在高温条件下可以与焦炭中各向异性组织结合形成层间化合物，致使层间距增大，产生剧烈的体积膨胀，导致焦炭的气孔壁疏松，裂纹增加，焦炭机械强度下降。同时碱金属的催化作用能加速焦炭熔损反应，造成焦炭结构进一步疏松，高温强度急剧恶化。

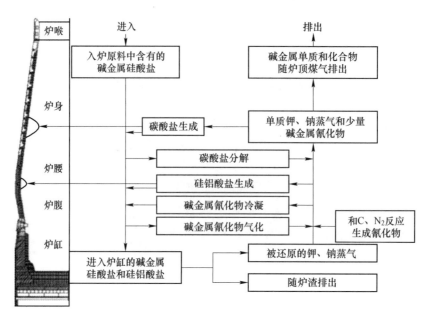

图 3-3　碱金属在高炉内的循环示意图

此外在滴落带液态渣液铁的冲刷作用、高温热应力、铁水渗碳作用、风口回旋区的高温气流冲击作用也会对焦炭的劣化起到一定的作用。

B　焦炭劣化的内部因素

（1）焦炭气孔结构。焦炭作为一种多孔材料，气孔结构直接影响焦炭的强度、反应性等宏观性能。焦炭中的气孔可以分为与外界连通的开气孔和焦炭内部不与外界连通的闭气孔，其中开气孔占总气孔率的 90% 以上，闭气孔一般不超过 5%。焦炭与 CO_2 的反应会造成焦炭气孔率上升，孔径增加，气孔壁变薄甚至穿透，造成多个气孔合并，使气孔数量减少。一般认为，焦炭气孔率越大，其与 CO_2 反应性越高，但气孔率的变化与反应性之间也并非是绝对呈正相关的关系。当气孔率增大到一定程度时，反应性随气孔率增加而降低，如图 3-4 所示。这是因为气孔穿通造成反应比表面积的减少。比表面积是焦炭气孔结构的另外一个重要参数，它在 CO_2 反应过程中的变化如图 3-5 所示。随着反应的进行，比表面积先增加并达到峰值，而后逐渐降低，这与焦炭反应过程中气孔孔径不断增加，相邻气孔发生合并有关。

（2）焦炭显微结构。焦炭的显微结构主要包括各向同性、类丝碳和破片（统称为各向同性结构）、细粒镶嵌、粗粒镶嵌、流动状、片状结构和基础各向异性（统称为各向异性结构），不同的焦炭显微结构组成对焦炭的强度和 CO_2 反应性影响不同。焦炭在转运和随炉料下降过程中受到的机械冲击和热内应力的作用会引起焦炭裂纹的生成和发展。具有镶嵌结构的碳，所产生的裂纹沿层片方向弯曲延伸，需要较大的能量才能够使片层开裂，并且即使开裂也容易停止，减小大裂纹形成的概率。另外，各镶嵌结构单元之间以化学键相连，有较强的内聚力。因此，强度高的焦炭，镶嵌结构含量一般也较高。此外，各种显微结构与 CO_2 反应的能力也不同，各向同性结构与 CO_2 反应速率要快于各向异性结构。当有碱金属存在时，尤其是在高温时，各显微结构的反应性大小趋于相近，也就是说，各向同性结构的抗碱金属侵蚀性能要优于各向异性结构的抗碱金属侵蚀性能。

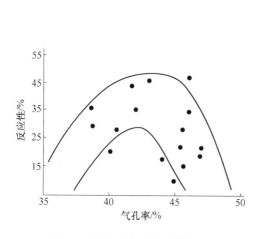

图 3-4 气孔率与反应性的关系

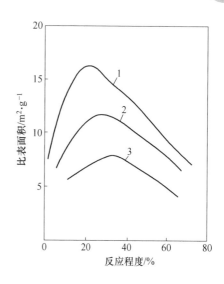

图 3-5 焦炭比表面积随 CO_2 反应程度的变化

1—A 焦炭；2—B 焦炭；3—C 焦炭

（3）焦炭的碳微晶组织。炼焦煤是以芳香核为核心组成的高分子有机聚合物和少量无机矿物的混合物，在炼焦过程中由于高温作用炼焦煤的芳香核上的侧链不断脱落分解，芳香核则缩合并稠环化，故形成微晶组织。焦炭的基本单元是碳微晶夹杂高温干馏过程中残留下来的无机矿物，属于结构上类石墨的物体。焦炭的碳微晶组织是影响焦炭宏观性能的主要因素，碳微晶结构越致密表明其石墨化程度越深，对应焦炭的反应性越低，而反应后强度则越高。焦炭在高炉内部随着炉料下降时温度逐渐升高，其石墨化程度也不断加深，风口焦炭石墨化程度要远高于入炉焦炭。

（4）焦炭中灰分。焦炭中灰分来自炼焦煤中的无机矿物质，焦炭灰分含量的增加一方面会影响高炉产量，提高炼铁成本和焦比，同时也会促使焦炭在高炉中劣化降级。焦炭灰分比碳基体热膨胀系数要大 5~11 倍，在出焦和熄焦过程中，灰分和碳基体由于热膨胀系数的差异产生膨胀应力，因此造成碳基体产生放射性微裂纹。焦炭灰分中含有一定量的碱金属，其对焦炭在高温下的碳素熔损反应起催化作用，提升焦炭的反应性，降低焦炭的反应后强度。

3.2 煤成焦基本原理

3.2.1 煤成焦过程及机理

焦炭质量是影响高炉冶炼技术经济指标的关键因素，决定焦炭质量的环节在焦化工序。炼焦过程是将烟煤隔绝空气加热到 950~1050℃，经过干燥、热解、熔融、黏结、固体、收缩等阶段最终制得焦炭。炼焦煤从开始热分解到最后形成焦炭的整个过程称为成焦过程，如图 3-6 所示。

（1）煤的干燥和预热。炼焦煤装入焦炉时保持着大约 10% 的水分，煤在炭化室内受热后脱除水分的过程称为煤的干燥和预热。由于水的蒸发潜热很大，因此干燥过程需要较

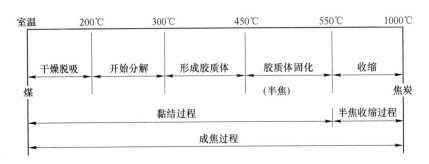

图 3-6　炼焦煤成焦过程示意图

长的时间和消耗大量热量。此时排出焦炉的气体除了少量的 N_2 和 CO_2 外，绝大多数是水蒸气。当煤层温度超过 100℃ 向 220℃ 升高时，除了继续有水蒸气带出外，吸附在煤中的 CO_2、CH_4、CO 等气体也开始排出。

（2）开始热分解。当煤层温度由 200℃ 升高到 300℃ 时，煤开始热分解。煤开始热分解的温度随不同煤质而变化，在一般炼焦升温速度下，气煤约在 210℃，肥煤约在 260℃，焦煤约在 300℃，瘦煤约在 390℃ 开始热分解，贫煤和无烟煤的热分解温度则更高。不同煤粉热分解温度的差异主要由煤中有机物质的热稳定性不同而引起，变质程度浅的煤粉热稳定性差，对应热分解温度低，变质程度深的煤粉热稳定性好，对应热分解温度高。热分解过程中煤分子侧链断裂和分解，生成 CO_2、H_2S、CH_4 等气体，并有微量焦油析出。

（3）形成胶质体。当煤层温度由 300℃ 升高到 450℃ 时，煤粉进一步分解。由于侧链的断裂生成大量液体，高沸点焦油蒸气和固体微粒，因此造成气体产物不能立即析出，被液、固态物阻滞，便形成了一个多分散相的气、液、固三相共存的胶体系统，称为胶质体。开始形成胶质体的温度称为煤的"软化"温度，软化温度随着煤的变质程度的加深而升高。由于胶质体中气态产物不能自由析出，煤层便出现膨胀现象，因此不同煤质的煤生成的胶质体数量和质量都不一样，膨胀的情况也不相同。

（4）胶质体固化和半焦生成。在煤层温度继续上升到 550℃ 时，胶质体随着温度的升高，其液态产物逐渐分解：一部分分解产物呈气态析出，另一部分与胶体中固态产物互相缩聚、固化，生成固体半焦，如图 3-7 所示。液膜外层开始固化生成半焦，中间仍为胶质

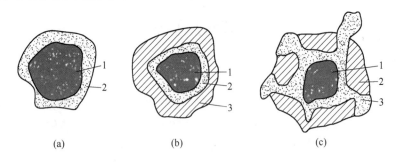

图 3-7　胶质体的生成及转化示意图

（a）软化开始阶段；（b）开始形成半焦阶段；（c）煤粒强烈软化和半焦破裂阶段
1—煤；2—胶质体；3—半焦

体，内部有没分解的煤粒，这种状态维持时间很短。这是因为半焦随温度升高而分解，收缩形成裂纹，胶质体顺着裂纹流出，又固化为半焦，直到煤粒全部转变为半焦。胶质体开始固化时的温度称为固化温度，它随煤的变质程度的加深而增高，在一般炼焦升温速度下，气煤的固化温度为410℃，肥煤的固化温度为460℃，焦煤约465℃，瘦煤约475℃。煤的软化温度与固化温度之间的范围为胶质体温度间隔。胶质体温度间隔越宽，处于胶质体状态的时间越长，煤的热稳定性就越好，煤粒间有充分的时间相互接触，有利于黏结。反之，胶质体停留时间短，很快分解，煤粒间的黏结性也差。在这个阶段，继续产生大量气态产物，而焦油的逸出量则逐渐地减少。

（5）半焦收缩和焦炭形成。当煤层温度上升到550~650℃以后，焦油停止逸出，气体产物继续逸出。在此阶段，半焦体积逐渐缩小，接着出现裂纹，然后裂纹逐渐扩大，再逐渐加深和延长。逸出的气体产物开始以CH_4和H_2为主，最后主要是H_2，而且数量越来越少。固体产物碳量逐渐增加，结构变向致密，密度增大。当温度达到900℃时，已形成焦炭。不同的煤生成的焦炭不同，煤变质程度浅的，生成焦炭裂纹多，焦炭块小而不抗碎；煤变质程度深的，则裂纹少，焦炭块大而不耐磨。只有中等变质的煤制备的焦炭，才具有较好的抗碎耐磨性能，块度适中，焦炭质量最好。

对以上煤的成焦过程分析可以看出，炼焦主要有两个过程：一是黏结过程；二是半焦收缩形成焦炭的过程。对黏结过程来说，煤能不能形成胶质体十分重要，不能形成胶质体的煤不能炼焦。

根据炼焦煤成焦过程特点，研究学者提出了不同的煤成焦机理。煤成焦机理是炼焦工艺的基础理论，通过煤成焦机理和配合煤在加热过程中相互作用的研究，对炼焦煤源的扩展和炼焦工艺的改进都具有重要意义。目前，煤成焦机理可分为塑性成焦机理、表面结合成焦机理和中间相成焦机理三类。

（1）塑性成焦机理。塑性成焦机理认为黏结性煤经过加热后，其中的有机质发生热解和缩聚反应生成胶质体，随温度的进一步升高，胶质体发生黏结和固化产生半焦。半焦经进一步缩聚，生成多孔焦炭。在煤转变为焦炭的过程中，关键是胶质体生成的数量和质量。

（2）表面结合成焦机理。根据炼焦煤中岩相组成的差异，将煤粒中的成分区别为活性与非活性组分，煤粒之间的黏结是一种胶结过程。以活性组分为主的煤粒，相互间的黏结呈流动结合型，固化后不再存在粒子的原形。以非活性组分为主的煤粒间的黏结则呈接触结合型，固化后保留粒子的轮廓，从而决定最后形成的焦炭质量。

（3）中间相成焦机理。煤在受热炭化时，随温度的升高，煤中首先生成光学各向同性的胶质体，然后在其中出现液相体系中新相——圆球状的可塑性物质即中间相。进一步升高温度中间相开始固化，并产生细气孔和龟裂，随着温度的继续升高，最后形成多孔和光学各向异性的固体焦炭。

3.2.2 配煤原理

随着钢铁工业的进步，高炉大型化是其发展的主要趋势，大型高炉化对入炉焦炭质量及其稳定性的要求越来越高，而炼焦煤资源中强黏结性煤却越来越少，这一矛盾成为焦化和炼铁工作者所需要面对的共同问题。为此，国内外各焦化厂都在致力于优化配煤方案的研究，通过不同种煤炭资源的优化搭配，获得价格低廉且质量合格的冶金焦炭。配煤原理建立在成焦原理基础之上，对应上述三种煤的成焦机理，可派生出胶质层重叠原理、互换性原理和共炭化原理三种配煤原理。

3.2.2.1 胶质层重叠原理

各种炼焦煤由于煤化程度不同，因此造成其塑性温度区间不同，为在焦化过程中配合煤能在较大的温度范围内处于塑性状态，改善黏结过程并保证焦炭质量的均匀，需要使得配合煤中各单种煤的胶质体的软化区间和温度间隔能较好地搭接，这就是胶质层重叠原理。不同牌号炼焦煤的塑性温度区间如图 3-8 所示。其中肥煤的开始软化温度最低，塑性温度区间最宽；气肥煤、焦肥煤和焦煤的开始软化温度稍高，塑性温度区间变窄；焦瘦煤和瘦煤固化温度最高，塑性温度区间最窄。气煤、1/3 焦煤、肥煤、焦煤、瘦煤适当配合可扩大配合煤的塑性温度区间范围。

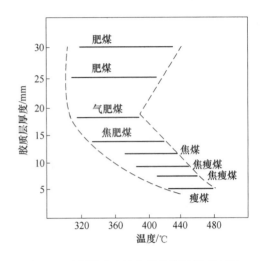

图 3-8　不同煤化度炼焦煤的塑性温度区间

3.2.2.2 互换性配煤原理

焦炭质量取决于炼焦煤种黏结组分、纤维组分含量及炼焦过程工艺参数的控制，单种煤的变质程度决定了其黏结组分的数量和质量，目前镜质组平均组最大反射率是反映单种煤变质程度的最佳指标。评价炼焦配煤的指标，包括黏结组分的数量和纤维组分强度，其中前者标志煤的黏结能力的大小，后者决定焦炭的强度。要制得强度好的焦炭，配合煤的黏结组分和纤维组分应有适宜的比例，而且纤维组分还需要有足够的强度。当配合煤达不到相应要求时，可以用添加沥青等黏结剂或焦粉等瘦化剂的办法加以调整。

图 3-9 所示为互换性配煤原理图，由图可形象看出：

（1）获得高强度焦炭的配合煤要求是提高纤维组分的强度（用线条的密度表示），并保持合适的黏结组分（用黑色的区域表示）和纤维组分比例范围；

（2）黏结组分多的弱黏结煤，由于纤维组分的强度低，因此要得到强度高的焦炭，需要添加瘦化组分或焦粉之类的补强材料；

（3）一般的弱黏结煤，不仅黏结组分少，且纤维组分的强度低，需同时增加黏结组分和瘦化组分，才能得到强度好的焦炭；

（4）高挥发的非黏结煤，由于黏结组分更少，纤维组分强度更低，因此应在添加黏结剂和补强材料的同时，对煤料加压成型，才能得到强度好的焦炭。

3.2.2.3 共炭化原理

共炭化过程是将不同煤料配合后进行炼焦。共炭化过程由于采用配合煤，使其塑性系统具有足够的流动性，为中间相的生长创造适宜条件，因此同时也造成焦炭的光学性质与单独炭化相比有很大差异。通过将沥青类物质与不同性质的煤进行共炭化，发现沥青不仅作为黏结剂有助于改善煤的黏结性，而且可使煤的炭化性能发生变化，发展了碳化物的光学各向异性程度，这种作用称为改质作用，这类沥青黏结剂又被称为改质剂。共炭化原理的主要内容是描述共炭化过程的改质机理。

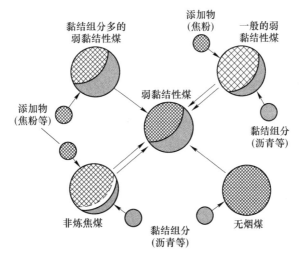

图 3-9　互换性配煤原理图

3.3　炼焦生产过程

　　高温炼焦不仅是冶金工业的重要组成部分，也是煤综合利用的重要途径。炼焦煤经过高温炼焦得到的焦炭可以供高炉冶炼、铸造和化工等部门作为燃料和原料使用。炼焦过程中得到的干馏煤气经回收、精制可得到各种芳香烃和杂环混合物，供合成纤维、医药、燃料、涂料和国防等行业作为原料。经净化后的焦炉煤气既是高热值燃料，也是合成氨、合成燃料和一系列有机合成工业的原料。焦化过程的基本流程如图 3-10 所示，主要包括煤料准备、配煤、炼焦、出焦、熄焦、筛焦过程，此外还包括煤焦化学产品的回收工艺。焦炉结构和炼焦设备作为化工专业的重要内容在众多教材中已经详尽说明，本书不再赘述。本节主要对配煤炼焦基本原理、结焦过程、炼焦基本工艺和炼焦技术发展方向四方面内容进行概述。

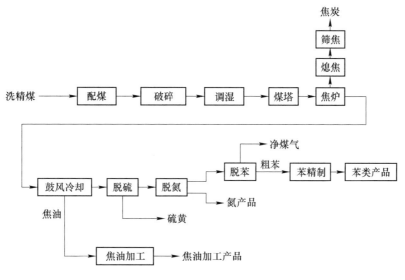

图 3-10　焦化工艺基本流程

3.3.1　炼焦配煤

3.3.1.1　单种煤的成焦特性

我国炼焦生产工艺中常用的煤种包括气煤、1/3 焦煤、肥煤、焦煤、瘦煤，不同品种炼焦煤的黏结性和结焦性的差异，使其在炼焦过程中所起作用以及成焦特性均不同。

（1）气煤：变质程度最低，挥发分较高，黏结性弱，结焦性差。气煤高温干馏过程中产生大量流动性较好的胶质体，但其热稳定性差成焦过程中可以固化的胶质体较少，气煤单独炼焦时焦饼收缩率大，纵裂纹较多，焦块细长易碎，气孔大而不均匀，反应性强。

（2）1/3 焦煤：介于焦煤、肥煤和气煤之间的过渡煤种，是一种中等或较高挥发分的较强黏结性煤，其性能更接近于气煤。与气煤相比挥发分稍低，黏结性和结焦性比较强，干馏时产生的胶质体较多，热稳定性比气煤好，可单独成焦，焦饼的收缩比焦煤大。配煤中配入 1/3 焦煤，减少气煤的配入量，可以提高焦炭块度和强度，增加焦饼收缩和减小膨胀压力。

（3）肥煤：变质程度中等，挥发分含量较高，干馏时产生大量胶质体，黏结性极强，热稳定性较好。肥煤单独成焦时以细粒镶嵌结构为主，所得焦炭横裂纹多，气孔率高，在焦饼根部有蜂窝状焦，焦炭易成碎块。炼焦煤料中配入肥煤可改善胶质体熔融性，提高焦炭耐磨强度，为配入黏结性差的煤或瘦化剂创造条件，肥煤常作为炼焦配煤中的基础煤使用。

（4）焦煤：也称为冶金煤，是一种变质程度较高、具有中等挥发分、较好的黏结性和结焦性的烟煤，焦煤的变质程度、工业分析指标、工艺指标均适中，为配合煤中的主体煤种。焦煤在干馏过程中能够生成热稳定性很好的胶质体，单独炼焦时能得到块大、裂纹少、机械强度高、耐磨性好的焦炭。但焦煤炼焦过程中收缩度小、膨胀压力大，可能造成推焦困难导致炉体损坏，必须配入气煤和瘦煤等，以改善操作条件和进一步提高焦炭质量。

（5）瘦煤：变质程度较高，挥发分较低，黏结性和结焦性都较差。干馏时产生的胶质体少，且黏度大，炼焦过程中主要起骨架、缓和收缩能力、增加焦炭的块度和致密度等作用，单种煤成焦时以纤维和片状结构为主。

3.3.1.2　配合煤的质量

由于单种煤炼焦很难满足高炉冶金焦和铸造焦对灰分、硫含量、强度和粒度的要求，因此通常采用不同煤种按一定比例混合的配合煤进行炼焦。所谓配煤就是将两种或两种以上的单种煤料，按性能互补原则选取适当比例均匀配合，以获得各种性能和指标能够满足工艺使用要求的焦炭。采用配煤炼焦，既可保证焦炭质量符合要求，又可合理利用煤炭资源，降低焦炭生产成本。

配合煤质量指标总体上分为两类：一类为化学性质，如水分、灰分、硫分、矿物质组成；另一类为工艺性质，如细度、煤化度、黏结性、膨胀压力等。

（1）水分。配合煤水分应力求稳定，一般控制在 7%～10% 的范围内，以保持焦炉加热制度稳定。有条件的企业可以通过对入炉煤粉进行干燥，稳定装炉煤的水分含量。

（2）细度。细度指的是配合煤中小于 3mm 粒级质量分数。不同焦化工艺要求的入炉细度不同，当采用顶装煤时为 72%~80%，配型煤炼焦时约 85%，捣固炼焦时为 90% 以上。为减轻配合煤装炉时的烟尘逸散，要求尽量减少配合煤中小于 0.5mm 的细粉含量。

（3）灰分。炼焦过程中，配合煤的灰分全部转入焦炭。合适的配合煤灰分含量应从资源利用，经济效益和工艺冶炼需求多方面综合考虑，我国一般控制在 7%~10%（高于工业发达国家）的范围。

（4）硫分。硫在煤中主要以硫酸盐硫、硫化铁硫和有机硫三种形态存在，配合煤硫分可按单种煤硫分用加和计算，也可直接测定。配合煤中硫含量（质量分数）不应大于 1%。

（5）煤化度。目前煤化度指标常用的有干燥无灰基挥发分（V_{daf}）和镜质组平均最大反射率（R_{max}）。前者测定方法简单，后者对测定设备和水平要求较高，但更能确切地反映煤的煤化度本质。配合煤的煤化度影响焦炭的气孔率、比表面积、光学显微结构、强度和块度等，根据生产数据总结认为，目前适合大型高炉使用焦炭的配合煤煤化度指标宜控制在 $V_{daf}=28\%\sim32\%$ 或 $R_{max}=1.2\%\sim1.3\%$ 水平。

（6）黏结性。配合煤的黏结性指标是影响焦炭强度的重要因素，配合煤的黏结性指标一般不能用单种煤的黏结性指标按加和性计算。反映黏结性的指标很多，主要包括最大胶质层厚度、奥亚膨胀度、基氏流动度、罗家指数、黏结指数，其中黏结指数（G）是目前企业常用的检测指标。

3.3.1.3 配煤方法

配煤方法主要有单纯依靠煤化学参数的经验配煤和近代发展起来的煤岩配煤。由于煤岩参数能更准确地反应炼焦煤的性质，因此煤岩配煤技术正在逐步取代传统的经验配煤技术。

（1）传统配煤方法。该方法主要考虑以煤的工艺指标为参数，包括配煤的挥发分、灰分、硫分、黏结性指标等，这些煤质指标除黏结指数外，大都具有较好的加和性。焦炭的灰分、硫分和煤的灰分、硫分有直接的关系，两者存在较好的线性关系，可以控制配合煤的灰分以控制焦炭灰分。最佳配煤的指标分别为：$V_{daf}=28\%\sim32\%$，$G=58\sim72$。

（2）煤岩配煤方法。煤岩是煤的宏观特征，就是煤的岩石学特征。煤岩配煤方法首先将煤划分为活性组分和惰性组分两大类，活性组分包括镜质组、壳质组等，而惰性组分包括丝质组、破片组和矿物组等。在炼焦过程中，活性组分在焦炭内部起黏结作用，而惰性组分则形成焦炭的骨架。配煤中活性组分与惰性组分存在最佳相互配合，最佳配煤镜 R_{max} 呈抛物线型的单峰分布，R_{max} 的数值在 1.2% 左右。

3.3.2 结焦过程

现代炼焦炉由炭化室、燃烧室、蓄热室、斜道区、炉顶、基础、烟道等组成，炼焦煤料在炭化室中隔绝空气受热变成焦炭。煤料在炭化室内结焦过程具有单向供热，成层结焦的特点。炭化室内煤料结焦过程所需的热量，由两侧炉墙提供，由于煤、塑性体和产生半焦的导热性很差，因此造成炉墙到炭化室的各个平行面之间存在较大温度差，在同一时间，离炭化室墙面不同距离的各层炉料因温度不同而处于结焦过程的不同阶段，如图 3-11 所示。靠近炉墙部分煤料最先被加热形成焦炭，而后逐渐向炭化室中心推移，此过程称为成层结焦。炭化室中心煤料完成结焦标志着炉内结焦过程结束，炭化室中心温度常作为炼焦过程焦炭成熟的标志，该温度称炼焦最终温度，按装炉煤性质和对制备焦炭质量要求的不同，高温炼焦最终温度控制在950~1050℃。

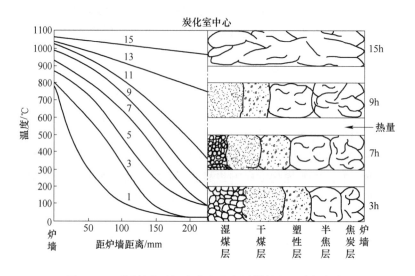

图 3-11　不同结焦时间炭化室内各层煤料的温度与状态

　　煤料结焦过程中，炭化室底面温度和顶部温度也很高，在炭化室内煤料的上层和下层同样也形成塑性层，与平行于两侧炉墙面的塑性层一并形成围绕中心煤料的塑性层膜袋，如图 3-12 所示。膜袋内的煤继续受热产生大量气体，难以及时穿过透气性较差的膜袋，造成膜袋产生膨胀趋势，塑性层膨胀产生的压力通过外侧的半焦层和焦炭层施加于炭化室的炉墙，这种压力称为膨胀压力。膨胀压力是由于现代焦炉成层结焦的特性而产生的，其压力值随结焦过程而改变，当两个塑性层面在炭化室中心处会合时，由于外侧焦炭和半焦层传热好、需热少，致使塑性层内的温度快速升高，气态产物迅速增加，因此此时产生的膨胀压力值达到峰值。通常所说的膨胀压力是指在结焦过程中压力的峰值。对于常规炼焦的焦炉来讲，受炭化室炉墙结构强度的制约，应控制膨胀压力的大小。

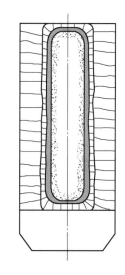

图 3-12　炭化室内的塑性层膜袋

　　对于一定的炼焦煤料，由于其在炉内受热和受力过程的差异因而造成生成的不同部位焦炭具有明显的特征差异，表现在焦炭的裂纹及块度大小不同，此外各部位焦炭在颜色、气孔的分布和冶金质量方面也有明显的差异。

3.3.2.1　焦炭裂纹的形成

　　焦炭产生裂纹的原因在于煤料加热过程热分解和半焦热缩聚产生的不均匀收缩，当焦炭内部应力超过焦炭多孔体强度时，导致焦炭内部裂纹形成，形成的裂纹对焦炭的强度和块度有较大影响。煤料在炭化室内成层结焦特性，使固化半焦收缩阶段各层收缩速度不同，造成层与层之间产生剪应力，层内部产生拉应力，两种应力的存在使得炭化室内的焦炭产生横裂纹和纵裂纹。炼焦生产中规定裂纹面与焦炉炭化室炉墙面平行的裂纹为横裂纹，裂纹面与炭化室墙面垂直的为纵裂纹。在炭化室中心部位，两侧塑性层会合时，加热速率快速增加，大量热解气体释放引起的膨胀压力将焦饼沿中心面推向两侧，形成中心裂缝。中心裂缝以及横裂纹、纵裂纹在焦饼中的随机分布，使得炭化室内的焦饼被分隔成大小和形状不同的焦块。

3.3.2.2 各部位焦炭特征

一般情况下靠近炭化室墙面的焦炭（焦头），由于煤料升温速度快，熔融良好，生成半焦结构致密，但温度梯度大，因此造成焦炭裂纹多且深，其焦面扭曲"鼓泡"，外形如同菜花，常称"焦花"，焦炭块度较小。炭化室中心部位的焦炭（焦尾），结焦前期加热速度慢，而结焦后期加热速度快，故焦炭黏结、熔融均较差，裂纹也较多，且成焦过程中膨胀压力最终将两侧的焦饼推向两侧，焦炭中心面会形成焦饼中心大裂纹，炭化室打开炉门时能够清楚看到焦饼中心裂缝。距炭化室墙面较远的内层焦炭，加热速度和温度梯度均相对较小，故焦炭结构的致密程度差于焦头而优于焦尾，但裂纹少而浅，焦炭块度较大。在炉头部分，由于成焦过程中热量散失过大，因此焦饼加热不足，容易出现黑焦。在焦饼顶部一层，由于高度方向上加热不足和堆积密度过小，因此容易出现黑色蜂窝状焦炭。

造成不同部位焦炭特性和质量差别的原因包括：

（1）焦炉炼焦工艺中的传热方式存在不足，焦炉炭化室是两面加热，而煤的导热性能较差，在持续加热中煤料受热不均匀；

（2）炉体加热不均匀和高向加热不好，由于技术和生产原因，所以炉体会产生加热不均匀现象，炉体加热不均会造成炉内煤料的加热不均；

（3）原料煤粉碎工艺和配煤过程不均匀，原煤粉碎、输送、装炉过程会造成煤料偏析；

（4）煤料上下堆密度不一致，这是因为煤料装炉过程中煤料自身重力和装料落差会导致上下部堆密度不同。

通过控制工艺条件、改善炼焦工艺技术及生产条件来提高焦炉加热和煤料的均匀性，对改善焦炭质量有重要的作用。

3.3.2.3 影响结焦过程的主要因素

焦炭质量主要取决于装炉煤的质量，同时也受到备煤和炼焦工艺参数条件的影响，在装炉煤性能既定的条件下，影响结焦过程的主要因素包括装炉煤堆密度、煤料粉碎度、加热速度和结焦最终温度等。

（1）装炉煤堆密度。增加装炉煤的堆密度，可使煤紧密接触，煤粒间的空隙减小，从而增加了液相的黏结效果。增加堆密度使煤料在软化熔融区的膨胀性增加，焦炭的气孔率下降、假相对密度增加、耐磨性增加。但堆密度不能无限地增加，因堆密度增加的同时，煤施于焦炉炉壁的压力也增大。对于堆密度的选择，要考虑黏结与收缩对焦炭质量的综合影响，同时兼顾炉壁的极限负荷的限制。在室式炼焦条件下，增大堆密度的方法包括捣固、配型煤、煤干燥等技术。

（2）煤料粉碎度。煤的粉碎细度（小于 3mm 粒级占煤料的质量分数）对焦炭质量有重要影响，是配煤质量的指标之一。从煤料的均匀性来看，煤料粉碎得越细越好。如果煤料细度小，则因存在有较大颗粒的弱黏结性煤及灰分而使焦炭裂纹增多，均匀性变差。但从生产操作来看，煤料细度越大煤的堆密度越低，焦炉生产能力越低，在装入焦炉时，细的煤粉易被煤气带出，又容易堵塞上升管、集气管，影响焦炉的正常生产，而且使集气管中的焦油增多，影响回收的操作。因此，从生产操作来看，煤料的细度不宜太大。

（3）加热速度。煤料的升温速度对煤的黏结性显著影响，煤料的加热速度越快，其黏结性越好。这是由于加热速度的增加使液相的生成速度与分解速度之间的差值增加，从而使流动性变大，软化温度和固化温度之间的温度间隔增加。同时由于单位时间内气体的析出量增多，导致其膨胀压力增加，提高了煤料的黏结性。但在收缩阶段，提高升温速度，使焦炭裂纹增加。因此，加热速度的选择要从多方面进行综合权衡。

（4）结焦最终温度。提高结焦的最终温度有利于降低焦炭挥发分和含氢量，提升气孔壁材质的致密性，从而提高焦炭的显微强度、耐磨度和反应后强度。但气孔壁致密化的同时，显微裂纹将扩展，因此抗碎强度则有所降低，具体见表3-1。在确定炼焦工艺条件和加热制度时，应根据配煤的性质，综合考虑对耐磨性能和抗碎强度的影响。

表 3-1　结焦最终温度对焦炭质量的影响

炼焦终温 /℃	强度/%			筛分组成/%					平均粒度/mm		反应性能/%	
	M_{40}	M_{10}	DI_{15}^{150}	粒度/mm					粒度/mm		块焦反应率	反应后强度
				25~40	40~60	60~80	80~110	25~80	25~80	25~110		
944	72.9	10.9	79.5	6.1	34.9	25.5	30.3	66.5	56.0	68.1	40.6	37.3
1075	70.4	9.3	80.3	7.3	38.4	34.0	16.9	79.7	57.0	63.5	33.4	49.9

3.3.3　炼焦生产

炼焦生产过程主要包括将配合好的煤料装入焦炉炭化室，在隔绝空气条件下高温干馏，生成的焦炭还需要从焦炉内推出，由专门的设备将高温焦炭快速熄灭，并进行筛分分级为不同粒度的焦炭，分别送往高炉及烧结等工序。该生产过程主要包括装煤、出焦、熄焦、筛焦，此外在炼焦生产中还产生焦炉煤气和多种化学产品。

3.3.3.1　装煤和出焦

A　装煤操作要求

装煤操作由装煤车进行，装煤车从焦炉的煤塔受煤，然后将煤加入炭化室。顶装煤操作，包括从煤塔取煤和由装煤车往炉内装煤，其操作要求包括装满、装实、装平、定量、均匀和减少烟尘排放。装煤时要求每个炭化室要装满，装煤不满在影响焦炭生产效率的同时，也会造成炉顶空间温度升高；但装煤也不宜过满，装煤过满会使上部供热不足而产生生焦。装煤时应将煤料装实，这不但可以增加装煤量，提高生产效率，同时还可以提高煤料堆密度，改善焦炭质量。往炭化室放煤时要迅速，有利于煤料装实，还可以减少装煤时间并减轻装煤冒烟。放煤后应平好煤，以利于荒煤气顺利导出。各炭化室装煤量应均衡，以保证焦炭产量和炉温稳定。

B　出焦操作要求

焦炉的装煤和出焦应严格按计划进行，保证各炭化室的焦饼按规定结焦时间均匀成熟，做到安全、定时、准点。出焦过程中应注意推焦电流的变化，电流大说明焦饼移动阻力大，当电流达到一定值仍推不动焦炭时，应停止推焦。造成焦饼难推的因素很多，常见的有焦饼不熟、收缩不好、焦炭过火破碎并倒塌、装煤孔堵眼、炉墙变形及推焦杆变形等。应视不同情况采取相应措施，通常是人工扒出机焦两侧部分焦炭，减少推焦阻力后再推焦。由于推焦困难，既损坏炉墙，劳动条件又极为恶劣，故应尽力避免出现。

C 装煤和出焦设备

焦炉的炼焦生产主要操作有装煤、推焦和熄焦三部分，分别由装煤车、推焦车、拦焦车和熄焦车四大机械设备完成。

装煤车：装煤车是在焦炉炉顶上往炭化室装煤的焦炉机械。装煤车由钢结构、走行结构、装煤机构、启动系统和司机室等组成，如图 3-13 所示。大型焦炉的装煤车功能较多，机械化、自动化水平高，除装煤的基本功能外，还有启闭装煤孔盖、操纵上升管水封盖和桥管水封阀以及对炉顶面进行吸尘清扫等功能。

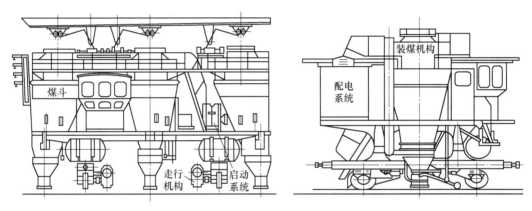

图 3-13 装煤车

推焦车：推焦车主要由钢结构架、走行机构、开门装置、推焦装置、除沉积炭装置、送煤装置和司机室等组成，如图 3-14 所示，用以完成装煤时的平煤和推焦操作。推焦车在一个工作循环内，操作程序很多，工艺上要求每孔炭化室的实际推焦时间与计划推焦时间相差不得超过 5min，要求推焦车各机构应动作迅速，安全可靠。为减少操作误差，一般采用程序自动控制或半自动控制。

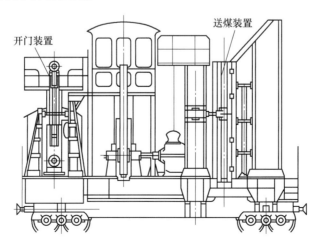

图 3-14 推焦车

　　拦焦车：拦焦车由启门、导焦及走行清扫等部位组成。启门机构包括摘门机构和移门旋转机构。导焦部分设有导焦槽及其移动机构，以引导焦饼到熄焦车上。

　　熄焦车：熄焦车由钢架结构、耐热铸铁车厢、开门机构和电信号等部位组成。用以接收由炭化室推出的火红焦并送到熄焦塔，进行熄焦。熄焦车经常在急冷急热的条件下工作，是最容易损坏的焦炉机械，工艺上要求熄焦车材质能够耐温度骤变，耐腐蚀。

3.3.3.2　熄焦

　　炼焦过程结束时，焦炭的温度一般在950~1050℃，在空气中既容易燃烧又不利于储运，需要经过熄灭处理将温度降到250℃以下，这在炼焦过程中称为熄焦。目前常用的熄焦方法可以分为湿法熄焦和干法熄焦两类。

　　A　湿法熄焦

　　炽热的焦炭出炉后由熄焦车运送至熄焦塔内，由上部喷淋装置喷洒冷却水，将冷却至250℃左右的焦炭运送至晾焦台的工艺称为湿法熄焦。湿法熄焦方式由于投资少、建设周期短，因此在国内得到了普遍的应用，但湿法熄焦的热量浪费很大，每生产1t焦炭消耗热量3300MJ，而熄灭1t红热焦炭时，被熄焦水吸走的热量为1450~1700MJ，近一半的热量消耗于熄焦水的气化，熄焦过程对环境还有较大的污染。湿法熄焦造成炽热焦炭的显热消耗的同时，也会增加焦炭中水分含量。急冷使焦炭内部产生热应力，造成焦炭产生裂纹和破裂，恶化焦炭的冶金性能。

　　B　干法熄焦

　　为了避免湿法熄焦所带来的缺陷，人们进行了干法熄焦的研究。在干法熄焦中，焦炭的显热借助于惰性气体回收并可用以生产高温、高压水蒸气，每吨红焦可产生温度达450℃，压力为4MPa的蒸汽400kg，也可通过换热器用于预热煤、空气、煤气和水等。干法熄焦在回收焦炭显热的同时，可减少熄焦水使用量，消除含有焦粉的水汽和有害气体对附近构筑物和设备的腐蚀。干法熄焦还避免了湿法熄焦打水对红焦的急冷作用，有利于焦炭质量的提高。基于上述原因，干法熄焦技术已在世界各国焦化厂广为采用。

　　干法熄焦与湿法熄焦的焦炭质量相比有明显提高，见表3-2。这是由于焦炭干熄过程是在惰性气体循环的过程中缓慢而均匀地进行，没有湿法熄焦过程的急冷作用发生，降低了内部热应力，网状裂纹减少，气孔率低，因而机械强度提高。此外，干法熄焦过程不发生水煤气反应，焦炭表面有球状组织覆盖，内部闭气孔多，耐磨性改善，反应性降低。干法熄焦过程中因料层相对运动增加了焦块间的相互摩擦和碰撞，使大块焦炭中的裂纹提前开裂，起到了焦炭的整粒作用，焦炭块度均匀性提高。

表3-2　干法熄焦工艺和湿法熄焦工艺焦炭质量对比

焦炭质量指标	湿法熄焦	干法熄焦
水分/%	2~5	0.1~0.3
灰分（干基）/%	10.5	10.4
挥发分/%	0.5	0.41
M_{40}	干法熄焦比湿法熄焦提高3%~6%	

焦炭质量指标		湿法熄焦	干法熄焦
M_{10}		干法熄焦比湿法熄焦改善 0.3%~0.8%	
筛分组成 /%	>80mm	11.8	8.5
	80~60mm	36	34.9
	60~40mm	41.1	44.8
	40~25mm	8.7	9.5
	<25mm	2.4	2.3
平均粒度/mm		65	55
CSR		干熄焦比湿熄焦提高 4%左右	
真密度/g·cm^{-3}		1.897	1.908

尽管常规湿法熄焦与干法熄焦相比，不能回收焦炭余热，熄焦时还存在着熄焦后焦炭水分不均匀及大量逸散物污染环境等问题，但是现在国内还存在大量湿法熄焦设备，这与其装置简单、投资少、操作便利等有关。干法熄焦投资较大，为焦炉投资的 35%~40%，并且部分企业未能解决干法熄焦除尘问题，如采用简单的打水方法抑制灰尘，会对焦炭的质量产生不利的影响，使其失去了改善焦炭质量方面的优势。从长远来看，干法熄焦技术在改善焦炭质量、回收焦炭显热、环境保护方面还有较强的优势，是熄焦技术未来的发展趋势。

3.3.3.3 筛焦

焦炭的分级是为了适应不同用户对焦炭块度的要求，块度大于 60mm 的焦炭可供锻造使用，40~60mm 的焦炭供大型高炉使用，25~40mm 的焦炭供高炉和耐火材料厂竖窑使用，10~25mm 的焦炭用作烧结机的燃料或供小高炉、发生炉使用，小于 10mm 的焦炭供烧结机生产使用。现代大型高炉要求焦炭块度均匀、机械强度高，筛焦过程应加强对大块多裂纹焦炭的破碎作用，实现焦炭整粒，使一些块度大、强度差的焦炭，在筛焦过程中就能沿裂纹破碎，并使块度均匀。通常可采用切焦机实现焦炭整粒，焦炭先经过间距 80mm 的箅条筛，筛出大于 80mm 的大块焦输入切焦机破碎，然后与箅条筛下的焦炭一起进行筛分分级。国内外试验表明，焦炭经整粒后，其转鼓强度有明显提高，这是由于焦炭中强度较差的部分或者有棱角易碎的部分，经撞击后被去除。焦炭经整粒工艺处理后，粒度趋于均匀，装入高炉中可以改善高炉料柱的透气性，有利于高炉增加产量，降低焦比。

3.3.3.4 炼焦化学产品

煤在炼焦时，72%~78%转化为焦炭，22%~28%转化为荒煤气。荒煤气呈褐色或棕黄色，经回收净化后主要含有 H_2、CH_4 和 CO 等气体，可作为高热值的燃气燃料，也可以作为合成气生产的原料气，此外还可以获得焦油、粗苯等重要的化工原料。

炼焦化学产品性质和产率与煤化度、干馏条件，特别是干馏温度有重要关系，但由于炼焦生产的连续性，因此正常生产情况下，炼焦化学产品的总体组成基本保持稳定。在工业生产条件下，高温干馏时各种产品的产率见表3-3。

表3-3　高温干馏产品产率

产品	焦炭	净焦炉煤气	焦油	化合水	粗苯	氨	其他
产率/%	70~78	15~19	3~4.5	2~4	0.8~1.4	0.25~0.35	0.9~1.1

焦炉煤气作为焦化过程的主要副产品，煤气发生量随干馏温度的上升而增加，700~800℃时达到最大，再升高温度逐渐减少，到1000℃时煤气的生成基本停止。在热解初期，约200℃，炼焦煤中水分和吸附在煤中的CO_2、CH_4等气体逐渐蒸发析出；250~300℃时炼焦煤中大分子端部含氧官能团逐渐分解，生成CO_2、H_2O和酚类等；到500~600℃，热分解进一步进行，主要释放CH_4、H_2和CO，煤的芳香族结构逐渐扩大，此时焦油量几乎不再增加；温度超过700℃时，H_2和CO的生成量最多，煤的芳香族结构进一步扩大。H_2发生量在600~800℃之间最多，主要是分解产物通过炽热的焦炭和沿炭化室炉墙向上流动时发生二次裂解产物，因此在高温干馏的煤气中大部分是H_2，其次是CH_4，经回收化学产品和净化后的焦炉煤气见表3-4。

表3-4　净焦炉煤气的组成

组分	净焦炉煤气组成（体积分数）/%						
	H_2	CH_4	CO	N_2	CO_2	C_nH_m	O_2
含量	54~59	24~28	5.5~7	3~5	1~3	2~3	0.3~0.7

3.3.4　焦炭质量与检测

现行的高炉焦炭质量评价指标主要包括化学组成（工业分析和元素分析）和粒度、抗裂强度（M_{40}）、耐磨强度（M_{10}）等物理力学性能，以及按照《焦炭反应性及反应后强度试验方法》（GB/T 4000—2017）检测的化学反应性（CRI）和反应后强度（CSR）。

3.3.4.1　焦炭的工业分析

A　水分和挥发分

刚出炉的焦炭经过长时间高温裂解不含水分（M_{ad}），干法熄焦水分含量较低，因其吸附大气中的水分使其含水量（质量分数）1%~1.5%，湿熄焦炭的水分含量（质量分数）可达到6%以上。水分含量高低对焦炭质量影响不大，但会对称量焦炭的精确度造成影响，水分波动会使焦炭计量不准，从而引起高炉炉况波动。湿法熄焦过程中由于洒水对焦炭急冷会影响焦炭的强度和块度。焦炭残余挥发分（V_{ad}）可以用来评价焦炭的成熟程度，成熟度较好的焦炭挥发分含量（质量分数）为0.9%~1.0%。当挥发分大于1.2%，表示炼焦不成熟，成熟度不足的焦炭强度较差；挥发分小于0.9%，则表示过熟，过熟焦炭的块度将受到影响。

B 灰分

焦炭中的灰分（A_{ad}）来自炼焦煤中的矿物质，矿物质为煤中的惰性物质，在结焦过程中不黏结，高温热解过程中矿物质经过复杂的化学反应剩下一些残余物，即灰分。炼焦生产过程中，炼焦煤中的灰分全部进入焦炭，焦炭内灰分含量对焦炭的强度和反应性能有重要影响。焦炭灰分的主要成分是高熔点的矿物质如 SiO_2 和 Al_2O_3，较大的灰分颗粒在焦质内成为形成裂纹的中心，使焦炭的强度降低。在高炉生产中，高熔点的灰分要用 CaO 等熔剂降低其熔点，以熔渣的形式排出，灰分过高不利于高炉生产，在影响产量的同时，也会增加高炉炼铁能耗。通过生产实践可知，焦炭内灰分增加 1%，焦比增加 1.5%~2%，熔剂使用量增加约 3.8%，炉渣量增加约 3%，生铁产量下降 2%~3%。

C 固定碳

焦炭中固定碳含量可以通过水分、挥发分和灰分的测定值进行计算得到：

$$C_{ad} = 100\% \cdot (M_{ad} + V_{ad} + A_{ad}) \tag{3-7}$$

焦炭中水分、挥发分、灰分和固定碳的含量测定方法可参照《焦炭工业分析测定方法》（GB/T 2001—2013）进行。

以上检测数据为空气干燥基，可以通过公式换算为干燥基（X_d）或者可燃基（X_{daf}）：

$$X_d = \frac{X_{ad}}{100\% - M_{ad}} \cdot 100\% \tag{3-8}$$

$$X_{daf} = \frac{X_{ad}}{100\% - M_{ad} - A_{ad}} \cdot 100\% \tag{3-9}$$

3.3.4.2 焦炭元素分析

焦炭的元素分析主要包括碳、氢、氧、氮、硫等主要化学元素的测定，其测定方法一般参考《煤的元素分析》（GB/T 31391—2015）进行。焦炭元素分析是进行高炉物料平衡热平衡计算和评定焦炭中有害元素的主要依据。

碳和氢：碳元素是构成焦炭主要的成分，是高炉冶炼过程中发热剂和还原剂的主要来源，氢元素的存在于焦炭中残余挥发分中，氢含量的高低也可以用来表征焦炭的成熟程度。

硫分：焦炭中硫分主要来自炼焦用煤，是焦炭中的有害杂质。硫在焦炭中的存在形式一般为有机硫、无机硫化物和硫酸盐三种形态。焦炭带入高炉中的硫分占炉料整体的 80%以上，高炉生产过程中，大部分硫随炉渣排出，而小部分硫随高炉煤气逸出，剩余的硫转入生铁，使生铁表现出较强的热脆性，降低了生铁质量。为满足高炉对焦炭含硫量的要求，通过控制炼焦煤的硫分来控制焦炭中的硫分，焦炭与炼焦煤之间的硫分存在如下关系：

$$S_a = \frac{k \cdot S_k}{\Delta S} \tag{3-10}$$

式中 S_a，S_k——炼焦煤和焦炭中的硫分，%；

 ΔS——炼焦煤的硫分进入焦炭中的百分比，%；

 k——成焦率，%。

氮和氧：焦炭中的氮和氧含量都很少，目前对两者的研究并不多，一般认为焦炭中的氮元素是焦炭燃烧过程中生成 NO_x 的来源，氮元素的含量可以通过定氮仪直接测定。焦炭中的氧元素含量一般通过减差法计算得到。

$$O_{ad} = 100\% - [w(C) + w(H) + w(N) + w(S) + w(M_{ad}) + w(A_{ad})]\% \qquad (3-11)$$

3.3.4.3　焦炭的粒度

高炉生产对焦炭的粒度有严格的要求。我国现行的冶金焦质量标准规定粒度小于 25mm 的焦炭占总重量的百分数为焦末含量，粒度大于 40mm 的为大块焦，25~40mm 的为中块焦，大于 25mm 的为大中块焦。生产实践表明，高炉焦炭的适宜粒度范围在 25~80mm 之间，大于 80mm 的焦炭要整粒，使其粒度范围变化不大。入炉焦炭平均粒度也是衡量焦炭质量的重要指标，一般认为，最佳的入炉焦炭平均粒度范围应该为 50~55mm，但更为重要的是焦炭的粒度组成，均匀的焦炭空隙大，阻力小，能够高炉保持良好的透气性，可使炉况运行良好。焦炭粒度在高炉内从上到下逐步减小，其纵向和径向上的变化规律均有所不同。国内外高炉解剖研究中发现，焦炭粒度在炉身上部一般变化不大，从炉身下部开始，高炉边缘部分首先粉化，至炉腹部位，半径中点出现明显粉化，而高炉中心区域粒度始终变化不大。

3.3.4.4　焦炭的冷态强度

焦炭冷态强度是表征焦炭冷态物理力学性能的主要指标。各国对焦炭冷态强度的检测采用不同规格的转鼓和操作方法。最初对高炉内焦炭行为的情况不了解，对焦炭质量的要求也比较简单，各国虽然使用不同的方法对焦炭冷态性能进行检测，但其基本原理是相同的，就是通过转鼓转动一定周期后，观察焦炭的破碎程度作为焦炭质量的评价指标。

我国采用米贡（Micum）转鼓实验方法测定焦炭的强度，其设备示意图如图 3-15 所示。该方法采用的转鼓由钢板制成的无穿心轴密封圆筒，转鼓内径为 1000mm，鼓内宽 1000mm，转鼓壁厚 5~8mm，转鼓圆筒内壁上沿轴向焊接 4 根长、宽和厚分别为 100mm、50mm 和 10mm 的角钢，相互之间间隔 90°。转鼓门尺寸为 600mm×500mm。

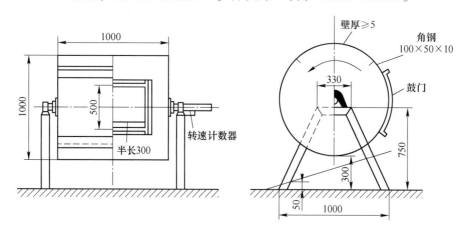

图 3-15　米贡转鼓结构示意图（单位：mm）

实验中，首先进行焦炭取样，焦炭每次取样不少于 300kg，试样份数不少于 20 份，每份质量不低于 15kg。从采集的 300kg 以上试样中，用直径 60mm 的圆孔筛筛分出粒度大于 60mm 的焦炭 50kg 作为入鼓焦炭。焦炭放入转鼓后，转鼓以 25r/min 的转速选装 100r。

转鼓实验后将出鼓的焦炭分别用40mm和10mm的圆孔筛进行筛分，对筛分得到的大于40mm、40~10mm和小于10mm三部分分别称取重量，根据不同粒度样品的重量分布情况可以计算得到焦炭的强度指标。

焦炭冷态抗碎强度用M_{40}表示，其计算公式如下：

$$M_{40} = \frac{转鼓后焦炭中粒度大于40mm的质量}{入鼓焦炭质量} \times 100\% \tag{3-12}$$

焦炭耐磨强度用M_{10}表示，其计算公式如下：

$$M_{10} = \frac{转鼓后焦炭中粒度小于10mm的质量}{入鼓焦炭质量} \times 100\% \tag{3-13}$$

在《冶金焦炭》（GB/T 1996—2017）中，用M_{25}替代M_{40}评价焦炭的冷态抗碎强度，但目前企业生产生仍以使用M_{40}居多。

抗碎强度M_{40}是指焦炭能抵抗受外来冲击力而不沿裂纹或者缺陷处破碎的能力，其主要与焦炭的裂纹率有关，是对入炉焦炭从高炉布料器落到料柱上面并且承受下批炉料落下时对焦炭造成冲击的模拟过程，如图3-16所示，可以表征焦炭在高炉块状带造成外部冲击力的抗破碎的性能。在实际生产中，焦炭与炉壁、焦炭与焦炭、焦炭与矿石之间的摩擦、挤压等导致焦炭的平均粒度减小作用并不明显，近30年对高炉解剖的研究表明，焦炭块度平均直径减小约5%，其原因是焦炭经过熄焦并多次转运后，焦炭的宏观裂纹已经被消除。在高炉软熔带以上，焦炭从块状带继续下落的过程中，焦炭要历经高温热作用和熔损反应，此时抗碎强度M_{40}失去对高炉实际生产中焦炭劣化的模拟性。

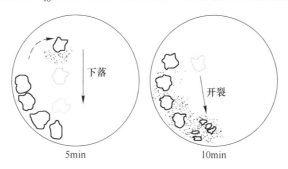

图3-16　转鼓中焦炭磨损和开裂示意图

耐磨强度M_{10}是指焦炭能抵抗外来摩擦力而不产生表面剥离形成碎屑或者粉末的能力。转鼓试验中，焦炭之间和焦炭与转鼓壁之间的摩擦是造成磨损的主要因素，其对焦炭处于块状带的磨损情况具有良好的模拟性。在高炉实际生产过程中，料柱圆周径向方向上的物料下降速度不同，炉料还会与炉墙之间产生摩擦，摩擦过程使焦炭质量受损，摩擦最突出的地方是风口燃烧带回旋区与炉缸中心死料柱之间。风口回旋区内焦炭被热风带动做高速旋转运动，与死料柱中相对静止的焦炭块之间发生剧烈摩擦，造成燃烧带与死料柱之间有相当数量的焦粉。颗粒细小的焦粉是造成炉缸不顺，甚至堆积的主要原因，为此表征焦炭抗磨损性能的M_{10}在评价焦炭的质量中占有重要的地位。

随着高炉冶炼过程的进行，高炉焦炭从块状带继续落下，当温度超过850℃，焦炭开始与高炉煤气发生碳素熔损反应，并且焦炭进入碱金属的循环富集区域边缘，影响焦炭质量的因素变得复杂起来，此时 M_{40} 和 M_{10} 对焦炭强度的模拟评价会逐渐失去作用。焦炭 M_{40} 和 M_{10} 评价指标的提出，是由于之前对焦炭在高炉内劣化行为不够了解。在对高炉进行大量的解剖研究之后，人们才开始逐渐意识在进行焦炭冷态强指标评价的同时，还需要根据焦炭在炉内高温反应性能及强度进行科学评价。

3.3.4.5　焦炭的热态性能

冷态强度并不能完全代表焦炭在高炉内的性能，冷态强度相近的焦炭其高温反应性和反应后的强度性能也会有很大的差异。目前较为通用的对焦炭的热态性能评价指标是反应性（CRI）和反应后强度（CSR）。CRI 是指焦炭在使用过程中与所接触氧化性气体进行化学反应的能力，CSR 是指焦炭使用过程中与气体接触进行化学反应后仍然能保持一定块度和强度的能力。高炉中焦炭在高温区与 CO_2、H_2O、SO_2、O_2 等气体接触发生气化反应，但是 H_2O、SO_2、O_2 等气体在高炉内的浓度很低，与焦炭进行的反应量远远低于 CO_2 与焦炭的反应，故高炉焦炭的反应性一般是指焦炭与 CO_2 气体进行反应的能力。在高炉炼铁生产中，CRI 和 CSR 常作为常规性能指标进行测定，并且对测定试样的质量以及反应条件都做了相关规定，分别以焦炭失重的百分数和块度的百分数作为 CRI 和 CSR 的指标。

参照《焦炭反应性及反应后强度试验方法》（GB/T 4000—2017）中的试验步骤和方法进行，简单模拟焦炭与 CO_2 气体在高炉内的反应，焦炭热态性能检测设备示意图如图 3-17 所示。测试焦炭经过破碎筛分后选取粒度在 19～21mm 焦炭颗粒，烘干除水。一次性将 (200±0.5)g 焦炭试样置于反应管，反应温度为 1100℃，CO_2 流量为 5L/min，反应时间为 2h。反应结束后在氮气气氛保护下冷却至室温，然后取出焦炭称重。焦炭反应性以损失的焦炭质量与反应前焦炭总质量分数表示。

$$CRI = \frac{m - m_1}{m} \times 100\% \tag{3-14}$$

式中　CRI——焦炭反应性，%；

　　　m——焦炭试样质量，g；

　　　m_1——反应后残余焦炭质量，g。

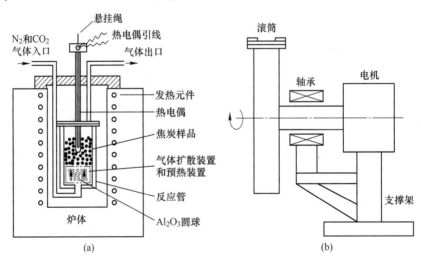

图 3-17　焦炭热态性能检测设备示意图

（a）焦炭反应性（CRI）测试装置；（b）焦炭反应后强度（CSR）测试装置

由于焦炭高温转鼓实验受到实验条件的限制，很难反映出焦炭受化学反应的影响，因此，测定焦炭与 CO_2 反应后的转鼓强度就成为评价焦炭高温反应后强度的重要指标。具体方法为将测定焦炭反应性试验中冷却后的焦炭置入 $\phi130mm \times L70mm$ 的 I 型转鼓中，如图 3-17（b）所示，以 20r/min 的速率转 600r 之后取出焦炭，用 10mm 的圆孔筛进行筛分，将粒度大于 10mm 的焦炭称重。焦炭反应后强度指标以转鼓后大于 10mm 粒级焦炭占反应后残余焦炭的质量分数表示。

$$CSR = \frac{m_2}{m_1} \times 100\% \tag{3-15}$$

式中　CSR——反应后强度，%；

　　　m_1——转鼓后大于 10mm 粒级焦炭质量，g；

　　　m_2——反应后残余焦炭质量，g。

CRI 对焦炭在高炉内的作用有重要影响，其值大小受到焦炭自身粒度、气孔率、比表面积、灰分和碳基质特性，以及环境条件如温度、CO_2 气体浓度和分压等因素的影响，其中焦炭的石墨化程度是影响焦炭与 CO_2 反应性能最为重要的因素，石墨化程度越高的焦炭其与 CO_2 反应的性能越差，在焦化过程中可以适当延长成焦时间来促进焦炭石墨化程度的增加，降低焦炭与 CO_2 反应的能力。焦炭反应性是劣化焦炭的最主要因素，焦炭在下降过程中与间接还原产生的 CO_2 接触发生反应，由于焦炭是多孔材料，反应过程在表面和内部界面同时发生，因此焦炭粒度减小的同时，气孔壁变薄，焦炭的强度明显降低，产生碎焦和粉末，恶化料柱的透气和透液性。由于焦炭在高炉内发生熔损反应不能避免，关键是反应后焦炭的强度能保持到何种程度，因此 CSR 是评估焦炭在高炉内性能的重要指标。CRI 和 CSR 考虑了温度和 CO_2 气体对焦炭作用的影响，同 M_{10} 和 M_{40} 体系比较起来更能表征焦炭在高炉内的反应破坏历程，目前 CRI 和 CSR 已经作为评价高炉煤焦炭热态性能的指标被众多钢铁生产企业所采纳。不同容积高炉对焦炭的质量要求不同，根据《高炉炼铁工艺设计规范》（GB 50427—2008）对不同容积高炉焦炭质量的要求见表 3-5。

表 3-5　不同容积高炉对焦炭质量的要求

炉容级别/m³	1000	2000	3000	4000	5000
M_{40}/%	≥78	≥82	≥84	≥85	≥86
M_{10}/%	≤8.0	≤7.5	≤7.0	≤6.5	≤6.0
反应后强度 CSR/%	≥58	≥60	≥62	≥65	≥66
反应性指数 CRI/%	≤28	≤26	≤25	≤25	≤25
焦炭灰分（质量分数）/%	≤13	≤13	≤12.5	≤12	≤12
焦炭含硫（质量分数）/%	≤0.7	≤0.7	≤0.7	≤0.6	≤0.6
焦炭粒度范围/mm	75~20	75~25	75~25	75~25	75~30
粒度>75mm 含量（质量分数）/%	≤10	≤10	≤10	≤10	≤10

3.4　炼焦技术发展方向

随着优质炼焦煤资源的逐渐消耗，如何通过对炼焦工艺技术的改进，达到拓展炼焦煤资源利用，降低焦炭生产成本，提升和改善焦炭质量满足炼铁强化生产的需求，是国内外炼焦行业亟待解决的重要问题。目前，在焦化企业得到应用的炼焦新技术主要包括捣固炼焦技术、配型煤炼焦技术和煤料预处理技术。

3.4.1　捣固炼焦

捣固炼焦工艺是在炼焦炉外采用专门的煤粉捣固设备，将散装的炼焦配合煤按照炭化室的大小，捣固成致密的体积略小于炭化室的煤饼，再由炭化室侧面装入，进行高温干馏炭化的一种炼焦工艺。煤粉经过捣固之后煤料堆密度增加，煤粒间的空隙缩小，较少的胶质体液相产物就能够使煤粒之间产生有效的黏结；由于煤粒间空隙减少，高温干馏过程所产生的气体扩散阻力增加，胶质体膨胀压力增加，使变形煤粒受压挤紧，进一步加强煤粒间的结合；煤饼经过捣固，还有利于热解过程中产生的游离基与不饱和化合物之间发生缩合反应，增加液相产物生成量，改善煤料的黏结性。

与常规顶装（散装煤）工艺相比，捣固炼焦工艺具有以下的特点。

（1）扩大炼焦煤资源。随着作为炼焦基础配煤的焦煤与肥煤资源逐渐减少，价格不断增加，扩大炼焦用煤资源成为焦化工作者的主要任务之一。捣固炼焦可以较大量地使用价格较为低廉的气煤、1/3焦煤、瘦煤，同时保证焦炭质量。

（2）增加焦炭产量。由于煤料经过机械压实使得装入炭化室的装炉煤堆密度是常规顶装炉煤料的1.4倍左右，但捣固炼焦工艺结焦时间并未大幅度增加，仅为常规顶装工艺的1.1~1.2倍，对于同样体积炭化室，采用捣固工艺可以装入更多的煤料，增加焦炭产量。

（3）降低炼焦成本。焦炭生产过程中，煤料的费用占到焦炭成本费用的70%以上，顶装焦炉炼焦配煤中需要配加大量的价格较高的强黏结煤以保证焦炭质量，而捣固炼焦工艺就比较灵活，可以选用的煤料范围更广，由于高黏结性煤价格一般比弱黏结性煤高，捣固炼焦煤料可以配入更多的弱黏结性煤，从而降低生产成本。另外，煤料经过捣固之后堆密度增加，生产能力比顶装炼焦提高约15%，效率的提升也使炼焦成本进一步降低。

（4）提高焦炭质量。捣固炼焦是将煤料在煤箱中预先捣固成煤饼，堆密度的增加能够有效改善焦炭质量。生产实践表明，在原料煤同一配比的前提条件下，利用捣固炼焦工艺生产的焦炭质量比常规顶装煤炼焦有很大程度的改善和提高。40kg试验焦炉顶装与捣固装煤炼焦试验结果表明，捣固炼焦能明显降低焦炭气孔率，改善焦炭冷态强度和热态性能，见表3-6。

表3-6　相同配煤比不同装炉工艺试验焦炭的质量对比　　　　　　　　　　　（%）

焦样编号	炼焦方式	气孔率	M_{40}	M_{10}	CRI	CSR
1	顶装	41.9	85.6	6.8	40.3	45.9
	捣固	36.4	87.2	4.8	36.2	50.7

焦样编号	炼焦方式	气孔率	M_{40}	M_{10}	CRI	CSR
2	顶装	43.5	84.8	9.6	39.0	36.9
	捣固	37.6	88.0	6.8	32.4	57.4
3	顶装	43.9	81.6	11.2	40.9	34.4
	捣固	36.9	86.4	8.0	37.2	47.1
4	顶装	43.1	83.6	11.6	39.6	37.1
	捣固	36.6	90.0	6.0	33.9	53.8

初步研究和实践表明，为保证捣固焦的质量，捣固焦生产中的配煤要保持一定数量的炼焦煤和肥煤（25%~30%），维持合理的捣固压强，将捣固煤饼的密度在 0.95~1.0kg/m³，保持合理的结焦时间，控制焦炉顶部煤料均匀加热，可以生产出满足 2000~3000m³ 级高炉生产使用的捣鼓焦。目前捣固焦在国内的使用效果并不理想，独立焦化厂生产的捣固焦在高炉内表现差，易造成炉况波动甚至失常，其原因在于：

（1）目前捣固焦配煤尚无统一标准，部分独立焦化厂为节省成本，配料中将焦煤和肥煤数量降到不合理的程度；

（2）捣固压强控制不到位，超高压强捣固后生产的捣固焦局部基本无气孔，而在二层捣固层的交界面出现盲肠型横向气孔，严重影响焦炭在高炉内的高温强度；

（3）缺少炼焦工艺参数变化对捣固焦质量影响的系统研究，未掌握炼焦过程的热制度控制，造成捣固焦炉生产的焦炭黑头焦过多，焦炭质量差。

3.4.2 预热捣固炼焦

预热捣固炼焦技术目前在世界范围内还是一种不成熟的工艺，各国对此工艺研究不多。西德于 1976 年先进行了 300kg 小焦炉预热捣固炼焦试验，以后又在 3m 高的捣固炉上进行了试验。

试验初步证明，在许多炼焦工艺中，若用高挥发分和黏结性差的煤作为配煤的基础煤，只有采用预热捣固法才能得到优质焦炭。预热捣固法之所以能获得如此好的结果，是与其结焦机理密切相关的。

我们知道，捣固炼焦之所以能提高焦炭质量，仅仅是通过堆密度的提高来实现的。而预热法之所以能提高焦炭质量，是因为它不仅提高了煤料的堆密度，而且还改变了煤的热特性。这是预热法的堆密度虽比捣固法低，却能获得与捣固法相同的焦炭质量的主要原因。因此，预热捣固法可以综合预热和捣固两种方法的优点，正是因为捣固和预热各自机理的叠加作用，使预热捣固法可以大大改善焦炭的质量。

预热捣固就是将煤料先在预热器里预热到 140~200℃，再将此预热煤料送入双轴混涅机，并喷入 150℃ 的液态黏结剂使之混合均匀，然后经皮带运输机送入捣固机捣成煤饼后装炉。预热捣固工艺最大特点之一是需要加黏结剂，这是因为只有加入黏结剂才能使捣固煤饼稳定。在选择黏结剂时，既要考虑黏结剂不伤害人员，燃点应大于工作温度，同时又要考虑黏结剂在捣固过程中的黏结特性，必须使黏结剂在140~200℃时仍然具有黏结能力。西德学者认为，一种芳香族含量较高的石油黏结剂具有这种特性。他们采用这种黏结剂，使温度在150~200℃时预热捣固煤饼的稳定性超过了捣固煤饼的稳定性。

预热捣固炼焦最大的优点之一是可以大大扩大炼焦煤源。为了获取优质冶金焦，在顶装法炼焦时，要求配合煤料的奥亚膨胀度在30%~50%之间，而预热顶装法可以为零，捣固法可以小于零。在预热捣固中，即使配合煤料为仅收缩也能达到同样的结果，如图3-18所示。

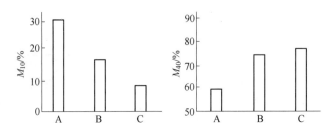

图 3-18　不同炼焦法得到的焦炭强度的对比
A—顶装法；B—捣固法；C—预热捣固法

对于同一种煤料而言，预热捣固法炼得的焦炭强度最高。从顶装到捣固直至预热捣固，每进一步焦炭的耐磨强度 M_{10} 都依次减半。焦炭强度 M_{40} 在捣固时为74%，预热捣固时上升为80%~82%。捣固和预热捣固法在使用弱黏结性配煤炼焦时，所获得的结果见表3-7。

表 3-7　捣固和预热捣固配煤炼焦结果

使用煤料	配煤 1		配煤 2	
	捣固	预热捣固	捣固	预热捣固
牌号为 633 的煤/%	57.4	54.0	—	—
牌号为 634 的煤/%	—	—	13.8	13.0
牌号为 621 的煤/%	—	—	47.9	13.0
牌号为 321 的煤/%	16.0	15.0	31.9	30.0
石油焦/%	21.3	20.0	—	—
焦粉/%	5.30	5.0	6.4	4.6
黏结剂/%	—	6.0	—	6.0
配煤分析	配煤 1		配煤 2	
	捣固	预热捣固	捣固	预热捣固
挥发分 V_r/%	27.4	31.3	28.6	30.9
坩埚膨胀序数	1.5	2.0	3	3
奥亚膨胀度/%				−22

配煤分析		配煤 1		配煤 2	
		捣固	预热捣固	捣固	预热捣固
焦炭	$M_{40}/\%$	71.4	77.1	74.4	82.1
	$M_{10}/\%$	20.4	8.2	17.6	6.7
	$I_{20}/\%$	53.6	79.1	58.3	80.6
	$I_{10}/\%$	44.7	18.8	38.5	17.1

另外，与捣固法相比，煤饼的空隙度可减少 20%，堆密度可提高 7%~8%，同时由于预热捣固结焦时间短，使其生产能力提高 35% 左右。总之，根据当前所做的试验看来，预热捣固工艺是令人满意的，很有发展前途。

3.4.3 配型煤炼焦

将一部分装炉煤在装入焦炉前，配入黏结剂加压成型煤，然后与散装煤按一定比例混合装入焦炉的炼焦过程称为配型煤炼焦。配型煤炼焦可以在一定程度上改善焦炭质量。

（1）提高了装炉煤的堆密度。一般粉煤堆密度为 0.7~0.75t/m³，型煤堆密度为 1.1~1.2t/m³，配 30% 型煤后装炉煤堆密度可达 0.8t/m³ 以上，堆密度的提高可以改善煤的黏结性，提升焦炭质量。

（2）增大装炉煤的塑性温度区间。塑性温度区间是指煤料从软化熔融到固化的温度间隔，塑性温度区间增加，有利于煤料的黏结，进而改善焦炭质量。型煤致密，其导热性能比散装粉煤好，加热炼焦过程中升温速率较快，能够较早达到开始软化温度，且处于软化熔融的时间长，从而有助于与型煤中的未软化颗粒及周围粉煤的相互作用，当型煤中的熔融成分流到粉煤间隙中时，可增强粉煤粒间的表面结合，并延长粉煤的塑性温度区间，从而达到改善焦炭质量的作用。

（3）装炉煤内的膨胀压力增加。型煤和散装粉煤加热软化时，型煤由于内部的气体压力更大，因此造成型煤的体积膨胀率也较粉煤高。型煤的膨胀压缩周围粉煤，促进其挤压，增强了装炉煤内部的膨胀压力，并使型煤和粉煤互熔，生成结构统一的块焦。

3.4.4 煤料预处理

（1）装炉煤的干燥。装炉煤的干燥是将湿煤在炉外预先脱除水分含量至 6% 以下，再装炉炼焦的工艺。煤干燥的基本原理是利用外加热能将炼焦煤料在炼焦炉外进行干燥、脱水降低入炉煤的水分，然后装炉炼焦。降低装料煤水分含量有利于改善煤料的流动性，增加装炉煤堆密度，同时水分含量的降低，从而提高加热速度、缩短结焦时间。装炉煤堆密度的增大和结焦速度的加快能够稳定焦炉操作、提高焦炭产量和质量，同时能够有效降低炼焦耗热量消耗。

（2）装炉煤的调湿。装炉煤的调湿是在煤干燥炼焦工艺的基础上发展起来的，其核心是不管原料煤的水分含量是多少，而只是把装炉煤的水分含量进行调整、稳定在相对较低的水平（一般为5%~6%），使之既有利于降低能耗，稳定焦炉操作，又不致因水分过低引起焦炉和回收系统操作困难。煤调湿技术可以达到提高焦炉生产能力、降低炼焦耗热量、提高焦炭质量、减少环境污染等效果。

（3）装炉煤预热。装炉煤在装炉前用气体热载体或固体热载体快速加热到150~250℃，然后再装炉炼焦称为预热炼焦。装炉煤预热工艺可以增加并均匀装炉煤堆密度，提高炉内煤饼的加热速率、改善胶质体的流动性和黏结性、降低炭化室内距炉墙不同距离炉料的温度梯度、增加胶质层厚度，其对于扩大炼焦煤资源、提高焦炭质量、增加生产能力和降低炼焦能耗有重要的意义。

3.5　焦化配煤优化生产实践

3.5.1　全疆内煤炼焦试验研究及生产实践

根据不同炼焦煤性能特征，通过炼焦优化配煤工作的开展，在获得能够满足高炉使用焦炭的基础上，可以拓展炼焦煤资源，降低炼焦生产成本。新疆八一钢铁地处国家西部，具有市场、资源和环境容量多重区位优势，是我国西北地区重要的钢铁生产基地。随着八一钢铁炼铁技术的进步，高炉容积逐渐增加，对焦炭的质量要求也逐渐增加。为确保较好的焦炭质量，一段时间八一钢铁焦炉使用的炼焦煤主要来自山西、内蒙古等省（自治区），以及疆内焦煤和自产焦煤，造成焦炭价格居高不下。为降低炼铁成本，在保证焦炭质量满足2500m³ 高炉情况下，八一钢铁焦化厂探索减少使用疆外高价焦煤用量，最终达到全部使用疆内低价炼煤焦的配煤结构。

在改变焦化配煤结构前，首先进行了实验室焦化配煤方案的研究。所用四种炼焦煤的煤质数据见表3-8。其中，疆内煤1是低灰、低硫、高挥发分、强黏结性、塑性区间较宽的36号肥煤，易于配煤炼焦；疆内煤2是低灰、低硫、中等挥发分、强黏结性、塑性区间较宽的36号肥煤，易于配煤炼焦；疆内煤3是中灰、低硫、低挥发分、黏结性较差的14号瘦煤；疆内煤4是低灰、低硫、低挥发分的15号焦煤。为尽量多地获取有用试验数据和减少试验量，采用正交实验方法进行配煤方案制定。正交设计因素与水平确定：以焦炭冷态强度为目标，因素为疆内煤1~4号，水平为资源量折合的配比最大值、最小值、中间值。构成3水平4因素的正交试验表，见表3-9。

表 3-8　单种煤煤质数据

煤种	A_d/%	V_{daf}/%	S_{ad}/%	CRI/%	X/mm	Y/mm	T_1	T_2	T_3	a	b
疆内煤1	7.88	39.02	0.39	102	31	36	352	390	491	28	319
疆内煤2	8.52	25.37	0.41	99	8	28.1	399	425	499	27	206
疆内煤3	10.71	18.93	0.24	60	21.6	10.8	425	466	481	21	−9
疆内煤4	8.54	17.66	0.49	72	9.4	10.9	446	474	495	22	10

表 3-9　正交表处理后制定的方案

方案	1	2	3	4	5	6	7	8	9
疆内煤 1	13	13	13	17	17	17	19	19	19
疆内煤 2	19	24	26	19	24	26	19	24	26
疆内煤 3	8	10	16	10	16	8	16	8	10
疆内煤 4	6	12	17	17	6	12	12	17	6

结合 6m 焦炉现场实际资源量和生产技术指标的要求，进一步调整配比，最终确定 7 组试验，见表 3-10。以方案 1 生产配比为基础，在此组配比基础上不断增加疆内煤用量，同时使用疆内清河煤与拜城煤互相替代的对比试验，找出更适合八一钢铁煤资源的配煤结构。从 7 组试验方案看，疆内煤配比由 75% 升高至 100% 过程中，以疆内煤 2 为主力煤种、配比基本在 25%，疆内煤 3、4 配比基本在 16%。从煤质数据中可以看出，当疆内煤用量不断增加后，配合煤灰分、硫分均呈现出下降趋势，与疆内煤低灰、低硫的特点吻合，而配合煤挥发分、G 值、Y 值均没有明显变化，挥发分基本约在 25.3%，G 值约在 85，Y 值约在 18.5mm。

表 3-10　60kg 小焦炉炼焦试验方案

方案	疆内煤 1	疆内煤 2	疆内煤 3	疆内煤 4	疆内其他	疆内总量	煤质数据				
							$A_d/\%$	$V_{daf}/\%$	$S_{ad}/\%$	$GRI/\%$	Y/mm
1	13	19	8	6	29	75	9.24	25.4	0.74	85	18.7
2	13	19	10	6	32	80	9.26	25.7	0.72	86	17.9
3	16	21	14	12	22	85	9.21	25.2	0.7	88	19.6
4	19	21	16	12	20	88	9.15	25.4	0.7	86	19.5
5	17	24	16	14	22	93	9.17	25.1	0.65	83	17.4
6	17	24	16	16	22	95	9.07	24.7	0.63	84	18.2
7	17	26	16	17	24	100	8.99	25.1	0.61	83	19.2

表 3-11 为 60kg 小焦炉制备焦炭的质量数据，从焦炭质量数据看出，当疆内煤配入量从 75% 升高至 100% 时，焦炭灰分、硫分持续呈现降低趋势，而疆内煤配入量从 75% 升高至 85% 时，焦炭冷态强度有小幅降低，M_{40} 降至 83.2%，M_{10} 升至 10.9%，当疆内煤配入量从 85% 升高至 88%，对清河煤与拜城煤用煤结构做相应调整，焦炭冷态强度达到生产配比要求。而当疆内煤配入量从 88% 升高至 93% 时，焦炭 M_{40} 再次出现下滑，M_{40} 为 83.1%，M_{10} 为 11.2%，当疆内煤配入量从 93% 升高至 100% 时，继续对疆内煤种结构进行调整，最终，焦炭冷态强度基本稳定在 83.2%，M_{10} 在 11.0%。

表 3-11　60kg 小焦炉炼焦焦炭质量数据 （%）

方案	焦炭质量				
	A_d	V_{daf}	S_{ad}	M_{40}	M_{10}
1	12.63	1.16	0.79	83.4	10.2
2	12.85	1.21	0.76	83.5	10.3
3	12.38	1.12	0.77	83.2	10.9
4	12.29	1.07	0.79	83.4	10.6
5	12.46	1.15	0.61	83.1	11.2
6	12.27	1.24	0.65	83.2	10.8
7	12.18	1.16	0.62	83.3	11.1

　　根据 60kg 小焦炉配煤炼焦试验结果，试验方案 7 全部使用疆内煤炼焦，并且焦炭各类指标也达到高炉生产用焦要求。为保证高炉炉况顺行，在生产中按照试验方案采用逐渐增加疆内煤用量的方式，且完全按照实验方案配比，具体生产指标见表 3-12。可以看出，同配比情况下 6m 焦炉生产焦炭冷态强度比 60kg 小焦炉生产焦炭冷态强度高出 6%。经过试验证明 6m 焦炉全部使用疆内煤炼焦生产是可行的，并且焦炭冷态强度、灰分、硫分等焦炭指标均达到高炉生产用焦质量要求。使用不同比例疆内煤所炼焦炭在高炉生产使用，有关高炉生产指标见表 3-13。

表 3-12　6m 焦炉炼焦生产数据

方案	焦炭质量					粒度 /mm
	A_d/%	V_{daf}/%	S_{ad}/%	M_{40}/%	M_{10}/%	
1	12.85	1.08	0.79	89.5	6.2	54.12
2	12.81	1.15	0.78	89.5	6.3	53.98
3	12.68	1.12	0.75	89.3	6.1	54.23
4	12.47	1.23	0.75	89.2	6.1	53.78
5	12.26	1.31	0.61	89	6.2	54.01
6	12.13	1.21	0.59	89.1	6	54.15
7	12.01	1.11	0.55	89.3	6.1	54.08

表 3-13　高炉生产相关数据

方案	1	2	3	4	5	6	7
利用系数/t·(m³·d)⁻¹	1.942	2.025	1.988	1.568	1.675	1.576	1.962
K 值	4.1	4.02	3.9	5.05	4.44	4.61	4.01
压差/kPa	131.3	128.47	134.19	157.38	135.37	142.45	138.62

通过炼焦配煤实验可以看出，随着疆内煤配入量不断增加，配合煤灰分、硫分均有不同程度的降低，配合煤挥发分整体虽然呈下降趋势，但没有明显规律，而 G 值85、Y 值18.5mm 基本稳定。生产焦炭灰分、硫分均呈现下降趋势，而焦炭冷态强度有所波动，当疆内煤配入量由75%升高至80%时，焦炭冷态强度稳定在89.5%，M_{10} 在6.2%，增加疆内煤配入量至93%时，焦炭冷态强度由89.5%持续降低，M_{40} 降至89.0%，M_{10} 没有明显变化。继续增加疆内煤配入量至100%时，焦炭冷态强度呈现升高趋势，M_{40} 最终升高至89.3%，当疆内煤配入量由75%升高至100%过程中，虽然焦炭冷态强度有所波动，最低时降至89.0%，全部使用疆内煤炼焦（方案7）生产的焦炭可以达到高炉生产用焦质量要求，大大降低了焦炭成本。在疆内煤比例由75%逐渐增加至100%的过程中，虽然焦炭质量均达到高炉用焦水平，但指标有小幅波动，同时反映在高炉炉况也出现一定波动，尤其疆内煤比例在88%~95%时，高炉利用系数、压差、透气性均出现波动，现场生产中高炉通过调整操作方式来应对，当疆内煤比例达到100%时，高炉按调整后的方式操作炉况好转，6m 焦炉实现了按照疆内煤100%组织生产。

3.5.2 捣固炼焦配入气肥煤的生产实践

云南大为制焦有限公司于2006年建成55孔 TJL5550D 型5.5m 复热式捣固焦炉，据资源的特点及发展需要，从澳大利亚必和必拓公司购入气肥煤与云南的无烟煤配合使用。由于气肥煤的高挥发分、高黏结性和无烟煤的低灰、低挥发分特点，因此在捣固炼焦中用气肥煤和无烟煤搭配使用，既可保证焦炭质量，又能提高产气量，提高化产品的回收率，实现经济效益最大化。

由于无烟煤灰分低、固定碳高，因此配入弱黏结性的无烟煤可提高焦炭固定碳含量，降低灰分，且价格比主焦煤低，是捣固炼焦弱黏结性煤首选煤种。但由于无烟煤对配合煤 G 值影响较大，而高黏结性、高挥发分的气肥煤正好能弥补无烟煤配入量过大对焦炭质量的影响，所以在制定配煤方案时将无烟煤与气肥煤搭配使用，进行了40kg 小焦炉试验。

在40kg 小焦炉试验中，确定了3个配煤方案，以1/3 焦煤、15 号及25 号焦煤为基础煤，配入不同比例的无烟煤和气肥煤捣固炼焦，总结出捣固炼焦配入气肥煤的一般规律和适宜比例，单种煤的质量分析见表3-14。

表3-14 单种煤质量分析

煤种	A_d/%	V_{daf}/%	FC_d/%	$S_{t,d}$/%	G
1/3 焦煤（1）	11.02	30.6	61.75	0.21	86
1/3 焦煤（2）	14.96	36	54.43	0.36	62.4
25 号焦煤	15.26	24.11	64.31	0.19	79.4
15 号焦煤	12.06	20.67	68.01	0.36	88.4
气肥煤	9.18	44.75	50.18	1.62	89
无烟煤	6.1	8.22	86.18	1.29	—

　　配煤方案均以 1/3 焦煤、15 号及 25 号焦煤为基础煤，配入不同比例的气肥煤和相同比例的无烟煤形成配比方案见表 3-15，并进行了小焦炉试验，试验结果见表 3-16。三种配煤方案均可以生产出三级冶金焦，但焦炭强度与反应性有明显变化。方案 1 和方案 2 中气肥煤配比是 10% 和 15%，1/3 焦煤配比是 25% 和 20%，调整 25 号和 15 号焦煤配比以稳定配合煤灰分、挥发分等指标，从表 3-11 可知，方案 1 和方案 2 焦炭强度和反应性基本达到三级冶金焦的标准。方案 3 中，气肥煤配比是 20%，以 25 号焦煤为主，焦炭反应性有明显下降，CRI 为 35.45%，CSR 为 49.73%（反应性不能达到三级冶金焦标准）。从以上 3 个配比方案可看出，配入气肥煤对焦炭质量影响较大，其中方案 1 和方案 2 较为合理，可以在实际生产中应用。但由于配合煤挥发分的影响，焦饼收缩较小，生产上可能会发生推焦困难的情况，因此配煤方案应做适当的调整。

表 3-15　配合煤质量分析

| 方案 | 配比/% | | | | | | 配煤指标 | | | | | | |
	1/3焦煤(1)	1/3焦煤(2)	25号焦煤	15号焦煤	气肥煤	无烟煤	A_d/%	V_{daf}/%	FC_d/%	$S_{t,d}$/%	G	X/mm	Y/mm
1	10	15	15	40	10	10	11.6	25.17	66.16	0.54	72.5	51	15
2	20	0	32	23	15	10	11.8	26.21	65.06	0.61	77.3	45	15
3	10	0	35	25	20	10	11.3	25.78	65.78	0.64	72.9	50	14

表 3-16　小焦炉焦炭质量分析　　　　　　　（%）

| 方案 | 焦炭质量指标 | | | | 焦炭强度及反应性 | | | |
	A_d	V_{daf}	FC_d	$S_{t,d}$	M_{40}	M_{10}	CRI	CSR
1	15.28	0.84	84.01	0.46	71.2	8.71	27.55	61.08
2	14.75	0.72	84.64	0.53	73.2	7.6	30.50	57.63
3	14.89	0.54	84.65	0.61	82.8	7.2	35.45	49.73

　　在 40kg 小焦炉配比试验的基础上，在捣固焦炉上制定了两种生产试验配比方案。由于捣固焦炉生产使用的单种煤指标与 40kg 小焦炉单种煤指标有差异，特别是 G 值和挥发分发生变化，因此在生产配比上做了适当的调整，调整了无烟煤的用量和高挥发分煤的配比，见表 3-17。

表 3-17　单种煤质量分析

煤种	A_d/%	V_{daf}/%	FC_d/%	$S_{t,d}$/%	G
1/3 焦煤	10.32	37.45	56.09	0.46	53.08
25 号焦煤	11.46	26.38	65.17	0.45	86.88
15 号焦煤	15.24	19.1	66.51	0.34	74.3
气肥煤	8.84	39.22	55.4	1.46	84.88
无烟煤	6.95	9.27	84.42	1.5	—

根据气肥煤的配比不变，用 25 号及 15 号焦煤来调整配合煤的各种指标，以减少无烟煤配入量加大对焦炉的影响，见表 3-18 和表 3-19。可以看出两个方案都可以生产出合格的三级冶金焦，且焦炭强度和反应性均达到要求。当气肥煤的配入量逐步增大，配合煤的挥发分逐步增加，对焦炭的机械强度影响明显。在实际生产中气肥煤的配比最高达到过15%，但为保证配合煤指标，特别是挥发分和 G 值，保证焦炭质量，气肥煤的配比不应超过 15%。

表 3-18　配合煤质量分析

| 方案 | 配比/% | | | | | 配煤分析 | | | | | | |
	1/3 焦煤(1)	25 号焦煤	15 号焦煤	气肥煤	无烟煤	A_d/%	V_{daf}/%	FC_d/%	$S_{t,d}$/%	G	X/mm	Y/mm
4	15	57	10	10	8	10.59	26.89	65.37	0.6	74.2	39	17
5	20	48	12	10	10	11.1	26.04	65.75	0.6	65.8	43	15

表 3-19　实际捣固焦炉焦炭质量分析　　　　　　　　　（%）

| 方案 | 焦炭质量指标 | | | | 焦炭强度及反应性 | | | |
	A_d	V_{daf}	FC_d	$S_{t,d}$	M_{40}	M_{10}	CRI	CSR
4	15	1.14	84.03	0.52	83.2	6	28.1	59.94
5	15.01	0.9	84.53	0.55	80.4	6.7	27.95	60.03

在使用气肥煤进行生产过程中，配合煤挥发分平均增加 1%~2%，配合煤挥发分最高达到 28.34%，极大地提高了焦炉的产气量。其中配合煤挥发分每上升 1%，吨干煤产气量上升 $6.5m^3$，如果每日配煤 8000t，产气量增加 $2000m^3/h$，以每吨粗甲醇耗焦炉煤气 $2400m^3$ 计，每日可多产粗甲醇 20t，每月增产 600t，产精甲醇 480t。以精甲醇盈利 1000 元/t计算，每月多盈利 48 万元。使用气肥煤进行生产，焦油回收率平均增加 0.5%~1%，最高达到 3.87%，粗苯回收率平均增加 0.3%~0.5%，最高达到 1.12%。

习题和思考题

3-1　阐述焦炭在高炉冶炼过程中的主要作用。

3-2　简述焦炭在高炉内的主要反应历程。

3-3　简述高炉炼铁对焦炭有哪些质量要求。

3-4　试述炼焦常用煤种的类别，以及各煤种的成焦特性。

3-5　简述炭化内煤料结焦过程的基本特点。

3-6　简述焦炭裂纹的种类，以及产生裂纹的主要原因。

3-7　试论述焦炉中不同区域焦炭的质量特征，并说明产生原因。

3-8　简述焦炭熄焦的主要工艺，对比分析不同工艺的优缺点。

3-9 简述目前主要的炼焦新技术，以及其技术特点。

3-10 阐述现行高炉焦炭质量评价指标，并说明高炉冶炼对焦炭质量要求。

参考文献及建议阅读书目

［1］ 姚昭章，郑明东. 炼焦学［M］. 3 版. 北京：冶金工业出版社，2005.

［2］ 陈启文. 煤化工工艺［M］. 北京：化学工业出版社，2009.

［3］ 王利斌. 焦化技术［M］. 北京：化学工业出版社，2012.

［4］ 周敏. 焦化工艺学［M］. 北京：中国矿业出版社，1995.

［5］ 傅永宁. 高炉焦炭［M］. 北京：冶金工业出版社，1995.

［6］ 周师庸，赵俊国. 炼焦煤性质与高炉焦炭质量［M］. 北京：冶金工业出版社，2005.

［7］ 夏雷雷. 全疆内煤炼焦的试验研究及生产实践［J］. 新疆钢铁，2017，143：32-35.

［8］ 张立岗，苏斌. 捣固炼焦配入气肥煤的实践［J］. 燃料与化工，2012，43（6）：15-18.

4 烧结和球团固结基础理论

⭐ 思政课堂

钢铁人物

我国钢产量连续 25 年位居世界第一，但"钢铁大国"不等于"钢铁强国"。20 世纪八九十年代，受制于精料制备技术落后，全国钢铁生产与国际先进水平相差很大。

1983 年，刚考上研究生的姜涛开启了钢铁原料精加工与短流程冶金研究，钢铁精料制备就是从这里出发的。

姜涛带领团队应用多学科的原理和方法，不断创新精料制备理论和技术，历经 20 余年努力，开发出超高料层均热烧结关键技术、复合造块新工艺和多种难处理铁矿生产球团成套技术，实现了我国炼铁精料技术的更新换代。姜涛团队取得的成果在国内大部分先进钢铁企业应用，推动了我国钢铁工业快速、高质量发展和绿色低碳转型。

进入 21 世纪后，国内外经济社会发展对钢铁品种和质量都提出新要求，不锈钢的需求量快速增加。我国不锈钢生产原料——红土镍矿全部依赖进口，能耗大，成本高。面对新挑战，姜涛带领团队开始新的攻关。历经 15 年，他们终于针对我国低品位红土镍矿，开发出电炉冶炼镍铁的渣系调控新技术并推广应用，平均每吨镍铁电耗降低 600kW·h 以上，并研发出具有自主知识产权的低温制备镍铁新工艺，将生产成本降低 30% 以上，不锈钢工业的可持续发展得到有力技术支撑。姜涛团队的研究成果不仅用于提升国内钢铁产业质量，还被推广到巴西、印度尼西亚、澳大利亚、印度等国家。

30 多年来，姜涛发表论文数百篇，获得国家科学技术奖 3 项、省部级一等奖 8 项；出版专著、手册 8 部；获授权国家发明专利 90 余件。2021 年，姜涛当选为中国工程院院士。

姜涛说起美国挑战者号航天飞机失事，因为一个密封圈不合格，就造成了巨大的损失。同时，他还列举了 2017 年我国长征 5 号遥二火箭发射失利的例子。

"那之后的两年多时间，被航天人称作至暗时刻，908 天。"姜涛说。其间，我国航天人梳理了 400 多个环节，开了 600 多次研讨会，进行了 1000 次以上的科学计算、逻辑推理和地面试验等，终于解决了问题。

每一次反复实验，技术工人都要对零部件进行加工，他们要一次次重复操作机床、挥动焊枪。"可以说没有他们，就没有后面这几年航天事业的蓬勃发展。"姜涛说。

"做完实验，教授头发都是硬的，指甲缝长期塞满矿粉，鼻孔也会变黑。"姜涛的学生们说，老师研究的是钢铁，他本人的作风也很"钢铁"，是名副其实的"钢铁院士"。通常是白天指导研究生做实验，晚上分析实验结果、制定研究方案、修改研究生论文、编写教材和专著等，很少在晚上 11 点前回到家里。偶尔早一点回到家里，老伴会感到奇怪。有时为了赶项目进度，连续几天通宵做实验、准备材料。

2008 年，姜涛到包钢公司进行复合造块现场工业实验。工程化过程中，实验布料出现粗料和细料过度偏细的问题。当时，包钢公司下一步的生产全部要依赖这种新的复合造块技术。姜涛当即要求技术团队进行不间断反复实验，他本人带头在生产车间连续干了几个昼夜，终于解决布料问题。

研发新工艺过程中，理论方法正确，实验却总做不出理想的成品。"那就一直坚持，我一天接一天就干这件事。"姜涛记不清失败了多少次后，实验终于获得成功。

党的二十大报告提出，坚持把发展经济的着力点放在实体经济上，推进新型工业化。钢铁产业发展到今天，在传统的生产方式下，生产效率和成本控制已经接近极限；在"双碳"背景下，钢铁降碳之路任重道远。面对党和国家提出的这一新目标、新要求，姜涛坦言：习近平主席鼓励科研工作者撸起袖子加油干，不忘初心，继续前进。作为老一辈钢铁人，他将继续瞄准"短流程"和"低碳冶金技术"两个有助于实现"双碳"目标的研究领域，助力低碳绿色生产，让钢铁和蓝天碧水共存，为碳达峰、碳中和这个宏伟目标的实现贡献钢铁工业的一份力量。

　

烧结过程是复杂的物理化学反应的综合过程。在烧结过程中进行着燃料的燃烧和热交换，水分的蒸发和冷凝，碳酸盐和硫化物的分解和挥发，铁矿石的氧化和还原反应，有害杂质的去除，以及粉料的软化熔融和冷却结晶等。其基本现象是：混合料借点火和抽风使其中的碳燃烧产生热量，并使烧结料层在总的氧化气氛中，又具有一定的还原气氛。因而，混合料不断进行分解、还原、氧化和脱硫等一系列反应，同时在矿物间产生固液相转变，生成的液相冷凝时把未熔化的物料粘在一起，体积收缩，得到外观多孔的块状烧结矿。

生球的单球抗压强度一般只有 10~20N，干燥以后的球强度虽有提高，可达 80~100N，但仍然不能满足运输和高炉冶炼的要求。目前提高球团矿的强度虽然有许多方法，但 95% 以上的球团矿仍然靠焙烧固结，以获得最佳矿物学成分。球团矿的焙烧固结是其生产过程中最复杂的工序，许多物理和化学反应，在此阶段完成，并且对球团矿的冶金性能，如强度、气孔度、还原性等有重大影响。

焙烧球团矿的设备有竖炉、带式焙烧机和链箅机-回转窑三种。不论采用哪一种设备，焙烧球团矿应包括干燥、预热、焙烧、均热和冷却五个过程，如图 4-1 所示。对于不同的原料，不同的焙烧设备、每个过程的温度水平、延续时间及气氛均不相同。

干燥过程的温度一般为 200~400℃。这里进行的主要反应是蒸发生球中的水分，物料中的部分结晶水也可排除。预热过程的温度水平为 900~1000℃。干燥过程中尚未排除的少量水分，在此进一步排除。这过程中的主要反应是磁铁矿氧化成赤铁矿、碳酸盐矿物分解、硫化物的分解和氧化，以及某些固相反应。焙烧带的温度一般为 1200~1300℃。预热过程中尚未完成的反应，如分解、氧化、脱硫、固相反应等也在此继续进行。这里的主要反应有铁氧化物的结晶和再结晶、晶粒长大、固相反应以及由之而产生的低熔点化合物的

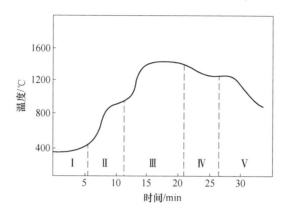

图 4-1 球团矿焙烧过程

熔化，形成部分液相，球团矿体积收缩及结构致密化。均热带的温度水平应略低于焙烧温度。在此阶段保持一定时间，主要目的是使球团矿内部晶体长大，尽可能使它发育完整，使矿物组成均匀化，消除一部分内部应力。冷却阶段应将球团矿的温度从1000℃以上冷却到运输皮带可以承受的温度。冷却介质为空气，它的氧势较高，如果球团矿内部尚有未被氧化的磁铁矿，在这里可以得到充分氧化。

4.1 烧结过程

4.1.1 一般工艺过程

烧结过程可以概括为：将烧结混合料（铁矿粉、熔剂、燃料、返矿等）配以适量水分，经混合、制粒后到烧结机上，在下部风箱的抽风作用下，在料层表面进行点火并自上而下进行烧结反应，在料层燃料燃烧产生的高温作用下，混合料发生一系列物理化学变化，最后变成烧结矿。对一高度为500mm，在烧结杯中烧结开始5min后的料层进行冷却、解剖、分析，发现沿烧结料层高度方向上呈现出结构和性质不同的若干带，按温度高低和其中发生的物理化学变化，可将正在烧结的料层分五个带，自上而下依次为烧结矿带、燃烧带、干燥预热带、过湿带和原始料带，如图4-2所示。表4-1列出烧结料层各带的特征和温度区间。

表 4-1 烧结料层各带的特征和温度区间

烧结料层各带	主要特征	温度区间/℃
烧结矿带	冷却固化形成烧结矿区域	<1200
燃烧带	焦炭燃烧、石灰石分解、矿化、固-固反应及熔融区域	700~最高温度~1200
干燥预热带	低于原始混合料含水量的区域	100~700
过湿带	超过原始混合料含水量的区域	<100
原始料带	与原始混合料含水量相同的区域	原始料温

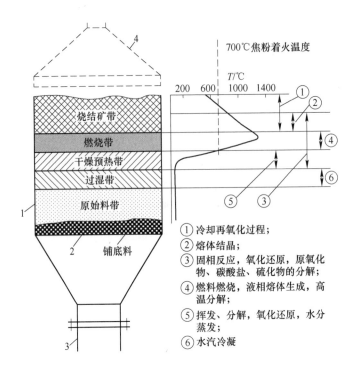

图 4-2　烧结开始 5min 后沿料层高度方向各带及温度分布（料层高度 500mm）
1—烧结杯；2—炉箅；3—废气出口；4—煤气点火器

随着烧结过程的推进，各带的相对厚度不断发生变化，烧结矿带不断扩大，原始料带不断缩小，至烧结终点时燃烧带、干燥预热带、过湿带和原始料带全部消失，整个料层均转变为烧结矿带。图 4-3 是在烧结杯中烧结时，料层各带随烧结时间的变化情况。实际烧结生产是一个连续稳定过程，图 4-4 是在生产过程中沿烧结机长度方向料层各带厚度的变化和分布情况。

（1）烧结矿带。从点火开始，烧结矿带即开始形成，并逐渐加厚，这一带的温度在 1200℃ 以下。在冷空气作用下，温度逐渐下降，熔融液相被冷却，伴随着结晶和矿物析出，物料凝固成多孔结构的烧结矿，透气性变好，抽入的冷空气被预热，烧结矿被冷却。通常烧结矿的表层由于点火高温保持时间短和冷却速率快等原因，一般强度较下层差，其厚度一般为 20~30mm。

（2）燃烧带。燃烧带是从燃料着火（约 700℃）开始，至最高温度（1250~1400℃）并下降至 1200℃ 为止，其厚度一般为 20~40mm，并以 15~30mm/min 的速度向下移动。因此，这一带进行的主要反应有燃料的燃烧，碳酸盐的分解，铁锰氧化物的氧化、还原、热分解，硫化物的脱硫和低熔点矿物的生成与熔化等。由于燃烧带的温度最高并有液相生成，因此这一带的透气性很差。燃烧带厚度对烧结矿的产品质量影响极大，过厚影响通过料层的风量，导致产量降低；过薄则烧结温度低，液相量不足，影响烧结矿强度。

（3）干燥预热带。干燥预热带的温度在 100~700℃ 范围内，厚度一般为 20~40mm。在此带，混合料水分完全蒸发，并被加热到燃料着火温度。由于导热性好，因此料温很快

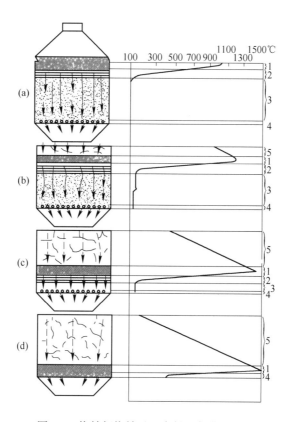

图 4-3　烧结杯烧结过程中料层各带的演变

（a）点火瞬间；（b）点火后 1~2min；（c）烧结 8~10min；（d）烧结终了前
1—燃烧带；2—干燥预热带；3—过湿带；4—铺底料；5—烧结矿带

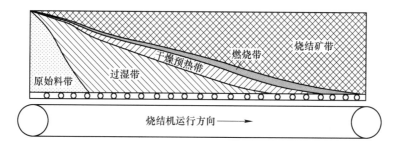

图 4-4　沿带式烧结机长度方向烧结各带的演变与分布

升高到 100℃ 以上，混合料水分开始激烈蒸发，随着温度的进一步升高，料层内主要发生部分结晶水和碳酸盐分解、硫化物分解氧化、矿石的氧化还原以及固相反应等。

（4）过湿带。来自干燥预热带的废气中含有较多的水分，当温度降到露点（烧结过程一般为 60~65℃）以下发生冷凝析出，形成过湿带。过湿带增加的冷凝水介于 1%~2% 之间。但在实际烧结时，发现在烧结料下层有严重的过湿现象，这是因为在强大的气流和重力作用下料层中的水分向下迁移，特别是那些湿容量较小的物料容易发生这种现象。水汽冷凝使料层的透气性显著恶化，对烧结过程产生很大影响。

（5）原始料带。处于料层的最下部，此带与原始混合料含水量和料温相同，来自过湿带的废气对此带不产生明显影响。

4.1.2　烧结过程的主要反应

4.1.2.1　烧结过程的气-固反应

A　固体物料的分解

a　结晶水的分解

在烧结混合料中的矿石和添加物中往往含有一定量的结晶水，它们在预热带及燃烧带将发生分解。表4-2是部分水合物、结晶水的开始分解温度及分解后的产物。

对含水赤铁矿的研究表明，只有针铁矿（$Fe_2O_3 \cdot H_2O$）是唯一真正的水合矿物，而其他一系列所谓的铁矿都只是水在赤铁矿和针铁矿中的固溶体。

从表4-2可以看出，在700℃的温度下，烧结料中的水合物都会在干燥预热带强烈分解。由于混合料处于预热带的时间短（1~2min），因此如果矿石粒度过粗且导热性差，就可能有部分结晶水进入燃烧带。在一般的烧结条件下，80%~90%的结晶水可以在燃烧带下面的混合料中脱掉，其余的水则在最高温度下脱除。由于结晶水分解的热消耗大，因此，其他条件相同时，烧结含结晶水的物料时，一般较烧结不含结晶水的物料，最高温度要低些。为保证烧结矿质量，需增加固体燃料。如烧结褐铁矿时，固体燃料用量可达9%~10%。如果水合矿物的粒度过大，固体燃料用量又不足时，一部分水合物及其分解产物未被高温带中的熔融物吸收，而进入烧结矿中，就会使烧结矿强度下降。

表4-2　结晶水开始分解的温度及分解后的固体产物

原始矿物	分解产物	开始分解温度/℃
水赤铁矿 $2Fe_2O_3 \cdot H_2O$	赤铁矿 $\alpha\text{-}Fe_2O_3$	150~200
褐铁矿 $2Fe_2O_3 \cdot 3H_2O$	针铁矿 $Fe_2O_3 \cdot H_2O(\alpha\text{-}FeO \cdot OH)$	120~140
针铁矿 $Fe_2O_3 \cdot H_2O(\alpha\text{-}FeO \cdot OH)$	赤铁矿 Fe_2O_3	190~328
针铁矿 $Fe_2O_3 \cdot H_2O(\gamma\text{-}FeO \cdot OH)$	磁性赤铁矿 $\gamma\text{-}Fe_2O_3$	260~328
水锰矿 $MnO_2 \cdot Mn(OH)_2(MnO \cdot OH)$	褐锰矿 Mn_2O_3	300~360
三水铝矿 $Al(OH)_3$	单水铝矿 $\gamma\text{-}AlO(OH)$	290~340
单水铝矿 $\gamma\text{-}AlO(OH)$	刚玉（立方）$\gamma\text{-}Al_2O_3$	490~550
硬水铝矿 $\alpha\text{-}AlO(OH)$	刚玉（三斜）$\alpha\text{-}Al_2O_3$	450~500
高岭土 $Al_2O_3 \cdot 2SiO_2 \cdot 2H_2O$	偏高岭土 $Al_2O_3 \cdot 2SiO_2 \cdot 2H_2O$	400~500
拜来石 $(Fe,Al)_2O_3 \cdot 3SiO_2 \cdot 2H_2O$	—	550~575
石膏 $CaSO_4 \cdot 2H_2O$	半水硫酸钙 $CaSO_4 \cdot \frac{1}{2}H_2O$	120
半水硫酸钙 $CaSO_4 \cdot 0.5H_2O$	硬石膏 $CaSO_4$	170
臭葱石 $FeAsO_4 \cdot 3H_2O$	—	100~250
鳞绿泥石 $8FeO \cdot 4(Al,Fe)_2O_3 \cdot 6SiO_2 \cdot 9H_2O$	—	410
鲕绿泥石 $15(Fe,Mg)O \cdot 5Al_2O_3 \cdot 11SiO_2 \cdot 16H_2O$	—	390

b　碳酸盐的分解

烧结混合料中通常含有碳酸盐，它是由矿石本身带进去的，或者是为了生产熔剂性烧结矿而加进去的。这些碳酸盐在烧结过程中必须分解后才能最终进入液相，否则烧结矿带有夹生料或者白点，影响烧结矿的质量。

碳酸盐分解反应的通式可写为：

$$MCO_3 \Longrightarrow MO + CO_2 \qquad (4-1)$$

碳酸盐分解反应可以看作碳酸盐生成的逆反应。图 4-5 绘制几种碳酸盐生成的 $\Delta G^\ominus$ 与温度的关系，从中可以看出碳酸盐的稳定性顺序为：$ZnCO_3 < FeCO_3 < PbCO_3 < MnCO_3 < MgCO_3 < CaCO_3 < BaCO_3 < Na_2CO_3$。

碳酸盐分解反应的分解压与温度的关系：

$$\lg P_{CO_2} = \frac{A}{T} + B \qquad (4-2)$$

式中　A，B——碳酸盐的分解常数，可利用碳酸盐标准生成吉布斯自由能求出。

碳酸盐的分解压 P_{CO_2} 与温度的关系如图 4-6 所示，曲线上每一点表示 MCO_3、MO 和 CO_2 同时平衡存在。若以 P_{CO_2} 表示外界 CO_2 的分压，曲线下面的区域，$P_{CO_2} > P'_{CO_2}$，MCO_3 发生分解反应；曲线上面的区域，$P_{CO_2} < P'_{CO_2}$，MO 和 CO_2 化合生成碳酸盐；在曲线上，$P_{CO_2} = P'_{CO_2}$，MCO_3 分解反应达到平衡铁矿石烧结时最常遇到的碳酸盐有 $FeCO_3$、$MnCO_3$，以及作为熔剂的添加物 $CaCO_3$、$MgCO_3$ 等，上述碳酸盐的分解压与温度的关系如图 4-6 所示。图 4-6 上部曲线是烧结料层中的总压，而下部的虚线为烧结料层中 CO_2 的分压。从图 4-6 中可以看出，在烧结料层中它们开始分解的次序是 $FeCO_3$、$MnCO_3$、$MgCO_3$、$CaCO_3$。

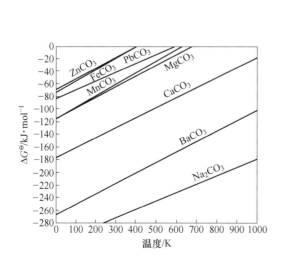

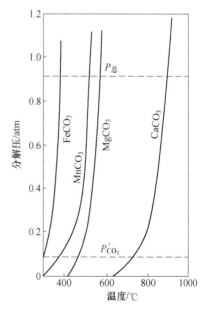

图 4-5　碳酸盐生成的 $\Delta G^\ominus$ 与温度的关系　　图 4-6　某些碳酸盐矿物的分解压与温度的关系

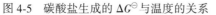

（1atm＝101.325kPa）

对于碳酸钙的分解反应：

$$CaCO_3 \Longrightarrow CaO + CO_2 \qquad\qquad (4\text{-}3)$$

其分解压与温度的关系式为：

$$\lg P_{CO_2} = -\frac{8920}{T} + 7.54 \qquad\qquad (4\text{-}4)$$

在大气中 CO_2 的平均含量（体积分数）约为 0.03%，即大气中 CO_2 的分压 $P_{CO_2} = 0.03kPa$（约 0.0003atm），由式（4-4）得出碳酸钙在大气中的开始分解温度 $T_{开}$ 为 530℃。当分解压达到体系的总压时的分解温度称为碳酸盐的沸腾温度。可得出碳酸钙在大气中的沸腾温度 $T_{沸}$ 为 910℃。类似地，可以分别得在大气中 $MgCO_3$ 开始分解温度为 320℃，沸腾温度 680℃；$FeCO_3$ 开始分解温度为 230℃，沸腾温度 400℃。

在铁矿烧结时，烧结料中的某些碳酸盐的分解不同于纯的碳酸盐矿物。例如 $CaCO_3$，它的分解产物 CaO 可以与其他矿物进行化学反应，生成新的化合物，这样就使得烧结料中 $CaCO_3$ 的分解压在相同的温度下相应地增大，分解得更完全。如：

$$CaCO_3 + SiO_2 \Longrightarrow CaSiO_3 + CO_2$$

其分解压为：

$$\lg P_{CO_2} = -\frac{4580}{T} + 8.57 \qquad\qquad (4\text{-}5)$$

$$CaCO_3 + Fe_2O_3 \Longrightarrow CaFe_2O_4 + CO_2 \qquad\qquad (4\text{-}6)$$

其分解压为：

$$\lg P_{CO_2} = -\frac{4900}{T} + 8.57 \qquad\qquad (4\text{-}7)$$

将式（4-5）~式（4-7）比较，可以看出当温度相同时，式（4-4）所得分解压较式（4-5）、式（4-7）要小得多。

以上热力学分析结果表明，碳酸盐矿物在烧结料层内部都不难分解，一般在烧结预热带可以完成，但实际烧结过程中，仍有部分石灰石进入高温燃烧带才能分解完成，特别是当石灰石粒度较大时，这主要是碳酸盐分解反应动力学因素造成的。石灰石进入高温燃烧带分解，将降低燃烧带的温度，增加燃料的消耗。

碳酸盐的分解为多相反应，由相界面上的结晶化学反应和 CO_2 在产物层 MO 中的扩散环节组成。当分解过程由界面上结晶化学反应控制时，由于天然碳酸盐结构都很致密，因此球形或立方体颗粒分解反应符合收缩未反应核模型，其动力学方程为：

$$1 - (1 - R)^{\frac{1}{3}} = \frac{K}{r_0 \rho} t = K_1 t \qquad\qquad (4\text{-}8)$$

式中 R——反应分数，又称分解率；

K——分解反应速度常数；

r_0——碳酸盐颗粒半径；

ρ——碳酸盐密度；

t——反应时间。

分解产物虽然是多孔性的，但随着反应向颗粒内部推移，CO_2 离开反应界面向外扩散的阻力将增大，当粒度较大时尤甚。此时，CO_2 的扩散成为过程的控制环节，反应的动力学方程为：

$$1 - \frac{2}{3}R - (1 - R)^{\frac{2}{3}} = \frac{D_e}{r_0^2 \rho} = K_2 t \qquad (4-9)$$

由于固相产物层内扩散阻力的存在，反应界面上 CO_2 的分压将被提高，从而接近该温度下的分解压，因此为使反应能继续进行，必须把矿块加热到比由气流的 CO_2 分压所确定的分解温度更高的温度。并且矿块越大，完全分解的温度也越高，时间也越长。当气流速度比较小时，CO_2 的扩散还可受到矿块外面边界层扩散阻力的影响，碳酸钙分解的限制环节是和其所在的条件（温度、气流速度、孔隙度和粒度等）有关。可根据矿块的物性数据及反应条件利用上述的动力学方程确定分解速度的限制环节。如果界面反应是限制环节，由实验测得的 $1 - (1 - R)^{\frac{1}{3}}$ 对 t（反应时间）的关系是直线关系，表明矿块完全分解的时间与其半径的一次方成正比。相反，如 CO_2 的扩散是限制环节，那么 $1 - \frac{2}{3}R - (1 - R)^{\frac{2}{3}}$ 对 t 不是直线关系，表明矿块完全分解的时间与其半径的二次方成正比。但在混合限制范围内，$1 - (1 - R)^{\frac{1}{3}}$ 对 t 的关系是曲率较小的 "S" 形曲线。现有资料认为，在一般条件下石灰石的分解是位于过渡范围内的，即界面反应和 CO_2 的扩散在不同程度上限制了石灰石的分解速度。

在烧结生产过程中，不仅要求碳酸盐特别是碳酸钙完全分解，而且要求其分解产物与其他组分完全化合。如果烧结矿中有游离的 CaO 存在，则遇水消化，体积增大 1 倍，烧结矿会因内应力而粉碎。

碳酸盐分解产物与其他组分发生化合反应称为矿化，一般用矿化度表示。

碳酸钙的分解度用下式表示：

$$D = [w(CaO_石) - w(CaO_残)]/w(CaO_石) \times 100\%$$

式中　　D——碳酸钙分解度，%；

$w(CaO_石)$——混合料中以 $CaCO_3$ 形式带入的 CaO 总含量（质量分数），%；

$w(CaO_残)$——烧结矿中以 $CaCO_3$ 形式残存的 CaO 含量（质量分数），%。

氧化钙的矿化度用下式表示：

$$K_H = [w(CaO_总) - w(CaO_游) - w(CaO_残)]/w(CaO_总) \times 100\%$$

式中　　K_H——氧化钙的矿化度，%；

$w(CaO_总)$——混合料或烧结矿中以不同形式存在的 CaO 总含量（质量分数），%；

$w(CaO_游)$——烧结矿中游离 CaO 含量（质量分数），%。

必须指出 $w(CaO_石)$ 和 $w(CaO_总)$ 是有区别的，一般地 $w(CaO_总) > w(CaO_石)$；当混合料中的 CaO 仅以 $CaCO_3$ 形式存在时，$w(CaO_总) = w(CaO_石)$。

图 4-7～图 4-9 为各因素对 CaO 的矿化度的影响。一般精矿使用的石灰石粒度可以较粗一些（如 3～0mm），而粒度较粗的粉矿要求石灰石的粒度要细一些（如 2～0mm，甚至 1～0mm）。

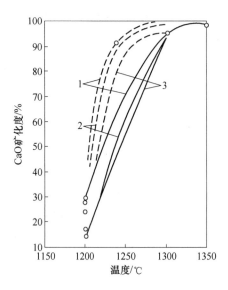 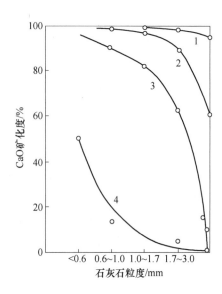

图 4-7　碱度和石灰石粒度对 CaO 矿化程度的影响　　　图 4-8　温度和石灰石粒度对 CaO 矿化程度的影响
1—碱度 0.8；2—碱度 1.3；3—碱度 1.5；　　　　　　　　1—1350℃；2—1300℃；
虚线—石灰石粒度 1~0mm；　　　　　　　　　　　　　3—1250℃；4—1200℃
实线—石灰石粒度 3~0mm

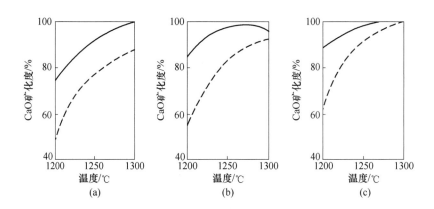

图 4-9　磁铁矿粒度对 CaO 矿化程度的影响
（a）磁铁矿粒度为 6~0mm；（b）磁铁矿粒度为 3~0mm；（c）磁铁矿粒度为 0.2~0mm
实线—石灰石粒度为 1~0mm；虚线—石灰石粒度为 3~0mm

c　氧化物的分解

铁是过渡族金属元素，有几种价态，可形成 FeO、Fe_3O_4 及 Fe_2O_3 三种氧化物，其分解是逐级进行的，即氧化铁的分解是以高价氧化物，经过中间价态的氧化物，最终转变为铁的，这称为逐级转变原则。但是，FeO 仅在 570℃以上才能在热力学上稳定存在，570℃以下要转变成 Fe_3O_4，即：

$$4FeO \Longrightarrow Fe_3O_4 + Fe \quad \Delta G^{\ominus} = -48525 + 57.56T (J/mol) \quad (4\text{-}10)$$

反应式（4-10）$\Delta G^{\ominus}$ 在 570℃以下为负值，因而氧化铁的分解以 570℃为界，在 570℃以上，分为三步进行，即：

$$6Fe_2O_3 \Longrightarrow 4Fe_3O_4 + O_2 \qquad \Delta G^\ominus = 5867770 - 340.20T(J/mol) \qquad (4-11)$$

$$2Fe_3O_4 \Longrightarrow 6FeO + O_2 \qquad \Delta G^\ominus = 6361300 - 255.67T(J/mol) \qquad (4-12)$$

$$2FeO \Longrightarrow Fe + O_2 \qquad \Delta G^\ominus = 539080 - 140.56T(J/mol) \qquad (4-13)$$

在 570℃下分两步进行, 即:

$$6Fe_2O_3 \Longrightarrow 4Fe_3O_4 + O_2 \qquad \Delta G^\ominus = 5867770 - 340.20T(J/mol) \qquad (4-14)$$

$$\frac{1}{2}Fe_3O_4 \Longrightarrow \frac{2}{3}Fe + O_2 \qquad \Delta G^\ominus = 563320 - 169.24T(J/mol) \qquad (4-15)$$

氧势图反映了氧化铁的上述分解特性, 如图 4-10 所示。由图 4-11 可见 Fe_2O_3 的分解压, 在一切温度下比其他级氧化铁的分解压都高。在 570℃以上, FeO 分解压最小, 570℃以下, Fe_3O_4 分解压最小。由于 FeO 在 570℃以下不能稳定存在, 所以在 570℃以下凡有 FeO 参加的反应都不能存在。这些曲线把图形分为 Fe_2O_3、Fe_3O_4、FeO 及 Fe 稳定存在的区域。利用图 4-10 和图 4-11 可以确定各级氧化铁分解或形成的温度和氧分压。

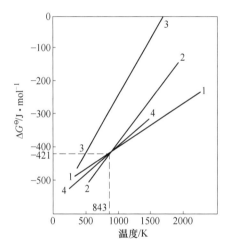

图 4-10　氧化铁的氧势与温度的关系

1—$2Fe+O_2=2FeO$; 2—$6FeO+O_2=2Fe_3O_4$;

3—$4Fe_3O_4+O_2=6Fe_2O_3$; 4—$\frac{3}{2}Fe+O_2=\frac{1}{2}Fe_3O_4$

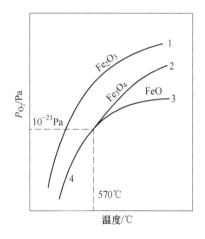

图 4-11　氧化铁的分解压与温度的关系

1—$4Fe_3O_4+O_2=6Fe_2O_3$; 2—$6FeO+O_2=2Fe_3O_4$;

3—$2Fe+O_2=2FeO$; 4—$\frac{3}{2}Fe+O_2=\frac{1}{2}Fe_3O_4$

表 4-3 列出了铁氧化物和锰氧化物在部分温度下的分解压。在烧结条件下, 进入烧结矿冷却带气体中氧的分压介于 18~19kPa (0.18~0.19atm), 经过燃烧带进入预热带的气相氧的分压一般为 7~9kPa (0.07~0.09atm)。将表 4-3 中的数据与烧结料层内气相氧的分压比较可知, 在 1383℃时 Fe_2O_3 的分解压已达 21kPa (0.21atm), 故在 1350~1450℃的烧结温度下, Fe_2O_3 将发生分解, Fe_3O_4 和 FeO 由于分解压极小 (1500℃以下分别为 $10^{-5.5}$kPa 和 $10^{-6.3}$kPa), 因此在烧结条件下将不发生分解; 但在有 SiO_2 存在的条件下, 温度高于 1300℃时, 它可能按以下反应进行分解。

$$6Fe_2O_3 + SiO_2 \Longrightarrow 3(FeO)_2 \cdot SiO_2 + 6O_2 \qquad (4-16)$$

MnO_2 和 Mn_2O_3 有很大的分解压, 故在烧结条件下都将剧烈分解。

表 4-3　铁锰氧化物的分解压　　　　　　　　（98066.5Pa）

温度/℃	Fe_2O_3	Fe_3O_4	FeO	MnO_2	Mn_2O_3
327				8.9×10^{-3}	
460				0.21	
527				0.69	2.1×10^{-4}
550				1.00	3.7×10^{-4}
570				9.50	1.2×10^{-2}
727		7.6×10^{-19}			
827			$1 \times 10^{-18.2}$		
927		2.2×10^{-13}	$1 \times 10^{-16.2}$		0.21
1027			$1 \times 10^{-11.5}$		
1100	2.6×10^{-5}				1.0
1127		2.7×10^{-9}	1×10^{-13}		
1200	9.2×10^{-4}				1.25
1227			$1 \times 10^{-11.7}$		
1300	19.7×10^{-3}				
1337		3.62×10^{-8}	$1 \times 10^{-10.6}$		
1383	0.21				
1400	0.28				
1452	1.00				
1500	3.00	$1 \times 10^{-7.5}$	$1 \times 10^{-8.3}$		
1600	25.00	1×10^{-5}			

B　铁氧化物的还原与氧化

在烧结过程中，由于温度和气氛的影响，所以金属氧化物将会发生还原和氧化反应。这些过程的发生，对烧结熔体的形成和烧结矿的质量影响极大。

a　铁氧化物的还原

烧结过程中铁氧化物的还原取决于料层温度和气相组成。根据理论计算，Fe_2O_3 还原成 Fe_3O_4 的平衡气相中 CO 含量要求很低，即 CO_2/CO 的比值很大，Fe_2O_3 的稳定区域是非常小的。因此，在烧结过程中，甚至极微量的 CO（H_2 也是一样）就足以使 Fe_2O_3 完全还原成为 Fe_3O_4。还原反应主要在固体燃料的燃烧带发生，也可能在预热带进行。

Fe_3O_4 也可以被还原。Fe_3O_4 还原反应在 900℃时的平衡气相中 $CO_2/CO = 3.47$，1300℃时为 10.75，而实际烧结过的气相中 $CO_2/CO = 3 \sim 6$，所以在 900℃以上，Fe_3O_4 被还原是可能的，特别是 SiO_2 存在时，更有利于它的还原，即：

$$2Fe_3O_4 + 3SiO_2 + 2CO =\!=\!= 3(2FeO \cdot SiO_2) + 2CO_2 \tag{4-17}$$

由于 CaO 的存在不利于 $2FeO \cdot SiO_2$ 的生成，因而提高烧结矿碱度，可以降低 FeO 含量。

在一般烧结条件下，FeO 还原成 Fe 是困难的。因为反应在 700℃时的平衡气相中 $CO_2/CO = 0.67$，温度升高，这一比值下降，1300℃时为 0.297。因此，在一般烧结条件下烧结矿中不会有金属铁存在。但在燃料用量很高时（如生产金属化烧结矿），可获得一定数量的金属铁。

必须指出，在烧结料中由于碳的分布不均，因此在整个烧结断面的气相组成也是极不均匀的。燃料颗粒周围的 CO_2/CO 的比值可能很小，而远离燃料颗粒中心的地区 CO_2/CO 的比值可能很大，O_2 的含量也可能较高。在前一种情况下铁的氧化物甚至可能被还原成金属铁；在后一种情况下，Fe_3O_4 和 FeO 有可能被氧化。因此，在烧结条件下，不可能使所有的 Fe_3O_4 甚至所有的 Fe_2O_3 还原。此外，实际的还原过程还取决于过程的动力学条件，如矿石本身的还原性、反应表面积和反应时间。虽然烧结料中铁矿石粒度小、比表面积大，但由于高温保持时间较短，CO 向矿粒中心的扩散条件差，加之磁铁矿本身还原性不好，所以 Fe_3O_4 还原受到限制。因此，从热力学角度分析 Fe_3O_4 有可能被还原成 FeO，而实际上被还原多少，还取决于高温区的平均气相组成和动力学条件。

当料层局部还原性较强时，不仅铁氧化物可以被还原，而且使在烧结过程中形成的铁酸钙系列化合物也可能被还原，其反应如下：

对铁酸钙

$$2(CaO \cdot Fe_2O_3) + CO =\!=\!= 2CaO \cdot Fe_2O_3 + 2FeO + CO_2 \tag{4-18a}$$

$$2CaO \cdot Fe_2O_3 + 3CO =\!=\!= 2Fe + 2CaO + 3CO_2 \tag{4-18b}$$

$$2FeO + 2CO =\!=\!= 2Fe + 2CO_2 \tag{4-18c}$$

$$CaO \cdot Fe_2O_3 + 3CO =\!=\!= 2Fe + CaO + 3CO_2 \tag{4-19}$$

对铁酸半钙

$$\frac{1}{2}CaO \cdot Fe_2O_3 + 3CO =\!=\!= 2Fe + \frac{1}{2}CaO + 3CO_2 \tag{4-20}$$

对铁酸二钙

$$CaO \cdot Fe_2O_3 + 3CO =\!=\!= 2Fe + CaO + 3CO_2 \tag{4-21}$$

在还原过程中还可以形成中间化合物 $CaO \cdot FeO \cdot Fe_2O_3$ 或 $CaO \cdot Fe_2O_3$。当生产自熔性金属化烧结矿时，成品中不含有铁酸钙，因为铁酸钙已被还原。

燃料配比对于还原反应有很大的影响。图 4-12 为烧结料中配碳不同时铁氧化物的变化。图 4-12 中的曲线表明，用富赤铁矿粉烧结的自熔性烧结矿，随着配碳量的提高，烧结矿 Fe_2O_3 减少，Fe_3O_4 上升。继续增加配碳量，烧结矿中 Fe_3O_4 减少而 FeO 上升，再增加配碳量，可以看出产生金属铁。

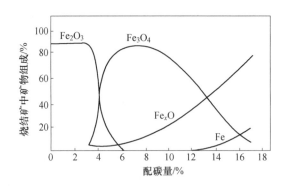

图 4-12　富赤铁矿粉烧结自熔性烧结矿时铁氧化物与配碳量的关系

金属化烧结矿工业试验表明，当使用高品位精矿 $w(Fe)$ = 62%~63%及10%富矿粉配加22%焦粉时［混合料中固定碳（质量分数）为10%~12%］。烧结矿含金属铁（质量分数）17%，这说明当配碳高时，有相当多的金属铁被还原出来。

燃料颗粒大小对铁氧化物的还原与分解也有影响。在相同的燃料消耗下，大颗粒焦粉由于缓慢燃烧并增加燃烧带的宽度，因而有较大程度的还原和分解。在燃烧带，炽热的焦粒与液相中的铁氧化物紧密接触，还原速度也很高。

b　低价铁氧化物的氧化

氧化度的定义是矿石或烧结矿中与铁结合的实际氧量与假定全部铁（TFe）为三价铁时结合的氧量之比。氧化度（η）的计算式为：

$$\eta = \left(1 - \frac{Fe^{2+}}{3TFe}\right) \times 100\% = \left(1 - \frac{0.259FeO}{TFe}\right) \times 100\% \tag{4-22}$$

铁氧化物的氧化度分别为：Fe_2O_3 100%，Fe_3O_4 88.89%，FeO 66.67%。

烧结矿的氧化度既反映了其中 Fe^{2+} 与 Fe^{3+} 之间的数量关系，在一定程度上也表示烧结矿中矿物组成和结构的特点，通常认为氧化度高的烧结矿还原性较好而强度较差。在生产低碱度或自熔性烧结矿的工厂中，往往把 FeO 含量代替氧化度作为评价成品烧结矿强度和还原性的特征标志。由于 FeO 含量与燃料消耗量有着密切关系，故也被视为烧结过程中温度和热量水平的标志。实际上，用同一含铁原料可以生产不同品位和碱度的烧结矿，其氧化度与 FeO 含量没有直接对应关系见表4-4。因此，只有在相同的总铁含量前提下，采用FeO 含量比较两种烧结矿的氧化度时才有实际意义。

表 4-4　烧结矿在不同碱度时氧化度和 FeO 含量

碱度	0.39	0.9	1.08	1.4	2.1	2.5	3.1
$w(TFe)/\%$	60.54	56.71	55.81	57.38	53.39	50.66	44.37
$w(FeO)/\%$	16.48	17.50	15.86	16.84	15.84	14.40	12.44
$\eta/\%$	92.95	92.0	92.64	92.36	92.31	92.64	92.82

同时，烧结矿的 FeO 含量及其强度和还原性也只有定性而无定量的对应关系，如 Fe^{2+} 存在于磁铁矿中与存在于铁橄榄石中，对烧结矿的强度和还原性的影响并不相同，与 Fe^{2+}

存在于磁铁矿中相比，Fe^{2+} 存在于铁橄榄石中，烧结矿的强度虽好，但还原性差。同样 Fe^{3+} 存在于赤铁矿中与存在于铁酸钙中的作用也不一样，甚至 Fe_2O_3 的生成路线和结晶不同，其行为也各异。

对同一原料而言，尽力提高烧结矿的氧化度，降低结合态的 FeO 的生成，是提高烧结矿质量的重要途径。

烧结过程料层的温度和气氛由上而下出现不同的变化，导致烧结料层氧化度也不同。根据烧结通氮骤冷取样分析发现，表层烧结矿带比燃烧带的 Fe^{2+} 低 15% ~ 20%，燃烧带下部很快降至混合料含 Fe^{2+} 量的水平。Fe^{2+} 最大值被限制在 20mm 左右的狭窄范围内，这与燃烧带的厚度相吻合，即烧结料层中 FeO 变化趋势与温度分布的波形变化基本同步，如图 4-13 所示。

在燃烧带上部冷却时，冷却风下移伴随着矿物结晶、再结晶和重结晶，并发生低价氧化铁再氧化，温度越高则氧化速度越快。不同温度下结晶的 Fe_3O_4 氧化成具有多种同质异象变体的 Fe_2O_3，使氧化度提高。

在燃烧带的高温及碳的作用下，使局部高价铁氧化物分解为 Fe_3O_4，甚至还原成浮氏体，氧化度降低。

在燃烧带下部料层加热时，靠近炽热的炭燃烧处或 CO 浓度较高的区域内，高价氧化铁可发生还原，生成 Fe_3O_4 和 Fe_xO，氧化度降低。随着废气温度的迅速降低，其还原反应也相应减弱，甚至不发生还原反应，此时料层的 FeO 含量即原始烧结料层的 FeO 含量，氧化度恢复到原始烧结料的水平。

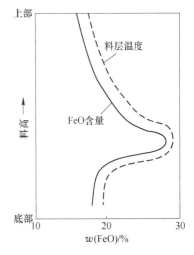

图 4-13 磁铁矿烧结时料层断面某瞬间 FeO 含量的分布

以上只是宏观上的分析，实际上同一料层中在靠近炭粒处发生局部还原，靠近气孔处则发生氧化。

使用高品位的赤铁矿粉的烧结试验表明，在正常配碳条件下，燃烧带中的赤铁矿全部还原为磁铁矿，氧化度降低，但燃烧带上部受氧化作用，烧结矿 Fe^{2+} 逐步减少，氧化度逐步提高。随着固定碳的减少，氧化更加剧烈，以至于可以又重新氧化到赤铁矿水平。

当烧结磁铁矿时，氧化反应得到相当大的发展，特别在燃料偏低的情况下，燃烧带的温度小于 1350℃，氧化进行得非常剧烈。磁铁矿的氧化先在预热带开始进行，然后在燃烧带中远离碳颗粒的烧结料中，最后在烧结矿冷却带中进行。

当燃料消耗值高于正常值时，这种氧化并不影响最后烧结矿的结构形式，这是因为磁铁矿被氧化成赤铁矿，它在燃烧带又完全还原或分解。在较低的燃料消耗时所得到的烧结矿结构，通常含有沿着解理平面被氧化的最初的磁铁矿粒。在这种情况下，热量及还原气氛都较弱，不足以使它们还原。赤铁矿带的宽度通过显微镜观察到从几微米到 0.5 ~ 0.6mm，这种结构类型常具有天然氧化磁铁矿及假象赤铁矿的特征。

当烧结矿最后的结构形成后，将经受微弱的第二次氧化。在一般条件下，分布在硅酸盐液相之间的磁铁矿结晶来不及氧化，这是因为氧输送到它的表面是困难的。磁铁矿部分氧化只在烧结矿孔隙表面、裂缝以及各种有缺陷的粒子上才能发生。

4.1.2.2 烧结过程的固-固反应

已经被证实，固相反应最初产物，与反应物的数量比例无关，无论如何只能形成一种化合物，它的组成通常不与反应物的浓度一致。要想得到其组成与反应物重量相当的最终产物，在大多数情况下需要很长的时间。在抽风条件下，烧结料加热从 500℃ 到 1400℃ 是在很短的时间内（通常不超过 4min）完成的。因此，对于烧结更有实际意义的是有关固相反应开始的温度和最初形成的产物。在烧结过程中，固体燃料产生的废气加热了烧结料，为固相反应创造了有利条件。在烧结料部分或全部熔化以前，料中每一颗粒相互位置是不变的。因此，每个颗粒仅仅与它直接接触的颗粒发生反应。在铁矿粉烧结料中添加石灰时，主要矿物成分为 Fe_3O_4、Fe_2O_3、SiO_2、CaO 等。这些矿物颗粒间互相接触，在加热过程中，固相间就发生化学反应，如图 4-14 所示。

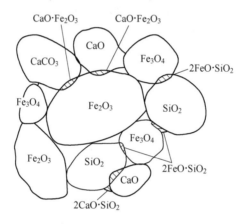

图 4-14　烧结混合料中各组分相互作用示意图

表 4-5 汇集了烧结中常见的某些固相反应产物开始出现的温度。

表 4-5　固相反应最初产物开始出现的温度

反应物质	固相反应初始产物	出现反应产物的开始温度/℃
$SiO_2+Fe_2O_3$	Fe_2O_3 在 SiO_2 中的固溶体	575
$SiO_2+Fe_3O_4$	$2FeO \cdot SiO_2$	990，1100[1]
$CaO+Fe_2O_3$	$CaO \cdot Fe_2O_3$	500，520，600，610，650，675[1]
$CaCO_3+Fe_2O_3$	$CaO \cdot Fe_2O_3$	590
$MgO+Fe_2O_3$	$MgO \cdot Fe_2O_3$	600
$CaO+SiO_2$	$2CaO \cdot SiO_2$	500，610，690
$MgO+SiO_2$	$2MgO \cdot SiO_2$	680
$MgO+Al_2O_3$	$MgO \cdot Al_2O_3$	920，1000[1]
$MgO+FeO$	镁浮氏体（固溶体）	700
$MgO+Fe_3O_4$	MgO 在磁铁矿中的固溶体	800

反应物质	固相反应初始产物	出现反应产物的开始温度/℃
$FeO + Al_2O_3$	$FeO \cdot Al_2O_3$	1100
$Fe_3O_4 + FeO + SiO_2$	$2FeO \cdot SiO_2$	800，950[①]

① 不同作者的研究结果。

从表4-5可以看出，Fe_2O_3不能与SiO_2组成化合物，在575℃开始，这个系统仅仅形成有限的Fe_2O_3溶于SiO_2中的固溶体。因此，在配碳量少的烧结赤铁矿非熔剂性烧结料时，Fe_2O_3与SiO_2不发生相互作用。要产生铁橄榄石（$2FeO \cdot SiO_2$），必须预先还原Fe_2O_3或使Fe_2O_3分解为Fe_3O_4或FeO，这时需要较高的配碳量。在石英与石灰石接触处，在500~600℃时开始形成硅酸钙（$2CaO \cdot SiO_2$），但在非熔剂性烧结料中这种接触的机会是不大的，而在赤铁矿熔剂性烧结料中，SiO_2与CaO接触的机会比Fe_2O_3与CaO接触的机会要少得多，虽然SiO_2对CaO的化学亲和力比Fe_2O_3对CaO的要大得多，同时两组物质接触处开始固相反应的温度几乎相近，但铁酸钙形成的速度要快，固相中铁酸钙的数量要多。CaO与Fe_2O_3反应形成铁酸钙，在固相中500~700℃就开始发生。在烧结条件下，Fe_2O_3与烧结料中添加的石灰石、石灰之间的大量接触促进了该反应的进行。Fe_3O_4不与CaO发生固相反应，只有当它氧化成Fe_2O_3时才有可能。由此可见，在正常燃料用量时，烧结赤铁矿熔剂性烧结料以及在较低燃料用量时，在氧化性气氛中烧结磁铁矿熔剂性烧结料，在固相中都可能形成铁酸钙。烧结过程中的固相反应规律如下。

（1）当烧结非熔剂性烧结矿时，在固相反应中铁橄榄石只有在Fe_2O_3还原或分解为Fe_3O_4时才能形成。同样在烧结熔剂性烧结料时，铁橄榄石在石英与磁铁矿颗粒的接触处形成。在固相中铁橄榄石的形成过程比铁酸钙形成过程缓慢，而后者在相当低的温度就开始。反应的总效果取决于燃料的配比，在同样的条件下，提高燃料配比可促进铁橄榄石在固相中形成并阻止铁酸钙的生成。

（2）赤铁矿与石英及磁铁矿与石灰在中性气氛中不发生固相反应。

（3）在烧结熔剂性烧结料时，CaO与Fe_2O_3接触的机会增大。在温度大致相同的情况下，接触处形成铁酸钙较快。氧化条件（低配碳、低温烧结）促进铁酸钙在固相中形成。

（4）加热烧结料并不给固相物质间按化学亲和力的大小发生反应创造任何有利条件，每个颗粒与它周围接触的颗粒都是以同样的某种反应速度进行反应。因此，有人认为用CaO与Fe_2O_3的亲和力大的理由来解释在熔剂性烧结料固相反应中优先形成铁酸钙是不正确的。在固相中所发生的过程与已烧结好的烧结矿结构之间也没有直接联系。

烧结过程生成的固相反应产物虽不能决定烧结矿最终矿物成分，但能形成原始烧结料所没有的低熔点的新物质，在温度继续升高时，就成为液相形成的先导物质，使液相生成的温度降低。因此，固相反应最初形成的产物对烧结过程具有重要作用。凡是能够强化烧结过程固相反应或其他使烧结料中易熔物增加的措施，均能强化烧结过程。如过分松散的烧结料采用压料的方法，能改善颗粒接触界面，有效地促进固相反应，提高烧结矿强度。又如在烧结料中采用加入铁酸盐的工艺可改善烧结效果，表4-6为配加铁酸盐混合物于烧结料中的试验效果。

表 4-6 添加铁酸盐混合物对烧结指标的影响

烧结指标	普通混合料	添加 15% 的烧结粉末（含 $CaO \cdot Fe_2O_3$）
成品率/%	76.3	79.2
利用系数/$t \cdot (m^2 \cdot h)^{-1}$	1.79	1.91
转鼓指数（+6.3mm）/%	74.0	82.0

4.1.3 烧结过程中的固结

液相形成及冷凝是烧结矿固结的基础，决定了烧结矿的矿相成分和显微结构，进而决定了烧结矿的质量。

4.1.3.1 液相的形成

A 液相的形成过程

在烧结过程中，由于烧结料的组成成分多，颗粒又互相紧密接触，因此当加热到一定温度时，各成分之间开始有了固相反应，在生成新的化合物之间、原烧结料各成分之间以及新生化合物和原成分之间，存在低共熔点物质，使得在较低的温度下就生成液相，开始熔融。表 4-7 列出了烧结原料所特有的化合物及混合物的熔化温度。

表 4-7 烧结料形成的易熔化合物及共熔混合物

系统	液相特性	熔化温度/℃
SiO_2-FeO	$2FeO \cdot SiO_2$	1205
SiO_2-FeO	$2FeO \cdot SiO_2$-SiO_2 共晶混合物	1178
SiO_2-FeO	$2FeO \cdot SiO_2$-FeO 共晶混合物	1177
Fe_3O_4-$2FeO \cdot SiO_2$	$2FeO \cdot SiO_2$-Fe_3O_4 共晶混合物	1142
MnO-SiO_2	$2MnO \cdot SiO_2$ 异分熔化点	1323
MnO-Mn_2O_3-SiO_2	MnO-Mn_2O_3-$2FeO \cdot SiO_2$ 共晶混合物	1303
$2FeO \cdot SiO_2$-$2CaO \cdot SiO_2$	钙铁橄榄石 $CaO_x \cdot FeO_2$-$xSiO_2$（$x=0.19$）	1150
$CaO \cdot Fe_2O_3$	$CaO \cdot Fe_2O_3 \rightarrow$ 液相+$2CaO \cdot Fe_2O_3$（异分熔化点）	1216
$CaO \cdot Fe_2O_3$	$CaO \cdot Fe_2O_3 \rightarrow CaO \cdot 2Fe_2O_3$ 共晶混合物	1205
$2CaO \cdot SiO_2$-FeO	$2CaO \cdot SiO_2$-FeO 共晶混合物	1280
FeO-$Fe_2O_3 \cdot CaO$	（18%CaO+82%FeO）-$2CaO \cdot Fe_2O_3$ 固溶体-共晶混合物	1140
Fe_3O_4-Fe_2O_3-$CaO \cdot Fe_2O_3$	Fe_3O_4-$CaO \cdot Fe_2O_3$；Fe_3O_4-$2CaO \cdot Fe_2O_3$	1180
Fe_2O_3-$CaO \cdot SiO_2$	$2CaO \cdot SiO_2$-$CaO \cdot Fe_2O_3$-$CaO \cdot 2Fe_2O_3$（共晶混合物）	1192

由于烧结原料粒度较粗，微观结构不均匀，而且反应时间短，反应体系为不均匀体系，液相反应达不到平衡状态，因此烧结过程中的液相形成过程和变化行为如下。

（1）初生液相。在固相反应所生成的原先不存在的新生的低熔点化合物处，随着温度升高而首先出现初期液相。

（2）低熔点化合物加速形成。随着温度继续升高，在初期液相的促进下，低熔点化合物加速形成，熔化时一部分转化成简单化合物，另一部分转化成液相。

（3）液相扩展。大量低熔点化合物与烧结料中高熔点矿物形成低熔点共晶体，大颗粒矿粉周边被熔融，形成低共熔混合物液相。

（4）液相反应。液相中的成分在高温下进行置换反应及氧化还原反应，液相产生的气泡推动炭粒到气流中燃烧。

（5）液相同化。液相的黏性和塑性流动与传热作用，使其温度和成分均匀化，趋近于相图上稳定的成分位置。

B 影响液相形成量的主要因素

影响液相形成量的主要因素有以下几点。

（1）烧结温度。包括最高温度、高温带厚度、温度分布等，由配碳量、点火温度和时间、料层高度与抽风负压等来决定。图 4-15 说明在不同 SiO_2 含量的条件下，烧结料液相量随着温度升高而增加。

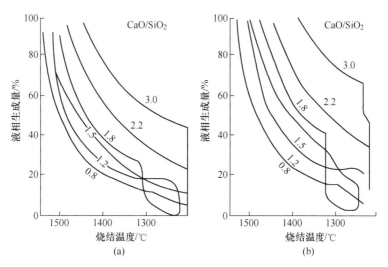

图 4-15 烧结温度与液相量的关系（用相图计算结果绘制）
（a）$w(SiO_2) = 4\%$；（b）$w(SiO_2) = 6\%$

（2）配料碱度（CaO/SiO_2）。在一定的 SiO_2 含量时，碱度表示 CaO 含量的多少。从图 4-15 中同样可以看出，烧结料的液相量随着碱度提高而增加。碱度是影响液相量和液相类型的主要因素。

（3）烧结气氛。烧结过程中的气氛，直接控制烧结过程铁氧化物的氧化还原方向，随着焦炭用量增加，烧结过程的气氛向还原气氛发展，铁的高价氧化物还原成低价氧化物，FeO 增多。一般来说，其熔点下降，易生成液相，影响到固相反应和生成液相的类型。

（4）烧结混合料的化学成分。SiO_2 含量（质量分数）一般希望不低于 5%，由于 SiO_2 极容易形成硅酸盐低熔点液相，因此 SiO_2 含量过高则液相量太多，过低则液相量不足。

Al_2O_3 主要由矿石中的高岭土和固体燃料灰分带入，有使熔点降低的趋势；MgO 由白云石和蛇纹石等熔剂带入，有使熔点升高的趋势。但 MgO 能改善烧结矿低温还原粉化现象。

C　液相在烧结过程中的作用

作为烧结矿固结的基础，液相形成在烧结过程中的主要作用有以下几点。

（1）液相是烧结矿的黏结相，将未熔的固体颗粒黏结成块，保证烧结矿具有一定的强度。

（2）液相具有一定的流动性，可进行黏性或塑性流动传热，使高温熔融带的温度和成分均匀，使液相反应后的烧结矿化学成分均匀化。

（3）液相保证固体燃料完全燃烧，大部分固体燃料是在液相形成后燃烧完毕的，液相的数量和黏度应能保证燃料不断地显露到氧位较高的气流孔道附近，在较短时间内燃烧完毕。

（4）液相能润湿未熔的矿粒表面，产生一定的表面张力将矿粒拉紧，使其冷凝后具有强度。

（5）从液相中形成并析出烧结料中所没有的新生矿物，这种新生矿物有利于改善烧结矿的强度和冶金性能。液相生成量多少为佳的定量结论，还有待进一步研究，一般应有 50%~70% 的固体颗粒不熔，以保证高温带的透气性，而且要求液相黏度低和具有良好的润湿性。

4.1.3.2　液相的冷凝

烧结料中的液相，在抽风过程中冷凝，从液相中先后析出晶质和非晶质，最后使物料固结，形成烧结矿。

A　结晶过程

a　结晶形式

结晶：液相冷却降温至某一矿物的熔点时，其浓度达到过饱和，质点相互靠近吸引形成线晶；线晶靠近成为面晶，面晶重叠成为晶核，以晶核为基础，该矿物的质点呈有序排列，晶体逐渐长大形成。这是液相结晶析出过程。

再结晶：在原有矿物晶体的基础上，细小晶粒聚合成粗大晶粒，这是固相晶粒的聚合长大过程。

重结晶：固相物质部分熔入液相以后，由于温度和液相浓度变化，故再重新结晶出新的固相物质，这是旧固相通过固-液转变后形成新固相的过程。

b　影响结晶过程的因素

结晶原则是根据矿物的熔点由高到低依次析出，影响结晶的因素主要有以下几个方面。

（1）过冷度。过冷度 ΔT 是指理论结晶温度 T_m（即结晶矿物的熔点）与实际结晶温度 T 的差值。过冷度 $\Delta T(\Delta T = T_m - T)$ 增大，晶核形成和晶体生长的驱动力增大，但是此时黏度随之也增大，晶核形成和晶体生长的阻力增大。因此，晶核形成和晶体生长速度与过冷度之间呈极大值关系，但由于新相难成，因此晶核形成速度极大值对应的过冷度一般大于晶体生长速度极大值对应的过冷度。在不同的过冷度下，同种物质的晶体，其不同晶面的相对生长速度有所不同，影响晶体形态。过冷度小时，即接近于液-固相平衡结晶温度，液体黏度小，晶体生长速度大于晶核形成速度，一般可以长成粗粒状、板状半自形晶或他形晶；过冷度大时，液体黏度较大，晶核形成速度大于晶体生长速度，则结晶晶核增多，初生的晶体较细小，很快生长成针状、棒状、树枝状的自形晶。

（2）液相黏度。黏度很大时，质点扩散的速度很慢，晶面生长所需的质点供应不足，因而晶体生长很慢，但是晶体的棱和角，则可以接受多方面的扩散物质而生长较快，造成晶体棱角突出、中心凹陷的所谓"骸状晶"。当液体黏度增大到晶体停止生长时，则易凝结成玻璃相。

（3）界面能。固液界面能越小，则晶核形成及生长所需的能量越低，因而结晶速度越快。

（4）杂质。加入少量杂质能改变固液界面能及固液界面处液相的流动性，结晶速度也随之变化而影响晶体形态。

（5）析出的晶体。由于结晶开始温度和结晶能力、生长速度的不同，导致晶体析出的先后次序不同。后析出的晶体形状受先析出晶体和杂质的干扰。先析出者有较多自由空间，晶形完整，形成自形晶；后析出的晶体受先析出晶体的干扰则形成半自形晶或他形晶。晶体外形可分为自形晶、半自形晶和他形晶。

B 冷凝速率的影响

在结晶过程的同时，液相逐渐消失，形成疏松多孔、略有塑性的烧结矿层，由于抽风使烧结矿以不同的冷却速度（或冷却强度）降温，因此一般上层为 $120\sim130℃/min$，下层为 $40\sim50℃/min$，差别甚大，不仅有物理化学反应，而且还有内应力的产生。

冷凝速度对烧结矿质量的主要影响如下。

（1）影响矿物成分。冷却降温过程中，烧结矿的裂纹和气孔表面氧位较高，先析出的低价铁氧化物（Fe_3O_4）很容易氧化为高价铁氧化物（Fe_2O_3）。在不同温度下和不同氧位条件下形成的 Fe_2O_3 具有多种晶体外形和晶粒尺寸，它们在还原过程中表现出的强度差别很大。

（2）影响晶体结构。高温冷却速度快，液相析出的矿物来不及结晶，易生成脆性大的玻璃质，已析出的晶体在冷却过程中发生晶形变化，最明显的例子是正硅酸钙（$2CaO\cdot SiO_2$）的同质异构变体，造成相变应力，具体见表 4-8。

表 4-8 $2CaO\cdot SiO_2(C_2S)$ 的同质异构变体

同质异构变体	α-C_2S 高温型	α'-C_2S 低温型	γ-C_2S 低温型	β-C_2S 单变型
晶系	六方	斜方	斜方	单斜
密度/g·cm^{-3}	3.07	3.31	2.97	3.28
稳定存在温度/℃	>1436	1436~350	350~273	<675

同质异构变体是同一化学成分的物质，在不同的条件下形成多种结构形态不同的晶体，对它的研究是认识矿物结构和改善烧结矿冶金性能的重要课题。

从表 4-8 中可知，β-C_2S 转变成 γ-C_2S 时体积增大约 10%。体积的突然膨胀产生的内应力，可导致烧结矿在冷却时自行粉碎。

（3）影响热内应力。不仅宏观烧结矿产生热内应力，而且由于各种矿物结晶先后和晶粒长大速度的不同，加上它们在烧结矿体中分布不均匀，各种矿物的热膨胀系数的不同，这使热应力可能残留在烧结矿中而降低烧结矿的强度。

4.1.4　烧结过程中的传输现象

4.1.4.1　烧结料层中的温度分布和热交换

燃料燃烧的结果直接影响烧结料层的温度，燃烧过程不是等温过程，所谓烧结温度只反映烧结料层中某一点所能达到的最高温度。

图 4-16 表示点火烧结后，在不同的时间内沿料层高度的温度分布曲线。由图 4-16 可知，不管料层高度、混合料性质以及其他因素如何，这些湿度曲线的形状变化趋势都是相似的。

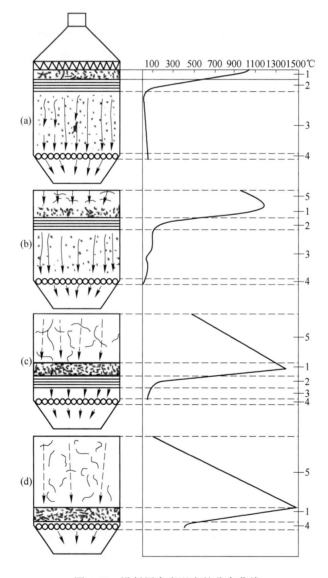

图 4-16　沿料层高度温度的分布曲线

(a) 点火完毕；(b) 点火完毕后 2 min；(c) 烧结开始后 8~10 min；(d) 烧结终了前

1—燃烧带；2—干燥和预热带；3—水分冷凝和过湿带；4—床层；5—烧结矿固结和冷却带

由于烧结料层内气-固之间热交换非常快，在烧结料层中和固相温度几乎相等，因此在以下的讨论中不再区分气相和固相温度。

研究烧结料层温度随烧结时间的变化发现，任一水平层的温度均经历由低温到高温然后再降低的波浪式变化，但是不同水平层温度开始上升和下降的时间、上升和下降的速率、达到的最高温度不同。将不同水平层的温度—时间曲线绘制在同一坐标系中，即可获得烧结料层的热波或热波曲线。

图 4-17 是料层中无固体燃料，仅由在初始阶段抽入的温度为 1000℃ 的热空气为热源时（相当于烧结过程的点火阶段）所获得的热波曲线，这相当于纯气-固传热的热波曲线。图 4-17 中 1~7 代表自表层而下等距离的 7 个水平层。图 4-17 表明，当内部无固体燃料而又无稳定的外部热源时，热波曲线是以最高温度为中心、两边基本对称的曲线，随着热波向下推进，曲线不断加宽，而最高温度逐渐下降。

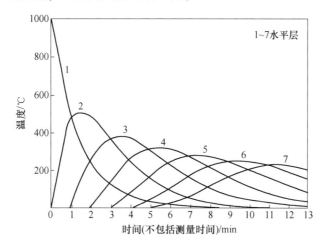

图 4-17　未配入固体燃料的料层热波曲线

为了保证料层温度向下移动时最高温度不降低，必须供给料层一定的热量。图 4-18 为点火温度为 1000℃、料层中配入适量燃料时的热波曲线。

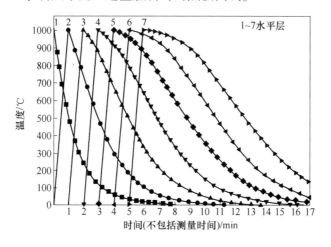

图 4-18　配入适量燃料以维持料层最高温度的热波曲线

由于点火温度一般低于烧结最高温度，因此，内配燃料必须充足才能尽快达到烧结所需的最高温度。图4-19是点火温度为1000℃、内配充足燃料以使第二水平层最高温度达到1500℃的热波曲线。由于产生了熔融相，因此第二水平层以下各层的最高温度就不再升高，图中断面线部分表示各水平分层中具有的熔化热。

由图4-18和图4-19可以看出，当料层内部配有燃料时，热波曲线的形状发生了很大变化：相同水平层达到的最高温度上升；达到最高温度所需的时间缩短；随着热波向下推进，曲线两边越来越不对称。

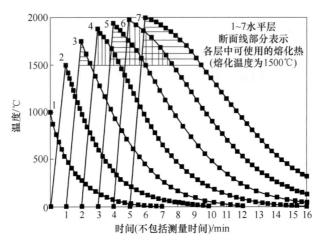

图4-19   配入充足燃料以使第二水平层最高温度从1000℃提高到1500℃时的热波曲线

4.1.4.2   燃烧带移动速率及其影响

A   燃烧带移动速率

烧结过程中燃料的燃烧集中在厚度为20~40mm的燃烧带中进行，随着烧结过程的进行，燃烧带不断下移。燃烧带移动速率主要取决于混合料中固体燃料的反应性、燃料颗粒尺寸、气相中的氧分压和抽风速率。燃烧带移动速率不同于热波移动速率，但它对热波形状及其移动速率具有重要影响。烧结过程的热波曲线及其移动特性是燃料燃烧与传热共同作用的结果。在研究铁矿石烧结过程时，一些文献又将燃烧带移动速率简称为燃烧速率，实际测定过程中采用燃烧前沿速率（v_{T1000}）来衡量燃烧带移动速率的大小。

B   影响燃烧带移动速率的因素

在烧结过程中，固体燃料的燃烧是在很窄的一个分层内进行的。这时，燃料颗粒彼此被矿石颗粒隔开，而且燃烧产物在通过下部湿料层时被急剧冷却。燃烧带的移动速率主要取决于烧结料中燃料的含量、粒度、反应性和比表面积、抽入气流的含氧量及气流速率。

在燃料配比较低时，随烧结料层燃料含量的增加，燃烧前沿速率明显增大，料层最高温度不断升高；但当燃料含量超过某一数值时，燃烧前沿速率不再增大，由于物料熔化，因此最高温度也不再上升。

抽入气体中的O_2含量和燃料类型对燃烧带移动速率和最高温度的影响见表4-9。试验条件为：固体料为石英砂，燃料采用木炭（配比4%）、石墨（4%）和焦粉（4.5%），混合料水分为3%。已知空气对石英砂的热波移动速率约为$8.0×10^{-4}$m/s，空气中O_2与N_2

的比热容在 100~1000℃ 之间各为 1.4165kJ/($m^3 \cdot$℃) 和 1.3595kJ/($m^3 \cdot$℃)，两者相差是不大的，所以以上述试验中热波移动速率基本上是不变的。试验表明：

（1）抽入气体中的 O_2 含量越高，燃烧前沿速率越大，抽入气体氧含量对料层最高温度的影响有最佳值，氧含量过高或过低都会使燃烧速率与传热速率不匹配，导致料层最高温度下降；

（2）在抽入气流氧含量相同时，燃料种类对燃烧速率影响显著，在空气（21% O_2）条件下，木炭的燃烧速率比传热速率大得多，而焦粉的燃烧速率与传热速率比较接近，因而燃烧温度能达到比较高的水平。

表 4-9　空气中含氧量对燃烧前沿速率的影响

使用的燃料	空气中含 O_2 体积分数/%	燃烧前沿速率 /m·s^{-1}	料层最高温度 /℃	80%最高温度下的 时间/s	废气量 /m^3·t^{-1}料
木炭	100	33×10^{-4}	1020	150	687.7
	60	22.9×10^{-4}	1240	105	701.8
	21	13.1×10^{-4}	1340	105	897.1
	10	9.3×10^{-4}	1340	87	1143.3
焦粉	100	16.9×10^{-4}	1180	140	919.8
	60	13.1×10^{-4}	1200	110	891.5
	21	8.0×10^{-4}	1560	80	1083.9
	10	6.4×10^{-4}	1200	100	1613.1
石墨	100	10.2×10^{-4}	1160	90	933.9
	60	8.5×10^{-4}	1190	85	1287.7
	21	7.6×10^{-4}	1600	70	1069.7
	10		灭火		

固体燃料反应性与燃烧前沿速率的关系如图 4-20 所示，固体燃料的反应性越好，燃烧前沿速率越大。

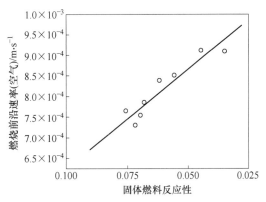

图 4-20　固体燃料反应性与燃烧前沿速率的关系

固体燃料粒度越小，燃烧速率越大；但当燃料粒度太细、燃烧速率超过传热速率时，将导致料层最高温度下降，见表 4-10。

表 4-10   固体燃料粒度对燃烧前沿速率和料层最高温度的影响

固体燃料粒度/μm	燃烧前沿速率/m·s⁻¹	料层最高温度/℃
+682 ~ -8000	6.56×10^{-4}	1499
+150 ~ -682	7.4×10^{-4}	1589
-150	8.9×10^{-4}	1421

注：烧结混合料组成为：石英+4.5%焦粉+3%水。

由于燃烧带向下移动是在抽风作用下完成的，因此在一定的范围内，燃烧前沿速率随抽入气流速率的增大而增大，但当气流速率超过某一极限时，燃烧前沿速率将不再增加。

C   影响烧结料层最高温度的因素

a   燃烧速率与传热速率的匹配

考查烧结料层某一水平层的燃烧与传热情况可以发现，在料层上部分层内形成的热波，可以在该料层内的燃料燃烧之前、燃烧时间内和燃烧之后达到这个水平层。然而，只有在第二种情况下，即燃烧带的移动速率与热波移动速率相匹配时，料层能达到的最高温度高、高温带的厚度小（见图 4-21 区域Ⅱ），其热能才能有效地用于烧结过程，以最低的固体燃料消耗实现优质高产烧结生产。

当燃烧带移动速率小于热波移动速率时，虽然燃烧带的移动对热波移动速率的影响较小，但导致料层最高温度下降、高温带厚度增加，如图 4-21 区域Ⅰ所示。当燃烧带的移动速率大于热波移动速率时，不仅导致最高温度下降、高温带厚度增加（见图 4-21 区域Ⅲ），而且会对热波移动速率产生很大影响。这两种情况均会导致烧结矿产量和质量的下降，只有增加固体燃料消耗，才能达到烧结过程所需的最佳温度。因此，燃烧带移动速率与热波移动速率的匹配，对于实现优质、高产和低能耗烧结生产有重要意义。

当燃料用量低、燃料的反应性好，或抽风中的剩余氧含量很大时，加热到燃点的燃料剧烈燃烧，燃烧带移动速率快，传热速率落后于燃烧速率，料层上部的大量热量不能完全用于下部燃料的燃烧，也不能有效地传给下部的混合料，因此高温带温度降低。图 4-22 是在烧结过程某一时间测得的料层温度的分布曲线，图中的曲线 2 即为燃烧速率超过传热速率时的情况，曲线 1 为两种速率相互匹配时的正常温度分布。当热波移动速率落后于燃烧带移动速率时，烧结过程的总速率取决于热波的移动速率。例如烧结含硫矿石时，热波移动速率小于燃烧前沿速率，可采用提高气体热容量、改善透气性、增加气流速率等方法提高热波移动速率，从而加速烧结过程。

b   其他因素

在燃料用量较高，或燃料反应性差，特别是抽入气体氧含量不足的情况下，即使燃料颗粒已加热到燃点也不会燃烧，燃烧速率落后于传热速率，这时高温带的最高温度也不够高，如图 4-23 中的曲线 1［氧含量（体积分数）为 4%］所示的情况。当燃烧带移动速率落后于热波移动速率时，烧结过程的总速率取燃烧带移动速率。在此情况下，可通过提高

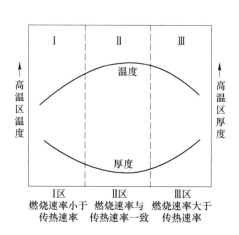

图 4-21 两种速率的匹配关系对料层最高
温度和高温区厚度的影响

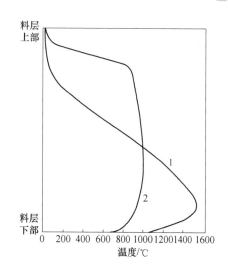

图 4-22 不同烧结条件下高温区宽度的比较
1—焦粉+空气烧结；2—木炭+富氧烧结

抽风气体中氧含量等方法，实现燃烧带移动速率与热波移动速率的匹配，从而提高烧结料层温度，加速烧结过程，如图 4-23 曲线 2 ［氧含量（体积分数）9%］所示的情况。但当气体中的氧含量过高时，导致燃烧带移动速率超过热波移动速率，同样导致最高温度下降，如图 4-23 中的曲线 3 和曲线 4 所示。

燃料粒度大小对烧结料层的最高温度产生影响（见图 4-24），在其他条件相同的情况下，较细的固体燃料燃烧时产生较高的温度，这是因为粒度小比表面积大，燃烧速度快，燃烧带厚度小，热能集中。

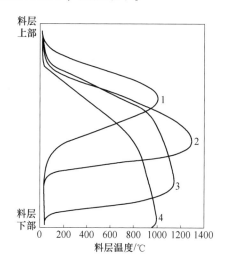

图 4-23 抽入气体含氧量对料层温度分布的影响
（固体燃料：木炭；烧结时间：4min）
1—$\varphi(O_2)=4\%$；2—$\varphi(O_2)=9\%$；
3—$\varphi(O_2)=21\%$；4—$\varphi(O_2)=35\%$

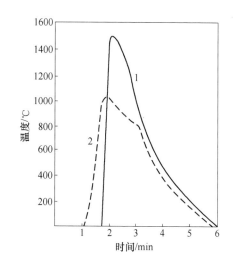

图 4-24 燃料粒度对料层中最高温度的影响
1—粒度 0~1mm；2—粒度 3~6mm

在实际烧结过程中，燃烧和传热是密切联系的，两者同时受料层气流速率影响。根据理论分析，热波移动速率与气流速率的 1.0 次方成正比，而燃烧带移动速率约与气流速率的 0.5 次方成正比。因此，当热波移动速率落后于燃烧带移动速率时，可通过提高气流速率实现两个速率的匹配，但是当通过料层的气流速率增加到某一极限时，就可能出现传热速率高于燃烧速率的现象。生产实践表明，采用焦粉或无烟煤作燃料，并且使用空气进行烧结生产时，料层中的燃烧带移动速率与热波移动速率基本上是匹配的。但对不同的原料和操作条件还需要做具体的研究，并通过调整有关参数使两种速率尽可能匹配，从而得到最优操作。

4.1.5　烧结工艺

4.1.5.1　低温烧结工艺

A　低温烧结法实质

大量研究表明，烧结矿质量主要与烧结矿的矿物组成和结构有关。日本和澳大利亚等国在铁酸钙理论研究的基础上指出，对于赤铁矿粉烧结，理想的烧结矿矿物组成和结构应有部分未反应的残留赤铁矿（约 40%），和以复合铁酸钙（SFCA）针状结晶作主要黏结相（约 40%）的非均相结构。这种烧结矿具有高还原性、良好的低温粉化性及高的冷强度。这种针状铁酸钙是在较低温度下形成的，温度升高，它将熔融分解转变为其他形态。因此，应严格控制烧结在较低的温度（小于 1300℃）下进行。在这一理论指导下，日本首先提出基于复合铁酸钙理论的低温烧结法。

低温烧结法的实质：它是一种在较低温度（1250~1300℃）下生产以强度好、还原性高的针状铁酸钙为主要黏结相，同时使烧结矿中含有较高比例的还原性好的残留原矿——赤铁矿的方法。为此，在工艺操作上，低温烧结法要求控制到理想的加热曲线，如图 4-25 所示。也就是说，烧结料层温度不能超过 1300℃，以减少磁铁矿的形成，同时要求在 1250℃ 的时间要长，以稳定针状铁酸钙和残存赤铁矿的形成条件使烧结料中作为黏附剂的一部分矿粉起反应，CaO 和 Al_2O_3 在熔体中部分熔解，并与 Fe_2O_3 反应生成一种强度好、还原性好的较理想的矿物——针状铁酸钙，它是一种复合铁酸钙固溶体，并用它去黏结包裹那些未起反应的另一部分矿粉（残余赤铁矿）。

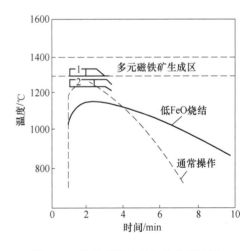

图 4-25　各种烧结法的加热曲线区别
1—熔融型烧结；2—低温型烧结

这种方法不同于过去生产熔剂性的普通烧结法，熔剂性烧结虽然可在较低温度下烧结，然而它仍是一种熔融型烧结，其烧结矿的还原性普遍较低，$RI<60\%$。

B　低温烧结工艺基本要求

理想的准颗粒要使烧结反应均匀而充分地进行，烧结前的混合料混匀和制粒至关重要。在混合料制粒过程中，细小粉末颗粒黏附在核粒子的周围或相互聚集，形成所谓"准颗粒"，才能使烧结料具有良好透气性。同时细粒粉末相互接触，可加速烧结反应速度，良好地制粒可减少台车上球粒的破损，球粒在干燥带仍保持成球状态；制成准颗粒，才能使黏附粉层的 CaO 浓度较高，碱度较高而形成理想的 CaO 浓度分布。

对组成准颗粒的原始物料粒度分析查明，不同粒级的物料在制粒过程中的行为可区分为以下三种类型：

（1）核粒子，+0.7mm，最合适为 1~3mm 做球核；

（2）中间粒子，0.7~0.2mm，难黏附也难做核的粒子；

（3）黏结粒子，-0.2mm，易黏附在核粒子上，构成黏结层。

核粒子与黏结粒子要有适当比例，中间粒子难成球，不仅会影响料层透气性，而且会恶化烧结矿的低温还原粉化性（RDI），故中间粒子以较少为宜。

理想的准颗粒结构以多孔的赤铁矿、褐铁矿或高碱度返矿作为成核颗粒，以含石英脉石的密实矿石及能形成高 CaO/SiO_2 比例熔体的成分适宜做黏附层，混合料中的核粉比一般为 50∶50 或 45∶55。

理想的烧结矿结构大量研究表明，原生的细粒赤铁矿比再生赤铁矿的还原度高，针状铁酸钙比柱状铁酸钙还原度高，因此烧结工艺的目标是生产具有残余赤铁矿比例高，并同时形成具有高强度和高还原性的针状铁酸钙黏结相。理想的结矿结构是由两种矿相组成的非均质结构：一种是属于 $CaO-Al_2O_3-SiO_2-Fe_2O_3$ 的多元体系的针状铁酸钙黏结相，也可为复合铁酸钙；另一种是被这黏结相所黏结的残留的矿石颗粒。

多元复合型针状铁酸钙的生成条件如下。

（1）碱度：提高碱度，CF 生产量增加。当碱度从 1.2 增加到 1.8 时，其增长速度最快，碱度每提高 0.1，CF 平均增加 5.7%。而碱度从 2.1 增加到 3.0，碱度每提高 0.1，CF 平均增长 3.17%，但超过 2.0 时，出现 C_2F，还原性开始下降。

（2）温度：1100~1200℃ 时，CF 占 10%~20%，晶体间尚未连接，因而烧结矿强度差，1200~1250℃ 时，CF 占 20%~30%，晶桥连接，有针状交织结构出现，强度较好。1250~1280℃ 时，CF 占 30%~40%，是交组结构，强度最好。1280~1300℃ 时，由针状变为柱状结构，强度上升但还原性下降。

（3）铝硅比（Al_2O_3/SiO_2）：Al_2O_3 促使 CF 生成，SiO_2 有利于针状 CF 生成，控制烧结矿中 Al_2O_3/SiO_2 有助于多元复合针状铁酸钙的生成，Al_2O_3/SiO_2 一般为 0.1~0.37。

理想烧结过程的热制度理想的烧结矿显结构是在理想的烧结过程热制度条件下，发生一系列的烧结反应后形成的。

当混合料中的固体燃料被点燃后，随着温度升高，理想的烧结反应过程可概括如下：

（1）从 700~800℃ 开始随着温度升高，由于固相反应而开始生成少量铁酸钙；

（2）接近 1200℃ 时，生成低熔点二元系或三元系的低熔点物料 $Fe_2O_3 \cdot CaO$（1250℃）、$FeO \cdot SiO_2$（1180℃）、$CaO \cdot FeO \cdot SiO_2$（1216℃），在 1200℃ 左右熔化，在熔液中 CaO 和 Al_2O_3 很快熔于此熔体中，并与氧化铁反应，生成针状的固熔了硅铝酸盐的铁酸钙；

（3）控制烧结最高温度不超过 1300℃，避免已形成的针状铁酸钙分解成赤铁矿或磁铁矿；

（4）低温烧结法在低于1300℃下进行，作为核粒子的粗粒矿石没有进行充分反应，而作为原矿残留下来，因而，要求这些粗粒原矿应是还原性良好的矿石。

不同烧结过热制度生产的烧结矿特性见表4-11，低温烧结矿性能优于普通熔融烧结矿。

表4-11 烧结矿特性比较

特性	参数	普通烧结矿（>1300℃）	低温烧结矿（<1300℃）
矿相特点	原生赤铁矿	低	高
	次生赤铁矿	高	低
	SFCA	低	高
	玻璃质	高	低
	磁铁矿	高	低
物理特性	冷强度	低	高
	还原粉化率	高	低
	软化开始温度	低	高
	软化期间压差	高	低
	还原度	低	高

C 实现低温烧结的生产措施

实现低温烧结生产的主要工艺措施有以下几个方面。

（1）进行原料整粒和熔剂细辟要求富矿粉小于6mm；石灰石小于3mm的大于90%；焦粉小于3mm的大于85%，其中小于0.125mm的小于20%。原料化学成分稳定。

（2）强化混合制粒要求制粒小球中，使用还原性好的赤铁矿、褐铁矿或高碱度返矿做核粒子，并配加足够的消石灰或生石灰，增强黏附层的强度，混合料的核粉比50∶50或45∶55。

（3）生产高碱度烧结矿碱度以1.8~2.0为宜，使复合铁酸钙达到30%~50%。

（4）调整烧结矿的化学成分尽可能降低混合料中FeO的含量，$Al_2O_3/SiO_2 = 0.1~0.35$，最佳值由具体条件而定。

（5）低水低碳厚料层（大于400mm）作业，烧结温度曲线由熔融转变为低温型，烧结最高温度控制在1250~1280℃，并保持1100℃以上温度的时间在5min以上。

D 低温烧结技术的应用

在国外，日本和澳大利亚等国已将低温烧结技术用于工业生产，效果显著。1983年，日本和歌山烧结厂在109m²烧结机上进行低温烧结。结果烧结矿FeO含量（质量分数）从4.19%降至3.14%，焦粉消耗从45.2kg/t减至43.0kg/t，JIS还原性从65.9%增加至70.9%，RDI从37.6%降低34.6%。高炉使用低温烧结矿后，焦比降低7kg/t，生铁含Si

质量分数从 0.58% 降至 0.30%，炉况顺行，炉温稳定。1982 年，日本八幡钢铁厂若松 600m² 烧结机采用低温烧结技术，生产出高还原性低渣量的烧结矿，在 4140m² 的高炉进行冶炼试验，在配加 80% 时，焦比下降了 1kg/t 生铁。

在国外低温烧结法都是采用赤铁矿粉。而我国大都是细磨的磁铁精矿，在混合料缺少还原性高的矿石作为准颗粒的核。因此，在我国开发低温烧结技术不同于国外。我国采用往磁铁铁精矿中配加澳大利亚矿粉的方法，成功地掌握了铁精矿低温烧结的工艺及其特性。2000 年 5 月，太钢以其自有的尖山矿配加澳大利亚矿粉为原料，进行了低温烧结初步试验，结果表明烧结矿强度提高且粒度均匀，外观烧结矿呈中孔厚壁结构，出厂粉率降低了 1.12%，烧结固体燃耗由 58.32kg/t 降低到 52.52kg/t，烧结矿 FeO 由 9.32% 降低到 8.21%。新兴铸管烧结分厂自 2000 年 9 月在 3 台烧结机上实施了低温烧结，为炼铁厂提供优质炉料，上料量增加 1.47kg/s，日入炉烧结矿量提高 139t，转鼓指数增加 1.59%，FeO 含量降低 0.61%，固体燃料消耗降低 4.77kg/t，利用系数提高 0.17t/(m²·h)，烧结矿的粒度组成更趋合理。

4.1.5.2 小球团烧结法

A 小球团烧结概述

烧结和球团是目前广泛用于制取高炉炉料的铁矿粉造块方法。尽管两种方法在技术上已经成熟，但各自都存在一定缺陷，两种工艺都受到原料粒度的限制，烧结矿运输和储存时易碎裂成小块，而球团矿则高温性能差。基于上述情况，人们开始研究一种新的造块方法——小球团烧结法，它既弥补了现有烧结和球团两种工艺的不足，又吸收了这两种工艺的优点。

日本钢管公司自 20 世纪 70 年代开始研究一种名为"混合球团烧结矿"（HPS）的工艺，1988 年在福山烧结机上投入运转以来，一直成功地进行生产。表 4-12 列出小球团烧结工艺与普通烧结、球团工艺的比较。

表 4-12 球团烧结工艺与烧结、球团工艺比较

项目	烧结工艺	球团工艺	球团烧结工艺
原料	烧结料（-125μm 占20%）	球团料（-44μm 占70%）	烧结料+球团料
制粒	准粒度（3~5mm）圆筒混合机	球团（8~15mm）圆盘，圆筒造球机	小球团（5~8mm）圆盘造球机外滚焦粉，圆筒混合机
产品形状	不规则（5~50mm）	球状（8~15mm）	小球团（5~8mm）和块状物
产品结构	渣相固结	扩散固结	扩散固结
产品 TFe	55%~58%	60%~63%	58%~61%
渣量	15%~20%	5%~10%	7%~12%
JIS 还原度	60%~65%	60%~75%	70%~80%
低温粉化率	35%~45%		30%~40%
软化性能	优良	次于烧结矿	相当于烧结矿

HPS 工艺具有如下主要特征：

（1）能适应粗、细原料粒级，从而扩大了原料来源；

（2）矿相结构主要由扩散型赤铁矿和细粒型钙酸钙组成，因而其还原性和低温粉化性都得到了改善；

（3）由于采用了圆盘造球机制粒，提高了制粒效果，改善了料层透气性，从而提高了烧结矿质量。

B 小球团烧结法的固结方式

小球团烧结矿是由小球团熔结而成，因此，小球团之间的熔结对成品烧结矿的机械强度和高温性能是至关重要的。

当烧结温度达到一定时，球体外表产生一定数量的液相，但球体仍以固体状态存在，球体颗粒与液相间的毛细力可使小球相互熔结。

小球团烧结的强度是毛细力的函数，毛细力 F 的大小取决于液体的性状，根据拉普拉斯（Laplace）方程并计算推导可得球体间规范化毛细力，如图 4-26 所示。

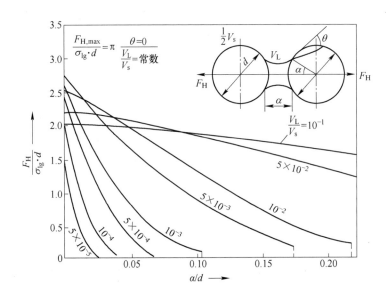

图 4-26 球团间隔距离与接触角对毛细力的影响

从图 4-26 中看出，黏度小的液相其接触面也小，有助于球体间毛细力的提高。当球体间隔趋于零时，液相体积增加反而会降低球体间的毛细力作用。小球团烧结与普通烧结相比，其混合料中的粉末（小于 3mm）量要小得多，液相相对也低得多。此外，其混合比较充分而均匀，导致液相均匀分布。这两者都能增强球体间的毛细力，最终使小球团烧结矿的强度高于普通烧结矿。

对不同的碱度的小球团烧结矿的显微结构研究表明，它们的矿相结构都是类似于一般的普通烧结矿的液相黏结，高碱度时以铁酸钙为主要黏结相，低碱度时以玻璃相为主要黏结相。

C 小球团烧结法工艺流程和特点

图 4-27 为福山 5 号烧结机 HPS 工艺流程，HPS 法具有如下特点。

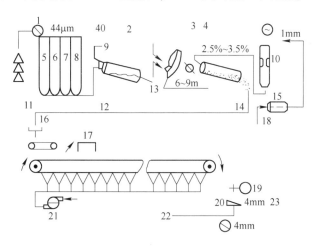

图 4-27 福山 5 号烧结机 HPS 工艺流程

1—原料；2—混合配料；3—造球；4—外滚焦粉；5—球团料；6—混匀料；
7，22—返矿；8—熔剂；9—水；10，18—焦粉；11—矿仓；12—圆筒造球机；
13—造球盘；14—圆筒混合机；15—研磨；16—核式布料器；17—点火；
19—破碎机；20—筛分；21—鼓风机；23—高炉

（1）增设了造球设施将全部混合料制成小球团是小球团烧结的核心，混合料经一次混合后进入造球系统，在圆盘造球机内进行造球，这一新工艺对生球强度要求不像球团工艺那样严格，因此不需要筛分，球团尺寸以 5~12mm 为宜。增加造球设施的目的在于使用以细精矿为主的原料，经造球后料层透气性远比普通烧结要好，易于实行高料层低负压生产。

（2）增加外滚煤粉工艺环节小球团烧结法的燃料添加方式是以小球外滚煤粉为主（70%~80%），小球内部仅配加少量煤粉（20%~30%），煤粉粒度以 1mm 为宜，外滚煤粉能有效改善固体燃料的燃烧效率。采用圆盘造球机外滚煤粉效果不佳，由于生球在圆盘内产生分级作用，大粒级球在圆盘内停留时间短，因此粒度不同的球其外滚煤粉量不同，影响均匀烧结。若采用圆筒外滚煤粉，不同粒级球团的停留时间差别较小，可保持均匀的外滚煤粉量。

（3）采用新型布料系统因采用一般烧结的辊式布料机会造成生球破裂，HPS 工艺采用梭式胶带机和两条与烧结机同样宽的胶带，靠沿烧结机宽度上的偏析布料；另一种布料方式是采用摆动胶带机配宽胶带机，将球布到辊式偏析布料机上，以解决在料层厚度上的合理偏析布料，而将大球布在底下，小球及脱落煤粉布在上部，改善球层透气性，又有利烧结过程中热量的合理分布。

（4）烧结点火前设置干燥段与常规烧结工艺比较，准颗粒铺在烧结机台车上后，如直接送点火器下面，生球受高温热气流冲击，由于小球内水分迅速蒸发产生热应力易导致小球破裂，恶化烧结料层透气性。为此，在点火前设置干燥段是必要的。适宜的干燥温度及表观流速应分别低于 250℃ 和 0.8m/s 以下，抽风干燥时间约 3min。但应尽可能缩短干燥段以扩大烧结机的有效烧结面积。

（5）产品为外形不规则的小球合体小球团烧结矿的固结，基本上是固相扩散型。其中有：

1）磁铁矿部分氧化，产生赤铁矿"连结桥"，进而形成较大黏度的赤铁矿晶粒及其粒状集合体；

2）由于小球团内外配碳，氧化气氛减弱，因此存在磁铁矿同晶集合体及粒状集合体的固结形式；

3）由于小球团内部赤铁矿和磁铁矿共存，因此存在大量的粒状磁铁矿和赤铁矿的彼此镶嵌和二者以不规则粒状集合体形成交错混杂的相互黏结形式；

4）纤细状的铁酸钙、钙铁橄榄石常充填混杂于金属矿物之间，也有一定的固结作用。

D　小球团烧结矿高炉冶炼效果

小球团烧结矿在本福山 2 号高炉（2828m³）和 5 号高炉（4617m³）上进行了对比试验，结果见表 4-13 和表 4-14。

表 4-13　福山 2 号高炉使用球团烧结矿的冶炼效果

项目		基准期（A）	试验期（B）	差别（B-A）
高炉炉料中	块矿	16.0	16.0	
	球团矿	0	0	
	烧结矿	84.0	17.0	
	球团烧结矿	0	47.0	
高炉实际焦比/kg·t⁻¹		531.4	528.7	
校正后焦比/kg·t⁻¹		531.4	525.2	-5.9
还原度提高的效果				(-3.3)
渣量减少的效果				(-2.6)
平均还原度/%		66.3	70.1	3.8
计算渣量/kg·t⁻¹		330.0	321.0	-9.0

表 4-14　福山 5 号高炉使用球团烧结矿的冶炼效果

项目		HPS 工艺使用前	HPS 工艺使用后
配料比/%	块矿	20	20
	球团矿	2	2
	烧结矿	78	23
	球团烧结矿		55
生产指标	产量/t·d⁻¹	9700	10300
	利用系数/t·m⁻³·d⁻¹	2.08	2.21
	燃料比/kg·t⁻¹	517.5	505.0
	鼓风温度/℃	1050	1050
	湿度/g·m⁻³	55	55
	渣量/kg·t⁻¹	327	309

从表 4-13 可看出，基准期 A 焦比为 532.4kg/t，而在试验期为 528.7kg/t，若试验期 B 的各种生产条件调整到与基准期 A 一样，则试验期 B 的校正焦比为 525.5kg/t，比基准期降低了 5.5kg/t，其中 3.3kg/t 来自还原度提高，2.6kg/t 来自渣量的减少。

从表 4-14 可看出，在 5 号高炉使用小球团烧结矿，渣量下降了 20kg/t，燃料比下降了 12kg/t，而且在全焦操作条件下，生铁日产量由原来的 9700t［利用系数 2.08t/（m³·d）］提高到 10300t［利用系数 2.21t/（m³·d）］，实际上 5 号高炉日产量已达到 11000t 生铁。

4.1.5.3 高碱度烧结矿生产

我国高炉炉料中高碱度烧结矿一般占 70% 左右。作为高炉主要入炉原料的高碱度烧结矿质量对炼铁的技术和经济指标有非常重大的影响，因此对高碱度烧结矿的物理性能和冶金性能要求也越来越高。国内外许多冶金学者为提高烧结矿质量主要从铁矿石等烧结原料进行了大量的研究，为高碱度烧结矿生产提供理论依据。

唐钢炼铁厂北区有 3 台烧结机（210m²×2+265m²×1），日产烧结矿 17500t 左右，为北区两座高炉提供烧结矿，因环保形势比较严峻，2018 年下半年开始，唐钢炼铁厂北区烧结区两台 210m² 烧结机经常因环保限产停机，2019 年度，1 号、2 号烧结机日作业率才 60% 左右，大多数时间 3 号烧结机单机生产，烧结矿产量很难满足两座高炉生产需要，每月需外购烧结矿，造成铁成本升高。为确保高炉生产顺行，炼铁厂决定优化配矿结构，将烧结矿入炉比由 76% 降至 65% 以下，烧结矿碱度基数由 1.85 逐步提高至 2.2，逐步提高球团矿比例，以保证高炉熟料率。

碱度由 1.85 提高至 2.2 以后，对烧结矿物组成和结构进行了分析：烧结矿物组成，从表 4-15 中可以看出烧结矿中的铁酸钙（$CaO \cdot Fe_2O_3$）含量（质量分数）比较高，达到了 33%~35%，相对应于碱度 1.85 来说明显增多，烧结矿强度明显增强；烧结矿中的硅酸二钙（$2CaO \cdot SiO_2$）含量（质量分数）为 5%~6%，较碱度为 1.85 时略微增高，但不大；烧结矿中的赤铁矿（Fe_2O_3）含量（质量分数）只有 5%~7%，处在相对偏低的范围之内，可以降低烧结矿自然粉化；烧结矿中的磁铁矿（Fe_3O_4）、钙铁橄榄石（$CaO \cdot FeO \cdot SiO_2$）变化不大；玻璃质含量略微降低。从矿物组成来看，高碱度烧结矿质量明显变好。

表 4-15　烧结矿碱度调整前后矿物组成（质量分数）　　　　　（%）

碱度	赤铁矿	磁铁矿	铁酸钙	硅酸二钙	钙铁橄榄石	玻璃质
1.85	12~14	45~47	25~26	4~6	4~6	5~6
2.2	5~7	47~49	33~35	5~6	3~5	2~3

对碱度为 2.2 时进行了显微镜像分析。烧结矿的矿物结构以交织-熔蚀结构为主，同时含有少量的残存结构，其中交织-熔蚀结构约占烧结矿物结构的 95%，残存结构的比例为 5% 左右。烧结矿中的磁铁矿多被铁酸钙熔蚀或交织成形晶存在，自形晶和半自形晶的磁铁矿比较少见，在交织-熔蚀结构的孔洞边缘中有次生赤铁矿存在，部分次生赤铁矿为菱形赤铁矿。烧结矿中的铁酸钙多呈他形晶粒状分布，部分呈板状和不规则状存在，局部可见针状铁酸钙集中分布。烧结矿中的硅酸二钙和钙铁橄榄石多呈细小粒状均匀分

布在交织-熔蚀结构中，在整个烧结矿结构中一些局部可见柳叶状蝌蚪状硅酸二钙集中分布。

烧结矿碱度调整前后的冶金性能进行了分析见表 4-16，由表可以看出，烧结矿碱度升高，还原度 RI 升高，$w(FeO)$ 降低，$RDI_{-3.15}$ 明显降低，烧结矿质量变好。

表 4-16 烧结矿碱度调整前后冶金性能对比

碱度	还原度 RI	$RDI_{-3.15}$	$RDI_{+6.3}$	$RDI_{-0.5}$	$w(FeO)/\%$
1.85	81.78	37.48	29.17	15.12	9.45
2.2	86.54	31.1	39.3	11.62	8.9

为了进一步改善生产现场烧结矿质量，在组织高碱度烧结矿生产时进行了混料以及烧结工艺参数的调整。

(1) 逐步提高原料大堆匀矿碱度。烧结机使用的混匀矿是将含铁物料和石灰石、白云石在原材料场先进行一次配料、混堆，然后输送进入烧结配料仓跟冷返、固体燃料和熔剂进行二次烧结配料作业。因将烧结矿碱度基数由 1.85 逐步提高至 2.2 以后，烧结配料作业熔剂比例提高了近 4%，烧结配料过程中熔剂配比大，易造成熔剂混不匀，生产过程中易造成烧结矿化学成分波动，因此逐步提高原料匀矿大堆碱度是十分必要的，通过跟相关科室协商，将混匀矿碱度逐步由 1.45 左右提高至 1.8，来降低烧结配料作业过程中的熔剂比例。

(2) 在原料大堆中配入高镁石灰石和提高白云石配比，适当提高 MgO 含量。随着烧结矿碱度提高，烧结矿脱硫率也会下降，因在烧结过程中 CaO 含量高，容易生产稳定的 CaS，不利于烧结脱硫，继而造成高炉炼铁脱硫负担大。经研究表明，高 MgO 烧结矿可以降低高炉渣黏度，改善高炉渣的流动性和脱硫能力，提高高炉透气性，有利于增加高炉冶炼的技术经济指标。另外，MgO 可以抑制 $2\text{-}C_2S$ 晶型转变，也可以提高低温还原强度和软熔、滴落温度，多方面改善其冶金性能。因此，适当提高烧结矿 MgO 含量对提高烧结矿冶金性能和高炉脱硫是非常有帮助的。

(3) 实施厚料层作业。随着碱度提高，熔剂配入量增加，混合料烧损失，造成料层透气性好，烧结负压降低，垂直烧结速度快。唐钢炼铁厂烧结作业区根据实际生产情况，将 3 台烧结机料层均提高了 20mm 以上，确保了烧结过程有足够的负压，提高烧结矿强度。

(4) 降低烧结点火温度。烧结机料层提高以后，烧嘴与料面距离减小，缩短了点火火焰长度，为保证良好的点火效果，作业区将 3 台烧结机点火温度各下调 50℃。

(5) 适当降低固体燃料。从理论上应该增加固体燃料用量，但炼铁厂北区烧结 3 台烧结机随着烧结矿碱度升高，熔剂配加量增加，料层透气性变好，厚度增加，出现了粘台车算条现象，因此，将 3 台烧结机燃料配比各下调了 0.3~0.5kg/s。

(6) 烧结终点温度提高。碱度由 1.85 提高至 2.2 以后，将烧结终点温度控制提高了 40℃。

烧结矿碱度提高以后，烧结矿强度和矿物组成都有明显改善，对烧结矿碱度提升前后北区 3 台烧结机的主要指标进行了统计，见表 4-17。

表 4-17　烧结矿碱度调整前后冶金性能对比

碱度	台时产量 /t·h⁻¹	转鼓指数 /%	成品率 /%	固体燃耗 /kg·t⁻¹	垂直烧结速度 /mm·min⁻¹	烧结负压 /kPa
1.85	736.08	78.85	75.17	55.12	7.25	13.1
2.2	778.16	80.1	79.89	51.63	8.94	12.5

由表 4-17 可以看出，烧结矿碱度提高至 2.2 以后，烧结负压降低，垂直烧结速度提高，3 台烧结机台时产量、转鼓指数和成品率提升比较明显，固体燃耗也相应降低。烧结矿产量和质量明显提高。

4.1.6　国内外烧结新工艺、新技术

现代大中型烧结机都采用现代化的工艺和除尘设备，工艺完善，具有自动配料、强化制粒、偏析布粒、烧结矿冷却（采用鼓风环式冷却机）、成品整粒和铺底料系统。而且自动化水平高，几乎都设置了较为完善的过程检测和控制项目，并采用计算机控制系统对全厂生产过程自动进行操作、监视、控制及生产管理。除尘方面，几乎都采用高效干式除尘器，环境保护情况大为改观。这使得我国烧结矿产量大幅度上升，质量不断提高，节能减排也有新的起色，取得这些成就主要是由于技术进步的支撑。

4.1.6.1　燃料与熔剂外配的烧结制粒技术

为了既降低固体燃耗，又促进铁氧化物的矿化速度，同时还能减少熔剂消耗量，国内外的冶金学者提出了烧结复合制粒技术，即燃料和熔剂外配在烧结小球表面的技术。该工艺也比较容易在实际生产中得到应用，即烧结车间的一混设备只进行含铁原料（或内配少量燃料与熔剂）混合，在二混设备后端外配燃料与熔剂，由于已造好的烧结小球表面湿润，因此这些燃料和熔剂比较容易黏结到烧结小球的表面。图 4-28 为燃料与熔剂外配的烧结制粒示意图。

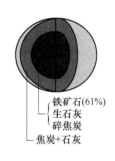

铁矿石(61%)
生石灰
碎焦炭
焦炭+石灰

图 4-28　燃料与熔剂外配的烧结制粒示意图

燃料与熔剂外配的烧结制粒技术实施之前，应针对不同企业的原燃料条件，确定如下参数：

（1）燃料与熔剂的内配与外配量；

（2）初始铁酸钙黏结相及其在同化过程中的强度、流动性、表面张力等性能变化；

（3）烧结小球内部的铁氧化物再结晶强度。

通过对以上技术指标的确定，可以加快该技术的烧结工业化应用。同时，可以与炉料结构、炉渣组成的研究内容进行技术整合，实现集成创新，从而最大限度地在低成本原燃料条件下，得到优良的高炉操作技术经济指标，为制定科学合理的烧结-高炉炼铁工艺提供理论依据。

4.1.6.2　预还原烧结技术

预还原烧结矿即在烧结工序就发生部分预还原，甚至产生部分金属铁，把对铁矿的一部分还原由高炉转移到烧结工序，以此来减少高炉冶炼的还原剂消耗量。

预还原烧结的基本理论依据是：铁矿石在高炉内的还原主要是以 CO 为还原剂的间接

还原，其还原产物及气体成分受反应 $FeO+CO \Longrightarrow Fe+CO_2$ 的化学平衡限制，使 C 的利用率不能无限提高。但在烧结过程中，铁矿石的还原主要是以 C 为还原剂在固态下进行的直接还原，不受气体平衡的限制，C 的利用率较高。因此，将铁矿石的一部分还原由高炉工序转移到烧结工序，可以提高 C 的使用效率，从而降低碳耗，减少 CO_2 排放。在高炉中使用预还原炉料可以提高利用系数，降低焦比和燃料比，有利于炉况稳定顺行。

综合前人的研究结果可以总结出预还原烧结的技术特点主要有：

（1）烧结过程中的还原不受气体平衡所限制，可以提高 C 的使用效率，从而降低碳耗；

（2）C 直接还原铁矿石所产生的 CO，可以作为热源，只需少量的碳就可以达到预还原或金属化的目的；

（3）产生的部分预还原炉料可以显著降低高炉焦比。

预还原烧结技术的优点主要有以下几点。

（1）综合利用高炉粉尘。以高炉灰自身所含有的 C 作为还原剂，足够用来还原其中的铁氧化物，其中的 $C/O \approx 3.0$。可见，在处理高炉灰的同时，还可以处理部分高铁低碳的转炉灰和转炉泥。

（2）支撑料原理。将高炉粉尘制成尺寸较大的球团或者压块，布料时铺在烧结料底层，可以起到类似烧结机支撑板的作用，使烧结料层下部透气性得到改善，防止烧结料过熔，同时可以防止金属化的烧结矿被空气再氧化。

（3）有利于脱 Zn。将 Zn 含量较高的高炉瓦斯灰、瓦斯泥球团布在烧结料底部，有利于脱除其中的 Zn 等有害元素。使得 Zn 以蒸气的形式进入烧结烟气，进而回收。

（4）降低高炉焦比。高炉使用预还原炉料，是将矿石的部分还原任务转移到烧结或球团工序进行。铁矿石还原所需的还原剂量、化学热，以及焦炭的熔损反应都将减少，因此可以显著降低综合焦比，提高高炉生产效率。

目前，预还原烧结技术正处于试验研究阶段，研究结果表明其具有良好的应用前景，但尚缺乏工业化生产的相关报道。我国钢铁公司由于缺乏这方面的基础研究，因此不宜直接将其大规模使用在炼铁生产中，但可以吸纳其基本原理，来处理某些含铁含碳粉尘等，即预还原烧结技术综合利用高炉粉尘工艺。

4.1.6.3 燃气烧结技术

为了降低钢铁企业的 CO_2 排放量，日本 JFE 公司开发了 Supersinter 烧结技术，即燃气烧结技术。2009 年 1 月，Keihin 厂的烧结机将燃气烧结技术工业化应用于烧结机上。2011 年末，Kurashiki 厂的烧结机也安装了燃气烧结设备。据统计，燃气烧结技术的应用可以使得 JFE 公司的 CO_2 排放量每年减少 26 万吨。

燃气烧结技术工作原理为：通过燃气的燃烧给烧结料提供热量，以补充上层烧结矿热量的不足，使得料层上部烧结温度提高、液相量增加，同时液相黏度降低，有利于矿物充分结晶，玻璃相含量减少，从而提高上层烧结料的成品率和烧结矿强度，使得上下料层烧结矿质量均匀化。因此，该技术工艺实施时，只需将燃气引入烧结机前部分，即烧结上层物料时使用。烧结机后部分烧结下层物料时，由于料层的自蓄热能力热量充足，因此不需要引入燃气燃烧放热。燃气在烧结台车上所覆盖的时间需要根据企业现场的实际参数而确定。

目前，燃气烧结技术在我国钢铁企业的应用主要面临以下两个问题。

（1）气源。日本 JFE 公司所使用的燃气主要是天然气，其主要目的是通过使用富氢燃气

来减少 CO_2 排放量，以减少环境污染和碳税。而我国天然气资源短缺，只能维持民用需要。但近年来钢铁企业随着高炉煤气的高效利用，焦炉煤气可以出现剩余情况。因此，将焦炉煤气（或改质的焦炉煤气）作为燃气烧结的气源应当是目前该技术在国内实施的物质条件。

（2）气压。在燃气出口与烧结料面距离一定的前提下，若气压太大，吹到料面后会反射到烧结料外部；若气压太小，烧结抽风压力条件下无法有效地将全部燃气抽入料层内部。总而言之，无论气压太大还是太小，都会导致燃气扩散至烧结台车以外，造成燃气浪费，甚至产生危险。

因此，建议在燃气烧结技术工业化应用之前，应根据各个企业的实际生产情况，确定合适的气源、气压、流速、烧结料层温度场分布、烧结矿强度等技术经济指标。

4.1.6.4 烟气循环烧结技术

国外针对烧结烟气循环技术的研究和应用都早于我国。早在20世纪80年代，日本就已经有烟气循环工艺装置投入使用。其一，奥地利钢联公司的烧结环境工艺优化技术，它主要是将烧结机后部的温度较高的烟气和环冷机的热废气进行混合，循环至烧结机上方的烟罩中，其优势在于循环烟气中氧气含量的减少不会影响到烧结矿产的质量。同时，循环烟气进入的烟罩并未完全覆盖烧结机，因此在工艺实施过程中可以随时补充新鲜空气保障氧气含量的充足。其不足之处在于烟气循环率仅为25%，且烧结机中有三个风箱的烟气并未进入到循环中。其二，日本新日铁区域性废气循环技术，该技术针对不同部位的烟气采取了不同的处理方法。基于烧结点火段的烟气中氧气含量高、水分少、温度低的特点，将其循环至烧结机的中部；基于烧结末端烟气中二氧化硫浓度高、氧气含量高、水分少、温度高的特点，通过锅炉对其余热进行回收，最后循环至烧结机的前部。剩余的烟气则进行电除尘和脱硫处理，最终从烟囱排出。该技术对烟气处理的精细度较高，但是大部分的氧气含量较低的烟气都未能得到循环利用，同时由于工艺过于复杂，因此对烧结机的改造难度较高。其三，荷兰排放优化烧结技术，它是将烧结烟气中的一部分废气返回到烧结机顶部进行循环。该工艺的优势在于简单、成本低，但可以实现将近50%的烧结烟气减排率。同样地，该工艺也只是对部分废气进行循环，因此在固体燃耗控制以及烧结矿质量改进方面并未发挥出理想的作用。

和国外相比，我国对烧结烟气循环技术工艺的研究和应用时间较短，进入新时期以来，市场竞争的加剧以及环保工作力度的增强使得广大钢铁企业开始重视铁矿烧结过程中的污染排放以及能耗问题，开始积极引入绿色烧结技术。在这样的情况下，烧结烟气循环技术的研究和推广应用都取得了一定的突破。

在烧结机运行的过程中，通过烟气循环技术的应用不仅可以降低能耗，同时还可以减少废气的排放量，实现钢铁企业综合效益的提升。因此，我国钢铁企业应加强对烧结烟气循环技术的研究和应用，为自身持续发展奠定基础。

4.1.6.5 超厚料层烧结

随着我国烧结设备的大型化、工艺流程的完善及原料条件的改善，宝钢、鞍钢、柳钢等钢铁企业的烧结厂纷纷根据自身条件调整工艺参数，改造烧结设备，于2000年前后均实现了600mm厚料层的生产，平均料层厚度约471mm。2000年之后，我国烧结机料层平均厚度逐年增加，2005年国内大中型烧结机料层厚度已达到600~800mm，截至2020年，天钢联合特钢、鞍钢、陕钢、湘钢、马钢等部分钢铁企业的烧结机料层厚度均已经超过900mm，其中天钢联合特钢的料层厚度更是长期稳定在1000mm。烧结料层厚度达到或超过 850mm 的烧结被定义为超厚料层烧结，超厚料层烧结能够更好地发挥烧结料层的自蓄热作用，进一步提高烧结矿的质量和产量，降低燃料消耗，减少烧结烟气中 CO_2、氮氧化物、硫氧化物的排放量。随着烧结料层厚度的增加，烟气经上部热烧结矿带入下部料层热量增加，余热利用率提高，固体燃耗降低。当料层内配碳量降低时，有效抑制了料层底部烧结矿的过熔现象，提高了烧结料层温度场的均匀性，同时料层内氧气含量提高，氧化性气氛增强，有利于降低成品矿中的 FeO 含量，改善入炉烧结矿的还原性。同时，随着料层厚度的增加，空气通过料层时的阻力增加，料层底部抽风负压增大，下部过熔，因此需严格控制混匀料粒度及水分。但料层厚度增加总体上会造成垂直烧结速度下降，延长了料层在高温下的保持时间，高温区时间的延长可有效促进烧结矿中液相的生产，有利于硅铝复合铁酸钙的生成，从而提高了烧结矿的强度和成品率，改善了烧结矿的质量。

4.2 球团过程

4.2.1 球团生产工艺概述

球团生产工艺过程由一系列的工序环节组成（见图 4-29），这些工序环节按作业目的及其工序特性构成了球团生产的三大阶段，即原料准备、生球制备以及球团焙烧。原料准备包括原料的接收、储存、干燥及其预处理等环节；生球制备包括配料、混合、造球、生球筛分以及返料处理等环节；球团焙烧包括干燥、预热、焙烧、均热、冷却等环节。

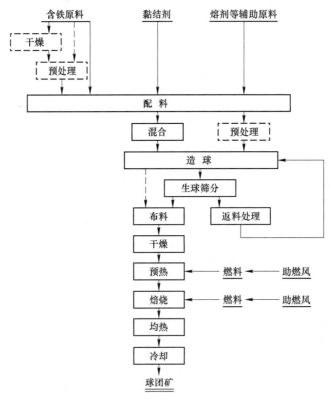

图 4-29 球团生产的原则工艺流程

根据高炉炉料结构的需要，球团产品按化学成分可以分为酸性球团、自熔性或熔剂性球团和含镁球团三种。三种类型中，酸性球团的生产最为普遍，它具有工艺简单、易于操作、球团质量好等优点。

根据球团矿焙烧设备可将球团焙烧方法分为竖炉法、链箅机-回转窑法和带式焙烧机法三种。竖炉球团法是最早发展起来的，因具有工艺简单、对设备材质无特殊要求、建设投资小、热效率高等优点，曾获得较快发展。但竖炉法主要存在难以处理赤铁矿等 FeO 含量低的原料、球团焙烧均匀性较差、单台设备生产能力小、生球爆裂温度要求高、操作灵活性较差等方面的问题。随着钢铁工业的发展，要求球团工艺不仅能处理磁铁矿，而且能处理赤铁矿、褐铁矿及土状赤铁矿等原料。另外，随着高炉大型化的发展，对球团矿的质量提出了更高的要求，对球团矿的需求量也不断增加，要求球团生产向优质化、大型化发展。因此，相继发展了带式焙烧机、链箅机-回转窑等方法。不仅扩大了球团生产能力，而且有效地提高了球团产品的质量及其均匀性，增强了原料的适应性，拓宽了球团原料的种类和来源。

4.2.2　生球成型

4.2.2.1　铁矿粉成球过程

铁矿粉的成球过程大致可分为母球的形成、母球的长大、生球的密实三个阶段。

A　母球的形成

经配料后送来的造球混合料通常含水 8% ~ 10%，矿粒之间仍处于比较松散的状态，各个颗粒为吸附水和薄膜水层覆盖，毛细水仅存在于各个颗粒的接触点上，颗粒间的其余空间为空气所填充。这种状态的精矿粉，一方面，由于颗粒接触不太紧密，故薄膜水不能起作用；另一方面，由于毛细水数量太少，毛细管尺寸过大，毛细作用力较小，因此使得颗粒间结合力较弱，成球很困难。若造球机内的混合料一面随机转动，一面适量加水进一步进行不均匀润湿，则在颗粒结合处形成毛细水。在毛细水的作用下，周围的矿粉颗粒将连接起来形成小的聚集体；继续润湿时，聚集体中的颗粒将在机械力的作用下重新排列，逐渐紧密，毛细管尺寸与形状随之变化，颗粒间的结合力得以增强，从而形成较为坚实稳定的小球，称为母球或球核。

B　母球的长大

已经形成的母球随造球机的转动而继续滚动的过程中将受到挤压、碰撞、揉搓等机械力的作用，其内部颗粒不断压紧，毛细管尺寸变小，形状改变，会把多余的毛细水挤到母球表面上来，这样过湿的母球表面在运动过程中就很容易粘上一层周围湿度较低的矿粉，如此往复运动，母球将逐渐长大。一旦母球的水分低于适宜的毛细水含量后，母球就停止长大。为了使母球达到所需的粒度，必须向母球表面补加水分，但喷水量要适当，以免喷水过大而产生重力水。显然，母球是依靠毛细黏结力和分子黏结力的作用而长大的。

C　生球的密实

长大的母球其强度仍然不能满足冶炼的要求，因此当生球达到规定的尺寸后应停止补充润湿，并继续在造球机中滚动。这种滚动和搓动的机械作用会使生球颗粒发生选择性地按最大接触面排列，彼此进一步靠近压紧，毛细管尺寸不断缩小，毛细水不断地被挤压出来，以至生球内矿粉颗粒排列更紧密，使薄膜水层有可能相互接触，形成公共水化膜而加强结合力。这样生球内各颗粒之间便产生强大的分子黏结力、毛细黏结力和内摩擦阻力，从而使生球具有更高的机械强度。因此，在操作到这一阶段时，往往让湿度较低的精矿粉去吸收生球表面被挤出的多余水分，以免由于生球表面水分过大而发生黏结现象，使生球降低强度。

需要指出的是，以上三个阶段通常是在同一造球机中一起完成的，在造球过程中很难截然分开。第一阶段具有决定意义的是润湿，第二阶段除了润湿作用以外，机械作用也有着重要影响，而在第三阶段，机械作用成为决定性因素。这样就可以根据物料在造球前和造球过程中被润湿的情况，决定加水、加料等操作，也可进一步改进造球设备的结构，加强其产生的机械作用力，以保证造球生产高产、优质地完成。

4.2.2.2 影响矿粉成球的因素

A 精矿粉的性质

在精矿粉的性质中对造球过程起作用的是矿粉颗粒表面的亲水性、颗粒形状、孔隙度、湿度和粒度组成。

a 矿粉颗粒表面的亲水性

矿粉颗粒表面的亲水性矿粉表面的亲水性越好，被水润湿的能力越大，毛细力越大，毛细水与薄膜水的含量就越高，毛细水的迁移速度就越快，成球速度也就越快。物料的成球性常用成球性指数 K 表示，其公式为：

$$K = \frac{W_f}{W_m - W_f} \tag{4-23}$$

式中 W_f——细磨物料的最大分子水含量,% ；

       W_m——细磨物料的最大毛细水含量,% 。

根据成球性指数的大小可将细磨物料的成球性作如下划分：

（1）$K<0.2$，无成球性；

（2）$K=0.2\sim0.35$，弱成球性；

（3）$K=0.35\sim0.6$，中等成球性；

（4）$K=0.6\sim0.8$，良好成球性；

（5）$K>0.8$，优等成球性。

几种常用造球物料的成球性见表4-18。

表 4-18 几种常用造球物料的成球性参数

序号	原料名称	粒度/mm	W_f/%	W_m/%	K	成球性
1	磁铁矿	0.15~0	5.30	18.60	0.4	中等
2	赤铁矿	0.15~0	7.40	16.50	0.81	优等
3	褐铁矿	0.15~0	21.30	36.80	1.37	优等
4	膨润土	0.2~0	45.10	91.80	0.97	优等
5	消石灰	0.25~0	30.10	66.70	0.82	优等

续表 4-18

序号	原料名称	粒度/mm	W_f/%	W_m/%	K	成球性
6	石灰石	0.25~0	15.30	36.10	0.74	良好
7	黏土	0.25~0	22.90	45.10	1.03	优等
8	98.5%磁铁矿+1.5%膨润土	0.20~0	5.4	16.80	0.47	良好
9	95%磁铁矿+5%消石灰	0.20~0	6.7	21.7	0.45	中等
10	高岭土	0.25~0	22.0	53.0	0.77	良好
11	无烟煤	1~0	8.2	38.7	0.27	弱
12	沙子	1~0	0.7	22.3	0.03	无

由此可见，铁矿石亲水性由强到弱的顺序是褐铁矿、赤铁矿、磁铁矿。脉石对铁矿物的亲水性也有很大影响，甚至可以改变其强弱顺序。例如，云母具有天然的疏水性，当铁矿石含有较多的云母时，会使其成球性下降，当铁矿石含有较多的诸如黏土质或蒙脱石之类的矿物时，由于这些物质具有良好的亲水性，因此常常会起到改善铁矿物成球的作用。

b 矿粉颗粒的形状

矿粉颗粒形状的不同将影响其成球性的好坏。矿物晶体颗粒呈针状、片状，表面粗糙者具有较大的比表面积，成球性好；矿物颗粒呈矩形或多边形且表面光滑者，比表面积小，成球性差。褐铁矿颗粒呈片状或针状，亲水性最好。而磁铁矿颗粒呈矩形或多边形，表面光滑，成球性最差。

c 孔隙率

颗粒的孔隙率与物料的吸水有很大的关系，例如多孔的褐铁矿，其湿容量总是比致密的磁铁矿大，生球强度也随孔隙率的减少而提高，如图 4-30 所示。

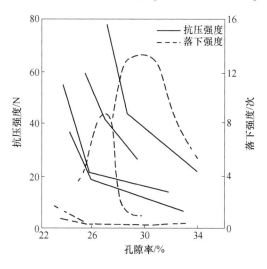

图 4-30 生球强度与孔隙度的关系

d　矿粉湿度

矿粉湿度对矿粉成球的影响最大。若采用湿度最小的矿粉造球时，由于毛细水不足，故母球长大很慢而且结构脆弱、强度极低。矿粉湿度过大时，尽管初始时成球较快，但易造成母球相互黏结变形，生球粒度不均匀；同时过湿的矿粉还容易黏结在造球机上，使其发生操作困难。过湿的生球强度也很差，在运输过程中易变形、黏结破裂；在干燥、焙烧时将导致料层的透气性变差，破裂温度降低，干燥焙烧时间延长，产量与质量下降。由于造球时要求的最适宜的湿度范围波动很窄（0.5%），所以每一种精矿的最适宜湿度值应用实验方法加以决定。一般磁铁矿与赤铁矿精矿粉的适合成球水分是8%~10%，褐铁矿为14%~18%。最佳造球原料的湿度最好略低于适宜值，对不足部分在造球过程中补加。若精矿湿度过大时，则采取机械干燥法和添加生石灰、焙烧球团返矿等干燥组分来排除或减少多余水分，以保证造球物料的湿度要求。

e　矿粉粒度

矿粉粒度越小并具有合适的粒度组成时，颗粒间排列越紧密，分子结合力也将越强，因而成球性好，生球强度高，如图4-31所示。因此，为了稳定地进行造球和得到强度最高的生球，必须使所用的原料有足够小的粒度和合适的粒度组成。一般磁铁矿与赤铁矿精矿粉的粒度上限不超过0.2mm，其中小于0.074mm的粒级应不小于80%，否则就会使生球强度变差。国外球团厂则要求小于0.044mm粒级达60%~80%，同时还要求微米级的颗粒占一定比例。

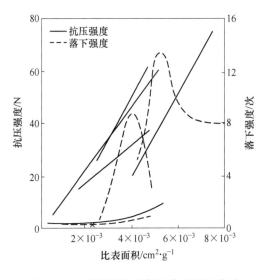

图4-31　生球强度与原料比表面积的关系

B　添加物的影响

在造球原料中加入亲水性好、黏结能力大的添加物可以改善矿物的成球性。造球中常常使用的添加剂有消石灰、膨润土、石灰石和佩利多等。

a　消石灰

消石灰是生石灰消化后的产物，具有天然的胶结性，本身成球性指数大于0.8，属优等成球性物料。同时，它又是熔剂，所以配料时加入量较多。但是消石灰配比过多时，由于其堆密度小，毛细水迁移速度缓慢，因此会降低成球速度，并在生球表面产生棱角。生产中要求消石灰的粒度应小于1mm。

b 石灰石

石灰石也属于亲水性物质，但黏结力不如消石灰强。生产熔剂性球团矿时，石灰石与消石灰配合使用对造球更有利，不仅可以提高生球与干球的强度及稳定性，而且还起到熔剂的作用。石灰石的制备比消石灰简单可靠，但一定要细磨。

c 膨润土

膨润土（皂土）是目前使用最广泛的优等成球性物料，属于效果极佳的优质添加剂，具有高黏结性、吸附性、分散性和膨胀性。配入适量（0.6%~1.0%）的膨润土于造球精矿中，便可显著改善其成球性，提高生球的强度，特别是提高生球干燥时的爆裂温度和成品球团矿的强度，如图4-32所示。1977年，杭州钢铁厂使用膨润土作为本厂球团的黏结剂后，球团矿产量大幅度提高，与未使用前相比增产了81.2%，成品球团矿抗压强度达到3597N。不过由于皂土属含水的铝硅酸盐物质，SiO_2含量高，因此不能添加太多，且配加皂土时要细磨。

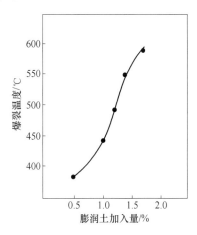

图4-32 膨润土加入量对生球
爆裂温度的影响

d 氯化钙

氯化钙是氯化焙烧中的氯化剂和造球过程中的一种良好的黏结剂，氯化钙溶解在水中能提高水的表面张力。氯化钙的水溶液黏度比水大，并随溶液浓度增加而增加。添加氯化钙的物料，其分子水含量显著提高，从而提高了物料的成球性指数，有利于母球的形成与生球机械强度的提高。不过随着氯化钙加入量的增加，毛细水含量增大后，随后又降低，因而使用高浓度的氯化钙溶液（大于1000g/L），造球时毛细水的迁移速度将会显著减慢，不利于母球的长大。由于氯化钙系湿性很强的物质，在实践中难以磨碎，故造球时往往以水溶液状态加入。

e 佩利多

佩利多是一种高效无毒的高分子黏结剂。由纤维素制成，无毒而且不含对环境和冶炼有害的硫、磷杂质，1g佩利多可束缚4.95g水，为膨润土的5~10倍（膨润土1g可束缚0.66~0.91g水）。因此，它的黏结效果高于膨润土，可显著改善生球强度，如图4-33所示。若要生产质量相当的球团，佩利多的数量仅为膨润土的1/4。

C 成品球尺寸的影响

成品球的尺寸在很大程度上决定了造球机的生产率和生球的质量。目前，在生产上制造9~16mm的球团矿，供高炉使用，制造粒度大于25mm的球团矿供电炉炼钢使用。

由于不同尺寸的生球中各颗粒的结合力大致是相同的，因而较大生球的落下强度因其质量大，比小生球的落下强度来得小些；相反，较大生球的抗压强度比较起来却高得多。生球的抗压强度与生球直径的平方成正比，生球的落下强度与生球直径的平方成反比。

得到较大的生球需要较长的造球时间，因为生球的粒度越小，生球的成型就越快，所以制粒度较大的球团矿会使造球机的生产率降低。

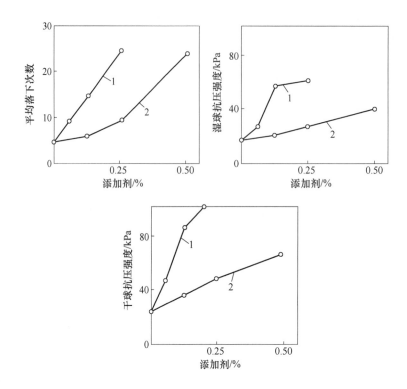

图 4-33　佩利多、膨润土对生球强度的影响
1—佩利多；2—膨润土

D　造球机工艺参数的影响

用于造球的设备主要是圆盘造球机和圆筒造球机，我国和西欧国家生产球团矿时常用的是圆盘造球机。

（1）造球机的转速。造球机的转速一般可用圆周速度来表示。当造球机直径与倾角一定时，转速只能在一定范围内变动。如果转速过低，产生的离心力小，物料就上升不到圆盘的顶点，造成母球形成空料区。同时，母球上升的高度不够，积蓄的动能不足，生球密实不够，强度降低。如果转速过快，离心力过大，物料就会被甩到盘边，造成圆盘中心空料。不能按粒度分开，甚至停止母球的滚动成型过程。只有适宜的圆盘转速才能使物料沿造球机的工作面转动，并按粒度分开。造球机适宜的转速与圆盘倾角和物料性质等有关，一般以造球盘周边线速度计，保持在 1.0~2.0m/s，或以最佳转速为临界转速的 60%~70% 控制，而临界转速为：

$$n_{临} = \left(\frac{42.3}{D^{\frac{1}{2}}}\right)(\sin\alpha)^{\frac{1}{2}} \tag{4-24}$$

式中　D——圆盘直径，m；

　　　α——圆盘倾角，(°)。

若物料的摩擦角较大（如加入溶液造球时），转速可取低值；若物料的摩擦角较小（如加入铁精矿或水泥生料造球时），转速可取高值。

（2）造球圆盘的倾角。圆盘造球机的周速与倾角有关，倾角越大，为了使物料能上升到规定的高度，则要求越大的周速。若周速一定，造球机的最适宜的倾角值 $\alpha_{适}$ 就一定。当 $\alpha<\alpha_{适}$ 时，物料的滚动性能恶化，盘内料全甩到盘边，造成了"盘心"空料，因而滚动成型条件恶化；当 $\alpha>\alpha_{适}$ 时，盘内料带不到母球形成区，造成圆盘有效工作面减小。圆盘造球机的倾角通常为 45°～50°。

（3）圆盘直径与边高。圆盘造球机的直径增大，加入盘中的物料增多，物料在盘内碰撞的概率就增大，有利于母球的形成、长大和生球的密实。圆盘的边高与其直径及物料的性质有关。随着造球机直径的增加，边高也相应增高，边高可按圆盘直径的 0.1～0.12 倍考虑，而当造球机的直径与倾角都不变时，物料粒度粗，黏度小，则盘边应高一些；反之则应低一些。

（4）充填率。充填率是指造球机的容积与圆盘几何容积之比，它与圆盘的边高和倾角有关。当给料量一定时，盘边高、倾角小，充填率就越大，成球时间越长，生球的尺寸与强度就越大。但充填率过大会破坏物料的运动性，母球不能按粒度分层，造球机生产率下降。一般圆盘造球机的充填率为 10%～20%。

（5）底料与刮板的位置。造球机转动时，盘面上往往会黏附一层造球物料成为底料。粒度细、水分高的原料更易于黏结盘底。底料状态直接影响母球的生长情况，因为生球在底料上不断滚动时，会使底料压实和变得潮湿，从而使底料极易黏附于母球之上，最终影响母球的长大速度。同时随着底料的不断加厚，造球机负荷也逐渐增大，当底料增大到一定厚度时，发生大块脱落现象。为了使造球机能正常生产工作，必须在造球机工作面上形成松散且有一定厚度的底料，为此一般采用在圆盘内设置刮板来实现。合理的刮板布置，既要使整个盘面与周边都刮到、不重复，保证疏松底料并不堆积，减少刮板对造球机的阻力与磨损，又要有利于最大限度地增加圆盘的有效工作面，不干扰母球的运动轨迹。因此，在母球长大区一般不设刮板，但当母球的形成速度大大超过母球的长大速度时，可在母球长大区设一辅助刮板，把较大的母球刮到长球区，使其加速长大，而让小母球与散料顺着辅助刮板所引导的方向在它下面继续通过。

E　造球操作的影响

加料方法因为形成母球所需的物料要比母球长大所需的少，所以加料时要遵循"既利于母球形成，又利于母球迅速长大和密实"的原则，即把大部分料加到母球长大区，少量加在母球形成区，生球密实区禁止加料。

一般造球机的下料是自圆盘给料机通过漏斗而成一股料流，下在圆盘造球机略偏左上侧处，这时大部分物料都流向造球机的左侧"成球区"及中心"长球区"上，而小部分原料由于造球机的转动被带到右侧"成球区"上，所以基本上是符合上述原则的。但也存在一些问题，例如，物料成一股料流下降到盘上，不利于造球，有时水分过大，造球机转速太慢，常出现"成球区"物料过少而"长球区"物料过多的现象。另外，也有采用物料从圆盘两边同时给入或者以"面布料"方式加料的，母球长大得最快。我国的直径5.5m 圆盘造球机，采用轮式混合机给料，使物料能松散。

4.2.3　生球干燥

4.2.3.1　生球的干燥机理

生球与干燥介质（热气体）接触，生球表面受热产生蒸气，当生球表面的水蒸气气压或压力大于干燥介质的蒸气分压时，球表面的水蒸气就会通过边界层转移到干燥介质中。由于生球表面的水分汽化而形成球内部和表面的湿度差，于是球内部的水分借扩散作用向表面迁移，又在表面汽化。干燥介质连续不断地将水蒸气带走，使生球达到干燥目的。

因此，干燥过程是由表面汽化和内部扩散两个过程组成的。这个过程虽然是同时进行的，但是两个过程的速率往往不一致，干燥的机理也不尽相同，随着原料性质和生球的物理结构不同，干燥过程有所差别。在某些物料中，水分表面汽化的速率大于内部扩散速率，但另一些物料则是水分表面汽化的速率小于内部扩散速率。就物料而言，在不同的干燥阶段，也有所变化。在某一时期，内部扩散速率大于表面汽化速率，而另一时期则内部扩散速率小于表面汽化速率。显然，速率较慢的将控制着干燥过程。前一种情况称为表面汽化控制，后一种情况称为内部扩散控制。因此，生球干燥机理是复杂的。

A　表面汽化控制

生球干燥为表面汽化控制时，物体表面水分蒸发的同时，内部水分能迅速地扩散到物体表面，使其保持潮湿，如纸、皮革等。因此，水分的去除取决于物体表面上水分的汽化速度。在这种情况下，蒸发表面水分所需要的热能，需由干燥介质透过物体表面上的气体边界层而达到物体表面，被蒸发的水分也将扩散透过此边界层而达到干燥介质的主体，只要物体的表面保持足够的潮湿，物体表面的温度就可取为热汽体的湿球温度。因此，干燥介质与物体表面间的温度差为定值，其蒸发速度可按一般的水面汽化计算。此类干燥作用之进行，完全由干燥介质的状态决定，与物料的性质无关。

B　内部扩散控制

生球干燥处于内部扩散控制时，水分从物体内部扩散到其表面的速度较表面汽化速度小，如木材和陶土、肥皂等胶体物质。当表面水分蒸发后，因受扩散速度的限制，水分不能及时扩散到表面，因此，表面出现干壳，蒸发面向内部移动；故干燥过程的进行较表面汽化控制时较为复杂，此时干燥介质已非干燥过程的决定因素。在生球的干燥过程为内部扩散控制时，必须设法增加内部的扩散速度，或降低表面的汽化速度。否则，生球表面干燥而内部潮湿，将因表面干燥收缩而发生裂纹。

C　干燥速度

铁精矿生球，通常都加有黏结剂，不单纯是毛细管多孔物，也不是单纯的胶体物质，而是胶体毛细管多孔物。因此，干燥过程的进行，不能单纯由表面汽化控制所决定，而内部扩散控制也要起相当大的作用。由于两个过程的速度不一致，故干燥速度也是不断变化的，随着生球中水分的减少而下降，当生球的水分达到"平衡湿度"时，干燥速度等于零，即干燥停止，大多数情况下，前一半时间大约蒸发90%的水分，后半时间蒸发10%左右的水分，如图4-34所示。

当生球干燥时，随着制备生球原料不同，干燥速度曲线的形式是不同的，但都表现为三个阶段，干燥速度的变化近似如图4-35所示的曲线。

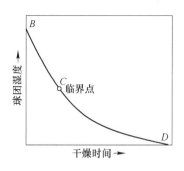

图 4-34 干燥曲线

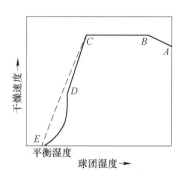

图 4-35 干燥速度特性曲线

当生球与干燥介质接触时，介质将热量传给生球，直到生球表面的温度升到湿球温度，水分便开始汽化，干燥速度很快达到最大值（见图 4-35 中的 B 点），生球便进入等速干燥阶段。

（1）等速干燥阶段（BC）。当干燥介质的温度、流速和湿含量不变的情况下，生球表面的水分以等速蒸发。当表面水分蒸发后，生球内外产生湿度差，引起"导湿现象"，即水分由生球内部（水分高的地方）向表面扩散，并且水分的内部扩散速度大于或至少是等于生球表面汽化的速度，故生球表面保持潮湿，表面的蒸汽压等于纯液面上的蒸汽压。这时，干燥速度为表面汽化控制，干燥速度按式（4-25）计算：

$$\frac{\mathrm{d}\omega}{F\mathrm{d}\tau} = a(t_介 - t_表)/r_表 = K_p(p_H - p_\eta) \tag{4-25}$$

式中　$\dfrac{\mathrm{d}\omega}{F\mathrm{d}\tau}$ ——干燥速度，kg/(m² · h · ℃)；

　　　　a——干燥介质与球表面的传热系数，kJ/(m² · h · ℃)；

　　　　$r_表$——水分在生球表面上温度为 $t_表$ 时的汽化潜热，kJ/kg；

　　　　$t_介$——干燥介质的温度，℃；

　　　　$t_表$——生球表面上的温度（汽化温度），℃；

　　　　K_p——汽化系数（以分压差为推动力，从生球表面穿过边界层扩散的传质系数），根据相似原理，气流平衡流动于物体表面时，汽化系数 $K_p = 0.745(\omega\rho_g)^{0.8}$，若垂直于物体表面时，$K_p$ 约增加 1 倍；

　　　　ω——介质的流速，m/s；

　　　　ρ_g——空气的密度，kg/m³；

　　　　p_H——生球表面水蒸气的压力，Pa；

　　　　p_η——干燥介质中水蒸气分压，Pa。

干燥速度也可用湿含量来表示：

$$\frac{\mathrm{d}\omega}{F\mathrm{d}\tau} = K_x(C_H - C_\eta) \tag{4-26}$$

式中　K_x——汽化系数（以湿度差为推动力，从生球表面穿过边界层扩散的传质系数），

　　　　$K_x = 4.35a$；

C_H——在温度 t 时，生球表面空气的饱和湿含量，kg/kg；

C_η——干燥介质的湿含量，kg/kg。

式（4-25）中传热系数 a 取决于介质流动方向和速度，是与介质流速有关的一个函数。流速快，热交换好 a 值就大，生球表面的蒸气压 p_H 随生球表面温度的升高而增大，干燥介质中水蒸气分压 p_η 是随介质中水分而变的。当温度一定时，水分少，蒸汽分压低。生球表面空气饱和湿含量 C_H 随温度的升高而增大（如 42℃时，饱和湿含量 0.05kg/kg；53℃时，饱和湿含量是 0.1kg/kg），因此在等速干燥阶段干燥速度取决于干燥介质的温度、流速和湿含量，与生球的大小和最初的湿含量无关。

（2）第一降速阶段（CD）。生球的水分达到临界点 C 以后，就进入降速阶段，这时内部扩散速度小于表面汽化速度，即表面水分蒸发后，内部水分来不及扩散到表面，生球表面部分出现干燥外皮。因为在等速干燥阶段，生球表面水分蒸发后，内外湿度梯度较大，因而"导湿现象"显著，水分迅速地沿着毛细管从内部向表面扩散，使表面保持潮湿，随着水分减少，毛细管收缩，水在毛细管内迁移的阻力增加，在某些地方连通毛细水（蜂窝毛细水）排除后，在触点处剩下单独的彼此不衔接的水环。这种触点毛细水与矿粒结合较紧密。同时，湿度梯度减小，使"导湿现象"减弱。因此，水沿着毛细管扩散的速度减慢，不能补偿表面已蒸发的水分，致使表面局部出现干燥外皮，干燥速度下降。已经干燥的外皮温度升高，由于球团导热性差，球表面与内部便产生温度差，因而又出现"热导湿现象"，这是促使水分沿热流方向扩散的力量，从而使干燥速度不断下降。

（3）第二降速阶段（DE）。干燥速度降到 D 点时，生球表面的干燥外壳完全形成，整个表面温度升高，热量逐渐向球内部传导，当内部与干燥外壳交界的地方达到汽化温度时，水在此交界面上蒸发，蒸汽通过扩散到达生球表面，再被介质带走。

因为吸附水，薄膜水与矿粒表面结合得更牢固，不能自由迁移，只能变成蒸汽才能离开表面。随着生球中水分减少，干燥速度不断下降，达到平衡湿度 E 点，干燥速度等于零，干燥过程停止。

第二降速阶段，干燥的速度取决于蒸汽扩散速度，因此生球的物理性质与化学组成决定着干燥速度，如生球的尺寸、水分含量、毛细管的数量及分布情况、毛细管的直径大小、管壁的光滑程度以及原料的亲水性、添加物等都影响着此阶段的干燥速度。

降速阶段，干燥速度曲线的形状，视物料的性质与水分扩散的难易程度而定。图 4-35 中降速阶段的曲线，前一段（CD）为直线，后一段（DE）为曲线，有时也可能获得两段不同曲线。

由于降速阶段干燥速度曲线的复杂性，因此计算时通常用简便的处理方法，即将 C 点与 E 点直线连接（见图 4-35 中虚线），用来代替降速阶段的干燥曲线。这种近似计算的根据，是假定在降速阶段中，干燥速度与生球中湿含量成正比，即

$$\frac{d\omega}{Fd\tau} = -\frac{G_c dC}{Fd\tau} = K_c(C - C_g) \tag{4-27}$$

式中　G_c——干球的质量，kg；

　　　K_c——比例系数，kg/（m³·h）；

　　　C——在 τ 时生球的湿含量，kg（水）/kg（干球）；

　　　C_g——球的平衡湿含量，kg（水）/kg（干球）。

4.2.3.2 干燥过程中生球的行为

A 干燥过程生球强度的变化

生球主要靠毛细力的作用，使粒子彼此黏结在一起而具有一定的强度。随着干燥过程的进行，毛细水减少，毛细管收缩，毛细力增加，粒子间黏结力加强，因此球的强度逐渐提高。当大部分毛细水排除后，在颗粒触点处剩下单独彼此衔接的水环，即触点态毛细水，这时黏结力最大，球出现最高强度，如图4-36所示。水分进一步减少，毛细水消失，因而失去毛细黏结力。球的强度下降，在失去弱结合水瞬间，颗粒靠拢，由于分子力的作用，增加了颗粒间的黏结力，球的强度又提高。

生球干燥后的强度是随着构成生球的物质组成和粒度的不同而有所不同，对于含有胶体颗粒的细磨精矿所制成的球，由于胶体颗粒的分散度大，填充在细粒之间，形成直径小而分布均匀的毛细管，所以水分干燥后，球体积收缩，颗粒间接触紧密，内摩擦力增加，使球结构坚固。但对于未加任何黏结剂的铁精矿，特别是粒度粗的矿物，干燥后失去毛细黏结力，球的强度几乎丧失。

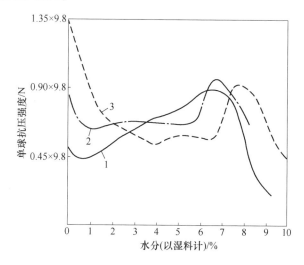

图 4-36　天然磁铁矿生球干燥过程水分的变化与抗压强度的关系
1—无黏合剂；2—0.5%FeSO$_4$·7H$_2$O；3—0.5%怀俄明膨润土

B 生球干燥过程中发生破裂的原因

随着干燥过程的进行，生球表里会产生湿度差，从而引起表里收缩不均匀。表面湿度小收缩大，中心湿度大收缩小。表里收缩不均匀便产生应力，即表面收缩大于平均收缩，表面受拉，在受拉45°方向受剪，而中心收缩小于平均收缩而受压。如果收缩不超过一定的限度，生球产生锥形毛细管，可加速水分由中心移向表面，从而加速干燥，同时使生球内的粒子紧密，增加强度。但是不均匀收缩过大，生球表层所受的拉应力或剪应力超过生球表层的极限抗拉、抗剪强度，生球便产生裂纹，球的强度受到影响。

生球在干燥过程中另一种结构破坏形式是爆裂。爆裂一般都发生在降速干燥阶段。当生球干燥过程由表面汽化控制转为内部扩散控制后，水分蒸发面向球内推进，此时生球的干燥是由于水分在球内部汽化后，蒸汽通过生球干燥外层的毛细管扩散到表面，然后进入干燥介质中。如果供热过多，球内产生的蒸汽就会多，蒸汽若不能及时扩散到生球表面，就会使球内蒸汽压力增加。此时当蒸汽压力超过干燥表层的径向和切向抗拉强度时,球就产生爆裂。蒸发面越靠近球中心,蒸汽向外扩散的阻力就越大,过剩蒸汽压力就越大,球产生爆裂的可能性就越大,球的结构破坏越严重。

C 提高生球破裂温度的途径

为了使生球在干燥过程中不产生破裂,常常可以采用较低的干燥温度和介质流速,降低干燥速度。但是干燥速度太低,干燥时间延长,导致干燥设备面积增大,其结果投资高,设备生产率低。目前设计单位和球团生产者往往采用提高生球破裂温度的措施强化干燥过程,保证生球结构不破坏的前提下尽可能提高干燥速度。一般提高生球破裂温度有如下途径。

(1)添加黏结剂。膨润土、消石灰及一些有机黏结剂都可以不同程度地提高生球破裂温度。但目前国内外使用最广、效果最好的是膨润土。如梅山菱铁精矿添加1.5%甲山膨润土,生球破裂温度由260℃提高到450℃;杭钢竖炉球团,加1.5%平山膨润土代替6%消石灰,生球静态破裂温度由670℃提高到860℃。由此可知,膨润土提高生球破裂温度效果明显。膨润土能提高生球破裂温度的主要原因是:其一,添加膨润土的生球,水分蒸发速度较慢,这是因为膨润土晶层间含有大量的分子结合水,这种水有较大的黏滞性和较低的蒸汽压,表面汽化速度低。而且当生球表面水分汽化后,内部的水分又可通过毛细管扩散到生球表面层膨润土晶层间,因而生球干燥外壳形成比较慢,大量毛细水在表面蒸发,不易造成内部过剩蒸汽压力。其二,它能形成强度较好的干燥外壳,这种干燥外壳能承受较大内压力的冲击而不破裂。除此之外,由于膨润土干燥收缩,使干燥外壳形成许多分布均匀的小孔,有利于蒸汽扩散到表面,减小了球内的过剩蒸汽压力,所以膨润土能有效地提高生球破裂温度。

(2)逐步提高干燥介质的温度和气流速度。生球先在低于破裂温度下进行干燥,随着水分的不断减少,生球的破裂温度相应地提高,因而就有可能在干燥过程中,逐步提高干燥介质的温度与流速,以加速干燥过程。

(3)采用鼓风和抽风相结合的干燥工艺。在带式焙烧机和链箅机上抽风干燥时,下层球往往由于水汽的冷凝产生过湿层,使球破裂,甚至球层塌陷。采用鼓风和抽风相结合进行干燥,即先鼓风干燥,使下层球加热到露点以上的温度,可避免向下抽风时由于水分冷凝出现过湿层,同时在向上鼓风时,下层球会失去部分水分,因而也可以提高下层球的破裂温度。

4.2.3.3 影响生球干燥的因素

生球干燥必须在不破裂的条件下进行。其干燥的速度与干燥需要的时间,取决于干燥介质的温度与流速、生球的结构与初始温度、生球的粒度、球层的高度和添加剂的种类及数量等因素。

A 干燥介质的影响

影响干燥过程最主要的因素是干燥介质的温度和流速。干燥介质的温度对干燥过程影响最大,因为水分汽化速度与传热量成正比,两者关系为:

$$\frac{\mathrm{d}Q}{\mathrm{d}\tau} = \lambda \frac{\mathrm{d}W}{\mathrm{d}\tau} \tag{4-28}$$

式中 $\mathrm{d}Q$——传给球表面的热量,kJ;

dW——水分汽化量，kg。

干燥介质与生球二者的温差越大，则所需要的干燥时间就越短。为了加速干燥，总是希望干燥介质的温度尽量高些。干燥气流速度一定的条件下，干燥介质温度的影响如图 4-37 所示。其中干燥度 E =（初始水分－最终水分）/初始水分。从图 4-37 看出，随介质温度升高，干燥的时间可以缩短。但是，介质温度与干燥速度的关系不是平行一致的，在 200℃ 以前，随着介质温度的升高，干燥速度迅速增加，但大约从 200℃ 开始，随介质温度升高，干燥速度的增加就越来越慢，这是因为生球干燥的速度是受水分蒸发和球内部扩散两个因素影响。

介质的流速对干燥速度的影响如图 4-38 所示。当介质温度一定时，随着干燥介质流速增加，单位时间内供应的热量也增加；干燥的时间便缩短，同时介质流速大，可以保证球表面的蒸汽压与介质中的蒸汽分压有一定的差值。但是，过大的风速同样能导致球团破裂。当介质温度较高时，流速应低，反之亦然。通常对于处理"热敏感"的生球，是采用流速大风温低的干燥介质。适宜的介质温度和流速需要通过实验来确定。

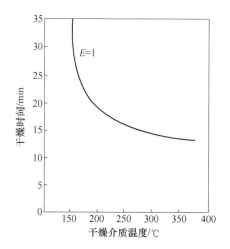

图 4-37　干燥介质温度对干燥时间的影响
（干燥气流速度为 0.18m/s，球团粒度为 10~12mm，
料层厚度为 6cm）

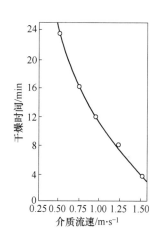

图 4-38　介质流速与干燥时间的关系
（料高 = 200mm，$T_{气}$ = 250℃）

B　生球性质对干燥过程的影响

构成生球原料的颗粒越细，生球越致密，则生球的"破裂温度"就越低。因细粒原料构成的球，其内部毛细管孔径非常小，水分迁移慢，容易形成干壳，内部蒸汽扩散阻力也大。因此，对这种球必须在较低的温度下进行干燥。但是，由细粒原料构成的生球干燥后，比粗粒原料构成的球强度好。在球团生产中，干燥强度是非常重要的。因此，往往用细粒原料造球，通过添加黏结剂来提高生球的破裂温度。

生球初始水分越高，所需要的干燥时间也就越长。生球水分增加，降低了生球的破裂温度，见表 4-19。因为生球水分高，内部蒸发的水分也多，大量蒸汽要逸出，容易引起爆裂，因此就限制了在较高的介质温度与流速下干燥。

表 4-19　生球含水量与破裂温度的关系

水分含量（质量分数）/%	破裂温度/℃
7.7	425~450
6.2	475~500
1.63	750~800
0	1300 以上

生球直径的增大对干燥也将带来不利，这是因为大球的蒸发比表面积小，以及球核内蒸汽扩散的距离长。

C　球层高度对干燥过程的影响

生球抽风干燥时，下层生球水蒸气冷凝程度取决于球层高度。球层越高，水蒸气冷凝越严重，从而降低了下层球的破裂温度。例如，当球层高度为 100mm 时，干燥介质流速为 0.75m/s，介质温度为 350~400℃，生球并未破裂。当球层高度增加到 300mm 时，干燥介质流速为 0.75m/s，250℃时生球即开始破裂。

另外，在同样的干燥制度下，随球层高度增加，干燥速度下降。例如，介质温度为 250℃ 及流速为 0.75m/s 的干燥条件下，球层为 100mm，干燥时间不到 10min。而球层为 500mm 时，干燥时间则要 88min，如图 4-39 所示。从图还看出，只有在球层高度不超过 300mm 时，才能保证生球有满意的干燥速度。但是生球的球层过低不利于热能的利用。

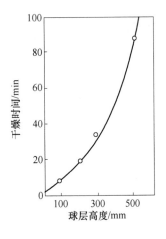

图 4-39　球层高度对干燥
时间的影响

4.2.4　球团矿的焙烧固结

与烧结矿的固结方式不同，球团矿的固结主要靠固相黏结，通过固体质点扩散反应形成连接桥（或称连接颈）、化合物或固溶体把颗粒黏结起来。但是当球团原料中 SiO_2 含量高，或在球团中添加了某些添加物时，在球团焙烧过程中会形成部分液相，这部分液相对球团固结起着辅助作用。但液相量的比例很小，一般不超过 7%，否则球团矿在焙烧过程中会相互黏结，影响料层透气性，导致球团矿产质量降低。因此，从球团矿固结机理看，球团矿中 SiO_2 含量越少越好，且对降低高炉渣量越有利。

4.2.4.1　颗粒间连结机理

A　颗粒固相连结机理

球团原料都是经过细磨处理的，分散性高，比表面能大，晶格缺陷严重，呈现出强烈的位移潜在趋势的活化状态。矿物晶格中的质点（原子、分子、离子）在塔曼温度下具有可动性，而且这种可动性随温度升高而加剧。当其取得了进行位移所必需的活化能后，就克服周围质点的作用，可以在晶格内部进行位置的交换，称为内扩散，也可以扩散到晶格的表面，还能进而扩散到与之相接触的邻近其他晶体的晶格内进行化学反应，或者聚集成较大的晶体颗粒。

球团被加热到某一温度时，矿粒晶格间的原子获得足够的能量，克服周围键的束缚进行扩散。并随着温度的升高，这种扩散持续加强，最后发展到在颗粒互相接触点或接触面上扩散，使颗粒之间产生黏结，在晶粒接触处通过顶点扩散而形成连接桥（或称连接颈）。在连接颈的凹曲面上，由于表面张力产生垂直于曲颈向外的张应力（$\sigma = -\gamma/\rho$，γ 是表面张力，ρ 是颈的曲率半径），使曲颈表面下的平衡空位浓度高于颗粒的其他部位。这种过剩空位浓度梯度将引起曲颈表面下的空位向邻近的球表面发生体积扩散（见图 4-40），即物质沿相反途径向连接颈迁移，使连接颈体积长大。因此，单位时间内物质的迁移量应等于颈的体积增大量，即有连续方程式：

$$\frac{dV}{d\tau} = J_V \cdot A \cdot \Omega \tag{4-29}$$

式中　V——颈的体积，$V = \pi x^2 \rho$，$\rho = x^2/2a$；

　　　τ——焙烧时间；

　　　J_V——单位时间通过颈的单位面积流出的空位个数；

　　　A——扩散断面积（$A = 2\pi x \cdot 2\rho = 2\pi x^3/a$）；

　　　Ω——一个空位或原子的体积（$\Omega = d^3$，d 为原子直径）。

根据扩散第一定律：

$$J_V = D'_V \cdot \nabla C_V = D'_V \cdot \Delta C_V/\rho \tag{4-30}$$

式中　D'_V——空位自扩散系数；

　　　∇C_V——颈表面与球面的空位浓度梯度；

　　　ΔC_V——空位浓度差。

将式（4-29）代入式（4-30）可得：

$$\frac{dV}{d\tau} = AD'_V \cdot \Delta C_V/\rho \cdot \Omega \tag{4-31}$$

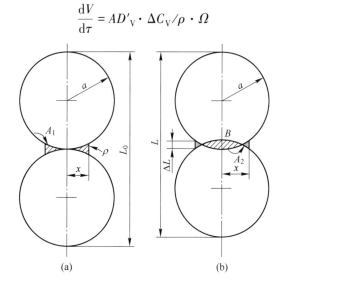

图 4-40　两个球形颗粒固相连结模型

（a）中心距不变，$\rho = \dfrac{x^2}{2a}$；（b）中心距减小，两球互相贯穿，$\rho = \dfrac{x^2}{4a}$

ρ—颈部表面曲率半径；x—颈部半径；a—粒子半径；

A_1—体积扩散，凸表面到颈部；A_2—体积扩散，晶界到颈部；B—晶界扩散

原子自扩散系数为：

$$D_V = D'_V C_V^0 \Omega \qquad (4\text{-}32)$$

过剩空位浓度梯度为：

$$\frac{\Delta C_V}{\rho} = C_V^0 \cdot r \cdot \Omega / (kT\rho^2) \qquad (4\text{-}33)$$

将所有上述关系式代入式（4-34）可得：

$$\frac{\mathrm{d}x}{\mathrm{d}\tau} = D_V \cdot r \cdot \Omega \cdot \frac{1}{kT} \cdot \frac{4a^2}{x^4} \qquad (4\text{-}34)$$

积分得：

$$\frac{x^5}{a^2} = \left(20D_V \cdot \frac{r\Omega}{kT} \right) \tau \qquad (4\text{-}35)$$

金捷里-柏格则基于图 4-40（b）模型，认为空位是由颈表面向颗粒接触面上的晶界扩散的，单位时间和单位长度上扩散的空位流为：

$$J_V = 4D'_V \Delta C_V$$

代入相关关系式积分后得：

$$\frac{x^5}{a^2} = \left(80D_V \cdot \frac{r\Omega}{kT} \right) \tau \qquad (4\text{-}36)$$

将式（4-35）和式（4-36）比较，只是系数相差 4 倍，形式完全相同。因此，按照体积扩散机理，连接颈长大应服从 $(x^5/a^2) - \tau$ 的直线关系。球团焙烧初期，由于颗粒表面原子扩散，使球内各颗粒黏结形成连接颈［见图 4-41（a）］，颗粒互相黏结使球的强度有所提高。在颗粒接触面上，空位浓度提高，原子与空位交换位置，不断向接触面迁移，使颈长大。温度升高，体积扩散增强，颗粒接触面增加，粒子之间距离缩小，如图 4-41（b）所示。起初粒子之间的孔隙形状不一，相互连接，然后就变成圆形的通道，如图 4-41（c）所示。这些通道收缩，使孔隙封闭，孔隙率减小。同时产生再结晶和聚晶长大，使球团致密，强度提高。球团强度、致密度与焙烧温度的关系如图 4-42 所示。

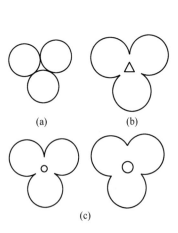

图 4-41 焙烧时球形颗粒连接模型

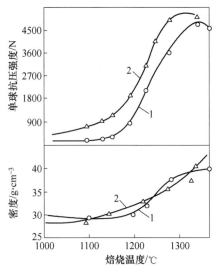

图 4-42 磁铁矿球团焙烧温度与强度、密度关系
1—小于 37μm 的占 79.4%；2—小于 37μm 的占 86.6%

铁矿球团中 Fe_2O_3 或 Fe_3O_4 再结晶固结就是遵循以上的固结形式。

影响固相扩散反应的因素很多，除温度和在高温下停留的时间外，凡能促进质点内扩散和外扩散的因素，都能加速固相反应。如增加物料的粉碎程度、多晶转变、脱除结晶水或分解、固溶体的形成等物理化学变化都伴随着晶格的活化，促进固相扩散反应。除此之外，液相的存在对固相物质的扩散提供了通道，也是强化固相扩散反应不可忽视的重要因素。

球团矿焙烧固结过程中，预热阶段（900～1000℃）进行的反应一般均为固相扩散反应。Fe_2O_3固相扩散是球团矿固结的主要形式。当生产球团矿的原料为磁铁矿时，由 Fe_3O_4 氧化变成 Fe_2O_3，此时由于晶格结构发生变化，新生成的 Fe_2O_3 具有很大的迁移能力。在高温作用下，颗粒之间通过固相扩散形成赤铁矿晶桥，将颗粒连接起来，使球团矿具有一定的强度。图 4-43 为 Fe_2O_3 固相扩散固结示意图。由于两个颗粒是同质的，所以在颗粒之间的晶桥是 Fe_2O_3 一元系，但由于相邻颗粒的结晶方向很难一致，所以

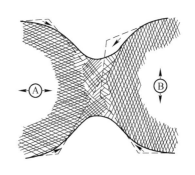

图 4-43　Fe_2O_3 固相扩散固结示意图

晶桥成为两个不同结晶方向的过渡区。但其晶体结构极不完善，只有在1200～1250℃高温下，Fe_2O_3 才发生再结晶和聚集再结晶；若原料为赤铁矿时，则要在1300～1350℃下，才能消除晶格缺陷，增加颗粒接触面积，增加球团矿致密化程度，球团矿才能获得牢固的固结和高的抗压强度。

B　液相在颗粒连结中的作用

在球团矿的焙烧过程中产生的液相填充在颗粒之间，冷却时液相凝固并把固体颗粒联结起来而固结。铁精矿球团矿中，液相量虽然不多，但在球团矿的固结过程中起着重要的作用。

（1）液相将固体颗粒表面润湿，并靠表面张力作用使颗粒靠近、拉紧，并重新排列，因而使球团矿在焙烧过程中产生收缩，结构致密化。

（2）液相使固体颗粒溶解和重结晶。由于一些细小的具有缺陷的晶体比具有完整结构的大晶体在液相中的溶解度大，因而对正常的大晶体是饱和的溶液，对于细小的有缺陷的晶体却是未饱和的液相。这样小晶体不断地在液相中溶解，大晶体不断地长大，这个过程称为重结晶过程，重结晶析出的晶体，消除了晶格缺陷。

（3）液相促使晶体长大。由于液相的存在，可以加快固体质点的扩散，使相邻点间接触点的扩散速度增加，从而促使晶体长大，加速球团矿的固相固结。

球团矿焙烧过程中液相的来源主要是固相扩散反应过程中形成的一些低熔点化合物和共熔物；其次是球团矿原料中带入的低熔点矿物，如钾长石在1100℃左右便可熔化。造球过程中添加的膨润土的熔化温度也较低，近年来有些球团厂的混合料中添加硼泥来降低。

硼泥中的 B_2O_3 在600℃时就开始熔融，1800℃时开始沸腾。在生产熔剂性球团矿时，若在氧化气氛中进行焙烧，产生的液相主要是铁酸钙体系，如 $CaO \cdot Fe_2O_3$、$CaO \cdot 2Fe_2O_3$ 及 $CaO \cdot Fe_2O_3$-CaO-$2FeO$ 共熔混合物，它们的熔点均较低，分别为1216℃、1226℃和1205℃。在正常焙烧温度下形成液相，这种液相对球团矿固结有利。但如果氧化不完全，

熔剂性球团矿焙烧过程中也有可能出现钙铁橄榄石体系的液相，这种情况应尽量避免出现。球团矿中液相量通常不超过7%，熔剂性球团矿液相量显然高于高品位非熔剂性球团矿。在熔剂性球团矿焙烧过程中应特别注意严格控制焙烧温度和升温速度，防止温度波动太大，产生过多的液相。如果液相量太多，不仅阻碍固相颗粒直接接触，并且液相沿晶界渗透，使已聚集成大晶体的固结球团"粉碎化"，且球团会发生变形，相互黏结，恶化球层透气性。

4.2.4.2 铁矿球团的固结机理

磁铁矿精矿和赤铁矿精矿是生产铁矿球团矿的两种主要原料，特别是磁铁矿精矿由于在焙烧过程中可以被氧化，因而在生产球团矿时更具有优势。因此，本节主要介绍磁铁矿精矿和赤铁矿精矿为原料的球团矿固结形式。

A　磁铁矿球团固结机理

以磁铁矿精矿为主要原料生产球团矿时，在焙烧过程中，磁铁矿首先被氧化成赤铁矿。磁铁矿的氧化从200℃开始，1000℃左右结束，氧化过程分两阶段进行。

氧化第一阶段：

$$4Fe_3O_4 + O_2 \xrightarrow{>400℃} \alpha\text{-}Fe_2O_3$$

在这一阶段，化学过程占优势，不发生晶型转变（Fe_3O_4 和 $\gamma\text{-}Fe_2O_3$，都属于立方晶系），即由 Fe_3O_4 生成了 $\gamma\text{-}Fe_2O_3$（磁赤铁矿），但是，$\gamma\text{-}Fe_2O_3$ 一般是不稳定的。

氧化第二阶段：

$$\gamma\text{-}Fe_2O_3 \xrightarrow{>400℃} \alpha\text{-}Fe_2O_3$$

由于 $\gamma\text{-}Fe_2O_3$ 不稳定，故在较高的温度下，结晶会重新排列，而且氧离子可能穿过表层直接扩散，进行氧化的第二阶段。这个阶段晶型转变占优势，从立方晶系转变为斜方晶系，即 $\gamma\text{-}Fe_2O_3$ 转变为 $\alpha\text{-}Fe_2O_3$，磁性也随之消失。

但是，在球团生产过程中，受氧化动力学因素的影响，在预热阶段 Fe_3O_4 的氧化产物主要为 $\gamma\text{-}Fe_2O_3$。磁铁矿球团的氧化是成层状地由表面向球中心进行的，一般认为这符合化学反应的吸附-扩散学说。即首先是大气中的氧被吸附在磁铁矿颗粒表面，并且从 $Fe^{2+} \rightarrow Fe^{3+} + e^-$ 的反应中失去电子而电离，从而引起 Fe^{3+} 扩散，使晶格连续重新排列而转变为固溶体。

Fe_3O_4（晶格常数0.838nm）和 $\gamma\text{-}Fe_2O_3$（晶格常数0.832nm）的晶格常数相差很小，因此，Fe_3O_4 到 $\gamma\text{-}Fe_2O_3$ 的转变仅仅是进一步除去 Fe^{2+}，形成更多的空位和 Fe^{3+}。$\gamma\text{-}Fe_2O_3$ 或 Fe_3O_4 与 $\alpha\text{-}Fe_2O_3$（晶格常数0.542nm）的晶格常数差别却很大，晶格重新排列时，Fe^{2+} 及 Fe^{3+} 有较大的移动，从 $\gamma\text{-}Fe_2O_3$ 或 Fe_3O_4 转变到 $\alpha\text{-}Fe_2O_3$ 时，晶型改变，体积发生收缩。因此，低温时只能生成 $\gamma\text{-}Fe_2O_3$。

无论在什么情况下，对氧化起主要作用的不是气体氧向内扩散，而是铁离子和氧离子在固相层内的扩散。这些质点在氧化物晶格内的扩散速度与其质点的大小和晶格的结构有关。O^{2-} 的半径（0.14nm）比 Fe^{2+}（0.074nm）或 Fe^{3+}（0.060nm）的半径大，故 Fe^{2+} 和 Fe^{3+} 扩散速度比 O^{2-} 大。O^{2-} 是不断失去电子成为原子（氧原子的半径约0.06nm），又不断与电子结合成为 O^{2-} 的交换方式扩散的，但仅在失去电子变为原子状态下的瞬间，才能在晶格的结点间移动一段距离，所以 O^{2-} 的扩散比铁离子慢得多。

在低温下，磁铁矿表面形成很薄的 $\gamma\text{-}Fe_2O_3$，随着温度升高，离子的移动能力增加，此时 $\gamma\text{-}Fe_2O_3$ 层的外面转变为稳定的 $\alpha\text{-}Fe_2O_3$。温度继续升高，Fe^{2+} 扩散到 $\gamma\text{-}Fe_2O_3$ 和 Fe_3O_4 界面上，充填到 $\gamma\text{-}Fe_2O_3$ 空位中，使之转变为 Fe_3O_4，Fe^{2+} 扩散到 $\alpha\text{-}Fe_2O_3$ 和 O^{2-} 界面，与吸附的氧作用形成 Fe^{3+}，Fe^{3+} 向内扩散。同时，O^{2-} 向内扩散到晶格的结点上，最后全部成为 $\alpha\text{-}Fe_2O_3$。

人造磁铁矿，它具有不完整的晶格结构，所以其固溶体的形成非常迅速。因此，在低温下就能形成 $\gamma\text{-}Fe_2O_3$，它的反应性要比天然磁铁矿强得多。人造磁铁矿在 400℃ 时的氧化度，就接近天然磁铁矿在 1000℃ 时的氧化度，如图 4-44 所示。

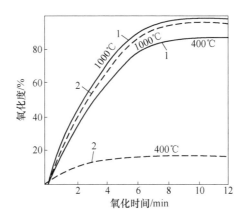

图 4-44　氧化气氛下焙烧天然磁铁矿和人工磁铁矿的氧化度
1—人工磁铁矿；2—天然磁铁矿

天然磁铁矿所形成的 Fe^{3+} 的扩散相对来讲是慢的，氧化过程只在表面进行，能形成固溶体和 $\alpha\text{-}Fe_2O_3$，而在颗粒内部只能形成固溶体。在天然磁铁矿氧化的温度下，$\alpha\text{-}Fe_2O_3$ 是赤铁矿的稳定形式，并且由于氧化的进行，颗粒内部固溶体也转换生成 $\alpha\text{-}Fe_2O_3$。等温条件下，非熔剂性球团矿氧化所需时间可用扩散反应方程式（4-37）表示：

$$t = \frac{d^2}{k}\left[\frac{\left(1 - \sqrt[3]{1-w}\right)^2}{2} - \frac{\left(1 - \sqrt{1-w}\right)^2}{3}\right] \tag{4-37}$$

式中　t——氧化时间，s；

　　　w——氧化转化度，$w = 1 - (d-x)^3/d^3$；

　　　d——球团直径，cm；

　　　x——氧化带深度，cm；

　　　k——氧化速度系数，cm^2/s。

球团矿完全氧化的时间，当 $w=1$ 时为：

$$t_{完} = d^2/(6k)$$

氧化速度系数 k 值与介质含氧量有关；介质若为空气，则：

$$k = (1.2 \pm 0.2) \times 10^{-4} \; cm^2/s \tag{4-38}$$

若为纯氧，则：

$$k = (1.4 \pm 0.1) \times 10^{-3} \; cm^2/s \tag{4-39}$$

球团焙烧时介质的氧含量是变化的，而且总是低于空气的氧含量，所以 k 值小于式 (4-39) 中的 k 值。

在焙烧过程中磁铁矿充分氧化成赤铁矿对球团矿的固结有如下重要意义。

(1) 磁铁矿氧化成赤铁矿时伴随结构的变化。磁铁矿晶体为等轴晶系，而赤铁矿为六方晶系，氧化过程中存在晶格变化且新生晶体表面原子具有较高的迁移能力，这有利于在相邻的颗粒之间形成晶键。

(2) 磁铁矿氧化为赤铁矿是放热反应。它放出的热能几乎相当于焙烧球团矿总热耗的一半，因此保证磁铁矿在焙烧过程中充分氧化，可以节约能耗。

(3) 磁铁矿氧化若不充分，则在球团矿中心留有剩余的磁铁矿。如果进入高温焙烧带，更不利于磁铁矿氧化；在这种情况下磁铁矿将与脉石 SiO_2 反应，生成低熔点化合物，在球团矿内部出现液态渣相。液相冷却时会收缩，使球团矿内部出现同心裂纹，这不仅影响球团矿的强度，而且恶化其还原性。

磁铁精矿球团焙烧的固结形式包括以下几个方面。

(1) Fe_2O_3 微晶键连接。磁铁矿球团矿在氧化气氛中焙烧时，氧化过程在 $200 \sim 300\,℃$ 时就开始，并随温度升高氧化加速。氧化首先在磁铁矿颗粒表面和裂缝中进行，当温度达到 $800\,℃$ 时，颗粒表面基本上已氧化成 Fe_2O_3。在晶格转变时，新生的赤铁矿晶格中的原子具有极大的活性，不仅能在晶体内发生扩散，并且毗邻的氧化物晶体也发生扩散迁移，在颗粒之间产生连接桥。这种连接桥称为微晶键连接，如图 4-45 (a) 所示。之所以称其为微晶键连接，是因为赤铁矿晶体保持了原来细小的晶粒。颗粒之间产生的微晶键虽使球团强度比干球强度有所提高，但总体上强度仍较低。

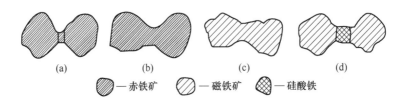

图 4-45　磁铁矿生球焙烧时颗粒间所发生的各种连接形式

(2) Fe_2O_3 再结晶连接。Fe_2O_3 再结晶连接是铁精矿氧化成球团矿和固相固结的主要形式，是 Fe_2O_3 微晶键固结形式的发展。当铁矿球团在氧化气氛中焙烧时，氧化过程由球表面沿同心球面向内推进，氧化预热温度达 $1000\,℃$ 时，约 95% 的磁铁矿氧化成新生的 Fe_2O_3，并形成微晶键。在最佳焙烧制度下，一方面残存的磁铁矿继续氧化，另一方面赤铁矿晶粒扩散增强，并产生再结晶和聚晶长大，颗粒之间的孔隙变圆，孔隙率下降，球体积收缩，球内各颗粒连接成一个致密的整体，因而使球的强度大大提高，如图 4-45 (b) 所示。

(3) Fe_3O_4 再结晶固结。在焙烧磁铁矿时，如果是在中性气氛中进行或氧化不完全时，内部的磁铁矿在 $900\,℃$ 便开始发生再结晶，使球团各颗粒连接，如图 4-45 (c) 所示。但 Fe_3O_4 再结晶的速度比 Fe_2O_3 再结晶的速度慢，因而反映出以 Fe_3O_4 再结晶固结的球团矿强度比以 Fe_2O_3 再结晶的球团矿强度低。图 4-46 是用 TFe 71.34%、FeO 23.86%、SiO_2

0.52%（质量分数）的磁铁矿制成的生球，在不经氧化或预先氧化在氮气中焙烧后的球团矿强度。

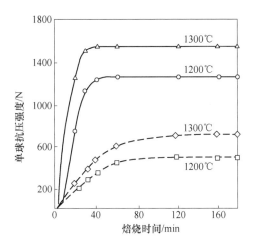

图 4-46　在 NH₃ 中焙烧时，焙烧时间与球团强度的关系
——预氧化的铁精矿球团；-----未氧化的铁精矿球团

（4）渣相固结。当磁铁矿生球中含有一定数量的 SiO_2 时，如果焙烧是在中性气氛中或弱氧化气氛中进行，或是 Fe_3O_4 氧化不完全，温度升到 1000℃，就会形成 $2FeO \cdot SiO_2$，其反应式如下：

$$2FeO + SiO_2 \Longrightarrow 2FeO \cdot SiO_2$$

此外，如果焙烧温度高于 1350℃，即使在氧化气氛中焙烧，Fe_2O_3 也会发生部分分解，形成 Fe_3O_4，同样会与 SiO_2 作用而产生 $2FeO \cdot SiO_2$。$2FeO \cdot SiO_2$ 熔点低，而且很容易与 FeO 和 SiO_2 生成熔化温度更低的低共熔点熔体，如 $2FeO \cdot SiO_2$-FeO 共熔混合物，熔点 1177℃，$2FeO \cdot SiO_2$-SiO_2 的熔点为 1178℃。$2FeO \cdot SiO_2$ 与其共熔混合物形成的液相在冷却过程中凝固，把球团矿固结起来如图 4-45（d）所示。这种固结又称渣键固结或渣相固结。

上述四种固结形式中，以 Fe_2O_3 再结晶的形式最为理想，所得球团矿强度高、还原性好，在焙烧过程中应力求达到这种固结形式。Fe_2O_3 微晶连接的球团矿强度较低，满足不了球团矿运输和高炉冶炼要求，这种形式的固结只有在焙烧不均匀时出现，如竖炉球团矿中总有为数不多的微晶键连接的球团矿。Fe_3O_4 再结晶球团矿虽具有一定的强度，但由于形成了难还原的硅酸铁、钙铁橄榄石等渣相，使得球团矿还原性变差。渣相固结则视情况而定，如果是 $2FeO \cdot SiO_2$ 与其共熔混合物作黏结相，由于 $2FeO \cdot SiO_2$ 在冷却过程中很难结晶，故常以玻璃质形式存在。玻璃质性脆，使得球团矿强度低，而且在高炉冶炼中难还原，因此这种固结键是不受欢迎的。如果是熔剂性球团矿，则铁酸钙体系的黏结相是不应该避免的，这是因为这种固结形式不仅使球团矿具有较好的冷强度，而且对改善球团矿的冶金性能有利。

B　赤铁矿球团固结机理

对于较纯的赤铁矿球团矿，一般认为其固结形式是晶粒长大和高温再结晶的形式。它与磁铁矿球团矿氧化焙烧不同。在1200℃以下，赤铁矿的矿石颗粒及球团矿结构一直保持其原有形态，各颗粒虽然彼此靠近，但无任何的连接；只有当温度超过1300℃时，才能观察到晶体颗粒明显长大，小晶粒之间才形成初期的连接桥；到1350℃时，可以观察到再结晶。与此同时，球团矿的抗压强度也随温度升高而增加。但焙烧温度也不能太高，在温度超过1350℃时，赤铁矿便开始按下式分解：

$$6Fe_2O_3 \Longrightarrow 4Fe_3O_4 + O_2$$

生成磁铁矿和氧，结果是造成球团矿强度的下降。

当赤铁矿中添加含CaO物料生产熔剂性球团矿时，由于固相扩散反应生成低熔点铁酸钙体系的化合物及其共熔混合物，在焙烧过程中产生了铁酸钙液相，这也是球团矿较理想的固结形式。

赤铁矿球团固结温度较高（1300~1350℃），适宜焙烧温度区间范围窄，生产操作困难，产品质量差。内配适量固体燃料（通常采用无烟煤）可以提高赤铁矿球团矿强度，改善球团矿的冶金性能。内配无烟煤在赤铁矿球团焙烧固结中的作用主要有如下两个方面：

（1）无烟煤反应产生的还原性气体CO及H_2使赤铁矿还原成磁铁矿；

（2）无烟煤燃烧释放的热量可供赤铁矿焙烧所需，弥补了球团内部热量的不足，有利于赤铁矿球团的焙烧固结。

与纯赤铁矿球团的Fe_2O_3高温再结晶长大的固结方式相比，内配碳赤铁矿球团中，由于部分原生赤铁矿先还原或分解为磁铁矿，因此继续在氧化性气氛中焙烧可再氧化为次生赤铁矿。由于次生赤铁矿活性高，在较低焙烧温度下即可发生再结晶，由此改变了赤铁矿球团只能通过原生赤铁矿Fe_2O_3晶粒长大或再结晶的固结过程，降低了赤铁矿球团的焙烧温度，改善了赤铁矿的焙烧性能，达到节能降耗的作用。

4.2.4.3 熔剂性球团的固结

当生产熔剂性球团矿或含MgO球团矿时，球团矿内出现了$CaO \cdot Fe_2O_3$、$MgO\text{-}Fe_2O_3$二元系。在500~600℃时开始进行固相扩散反应，首先生成$CaO \cdot Fe_2O_3$，其反应速度与温度的关系如图4-47所示，且反应速度随温度升高而加快。800℃时已有80% $CaO \cdot Fe_2O_3$生成，1000℃时已完全形成。

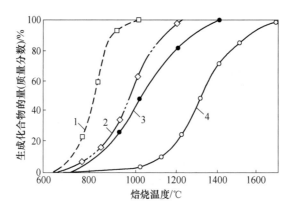

图4-47 铁酸盐和硅酸盐的生成量与焙烧温度的关系

1—$CaO \cdot Fe_2O_3$；2—$2CaO \cdot SiO_2$；3—$MgO \cdot Fe_2O_3$；4—$2MgO \cdot SiO_2$

若有过剩 CaO 时，则按下式反应进行：

$$CaO \cdot Fe_2O_3 + CaO \xrightarrow{1000℃} 2CaO \cdot Fe_2O_3$$

该反应到 1200℃时结束。若球团矿中含 CaO 太少时，铁酸盐难以生成。

虽然 CaO 与 SiO₂ 的亲和力大于 CaO 与 Fe₂O₃ 的亲和力，但由于 Fe₂O₃ 浓度大，故在低温时优先生成 CaO·Fe₂O₃。但是这个体系中的化合物及其固溶体熔点比较低，出现液相后，SiO₂ 就和铁酸盐中的 CaO 反应，生成 CaO·SiO₂，Fe₂O₃ 便被置换出来，重结晶析出。

MgO 与 Fe₂O₃ 在 600℃时开始发生固相反应，生成 MgO·Fe₂O₃。实际上总有或多或少的 MgO 进入磁铁矿晶格中，形成 $[Mg_{(1-x)} \cdot Fe_x]O \cdot Fe_2O_3$，磁铁矿晶格稳定下来，因此含 MgO 球团矿中 FeO 含量比一般球团矿的 FeO 高。

生产自熔性球团矿时，铁精矿中的 SiO₂ 与熔剂 CaO 作用，形成硅酸盐体系化合物。它们首先靠固相反应生成，不论 CaO 的数量有多少，首先生成的是 2CaO·SiO₂，但最终产物将是 3CaO·SiO₂ 和剩余的 CaO；相反，若以过量的 SiO₂ 和 CaO 反应，首先生成物也是 2CaO·SiO₂，最终的产物将是 CaO·SiO₂ 和多余的 SiO₂。图 4-48 是 CaO 与 SiO₂ 的物质的量相等时的混合物，在 1200℃下进行固相反应的生成物变化示意图。由图可见，首先生成的是 2CaO·SiO₂，其次出现的是 3CaO·2SiO₂，然后出现 CaO·SiO₂，6h 后，2CaO·SiO₂ 消失，3CaO·2SiO₂ 也几乎消失，最终只有 CaO·SiO₂。应当指出，实验室研究可以用很长的时间，使反应在接近平衡的条件下进行。而生产实际中，反应时间很短，反应往往达不到平衡。

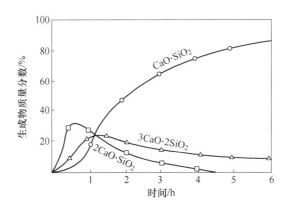

图 4-48　CaO∶SiO₂ = 1∶1 时固相反应生成物变化

4.2.5　国内外球团新工艺、新技术

4.2.5.1　含碳球团

含碳球团是指由铁矿粉和焦粉或煤粉等含碳物料经充分混合后压制而成的球团状炉料。国外最初研究含碳球团的主要目的是用于非高炉炼铁，近年来开始考虑把含碳球团作为新型炉料用于高炉中，并着手研究相关技术。含碳球团技术具有如下特性。

（1）含碳球团反应性较高。因为含碳球团内部碳的细小颗粒均匀分布，并且与铁矿粉紧密接触，与普通的球团矿和烧结矿相比，其反应可在较低的温度下开始进行，并且反应速度较快。

（2）含碳球团的还原性较好，优于普通球团。含碳球团内存在耦合效应，碳的气化和铁氧化物的还原反应同时进行并相互促进，最终加速铁矿的还原。

（3）含碳球团用于高炉中，有利于降低高炉储热区温度，从而降低焦比和燃料比，实现降低生产成本和减少 CO_2 排放的目的。

新日铁在实验室对比研究了含碳球团与普通球团的性能，含碳球团使用水泥作为黏结剂，为了保证球团强度，水泥添加量为总质量的10%。生产了5种含碳量不同的球团，其中包括普通焙烧球团和4种实验用含碳球团，粒径为10~15mm，其化学成分见表4-20。

表4-20　还原实验使用的球团和烧结矿的化学成分（质量分数）　（％）

名称	TFe	MFe	FeO	CaO	SiO$_2$	Al$_2$O$_3$	MgO	C
烧结矿	58.0	—	8.88	8.65	5.19	1.83	1.55	微量
焙烧球团	67.1	—	0.69	2.57	2.45	0.66	0.04	微量
含碳球团1	47.0	1.67	8.70	10.24	6.34	2.63	1.70	5.6
含碳球团2	48.4	20.73	7.30	11.59	5.00	1.55	1.40	12.1
含碳球团3	32.8	0.20	1.40	12.86	7.87	3.13	1.19	20.6
含碳球团4	33.0	0.32	1.68	12.28	7.44	2.91	1.27	23.1

在还原性对比实验研究中，使用100g球团，夹在同样粒度的200g烧结矿之间，升温至1100℃，在 $1kg/cm^2$ 的负荷下还原。还原结果表明，各种实验条件下，不同含碳球团的还原性均比普通焙烧球团好；随含碳球团中碳含量增加，不仅使球团中氧化铁的还原速度加快，而且可促进周围烧结矿的还原。含碳球团用于高炉可降低高炉内的还原平衡温度，实现低焦比和低燃料比操作，有利于减少 CO_2 排放。另外，含碳球团中的铁料不仅可以使用普通铁矿粉，也可以使用低价的高结晶水铁矿和钢铁企业回收的含铁粉尘，因此该技术对降低用矿成本和环保也有重要意义。

4.2.5.2　热压含碳球团

热压含碳球团与其他含碳球团不同，热压含碳球团为普通铁矿粉和煤粉的混合物的热压块，将煤粉、铁矿粉经预热处理后按一定的比值配料混合，煤在软化熔融状态与含铁原料黏结后热压成块，再进一步进行热处理得到最终产品。整个过程不添加黏结剂，充分利用煤的热塑性来保证热压产品的强度。与其他含碳球团相比，热压含碳球团具有良好的微观结构、入炉品位高、成渣率低、强度高、传热性好以及还原性强等优点。据相关实验结果，热压含碳球团抗压强度高，高温还原反应后强度甚至高于烧结矿和普通球团。

神户制钢在和歌山3号高炉进行了热压含碳球团与烧结矿混装试验。把10%的热压含碳球团装进烧结矿层，借助铁水温度的升高程度来评估还原剂比的降低效果。使用30kg/t块焦进行类似的脉冲响应实验，以研究还原剂比与铁水温度升高程度之间的关系。如图4-49所示，炉内的气体成分接近熔损反应的平衡值，热压含碳球团可以降低碳的熔损反应开始温度，而高炉储热区温度基本上相当于熔损反应的开始温度，也就是说，热压含碳球团可以降低高炉储热区温度，同时铁水温度得以升高。这一结果证实，热压含碳球团混装进矿层时，由于其高反应性，可以在较低温度下产生富 CO 气体，有利于促进其周围的铁矿还原。最终估算得出这样的结果，在烧结矿层中混装 10% 热压含碳球团时，还原剂比约降低 11kg/t。

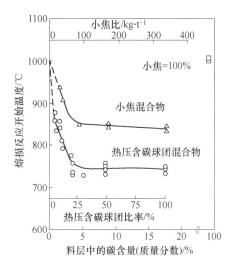

图 4-49　熔损反应开始温度与热压含碳球团混装比之间的关系

4.2.5.3　黏结剂球团

在铁精矿球团生产过程中，黏结剂是不可或缺的一部分，对制备过程以及球团矿的质量产生重要影响。选取适宜黏结剂是优化制备工艺参数和提高球团矿质量的重要措施之一。在铁精矿成球过程中，黏结剂的主要作用如下。

（1）促进含水铁精矿颗粒之间的黏结。黏结剂遇水后呈现胶体性质，具有良好的黏结性能，能提高颗粒之间的分子黏结力和毛细力，提高生球和干球的抗压强度及落下强度，并且增强生球的热稳定性。

（2）调节水分，稳定操作。黏结剂具有比表面积大、吸水能力强等特点，在造球过程中吸附一定量的水分，减少了生球制备过程中实际水分的含量，稳定了铁精矿的成球过程，调整了生球成长速度。

目前，应用于球团矿生产的黏结剂种类很多，根据其组成成分的差异，可分为无机黏结剂、有机黏结剂和复合黏结剂。

A　无机黏结剂

铁矿球团生产过程中所使用的无机黏结剂主要有膨润土、皂土、生石灰和煤灰等，其中在生产中应用最为广泛的是膨润土。我国膨润土年开采量约为 200 万吨，虽然我国膨润土储量比较丰富，但优质大型矿床较少，劣质基膨润土占总储量大。

膨润土的主要矿物组成为蒙脱石（$(Na，Ca)_{0.33}(Al，Mg)_2Si_4O_{10}(OH)_2 \cdot nH_2O$），具有一定的吸附性、分散性和膨胀性。蒙脱石具有层状结构，水分子非常容易进入晶层之间，使膨润土呈现胶体性质，并填充在生球颗粒之间，增大分子黏结力，提高生球强度。

国外膨润土质量较好，用量较低，一般为 0.50%~0.70%。但是我国膨润土质量较差，用于球团矿生产时的平均添加量为 3% 左右，有的甚至高达 4.5%。膨润土的主要化学成分 SiO_2 和 Al_2O_3，受热后残留在球团矿中，降低球团铁品位。生产经验表明，膨润土配比每增加 1%，球团铁品位降低 0.6%。铁品位的降低和脉石含量的增加对高炉冶炼产生极为不利的影响。入炉铁品位每降低 1%，高炉焦比增加 2%，产量降低因此降低 3%，膨润土用量是提高球团矿铁品位有效途径之一。

B   有机黏结剂

据文献报道，有机黏结剂和佩利多曾在巴西和瑞典等国家的部分企业成功应用于氧化球团矿的生产，但目前主要用于直接还原铁球团的制备。陈瑛等采用有机黏结剂制备的球团铁品位上升 1.6%，SiO_2 含量（质量分数）降低 2.3%，但是干球的机械强度明显低于配加膨润土球团的干球强度。李海普等人指出水解聚丙烯酰胺、聚丙烯酸钠、水解聚丙烯腈和酚醛树脂四种高分子化合物均可显著提高磁铁精矿球团的抗压强度。张振慧采用水溶性高分子聚合物和腐植酸盐混合制备有机黏结剂，具有用量低、黏结力强等特点，并且可以改善铁精矿成球性能，提高生球的机械强度和爆裂温度，而且提高了成品球团矿的抗压强度。

虽然有机黏结剂用量低并且可以提高球团矿铁品位，但是采用有机黏结剂制备球团存在价格昂贵、热稳定性差和球团强度低等缺点。有机黏结剂多为高分子化合物，价格比较昂贵。除此之外，由于有机黏结剂在较低温度条件下就可以发生分解、燃烧等化学反应，使得黏结剂的热稳定性较差，生球爆裂温度以及预热球团和成品球团强度较低。在采用链算机-回转窑生产球团矿的工艺中，当有机黏结剂球团在回转窑中焙烧时，由于回转窑的转动与球团之间存在明显摩擦，形成大量粉末，致使回转结圈隐患增大。到目前为止，关于有机黏结剂在铁矿氧化球团生产中的应用，国内外均鲜有报道。

C   复合黏结剂

由上述分析可知，无机黏结剂在球团制备中具有用量大、残留量高、球团矿铁品位低等缺点，但是其价格低廉且储量丰富，制备的干球和成品球团机械强度高；有机黏结剂具有用量小、残留量少等优点，但是价格昂贵、热稳定差、干球及预热球团抗压强度低。因此，集两种黏结剂优点于一体的复合黏结剂成为近年来研究开发的重点。

由于膨润土价格低廉，目前应用的复合黏结剂多以膨润土为主制备而成。根据制备方法的差异可分为物理混合和化学混合两种。兰州理工大学王毅等人采用无机金属阳离子和有机阴、阳离子表面活性剂对膨润土进行复合改性，试验表明制备的复合改性膨润土具有较高的热稳定性和较强的黏结性能。刘新兵等人采用含有机黏结剂人工钠化膨润土生产制备竖炉球团矿，结果表明复合膨润土比普通钙基膨润土具有更高的胶质价、吸水率和更快的吸水速度，但是采用此黏结剂时球团易产生爆裂等问题。张永祥等人指出复合黏结剂的成球性能远优于无机膨润土，可大幅度降低膨润土的配比，提高球团矿铁品位。此外还开发了黏土和胶化淀粉、消石灰与糊精或废糖渣，与三聚磷酸盐、高聚物与膨润土等混合的复合黏结剂，都取得了较好的效果。

除此之外，很多学者开展了以有机黏结剂为主制备球团所用复合黏结剂的研究。Murr 采用有机黏结剂与石灰混合的复合黏结剂制备球团。与有机黏结剂相比，复合黏结剂提高了生球和干球的强度，并已在工业上获得应用。中南大学姜涛等采用胡敏酸钠、黄腐酸钠为主要成分作为黏结剂制备氧化球团，其用量可降低至 0.5%～1.2%，与用量为 3% 的膨润土球团相比，生球的爆裂温度以及预热球抗压、耐磨强度等指标差异不明显。

中南大学以劣质煤为原料开发制备的腐植酸类黏结剂是一种典型的复合黏结剂，已成功应用于煤基回转窑直接还原铁的生产。黏结剂中腐植酸是一种高分子非均一的复杂芳香族物质，含有大量的羧基、羟基、羰基、胺基等功能基团。研究发现，该黏结剂能与铁矿颗粒之间发生化学吸附作用，可以降低铁精矿的接触角，提高润湿性能，使制备的生球具有较高的机械强度。除了有机成分之外，复合黏结剂中还存在少量的无机成分，例如 SiO_2、Al_2O_3 等，可提高生球团热态性能，使球团具有较高的爆裂温度以及干球和预热球机械强度。与其他同类黏结剂相比，复合黏结剂不仅用量少、残留量低，而且还具有价格低等明显优势，具有良好的应用前景和市场潜力。

4.2.5.4　镁质球团

为维持高炉生产顺行，一般要求高炉炉渣中 MgO 含量（质量分数）控制在 8%～11%。实际生产中，主要通过向烧结矿中添加含镁熔剂的方式，保证炉渣中 MgO 含量（质量分数）满足要求。目前，在高铁低硅铁原料的条件下，MgO 含量（质量分数）超过一定值将造成烧结矿强度下降、燃料消耗增多，因此为了保证烧结矿质量，一般将烧结矿中 MgO 含量（质量分数）控制在 2.0% 以下。酸性球团矿因初始软熔温度低、膨胀率高等特点，与高碱度烧结矿搭配作为高炉炉料，但使用比例不宜过大，否则将影响高炉炉料透气性。镁质球团矿具有膨胀率低、高温还原率高、软熔性能好等优点，是炼铁工艺方面的研究重点之一。

镁质球团矿与烧结矿在软熔温度区间上的差异缩小，有利于高炉软熔带厚度的减小、料柱透气性的提高和软熔带高度的下移，对于高炉壁面温度的稳定、热负荷的降低以及扩大间接还原度均有良好的影响，同时对高炉炉况的稳定、燃料消耗的降低有明显的促进作用。表 4-21 为国内厂家高炉使用镁质球团矿情况。

表 4-21　国内厂家高炉使用镁质球团情况

高炉基本情况			技术指标
容积/m^3	球团矿比例/%	球团矿中 MgO 含量（质量分数）/%	
2200	25.09	1.6	产量增加 353t，焦比下降 9.9kg/t，灰石比下降 13.05kg/t
	35～40	2.0	综合焦比下降 25kg/t，利用系数提高 0.09t/（$m^3 \cdot d$），生铁 Si 含量（质量分数）降低 0.18%
3200	30	1.15	燃料比下降 27.11kg/t，利用系数提高 0.066t/（$m^3 \cdot d$）
	40	1.0	料柱压差降低 4.82%，高炉产量增加 0.66%

由表 4-21 可以看出，高炉使用镁质球团矿后，燃料比大幅度降低，透气性得到改善，高炉稳定顺行，炉前出铁后粘沟现象明显减少，工人劳动强度降低，入炉焦比降低，喷煤比升高，综合炼铁成本降低。因此，"高碱度低镁烧结矿+镁基球团矿"的新型高炉炉料结构是降低生产成本、节约燃耗的有效措施之一。

4.2.5.5 熔剂性球团

对于熔剂性球团矿来说，其主要是指在混合料中添加含有 CaO 的熔剂，主要包括石灰石以及生石灰等，这样可以实现球团矿的生产。熔剂性球团矿在改善球团矿冶炼性能方面有理想作用，可以实现对其膨胀性能的还原。在进行熔剂性球团矿制备的过程中，只添加钙熔剂，这也使得球团矿的制备过程简化。在进行烧结以及球团矿制备操作的过程中，球团法最主要的优势体现在能耗低、污染小，并且实际操作较为方便，往往不会受到外界因素的影响。氧化球团的操作工序耗能是烧结工序耗能的 40% 左右。目前来看，世界上很多发达国家（美国、法国、德国、日本）都开始应用球团矿来展开生产操作。并且在炼铁炉料中，球团矿的占比逐渐提升，还有一些大型钢铁厂甚至开始应用 100% 的球团矿来展开入炉炼铁操作，这也使得最终的钢铁品质得到了保证。早在 20 世纪 70 年代，一些欧美发达国家以及日本便开始在高炉中应用熔剂性球团矿，而我国对此项技术的引进以及应用时间较晚，这也势必在一定程度上限制了我国钢铁冶炼生产行业的整体运行发展，致使其与世界水平存在一定差距。我国很多大型钢铁厂的球团矿比例尚且不足 20%，随着钢铁生产节能减排理念的全面落实，相信今后我国球团矿的生产能力势必会在短时间之内有一个质的突破，这对我国钢铁冶炼生产行业今后的发展会产生很大的积极影响。

习题和思考题

4-1 阐述烧结过程料层的分布及其特征和温度。

4-2 简述烧结过程中主要发生的反应。

4-3 简述影响烧结过程中的液相形成量的主要因素，以及液相的作用。

4-4 试述目前主要的烧结工艺，对比分析不同工艺的优缺点。

4-5 简述目前主要的烧结新技术，以及其技术特点。

4-6 阐述球团的生产工艺流程。

4-7 简述造球过程中使用的添加剂种类及其作用。

4-8 简述影响生球干燥的因素。

4-9 简述球团矿焙烧过程中发生的固结机理，以及其特点。

4-10 试述目前主要的球团新工艺，对比分析不同工艺的优缺点。

参考文献及建议阅读书目

[1] 徐海芳. 烧结矿生产 [M]. 北京：化学工业出版社，2013.

[2] 王悦祥. 烧结矿与球团矿生产 [M]. 北京：冶金工业出版社，2006.

[3] 唐贤容，张清岑. 烧结理论与工艺 [M]. 长沙：中南工业大学出版社，1992.

[4] 姜涛. 烧结球团生产技术手册 [M]. 北京：冶金工业出版社，2014.

［5］傅菊英，姜涛．烧结球团学［M］.长沙：中南工业大学出版社，1996.

［6］蒋民宁．唐钢炼铁厂高碱度烧结矿生产实践［J］.冶金管理，2020，3：2（120）.

［7］姜鑫，郑海燕，王琳，等．三种烧结新技术的理论与应用前景分析［A］.中国金属学会，全国炼铁生产技术会暨炼铁学术年会文集（上），2014.

［8］梁利生，周琦，易陆杰．宝钢湛江钢铁溶剂性球团稳定生产实践［J］.中国金属学会，第十一届中国钢铁年会论文集，2017.

5 高炉内铁矿石的还原反应

第 5 章数字资源

⭐ 思政课堂

钢铁人物

中国工程院院士、钢铁冶金专家张寿荣的钢铁人生，是一条在时代的召唤和历史的际遇中，通过不断努力和奋斗而取得辉煌成就的淬炼之旅，犹如矿石从幽深的矿井历经采掘遴选和千锤百炼，铺就了共和国从贫穷走向富强的前进之路。张寿荣长期从事钢铁冶金生产、建设及高炉设计工艺等方面的研究，为制定我国钢铁工业产业政策和钢铁工业发展做出了重要贡献，他在国内外冶金学界享有崇高声誉，被誉为"钢铁骄子"。

1958 年 9 月 13 日，武钢 1 号高炉第一炉铁水喷薄而出，张寿荣就是开炉现场技术总指挥。新中国成立时，百废待兴。"希望中国很快能搞出工业化来，把国家搞强，不受别人的欺负。"张寿荣心怀理想，在这片红色热土上，抛洒着青春热血，追逐着钢铁报国梦。1956 年 5 月，时任鞍钢炼铁厂生产科科长的张寿荣接到任务，奔赴武汉参与审查武钢炼铁系统的初步设计方案。回忆起那段峥嵘岁月，张寿荣心潮起伏，当年火热的建设场景历历在目。"我来的时候，这个地方根本就还没有动，连地都没平，还都是小山坡。"第二年，张寿荣被正式调入武钢，安排在炼铁车间，担任炼铁筹备组组长。有外国专家嘲讽，"1 号高炉要 1958 年出铁是吹牛皮。"张寿荣顶着压力，针对苏联专家的设计方案，在高炉及配套的矿山、烧结、焦化、能源介质、运输等方面，提出了不少改进意见，从而节省了投资，缩短了建设工期。为了确保高炉顺利投产，他还组织了矿冶冶炼性能试验，选定了开炉燃料，制定了开炉方案。在张寿荣的主持下，武钢 1 号高炉于 1958 年 9 月 13 日顺利出铁，这也标志着武钢第一次创业的成功，是武钢史册上浓墨重彩的一笔。

此后的 60 多年里，张寿荣矢志不渝探索钢铁技术，取得了一个又一个里程碑式的成就。1970 年，他主持制定了武钢 4 号高炉建设方案，这是当时国内自行设计和建设的第一座大型高炉，开创了中国独立自主设计和建设高炉的先河，为后来的高炉建设积累了经验。1982 年，为了恢复"一米七"轧机的生产能力，张寿荣被提拔为总工程师、副经理。为了满足"一米七"轧机系统对各工序生产质量亟待提升的需要，他一面针对轧前工序落后的生产技术组织大规模改造，一面针对"一米七"系统投产中出现的实际问题积极推行创新攻关。人间万事出艰辛，在他的努力下，"一米七"项目经过争分夺秒地消化、吸收和自主创新，快速达产达效，生产出一批又一批国民经济建设急需的优质钢材。武钢"一米七"项目开创了我国在大规模引进吸收世界先进装备技术的基础上自主创新的先河，这一项目最终于 1990 年获得国家科学技术进步奖特等奖，张寿荣也于 1995 年当选为中国工程院院士。

1991 年，张寿荣主持建成了集当时世界炼铁先进技术于一体的武钢 5 号高炉，这是我国最长寿的高炉之一。基于他提出的高炉长寿系统工程和永久性炉衬理念，武钢后来建设的 6 号、7 号高炉和大修后的 5 号高炉均以一代（无中修）寿命 20~25 年为目标。他编著的《武钢高炉长寿技术》一书为很多钢铁企业借鉴，对延长我国高炉平均寿命、提高高炉经济利用价值做出了突出贡献。至今张寿荣院士仍时刻关注着钢铁前沿技术的发展，他认为，我国高炉炼铁将朝着高炉座数减少、大型化、智能化、成本优化、安全绿色、长期稳定运行的方向发展。

高炉冶炼的主要任务之一是将铁矿石中的铁氧化物还原成金属铁，反应过程包括高价铁氧化物还原生成低价铁氧化物，低价铁氧化物被进一步还原生成金属铁，在铁氧化物还原度的同时还有非铁元素的还原。通过本章的学习，了解炉料中水分存在的形式以及升温过程中析出的行为，掌握铁氧化物还原的热力学和动力学行为、间接还原和直接还原的特征、直接还原度的计算方法，以及与还原过程相关的矿石冶金性能指标。

5.1 炉料的蒸发、挥发和分解

5.1.1 水分的蒸发和分解

高炉炼铁所用的各种炉料都含有一定的水分，炉料中的水以游离水（也称吸附水或物理水）和结晶水两种形式存在。炉料进入高炉以后，随着温度的升高，炉料中的游离水水分首先通过蒸发而被脱除，结晶水需要更高的温度才能分解析出而被脱除。

游离水是依靠微弱的表面张力吸附在炉料颗粒表面及其孔隙表面的水。游离水存在于矿石、焦炭、煤粉和熔剂的表面及空隙中，炉料进入高炉后被高温煤气加热，游离水温度逐渐升温直至沸腾蒸发，但耗热量较少，对高炉炼铁过程不产生明显影响。游离水蒸发时所吸收的热量是炉顶煤气中的预热，不会引起焦比的升高，相反游离水蒸发吸热可以降低炉顶煤气温度，保护炉顶设备及金属构件。同时，由于炉顶煤气温度降低使煤气体积缩小，煤气流速降低，从而减少高炉粉尘的吹出量。

结晶水是与炉料中的氧化物化合成为化合物的水，也称为化合水。含有结晶水的化合物称为水化物。结晶水以化合态的形式存在于炉料中，其大量分解的温度在 400~600℃。有 20%~50% 的结晶水会析出过晚，落入高于 800℃ 的高温区发生反应：

$$H_2O + C \longrightarrow H_2 + CO \tag{5-1}$$

此反应大量耗热，消耗焦炭的固定碳并产生还原性气体。

结晶水从开始分解到分解完毕所需的时间与炉料的颗粒大小有关。热量由炉料的表面逐渐向内部传导，小块炉料的结晶水更容易分解析出，大块炉料的结晶水需要更高的温度和更长的时间才能将结晶水完全分解析出。高温区结晶水的分解和析出对高炉冶炼不利：一方面，结晶水的分解和析出需要消耗大量的热量，降低炉料温度不利于间接还原的发展；另一方面，析出的水会与焦炭发生碳素熔损反应，消耗焦炭造成焦炭强度降低和质量变差。在使用含有结晶水的炉料时，最好预先经过炉外焙烧后再入炉冶炼。

5.1.2　炉料挥发分的挥发

焦炭和煤粉作为高炉冶炼的燃料，在进入高炉后随着温度的升高会有部分物质挥发进入煤气，成为在煤与焦炭的工业分析中的挥发分。煤粉的挥发分含量较高，进行高炉喷吹时在风口前受热快速析出，因此风口回旋区理论燃烧温度下降和煤气量增加，对高炉冶炼过程煤气流的分布、矿石的还原和炉缸热状态有显著的影响。焦炭中挥发分含量较低，一般只有 0.7%～1.3%，焦炭挥发分含量的高低是评价焦炭质量的重要指标，挥发分含量高的焦炭强度较差，挥发分含量过低的焦炭耐磨性能较差，两者都会对高炉冶炼造成负面影响。国家标准中规定，焦炭中挥发分含量（质量分数）应小于 1.2%。焦炭通过高炉炉顶装入，在下降过程中残留的挥发分逐渐析出。在高炉块状带由于炉料温度低于炼焦温度，此时焦炭中挥发分含量基本保持不变。进入软熔带和滴落带后，焦炭温度超过炼焦温度，此时挥发分开始析出，待焦炭下降到风口时，已经被加热到 1600～1750℃，所含挥发分已经全部析出，焦炭中挥发分含量的高低对风口回旋区煤气成分和煤气量的影响可以忽略。

除了煤粉和焦炭中含有挥发物之外，其他炉料中或多或少也含有挥发物，其中最容易挥发的物质是碱金属（K 和 Na）化合物。高炉炉料中所含的碱金属主要以硅铝酸盐或硅酸盐的形式存在，这些碱金属化合物下降至高炉下部的高温区时，一部分进入渣中，一部分被还原成 K、Na 或者生成 KCN、NaCN 气体，呈气态随煤气上升。随煤气上升的碱金属及化合物，到 CO_2 浓度较高而温度较低的区域时，有一部分随煤气逸出炉外，另一部分则被 CO_2 氧化为 K_2O 和 Na_2O 或碳酸盐，当有 SiO_2 存在时可生成硅酸盐，黏附在炉料上又随炉料下降，降落至高炉下部高温区时再次被还原和气化，又随煤气流上升，如此循环而积累，在高炉内部形成循环富集现象。碱金属在高炉内的循环富集会引起焦炭反应性增加，强度降低，引起炉料粉化，恶化炉料透气性，导致高炉难以操作。在高炉上部还会黏附在炉衬上，造成炉墙结厚或结瘤，从而破坏高炉炉型，引起炉料下降困难和煤气流分布紊乱。防止碱金属危害的主要措施包括：减少入炉炉料中碱金属含量，降低碱负荷；造酸性炉渣，提高炉渣排碱能力。

5.1.3　碳酸盐分解

炉料中的熔剂（石灰石或白云石）或炉料中尚有的其他类型碳酸盐，会随着温度升高，分解压力升高，碳酸盐进行分解。

由图 5-1 可以看出，当炉料加热时，碳酸盐按 $FeCO_3$、$MnCO_3$、$MgCO_3$、$CaCO_3$ 的顺序依次分解。碳酸盐分解的反应通式可以写成：$MeCO_3 \rightleftharpoons MeO+CO_2$（反应式中 Me 代表 Fe、Mn、Mg 及 Ca 等元素）。

（1）$FeCO_3$、$MnCO_3$ 和 $MgCO_3$ 不稳定，分解温度较低，在炉内较高的部位即可分解完毕，它们的分解仅仅消耗高炉上部多余的热量，对高炉冶炼的影响不大。

（2）$CaCO_3$ 的分解温度较高，开始分解温度达到了 700℃。当石灰石粒度较大时，会有一部分大颗粒的 $CaCO_3$ 进入 900℃以上的高温区才发生分解反应，此时反应产物 CO_2 会与焦炭发生碳素熔损反应：

$$CO_2 + C \rightleftharpoons 2CO \tag{5-2}$$

碳素熔损反应吸收大量高温区的热量并消耗焦炭，对高炉的能量消耗和利用十分不

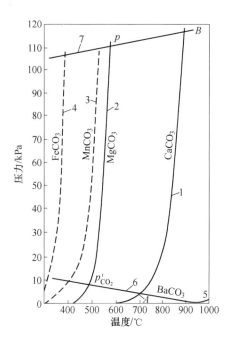

图 5-1　高炉内不同碳酸盐分解的热力学条件

1—$CaCO_3$ 分解压随温度的变化；2—$MgCO_3$ 分解压随温度的变化；3—$MnCO_3$ 分解压随温度的变化；

4—$FeCO_3$ 分解压随温度的变化；5—$BaCO_3$ 分解压随温度的变化；6—炉内 CO_2 分压的变化；7—炉内总压的变化

利。消除石灰石做熔剂的不良影响，可以通过生产自熔性烧结矿或球团矿，使高炉少加或不加熔剂。随炉料进一步向高温区域移动，矿石中的铁氧化物开始发生还原反应。

5.2　铁氧化物还原的热力学

还原反应是高炉内的最基本反应，主要指铁矿石中与金属铁元素结合的氧在高温条件下与氧结合能力更强的物质（还原剂）脱除氧并生成低价氧化物和金属铁的过程。物质能够充当还原剂主要取决于其与氧的化学亲和能力，高炉冶炼过程常见的还原剂为 C、CO 和 H_2。高炉内除了金属铁的还原外，还有少量的 Si、Mn、P 等元素的还原。

5.2.1　矿石中金属氧化物还原条件

铁矿石中的矿物以元素氧化物为主，在高温条件下可以被还原剂 C、CO 和 H_2 还原到元素，所能达到的还原程度和还原先后顺序由化学热力学原理的氧化物标准生成自由能或氧势决定。以 Me 代表金属，则金属与氧反应生成金属氧化物的化学式可以表示为：

$$2Me + O_2 \rightleftharpoons 2MeO \tag{5-3}$$

反应的自由能 ΔG 和标准自由能 $\Delta G^{\ominus}$ 为：

$$\Delta G = \Delta G^{\ominus} + RT\ln\frac{1}{p'_{O_2}} \tag{5-4}$$

$$\Delta G^{\ominus} = -RT\ln\frac{1}{p_{O_2}} \tag{5-5}$$

式中　p'_{O_2}，p_{O_2}——反应式（5-3）在一定温度和压力条件下氧气的平衡分压和实际分压。

当 $\Delta G < 0$ 时，反应向着生成 MeO 的方向进行；当 $\Delta G > 0$ 时，反应向 MeO 分解的方向进行；当 $\Delta G = 0$ 时，反应达到平衡。所以，ΔG 越小，金属与氧生成金属氧化物的趋势越大，表明金属与氧的亲和力越强，该金属氧化物的稳定性越强，还原就越难；反之，ΔG 越大，金属与氧生成金属氧化物的趋势越小，金属与氧的亲和力越弱，表明该金属氧化物的稳定性越低，还原就越容易。

高炉冶炼工艺原理应用的是埃林哈姆（Ellingham）创立后经理查德森（Richardson）完善了的氧化物标准生成吉布斯自由能（氧势）图（见图5-2），有时被称为埃林哈姆图或者理查德森图。

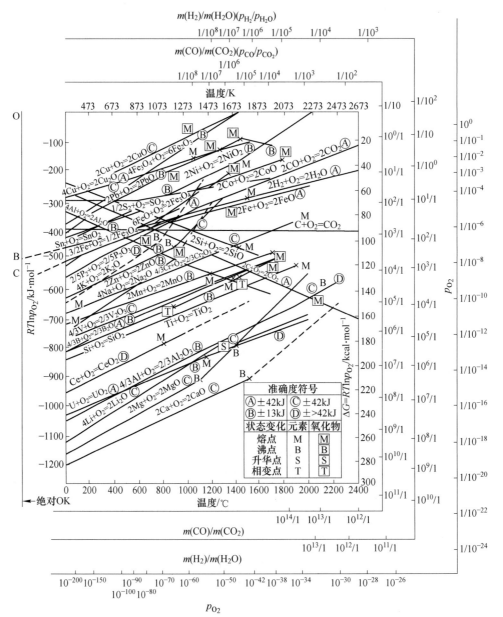

图 5-2　氧化物标准生成自由能（氧势）图

通过图 5-2 可以看出，某氧化物的 $\Delta G^\ominus$ 曲线越高，表明该氧化物中的元素与氧的亲和能力越弱，该氧化物越不稳定，越容易被还原；反之，该氧化物越稳定，越不容易被还原。高炉使用铁矿石氧化物的还原难易程度可以分为易还原、难还原和不能还原三类。

（1）易还原氧化物。在图 5-2 中对应氧势线在 CO_2 或 H_2O 氧势线之上的氧化物，这类氧化物在高炉冶炼过程中极易被煤气中的 CO 和 H_2 还原为金属。100% 被还原而且溶于铁水的有 Cu、Co、Ni 等，而不溶入铁水的则有 Pb，由于它的密度大于 FeO，因此常聚集于炉缸铁水层之下。

（2）难还原氧化物。它们的氧势线在 CO_2 和 H_2O 氧势线之下，但与 CO 氧势线相交于较高的温度，因此在高炉冶炼的温度条件下可被固体 C 还原。有的可以 100% 还原，例如 Fe、P、K、Na、Zn 等。有的可以部分被还原，例如 Cr、Mn、V、Ti 和 Si，Cr 的还原率在 90% 以上，Mn 的还原率为 50%~85%，V 的还原率为 80%，Ti 的还原率为 1%~5%，Si 的还原率为 5%~70%。它们的还原率随冶炼条件变化而变化。

（3）不能还原的氧化物。它们的氧势线处于 CO 氧势线以下，在高炉冶炼的温度条件下，两氧势线不能相交（相交温度在 2000℃ 以上），所以认为它们在正常的高炉冶炼条件下基本上不能被还原。这类氧化物主要有 CaO、MgO 和 Al_2O_3 等。

按照高炉内铁矿石还原所用还原剂种类的不同，可以将还原过程分为三类：

（1）用固体 C 作为还原剂的还原反应称为直接还原反应；

（2）用 CO 和 H_2 作为还原剂的还原反应称为间接还原反应；

（3）用已经生成的元素（Si、Mn 等）作为还原剂的还原反应称为渣铁液态还原反应。

前两类还原反应是高炉内的主要还原反应，称为基本还原反应或主要还原反应，第三类还原反应称为耦合还原反应，主要在高炉炉缸渣铁接触面发生。本章后续内容主要对前两类还原反应进行阐述。

5.2.2 铁氧化物的还原反应

判断各种铁氧化物在不同温度下被不同还原剂还原的难易程度，最基本的依据是各种氧化物的标准生成自由能随温度的变化图，如图 5-2 所示。图 5-2 揭示了三种铁氧化物被固体 C、气体 CO 和 H_2 还原的条件，即铁氧化物在 C—O—H 体系中氧由与铁结合迁移到与 C、CO 和 H_2 结合的条件。根据热力学，生成自由能负值越大（或氧势越低）的氧化物越稳定，在图 5-2 中表现为曲线位置越低。Fe_2O_3 曲线的位置最高，即 Fe_2O_3 最不稳定，Fe_3O_4 次之，稳定性最强的是 FeO。按照热力学规律，铁氧化物的分解顺序是从高价氧化物向低价氧化物转化。还原的顺序与分解的顺序是一致的，即从高价铁氧化物逐级还原成低价铁氧化物，最后获得金属铁。其还原顺序为：

$$3Fe_2O_3 \rightarrow 2Fe_3O_4 \rightarrow 6FeO \rightarrow 6Fe$$

失氧量 $\frac{1}{9}$（11.1%）、$\frac{3}{9}$（33.3%）、1（100%）FeO 在低于 570℃ 时是不稳定的。将分解成 Fe_3O 和 Fe。它们的还原情况是：

当温度大于 570℃ 时　　　　　　$Fe_2O_3 \rightarrow Fe_3O_4 \rightarrow FeO \rightarrow Fe$

当温度小于 570℃ 时　　　　　　$Fe_2O_3 \rightarrow Fe_3O_4 \rightarrow Fe$

赤铁矿球团还原过程中，在反应到一定阶段时将球团矿快速冷却，切开观察其断面可以发现具有明显的层状结构，球团矿最中心是未反应的 Fe_2O_3，其外层是一层 Fe_3O_4，再外层是一薄层 FeO，最外层是坚固的金属铁层。

5.3 铁氧化物间接还原与直接还原

矿石中的铁氧化物在高炉内的反应主要分为两类：一类是用 CO 和 H_2 作为还原剂，还原高价的铁氧化物生成低价铁氧化物或金属铁，最终生成的气体产物是 CO_2 和 H_2O，此反应过程称为间接还原反应；另一类是用固定碳作为还原剂，最终的生成产物是 CO 的还原反应称为直接还原。在高炉冶炼生产中，高炉上部低温区以间接还原为主，高炉下部高温区以直接还原反应为主。

5.3.1 铁氧化物的间接还原

高炉是逆流式的反应器和热交换器，从炉顶装入的铁矿石，下降过程遇到风口燃烧带内燃料燃烧产生的上升煤气（它由 CO、H_2 和 N_2 组成），相互接触，发生典型的气-固相还原反应。采用 CO 作为还原剂时，根据铁氧化物的还原顺序，铁的各级氧化物按照以下序列进行还原。

当温度大于 570℃ 时：

$$3Fe_2O_3 + CO = 2Fe_3O_4 + CO_2 \qquad (5-6)$$

$$Fe_3O_4 + CO = 3FeO + CO_2 \qquad (5-7)$$

$$FeO + CO = Fe + CO_2 \qquad (5-8)$$

当温度小于 570℃ 时：

$$3Fe_2O_3 + CO = 2Fe_3O_4 + CO_2 \qquad (5-9)$$

$$Fe_3O_4 + 4CO = 3Fe + CO_2 \qquad (5-10)$$

上述反应的特点是：

（1）仅反应式（5-7）为吸热反应，其余反应都为放热反应；

（2）反应式（5-6）实际上是不可逆反应，由于 Fe_2O_3 分解压较大，因此即使气相组分中 CO_2 分压很高，Fe_2O_3 也不会被 CO_2 氧化；

（3）除反应式（5-6）外，其他反应都是可逆反应，这些反应的平衡常数都可以用 CO_2 和 CO 的平衡分压比或 CO_2 和 CO 的体积分数比来表示，可由 $\varphi(CO_2) + \varphi(CO) = 100\%$ 推导出来。

$$K_P = \frac{P_{CO_2}}{P_{CO}} = \frac{\varphi(CO_2)}{\varphi(CO)} \qquad (5-11)$$

$$\varphi(CO) = \frac{100}{1 + K_P} = f(T) \qquad (5-12)$$

采用 H_2 作为还原剂时，当温度大于 570℃ 时：

$$3Fe_2O_3 + H_2 =\!=\!= 2Fe_3O_4 + H_2O \tag{5-13}$$

$$Fe_3O_4 + H_2 =\!=\!= 3FeO + H_2O \tag{5-14}$$

$$FeO + H_2 =\!=\!= Fe + H_2O \tag{5-15}$$

当温度小于 570℃ 时：

$$3Fe_2O_3 + H_2 =\!=\!= 2Fe_3O_4 + H_2O \tag{5-16}$$

$$Fe_3O_4 + 4H_2 =\!=\!= 3Fe + H_2O \tag{5-17}$$

上述反应的特点是：

（1）除反应式（5-13）是放热反应之外，其他反应都是吸热反应；

（2）反应式（5-13）实际上是不可逆反应，由于 Fe_2O_3 分解压较大，因此即使气相组分中 H_2O 分压很高，Fe_2O_3 也不会被 H_2O 氧化；

（3）除反应式（5-13）之外，其他反应都是可逆反应，这些反应的平衡常数都可以用 H_2O 和 H_2 的平衡分压比或 H_2O 和 H_2 的体积分数比来表示，可由 $\varphi(H_2O) + \varphi(H_2) = 100\%$ 推导出来。

$$K_P = \frac{P_{H_2O}}{P_{H_2}} = \frac{\varphi(H_2O)}{\varphi(H_2)} \tag{5-18}$$

$$\varphi(H_2) = \frac{100}{1 + K_P} = f(T) \tag{5-19}$$

不同价态的铁氧化物在不同温度条件下，还原反应的平衡气相组成不同，通过实验测定不同温度条件下铁氧化物还原反应的平衡组分，可以绘制 CO 和 H_2 作为还原气体时铁氧化物气相平衡图。表 5-1 为实验室测定的不同温度条件下铁氧化物还原反应的平衡相组分，而根据这些数据作图可以得到图 5-3。

表 5-1 铁氧化物还原反应的平衡气相组分

反应式	成分	成分含量（体积分数）/%									
		600℃	700℃	800℃	900℃	1000℃	1100℃	1200℃	1300℃	1350℃	1400℃
$Fe_3O_4+CO =\!=\!= 3FeO+CO_2$	CO_2	55.2	64.8	71.9	77.6	82.2	85.9	88.9	91.5	0	93.8
	CO	44.8	35.2	28.1	22.4	17.8	14.1	11.1	8.5	0	6.2
$FeO+CO =\!=\!= Fe+CO_2$	CO_2	47.2	40.0	34.7	31.5	28.4	26.2	24.3	22.9	22.2	0
	CO	52.8	60.0	65.3	68.5	71.6	73.8	75.7	77.1	77.8	0
$Fe_3O_4+H_2 =\!=\!= 3FeO+H_2O$	H_2O	30.1	54.2	71.3	82.3	89.0	92.7	95.2	96.9	0	98.0
	H_2	69.9	45.8	28.7	17.7	11.0	7.3	4.8	3.1	0	2.0
$FeO+H_2 =\!=\!= Fe+H_2O$	H_2O	23.9	29.9	34.0	38.1	41.1	42.6	44.5	46.2	47.0	0
	H_2	76.1	70.1	66.0	61.9	58.9	57.4	55.5	53.8	53.0	0

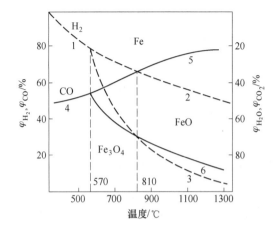

图 5-3　不同温度下 CO、H_2 还原铁氧化物的平衡气相成分

1—$4Fe_3O_4+4H_2 \Longrightarrow 3Fe+4H_2O$；2—$FeO+H_2 \Longrightarrow Fe+H_2O$；3—$Fe_3O_4+H_2 \Longrightarrow 3FeO+H_2O$；

4—$Fe_3O_4+4CO \Longrightarrow 3FeO+H_2O$；5—$FeO+CO \Longrightarrow Fe+CO_2$；6—$Fe_3O_4+CO \Longrightarrow 3FeO+CO_2$

由图 5-2、图 5-3 和表 5-1 的铁氧化物还原反应平衡气相组分数据可以看出：

（1）Fe_2O_3 极易还原，无论用 CO 或 H_2 还原，其平衡常数在 $10^3 \sim 10^4$ 数量级，使得平衡气相成分中 CO_2 和 H_2O 几乎达到 100%，所以图 5-3 和表 5-1 中均无 Fe_2O_3 间接还原曲线和数据；

（2）随着还原反应的推进，氧含量高的高价铁氧化物转化为氧含量低的低价铁氧化物，还原反应需要的还原剂数量越来越多，而 FeO→Fe 这一步最为困难，要求的还原剂数量最多，以保证反应向生成金属铁的方向进行；

（3）图 5-3 中的 CO 曲线 5 的斜率走向表明，随着温度的升高曲线上升，放热反应式（5-8）平衡气相中还原剂 CO 含量也升高，表明 CO 还原铁氧化物的能力越低，而且随着温度的升高，转化成 CO_2 的数量越来越少，煤气中 CO 利用率 $\left(\eta_{CO} = \dfrac{CO_2}{CO + CO_2}\right)$ 越来越低，成为决定间接还原碳消耗量的关键。

为了保证 CO 和 H_2 还原铁氧化物的反应向正方向进行，实际间接还原反应的反应方程式要写成：

$$Fe_3O_4 + nCO \Longrightarrow 3FeO + CO_2 + (n-1)CO \tag{5-20}$$

$$FeO + nCO \Longrightarrow Fe + CO_2 + (n-1)CO \tag{5-21}$$

$$Fe_3O_4 + nH_2 \Longrightarrow 3FeO + H_2O + (n-1)H_2 \tag{5-22}$$

$$FeO + nH_2 \Longrightarrow Fe + H_2O + (n-1)H_2 \tag{5-23}$$

式中　n——过剩系数。

过剩系数的值随温度而变，它可以通过各温度下的反应平衡常数 K 值或反应平衡状态下煤气中反应生成物的含量求得：

$$n = \frac{1}{\eta_{CO}} \quad 或 \quad n = 1 + \frac{1}{K} \tag{5-24}$$

例如，在1000℃下反应式（5-21）达到平衡状态，$\eta_{CO} = 0.284$，$n = 3.52$，$K = \dfrac{\varphi(CO_2)}{\varphi(CO)} = \dfrac{28.4}{71.6} = 0.3966$，$n = 1 + \dfrac{1}{K} = 3.52$。表明在1000℃条件下，利用CO完全还原铁矿石中FeO生成1kg金属Fe需要消耗0.754kg的碳元素。以此类推，还原生产1t金属Fe含量为94.5%的生铁将耗712.53kg的碳元素，折合成高炉冶炼燃料比将达到890.66kg/t（燃料中碳元素含量按照80%计算），远高于目前高炉实际生产的燃料比水平。造成实际高炉燃料比较低的原因为高炉内铁矿石中铁氧化物还原并不完全是间接还原。

通过图5-3可以看出，平衡曲线将图面分为Fe_2O_3、Fe_3O_4、FeO和Fe四个稳定区域（其中Fe_2O_3基本与横坐标重合，在图中未标注），每个区域内只有该种物质才能稳定存在，其他氧化物在该区域内将被氧化或者被还原。图中曲线1、2、3和6向下倾斜表示曲线两侧的高价铁氧化物被还原为低价铁氧化物时为放热反应，曲线4和5向上倾斜表示曲线两侧的高价铁氧化物被还原为低价铁氧化物时为吸热反应。用化学反应平衡原理能够很好解释这一现象，当还原反应为放热反应时，随着温度的升高，反应力求朝着吸热的方向移动，为了达到平衡，就要求气相中有更多的CO，因此平衡曲线就向上倾斜；与此相反，当还原反应是吸热反应时，平衡曲线就向下倾斜。

用CO和H_2作为还原剂还原铁氧化物时存在一定的差异，其相同之处是CO和H_2作为还原剂时，反应前后煤气体积保持相同，因此气相压力与反应进行程度无关；不同之处为CO还原铁氧化物多为放热反应，而H_2还原铁氧化物多是吸热反应，提高反应温度有利于H_2还原反应的进行。二者的还原能力也不相同，在810℃时，CO和H_2还原能力相同，当温度高于810℃时，H_2的还原能力强于CO，而低于810℃时则相反。另外，高炉冶炼过程中炉内填充大量的焦炭，H_2的存在可以促进CO对铁氧化物的还原。因为用H_2还原铁氧化物时，生成的H_2O蒸气会与CO和C反应，生成的H_2继续参与铁氧化物的还原，起到了从铁氧化物中夺取氧并传递给CO和C的作用，因而促进和加速了CO和C的还原反应，改善了还原过程。

5.3.2 铁氧化物的直接还原

铁矿石在高炉内随炉料下降到高温区时，炽热的铁矿石与焦炭中的碳或未燃煤粉中的碳接触发生的还原反应称为直接还原，直接还原反应式为：

$$3Fe_2O_3 + C === 2Fe_3O_4 + CO \tag{5-25}$$

$$Fe_3O_4 + C === 3FeO + CO \tag{5-26}$$

$$FeO + C === Fe + CO \tag{5-27}$$

直接还原反应的还原剂是焦炭或者未燃煤粉中的碳，生成产物为CO，产生的CO随煤气离开还原进行的场所，因此直接还原反应是不可逆反应。它不需要过剩的还原剂来平衡，还原剂消耗量低，还原生成56kg金属Fe只需要12kg的C，即还原生成1kg金属Fe所消耗的C量为0.215kg，比1000℃下间接还原要低3.5倍。在高炉内两个固相（矿石与燃料）接触的条件极差，靠固相之间的反应不足以维持可以觉察到的反应速度，实际的直接还原反应是借助于碳的熔损反应（$C + CO_2 = 2CO$）和水煤气反应（$C + H_2O = H_2 + CO$）与间接还原反应两个气固相反应叠加而实现的，即：

（1）CO 间接还原反应，$FeO+CO \rightleftharpoons Fe+CO_2$；

（2）碳熔损反应，$CO_2+C \rightleftharpoons 2CO$；

（3）直接还原，$FeO+C \rightleftharpoons Fe+CO$；

（4）H_2 间接还原反应，$FeO+H_2 \rightleftharpoons Fe+H_2O$；

（5）水煤气反应，$H_2O+C \rightleftharpoons H_2+CO$；

（6）直接还原，$FeO+C \rightleftharpoons Fe+CO$。

直接还原反应的特点之一是强烈的吸热，热效应高达 2717kJ/kg，为了保证反应的进行，高炉炼铁需要在风口回旋区燃烧更多的碳来供应热量。2717kJ/kg 热量需要风口前燃烧碳 0.277kg/kg，直接还原生成 1kg 金属 Fe 要消耗 0.215+0.277＝0.492kg 的 C。相当于冶炼 1t 生铁消耗：（0.492/0.8）×1000＝615kg 燃料，显然这也远远高于现代高炉炼铁的燃料比。因此，现代高炉冶炼过程中铁氧化物的还原不是完全依靠直接还原进行。研究分析表明，在高炉冶炼生产条件下只有直接还原与间接还原合理搭配，才能达到燃料消耗量最低的目的。

以上分析表明，直接还原反应和间接还原反应的主要区别在于还原生成的气相产物 CO_2 是否与燃料中的固定碳发生碳素熔损反应，生成的 CO_2 不与固定碳发生气化反应的是间接还原反应，生成的 CO_2 与固定碳发生气化反应的是直接还原反应。直接还原反应和间接还原反应的主要特点和区别在于：

（1）直接还原反应的还原剂为固定碳（还原反应产物为 CO），间接还原反应的还原剂为 CO 和 H_2（还原反应产物为 CO_2 和 H_2O）；

（2）直接还原反应为强烈的吸热反应，间接还原反应为放热反应或者弱吸热反应；

（3）直接还原反应发生在高温区，间接还原反应发生在中低温区；

（4）直接还原反应固定碳不需要过剩系数，间接还原反应 CO 和 H_2 需要过剩系数。

5.3.3　直接还原度及其计算

高炉冶炼过程间接还原和直接还原同时存在，间接还原反应是放热反应，消耗热量较少，但反应过程还原剂需要达到一定的过剩系数才能进行。直接还原反应不需要过剩系数，但直接还原反应为吸热反应，需要消耗大量的热量。为了便于讨论在高炉冶炼过程中间接还原和直接还原的关系，引入一个新的概念——直接还原度。

高炉内除了铁氧化物会发生直接还原以外，还有 Si、Mn、S、P 等元素也是以直接还原方式被还原，另外高炉内一部分碳酸盐分解产生的 CO_2 和炉料带入的结晶水也同时被碳还原出来，这些都属于直接还原。因此就产生了两个不同的直接还原度概念，即高炉内的直接还原度和铁的直接还原度，前者包括 Fe、Mn、Si、P 等元素的直接还原，而后者仅指铁的直接还原。在本节中，直接还原度指的是铁的直接还原度。

在高炉冶炼过程中，由 Fe_2O_3 还原到 FeO 是比较容易的，正常在高炉的上部就可以完成，可以认为全部为间接还原。FeO 还原为 Fe 的过程在高炉下部高温区完成，可以认为既存在间接还原也同时存在直接还原。FeO 中以直接还原的方式还原出来的铁量 $w(Fe_直)$ 与铁氧化物中还原出来的总铁量 $w(Fe_还)$ 之比称为铁的直接还原度，用式（5-28）表示：

$$r_d = w(Fe_直)/w(Fe_还) \qquad (5\text{-}28)$$

式中　r_d——铁的直接还原度，%；

$w(Fe_直)$——从 FeO 中直接还原的铁量，kg/kgFe；

$w(Fe_还)$——高炉内还原的总铁量，kg/kgFe。

相应的铁的间接还原度为 $r_i = 1 - r_d$。高炉生产过程中间接还原和直接还原在高炉内的分布取决于高炉内温度场的分布和焦炭的反应性。焦炭在 800℃ 左右开始大量发生碳素熔损反应，在 1100℃ 左右碳素熔损反应激烈发生。直接还原进行的温度反应与碳素熔损反应发生的温度范围基本一致，因此高炉内直接还原度和间接还原度的分布如图 5-4 所示。在温度低于 800℃ 的区域 I 内，几乎全部为间接还原反应，称为间接还原区；在温度为 800~1100℃ 的区域 II 内间接还原反应和直接还原反应并存，称为混合还原区；在温度高于 1100℃ 的区域 III 内，几乎全部是直接还原，称为直接还原区。

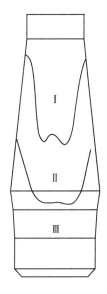

图 5-4　高炉内铁的还原区分布图

在高炉冶炼过程中，间接还原度和直接还原度也并非固定不变的。由于不同的高炉原燃料质量和操作水平的不同，因此会造成高炉温度场分布具有明显的差异，即使对同一座高炉，在不同的生产阶段高炉内的温度场也会有较大的差别。高炉操作人员的主要任务之一就在于通过上下部调剂的配合使用，控制炉内高温区的位置，不使其上移，以扩大间接还原区域进而减少直接还原的发生量。在目前的生产条件下，高炉冶炼发展间接还原是降低高炉燃料比的主要措施。

高炉冶炼过程伴随着热量传递和还原反应两个主要过程，前面分析中已经知道 CO 间接还原多数是放热反应，因而反应过程热量消耗少。有人认为高炉冶炼过程应全部发展间接还原，此时可以达到燃料比最低的目的。直接还原反应为吸热反应，要消耗大量的热，但还原同样量的铁作为还原剂所消耗的碳比间接还原少，因此又有人主张高炉内应该全部发展直接还原。这两种观点都是比较片面的，理论和实践证明，高炉内的最低碳消耗不是全部直接还原，也不是全部间接还原，而是在两者合适比例条件下获得的。

直接还原铁所消耗的炭素还原剂的量。直接还原反应为

$$FeO + C \Longrightarrow Fe + CO$$

从该反应式可以看出，直接还原铁所消耗的炭素还原剂的量为：

$$C_d = 12/56 r_d w([Fe]) \tag{5-29}$$

式中　C_d——直接还原 1t 生铁所消耗的碳量，kg/tFe；

56——铁的原子量；

12——碳的相对原子量；

r_d——铁的直接还原度，%；

$w([Fe])$——生铁中的铁量，kg/tFe。

间接还原铁所消耗的还原剂的量。前面说明 $3Fe_2O_3 + CO = 2Fe_3O_4 + CO_2$ 可以认为是不可逆反应，在高炉条件下均能满足，所以不予讨论。而对于 Fe_3O_4 和 FeO，在用 CO 还原时，必须保持较高的 CO 含量，以维持平衡时的（CO_2/CO）的比值。

$$FeO + nCO \Longrightarrow Fe + CO_2 + (n - 1)CO \tag{5-30}$$

生成的 $CO_2+(n-1)CO$ 在上升过程中，必须保证把 Fe_3O_4 还原成 FeO，即：

$$\frac{1}{3}Fe_3O_4 + CO_2 + (n-1)CO = FeO + CO_2 + \left(n - \frac{4}{3}\right)CO \tag{5-31}$$

式中　n——CO 的过剩系数。

煤气在同时保证两个可逆反应时，应有的 n 值可由反应平衡常数来计算求得，具体方法如下。

在平衡条件下：

因为

$$K_p = \frac{w(CO_2)}{w(CO)} = \frac{1}{n-1} \tag{5-32}$$

所以

$$n = 1 + \frac{1}{K_p} = 1 + \frac{w(CO)}{w(CO_2)} = \frac{w(CO_2) + w(CO)}{w(CO_2)} = \frac{100}{w(CO_2)} \tag{5-33}$$

如在 600℃ 时，$w(CO_2) = 47.2\%$，得 $n = 2.12$。

由对应温度下反应平衡 CO_2 的质量分数求出的 n 值见表 5-2。

表 5-2　不同温度下 CO 过量参数（n 值）

温度/℃	600	700	800	900	1000	1100	1200
FeO→Fe	2.12	2.5	2.88	3.17	3.52	3.82	4.12
$\frac{1}{3}Fe_3O_4$→FeO	2.42	2.06	1.85	1.72	1.62	1.55	1.50

对于下列反应，同样也可以求出平衡气相成分与 n 值之间的关系，见表 5-2。

$$\frac{1}{3}Fe_2O_3 + CO_2 + (n-1)CO = FeO + \frac{4}{3}CO_2 + \left(n - \frac{4}{3}\right)CO \tag{5-34}$$

比较两个反应可知，FeO 的还原反应由于是放热，所以 n 值随温度的升高而上升。而 Fe_3O_4 的还原反应由于是吸热，所以 n 值随温度的升高反而降低。在两个反应都同时保证的条件下，n 值取二者反应的大值。若两个反应的 n 值相等时，还原剂的消耗量最小。此时的温度是 630℃，$n \approx 2.33$。也就是说，630℃ 应该认为是铁氧化物全部还原的最低温度。过量系数确定后，就可以计算出全部用 CO 还原所需的最低的还原剂炭素消耗量。

$$C_i = 2.33 \times (12/56) \times (1 - r_d)w([Fe]) = 0.4986(1 - r_d)w([Fe]) \tag{5-35}$$

式中　C_i——间接还原 1t 生铁消耗的碳量，kg/tFe。

因此从还原剂消耗角度看，还原 1t 生铁，全部直接还原所需要的碳量比全部间接还原所消耗的碳量要少，发展直接还原能够降低燃料消耗。

冶炼过程的完成还需要足够的热量来满足还原反应的发生，对比直接还原的耗热量与间接还原的供热量可以发现，每还原 1kg 铁，以直接还原的形式进行时，消耗的热量为 152161/56＝2718kJ，而以间接还原形式进行时，放出的热量为 13604/56＝243kJ，二者的绝对值相差 10 倍以上。从热量需求来看，发展间接还原有利于降低燃料消耗。

为了进一步说明问题，用上面的全部直接还原和全部间接还原消耗的炭素还原剂量的计算式，求出不同还原度的焦炭量消耗，绘出了炭素消耗量与还原度的关系图，如图 5-5 所示。

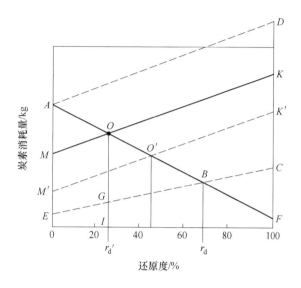

图 5-5 炭素消耗量与还原度的关系

图 5-5 中横坐标表示直接还原度 r_d 和间接还原度 r_i，纵坐标表示炭素消耗。MOK、AD、$M'O'K'$ 表示热量消耗线；$AOBF$ 表示间接还原铁碳量消耗线，$EGBC$ 表示直接还原铁炭素还原剂量消耗线，两者相交于 B 点。直接还原和间接还原这两种还原的发展，其炭素消耗不是两者之和，而是取两者中的大值。在 B 点右侧，还原剂的炭素消耗应该是 BC 线，当氧化铁直接还原时，放出的 CO 可以满足间接还原需要的碳量。在 B 点左侧，还原剂消耗应该是 AOB 线。例如，间接还原消耗炭素为 OI，直接还原消耗炭素为 GI。实际上，间接还原所消耗的 CO 已由 GI 直接还原产生的 CO 供给了一部分，若再补充 OG 部分的炭素即可满足全部间接还原需要的碳量。因此，O 点还原剂的碳量不是（$OI+GI$）之和，而是 OI。总的还原剂炭素消耗应该是 $AOBC$，很明显，B 点为炭素还原剂量消耗最低时的直接还原度，B 点 r_d 约为 70%。根据计算，这一点炭素消耗比还原 Fe_2O_3 最低炭素还低。这在高炉条件下是难以做到的，只有在电炉熔炼中才能达到。高炉在一定的冶炼条件下，$AOBC$ 线基本是稳定的，当熔剂量变动，以及喷吹 C/H_2 比高的燃料时，此线略有变动。

高炉内炭素消耗既要满足还原，又要保证热量的需要。但总的炭素消耗不是还原剂和发热剂两者炭素消耗的总和，而是其中的大者。正如前指出的，炭素燃烧时，既放出热量，又供给还原剂，因此，高炉冶炼单位生铁，总炭素消耗将沿图 5-5 中 AOK 线变化，低于此线将炼不出铁，在 O 点的右侧，OK 线以下，热量供应不足；在 O 点的左侧，低于 AO 线，作为还原剂的炭素就缺少了。作为还原剂和发热剂炭素消耗两条线的交点 O 应该是理论最低焦比（或燃料比）。与此点相对应的直接还原度称为适宜的直接还原度（r_d'），达到此点是我们所要努力的方向。

热量消耗线 MOK 是随单位生铁消耗热量的多少而变动的。高炉热量消耗大，MOK 线就向上移动，此时炭素消耗也高，r_d' 随之向左移动，当热量消耗增加，MOK 线移动到 A 点

成 AD 线时，$r'_d=0$，达到 100% 间接还原的所谓"理想行程"，这时的炭素消耗是该条件下最低的，但仍然是很大的。反之，如 MOK 线移动到 $M'O'K'$ 线，则说明高炉热量消耗减少，r'_d 也随之增加，但炭素消耗却随之而下降。

从图 5-5 看出，在当前高炉冶炼条件下，适宜的直接还原度 r'_d 在 0.2~0.3 范围内，而我国高炉实际的直接还原度 $r_{d实}$ 一般都在 0.4~0.5，有的大高炉大于 0.5。而一些喷吹燃料的高炉 $r_{d实}$ 为 0.35~0.4。小高炉较矮，直接还原区相对要发展一些，因此 $r_{d实}$ 较高，可达到 0.55~0.6。由上述可以看出，当前实际直接还原度 $r_{d实}$ 与适宜的直接还原度 r'_d 还相差很远。

5.4　铁氧化物气-固相还原反应的动力学

研究气体还原铁矿石的反应机理和速率的定量规律是促进间接还原发展、提高冶炼效率与降低燃料消耗的基础课题。历年来有关这一课题的研究报告积累丰富，使得对铁矿石气固还原反应过程的认识经历了由浅入深、逐步完善和日趋接近实际的状态。

20 世纪 60 年代后期，多数冶金工作者趋向于认为，还原的全过程是由一系列互相衔接的次过程组成的，而且往往并不由单纯某一个次过程所控制，而是由两个或更多的次过程复合控制。在还原过程的不同阶段，过程的控制环节还可能转化。由于对各个次过程所起的作用理解不同，而提出了多种还原过程的机理模型，如未反应核模型、层状模型、准均相模型和中间模型等。其中，未反应核模型已普遍为人们所接受。

5.4.1　铁矿石还原速率数学模型

未反应核模型理论较全面地解释了铁氧化物的整个还原过程，是目前得到公认的理论。未反应核模型理论的要点主要是：由于铁氧化物有从高价到低价逐级还原的特点，因此当一个铁矿石颗粒还原到一定程度后，外部就形成了多孔的还原产物层——铁壳层，而内部还有一个未反应的核心，随着反应的推进这个未反应核心逐渐缩小，直到完全消失。根据铁氧化物还原的顺序性、还原过程中的单体矿石颗粒的断面呈层状结构以及未反应的核心随反应过程的进行逐渐缩小等事实，综合考虑还原全过程的各个次过程，由基本的物理和化学热力学和动力学原理，导出了整体还原速度的数学表达式。

取在还原过程中的呈层状结构的矿球截面（见图 5-6），并设想构成各个环节的次过程如下：

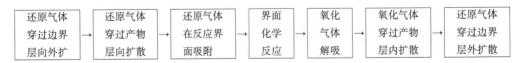

为简化数学处理设矿粒为规则的球形，半径为 r_0 且在还原过程无收缩或膨胀，即 r_0 不变；未反应核的半径为 r，随还原过程的推进 r 变化范围是由开始时 r_0 直至完全还原时的 0。因浮氏体还原至金属 Fe 为除氧量最多且最困难的阶段，故忽略 Fe_2O_3 及 Fe_3O_4 的除氧过程，认为只存在一个反应界面；矿球外有一个吸附的相对静止的还原气体构成的边界层，如图 5-6 中虚线圆所示。最后将还原过程简化为 5 个次过程：

（1）气体还原剂的分子由气相主流（浓度为 C_A^0）穿过气体边界层（可称为外扩散），到达球的外表面，浓度下降为 C_A^a；

（2）气体还原剂分子穿过多孔的还原产物（铁壳）层扩散（可称为内扩散）到达未反应核外表面，即反应界面，浓度进一步下降为 C_A^i；

（3）在界面上发生化学反应，此处忽略了还原气体分子的吸附及反应后产生的氧化气体解吸等细节；

（4）氧化气体分子解吸后，在未反应核表面的浓度为 C_P^i，穿过金属 Fe 的产物层向外扩散（也称内扩散）达到矿球表面时浓度下降为 C_P^s；

（5）氧化气体穿过气体边界层扩散到气相主流中，浓度降为 C_P^0。C_A 和 C_P 沿传输路线的变化过程如图 5-6 中曲线所示。

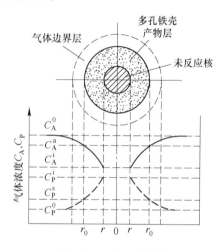

图 5-6　未反应核模型

由于未反应核的半径及相应的反应界面的面积是逐渐缩小的，而反应产物层是同时逐渐增厚的，则内扩散的路径逐渐增长，曲折度增大，故内扩散过程不是处于稳定态，即气体的浓度梯度不是与时间无关的常数。但是与气体扩散运动的速度相比，未反应核界面推进的速度要低几个数量级。为简化数学处理过程，可近似地将扩散过程看作稳定态。

在实验室设定反应温度和还原剂气体组成不变的条件下，可以获得模型计算需要的相关参数。该模型按照未反应核模型进行的顺序，依次列出每一次过程在单位时间内传输或反应物质的量。

按菲克定律外扩散通量求得外扩散速率：

$$v_1 = 4\pi r_0^2 k_d (c_0 - c_1) \tag{5-36}$$

同样按菲克定律还原产物层内的内扩散通量求得内扩散速率：

$$v_2 = 4\pi D_{有效} \frac{r_0 r}{r_0 - r}(c_1 - c) \tag{5-37}$$

界面化学反应速率：

$$v_3 = 4\pi r^2 k \left(1 + \frac{1}{K}\right)(c - c_平) \tag{5-38}$$

在这些次过程处于稳定态时，$v = v_1 = v_2 = v_3$，由此消去不能测定的界面浓度 c_1 和 c，得到未反应核模型的速率方程：

$$v = \frac{4\pi r_0^2 (c_0 - c_{\text{平}})}{\dfrac{1}{k_{\text{d}}} + \dfrac{r_0}{D_{\text{有效}}} \dfrac{r_0 - r}{r} + \dfrac{K}{k(1 + K)} \dfrac{r_0^2}{r^2}} \tag{5-39}$$

由于未反应核模型 r 不易直接测定，故常用减重法测得的还原率 R 与 r，将 $r = r_0 (1 - R)^{\frac{1}{3}}$ 代入式（5-39）得出：

$$v = \frac{4\pi r_0^2 (c_0 - c_{\text{平}})}{\dfrac{1}{k_{\text{d}}} + \dfrac{r_0}{D_{\text{有效}}} \left[(1 - R)^{-\frac{1}{3}} - 1 \right] + \dfrac{K}{k(1 + K)} (1 - R)^{-\frac{2}{3}}} \tag{5-40}$$

在用矿球内氧量变化率表示还原速率时，得出：

$$\frac{\mathrm{d}R}{\mathrm{d}t} = \frac{3}{r_0 \, \xi_0} \frac{(c_0 - c_{\text{平}})}{\dfrac{1}{k_{\text{d}}} + \dfrac{r_0}{D_{\text{有效}}} \left[(1 - R)^{-\frac{1}{3}} - 1 \right] + \dfrac{K}{k(1 + K)} (1 - R)^{-\frac{2}{3}}} \tag{5-41}$$

分离变量在 $0 \sim t$ 和相应 $0 \sim R$ 界限内积分，得出矿球的还原时间与还原率之间的数学式：

$$t = \frac{r_0 \, \xi_0}{c_0 - c_{\text{平}}} \left\{ \frac{R}{3k_{\text{d}}} + \frac{r_0}{6D_{\text{有效}}} \left[1 - 3(1 - R)^{\frac{2}{3}} + 2(1 - R) \right] + \frac{K}{k(1 + K)} \left[1 - (1 - R)^{\frac{1}{3}} \right] \right\} \tag{5-42}$$

式（5-42）说明还原时间是还原率的函数：

$$t = \frac{r_0 \, \delta_0}{c_0 - c_{\text{平}}} \frac{R}{3k_{\text{d}}} \tag{5-43}$$

根据 k_{d}、$D_{\text{有效}}$ 和 k 相对大小，可以得出某限制次过程的速率式。

（1）外扩散限制 k_{d}、$D_{\text{有效}}$ 和 k：

$$t = \frac{r_0 \, \delta_0}{c_0 - c_{\text{平}}} \frac{R}{3k_{\text{d}}} \tag{5-44}$$

（2）内扩散限制 $D_{\text{有效}}$、k_{d} 和 k：

$$t = \frac{r_0 \, \delta_0}{6D_{\text{有效}}(c_0 - c_{\text{平}})} \left[1 - 3(1 - R)^{\frac{2}{3}} + 2(1 - R) \right] \tag{5-45}$$

（3）界面化学反应限制 k、$D_{\text{有效}}$ 和 k_{d}：

$$t = \frac{r_0 \, \delta_0}{c_0 - c_{\text{平}}} \frac{K}{k(1 - K)} \left[1 - (1 - R)^{\frac{1}{3}} \right] \tag{5-46}$$

（4）内扩散与界面反应混合限制 $D_{有效}$、k_d，$D_{有效} \approx k$：

$$t = \frac{r_0 \delta_0}{c_0 - c_平} \left\{ \frac{1}{6D_{有效}} \left[1 - 3(1-R)^{\frac{2}{3}} + 2(1-R) \right] + \frac{K}{k(1-K)} \left[1 - (1-R)^{\frac{1}{3}} \right] \right\}$$

$$(5-47)$$

三个次过程的阻力分别为：

$$f_外 = \frac{1}{k_d} \qquad\qquad (5-48)$$

$$f_内 = \frac{r_0}{D_{有效}} \frac{r_0 - r}{r} = \frac{r_0}{D_{有效}} \left[(1-R)^{\frac{1}{3}} - 1 \right] \qquad (5-49)$$

$$f_反 = \frac{K}{k(1-K)} \frac{r_0^2}{r^2} = \frac{K}{k(1-K)} (1-R)^{-\frac{2}{3}} \qquad (5-50)$$

过程的总阻力为：

$$\sum f = f_外 + f_内 + f_内$$

各次过程的阻力率为 $f_外 \big/ \sum f$、$f_内 \big/ \sum f$、$f_内 \big/ \sum f$。

还原过程中还原率与阻力率的关系，即还原过程中各次过程阻力变化如图 5-7 所示。

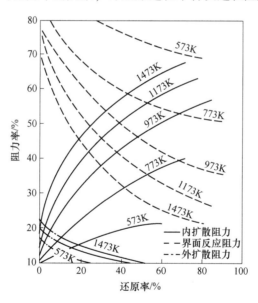

图 5-7　铁矿石球团还原过程中阻力率与还原率的关系

（矿球半径 0.01m，气流速度 0.05m³/s，球孔隙度 0.3）

从图 5-7 可以了解到，还原过程中各次过程对还原速率的影响。低温下和反应初期，界面反应的阻力大，但随着温度和还原率的提高，此项阻力降低。随着还原的进行，还原产物层不断增厚，还原层内扩散阻力成为主导。一般在还原过程中边界层的外扩散阻力都较小，不成为控制性过程。

5.4.2 影响还原速率的条件

还原速率的数学模型的建立基于理想的反应条件下，但矿石在高炉内的实际反应过程要复杂得多。高炉内的温度场和煤气的浓度场随冶炼时间和冶炼工艺参数变化而变化，高炉内矿石呈层状分布，层内相邻矿石颗粒还原相互影响，煤气强制性地在料层中流动，还原过程中矿石颗粒的孔隙度不断变化等影响了模型在生产中的应用。

但是已有的还原速率方程还是为人们研究提高矿石还原速率提供了指导方向，例如从式（3-54）~式（3-56）可以看出，提高还原性气体浓度、增大扩散系数（$D_{有效}$）、缩小矿石粒度（r_0）、提高温度、提高反应速率常数 k 和平衡常数都可提高还原反应速率。本节就还原温度、煤气成分、反应体系压力、矿石粒度及孔隙度、矿石的种类和性质等方面介绍它们对铁矿石还原速率的影响。

5.4.2.1 还原温度

随温度的升高，界面化学反应速度和扩散速度随温度的升高而加快，因此高温对矿石的还原有利。从分子运动理论的观点来看，这是因为高温下分子运动更为激烈，提升了活化分子的数目，同时增加了活化分子碰撞的机会，促进还原反应的进行。高炉内部存在间接还原区和直接还原区，扩大 800~1000℃ 的间接还原区是加快矿石在高炉内的还原过程的关键。在生产中要注意中温区温度的变动，温度下降（例如大富氧和高风温冶炼时）将减缓间接还原反应的进行，使炉内的 r_d 升高，引起高炉冶炼燃料比升高。

5.4.2.2 煤气成分

高炉内煤气由主要由 CO、H_2、N_2 组成，提高煤气中 CO 的浓度，既可以提高还原过程中的内外扩散速率，又可以提高界面化学反应速率，从而可以加快矿石的还原。提高煤气中 H_2 的浓度可以加快矿石的还原，H_2 的密度和黏度都较小，其扩散系数和反应速率常数则较大，$D_{H_2} = 3.74 D_{CO}$，不论反应处于何种控制范围，用纯 H_2 的还原速率均比用纯 CO 时高 5 倍以上，但是在用 CO 和 H_2 的混合气体时，还原速率的提高比纯 H_2 时要低，还原速率基本上与煤气中 $\dfrac{\varphi(H_2)}{\varphi(H_2) + \varphi(CO)}$ 比值呈线性关系。高炉采用富氧鼓风可增加高炉煤气中的 CO 浓度，而喷吹富 H_2 燃料可增加高炉煤气中的 H_2 的浓度。

5.4.2.3 反应体系压力

反应体系压力的提高能使碳的溶解损失反应变慢，提高 CO_2 消失的温度区（由 800℃提高到 1000℃），有利于高炉内中温区间接还原的发展，对加快矿石的还原过程有利。提高反应体系压力使煤气的密度增大，增加了单位时间内与矿石表面碰撞的还原剂分子数，从而加快了还原反应。但是随着压力的增加，还原速度并非成比例地增加，主要原因是提高压力之后，还原产物 CO_2 和 H_2O 的吸附能力也随之增加，阻碍还原剂的扩散。同时，碳素熔损反应的平衡相逆方向进行，气相中 CO_2 的浓度增加，更接近 CO 间接还原的平衡组成，对矿石的还原不利。高炉采用高压操作能够改善矿石的还原过程，更重要的意义在于降低高炉冶炼压差，改善高炉顺行，为强化高炉冶炼提供了可能性。

5.4.2.4 矿石粒度及孔隙度

矿石的粒度和孔隙度是影响其还原性的主要因素之一。同样重量的矿石，粒度越小与煤气的接触面积越大，还原速度越快。同时，缩小矿石粒度，缩短了扩散行程和减少了扩散阻力，从而加快了还原反应的进行。当矿石粒度缩小到一定程度后，固体内部的扩散阻力减小，最后由扩散控速范围转入化学反应控速范围，此时进一步缩小矿石粒度不会再加快还原速度，这一粒度称为临界粒度。高炉生产条件下临界粒度为 3~5mm。另外，粒度过小会恶化炉内料柱的透气性，不利于还原反应的进行。对大中型高炉来说，比较合适的矿石粒度范围应该是 10~25mm，对于难还原的磁铁矿块矿，可以缩小粒度以增加还原反应速率。矿石孔隙的存在加大了反应界面，减小了矿石内部气体扩散的阻力，加快了还原反应的速率。在还原反应进入化学反应控制时，孔隙的作用减小，甚至不起作用。

5.4.2.5 矿石的种类和性质

矿石种类和性质对还原速率的影响主要是两个方面：一方面是矿石的矿物组成和随还原进程发生的变化；另一方面是矿石中脉石存在的氧化物。前者最明显的是赤铁矿与磁铁矿的差别。赤铁矿（Fe_2O_3）是六方晶格，Fe_3O_4 与 FeO 均为立方晶格，还原过程中发生较大变形和畸变，产生多孔的产物层；而磁铁矿（Fe_3O_4）一般原始状态就较致密，还原后晶格不变就产生致密的产物层，这是赤铁矿较磁铁矿易还原的原因之一。铁矿石的脉石一般是以硅铝等氧化物为主的酸性脉石，它们或与氧化铁生成复合氧化物，使还原变得困难，若 SiO_2 溶入铁酸钙（例如 SFCA 烧结矿中 80% SiO_2 溶入铁酸钙），其还原性能要比 Fe_3O_4 和 FeO 与 SiO_2 形成的硅酸盐要容易还原。若以自由 SiO_2、Al_2O_3 的单独相存在，则影响还原产物的成核和核心长大，使气孔变得细微，阻碍还原过程。若脉石为碱土金属氧化物 CaO、MgO，它们溶于氧化铁中，就明显加速还原过程。矿石中如有 K、Na 等碱金属氧化物，它们更能加快矿石的还原速度，但过量的 K、Na 氧化物在高炉内循环累积，会给高炉生产带来很大麻烦，因此生产中限制 K_2O、Na_2O 的入炉量不应超过 3.0kg/t。

5.4.3 矿石还原未反应核模型应用

未反应核模型是目前铁矿石气固还原领域应用最多也最成熟的模型，通过参数拟合不仅可以实现对球形矿石还原的准确模型预测，对于非球形矿石颗粒也可以达到较高的精度。

利用单界面未反应核模型研究铁矿石气固还原反应过程，浮士体的还原是整个还原过程的限制环节，反应方程为：

$$CO + FeO = Fe + CO_2 \tag{5-51}$$

未反应核模型积分形式可以表示为：

$$\frac{X_B}{3k_g} + \frac{r_0}{6D_{eff}} \left[1 - 3(1-X_B)^{\frac{2}{3}} + 2(1-X_B) \right] +$$

$$\frac{K^0}{k_{rea+}(1+K^0)} \left[1 - (1-X_B)^{\frac{1}{3}} \right] = \frac{(C_b - C_e)}{r_0 d_0} t \tag{5-52}$$

式中 r_0——颗粒初始半径，m；

d_0——单位体积去除的氧原子浓度，mol/m^3；

D_{eff}——有效扩散系数，m/s^2；

k_{rea+}——正反应速率常数；

　C_b——气相本体气体浓度，mol/m^3；

　C_e——界面处平衡气体浓度，mol/m^3；

　K^0——反应标准平衡常数；

　X_B——还原率，即质量损失/总的与 Fe 结合的氧的质量；

　k_g——气相边界层传质系数，m/s。

当利用未反应核模型处理实验时，需要引入如下中间变量：

$$A = \frac{r_0^2 d_0}{6D_{eff}(C_b + C_e)} \tag{5-53}$$

$$B = \frac{K^0 r_0 d_0}{k_{rea+}(1 + K^0)(C_b - C_e)} \tag{5-54}$$

$$F = 1 - (1 - X_B)^{\frac{1}{3}} \tag{5-55}$$

$$t_1 = \frac{r_0 d_0 X_B}{3k_g(C_b - C_e)} \tag{5-56}$$

将式（5-53）~式（5-56）代入式（5-52），未反应模型的积分形式可以简化得到：

$$\frac{t - t_1}{F} = A(3F - 2F^2) + B \tag{5-57}$$

在传统计算中，气相边界层传质系数 k_g 通过式（5-58）计算得到：

$$\frac{k_g d}{D} = 2.0 + 0.6Re^{\frac{1}{2}}Sc^{\frac{1}{3}} \tag{5-58}$$

式中　D——混合气体扩散系数，m^2/s；

　　　Re——气体流动雷诺数；

　　　Sc——施密特准数。

式（5-58）经验公式，本身存在一定的误差，并且实际过程中混合气体扩散系数 D 以及 Re、Sc 两个准数的确定和计算都比较困难，因此通过该公式直接确定气相边界层传质系数 k_g 会带来许多不确定性。利用实验数据，可以通过对模型进行数学处理确定 k_g 的值。

式（5-57）当中，利用 $\dfrac{t - t_1}{F}$ 对 $(3F - 2F^2)$ 作图，从直线的斜率 A 和截距 B 可以求出有效扩散系数 D_{eff} 和正反应速率常数 k_{rea+}。

利用炼铁厂实际使用的球团矿和烧结矿开展还原实验，实验设备如图 5-8 所示，主要分为以下三个部分：

（1）加热设备为包头灵捷炉业有限公司生产的管式电阻炉，升温速率 5℃/min，升温上限为 1400℃；

（2）反应管内径为 80mm，还原气体由下部管道进入，样品在反应管中与还原气体混合反应，为保证气体预热和气流均匀在反应管底部装入一定量的刚玉球；

（3）天平，连续称取反应过程当中样品失重量。

实验原料为国内某钢铁企业生产使用的球团矿和烧结矿，其成分见表 5-3。

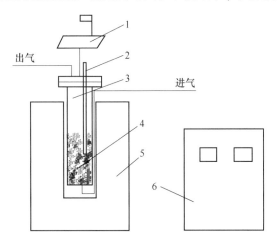

图 5-8　中温管式炉示意图

1—天平；2—热电偶；3—反应管；4—矿石；5—加热炉；6—温控器

表 5-3　原料化学成分（质量分数）　　　　　　　　　　　　　　　（％）

种类	TFe	FeO	SiO_2	Al_2O_3	CaO	MgO	P	TiO_2	S	V_2O_5
球团矿	53.96	3.23	5.01	3.63	0.78	3.32	0.012	9.02	0.020	0.58
烧结矿	49.28	7.97	5.25	2.88	12.98	2.18	0.032	4.76	0.045	0.27

由于单个颗粒质量较小，利用单颗粒进行气固还原实验容易受到外界因素的干扰，使实验结果产生较大波动。为了减小波动，实验采用多颗粒还原实验，利用平均法进行单颗粒分析。球团矿和烧结矿选取粒径控制在 $10\sim12mm$ 之间，实验当中球团矿选择粒度均匀、球形规则、表面无裂纹的颗粒，烧结矿为筛下随机选取。每次称取 $(500\pm15)g$ 样品放入反应管内，反应管与天平相接，悬挂于管式炉炉膛当中，调整天平高度使样品位于管式炉恒温区域，热电偶插入样品当中测取样品反应温度。实验开始后通氮气保护样品，管式炉升温速率 $5℃/min$，温度升至 $900℃$ 保温 $30min$ 后，通入 CO 与 N_2 的体积比为 3∶7 混合气体，混合气体流量为 $15L/min$，样品当中每个颗粒周边的气氛基本相同，排除下部样品还原产物对上部样品反应的影响，利用天平实时记录炉料失重。

$900℃$ 下化学反应式（5-51）的标准平衡常数为 $K^0=0.593$。由于实验过程当中反应管通过排气管与大气连接，因此内部压力与大气压力相同，为 $101.325kPa$。根据实验气体流量和反应管内径可以求出气相本体 CO 浓度是 $3.12mol/m^3$，通过化学反应式（5-51）$900℃$ 的平衡计算可以求得界面处化学反应平衡的 CO 浓度为 $1.99mol/m^3$。

首先开展球团矿的还原实验。由上述推导过程可知，如果反应过程符合未反应核模型，那么利用 $\dfrac{t-t_1}{F}$ 对 $(3F-2F^2)$ 作图，将得到一条直线。实验数据与理论计算必然会有一定的差异，差异性可以利用直线的拟合度表征，直线拟合度越大越能表征反应过程与模型的符合程度。另外，直线截距和斜率分别决定了正反应速率常数 k_{rea+} 和有效扩散系数 D_{eff}，在一定的拟合度基础上，两者必须在合理的范围内才有效。t_1 是传质系数 k_g 的函数，所以在实验数据基础上，直线的拟合度是与 k_g 对应的，k_g 不同会得到不同拟合度的直线。当 $k_g = 0.024\text{m/s}$ 时，用 $\dfrac{t-t_1}{F}$ 对 $(3F - 2F^2)$ 作图，直线的拟合度为 $R^2 = 0.9915$，具有很高的精度，如图 5-9 所示。

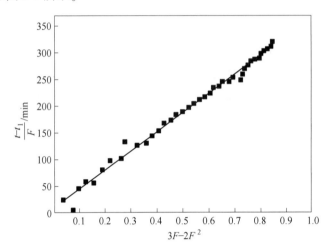

图 5-9　球团矿作图法求反应速率常数和有效扩散系数

　　利用球团平均半径作为未反应核模型初始半径，即 $r = 5.5\text{mm}$。在实验条件下只有与 Fe 结合的氧可以被还原，包括 Fe_2O_3 中的氧和 FeO 中的氧。单个颗粒平均质量为 3.46g，结合原料成分可知单位体积可去除的氧原子浓度为 $d_0 = 70444\text{mol/m}^3$。

　　由图 5-9 可确定直线斜率 $A = 360.2$，截距 $B = 8.944$，结合式（5-53）和式（5-54），求得 900℃ 条件下球团矿 CO 还原过程有效扩散系数 $D_{eff} = 1.45 \times 10^{-5}\text{m}^2/\text{s}$，正反应速率常数 $k_{rea+} = 0.231\text{m/s}$。

　　在球团矿还原基础上，进一步开展烧结矿 CO 还原实验，由于实验条件与球团矿相同，气相边界层传质系数差异微小，因此烧结矿还原的气相边界层传质系数同样为 $k_g = 0.024\text{m/s}$。当利用平均半径的方法时，根据筛分条件，烧结矿半径为 5.5mm。用 $\dfrac{t-t_1}{F}$ 对 $(3F - 2F^2)$ 作图，结果如图 5-10 所示，其拟合度为 0.928，斜率 268.8，截距 113.5min。利用该结果计算，正反应速率常数为 73.8，有效扩散系数 $1.45 \times 10^{-5}\text{m}^2/\text{s}$，一般铁矿还原正反应速率常数远小于 1，这表明上面计算当中得到的正反应速率常数明显有误，所以利用平均筛分半径作为烧结矿的初始半径在未反应核模型处理中直接应用是不科学的。

　　烧结矿形状不规则，未反应核模型初始半径不能简单通过筛分半径取平均值计算。通过分析 $\dfrac{t-t_1}{F}$ 对 $(3F - 2F^2)$ 作图发现在实验数据基础上，直线是受初始半径和单位体积去除氧原子浓度的乘积即 $r_0 d_0$ 的值决定的。通过变换 $r_0 d_0$ 的值可以得到不同拟合度的直线，当 $r_0 d_0$ 值为 450.9 时，直线具有最高的拟合度 0.9448，同时斜率为 $D_{eff} = 308.1$，截距

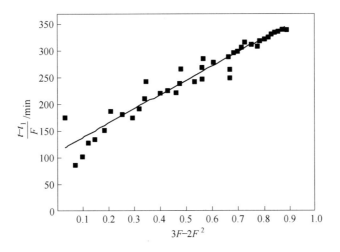

图 5-10 烧结矿平均半径作图法求反应速率常数和有效扩散系数

$k_{\text{rea}+} = 12.5$，如图 5-11 所示。根据原料成分数学推导得到 $r_0 d_0 = \dfrac{0.00873}{r_0^2} = 450.9\,\text{mol/m}^2$，进而可确定烧结矿等效半径为 $r_0 = 0.0044\,\text{m}$，单位体积去除氧原子浓度 $d_0 = 102484\,\text{mol/m}^3$。

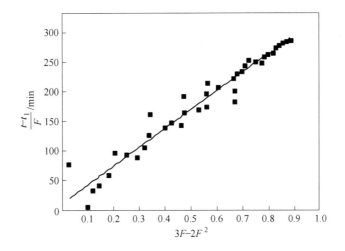

图 5-11 烧结矿等效半径作图法求反应速率常数和有效扩散系数

球团矿和烧结矿 900℃，CO 与 N_2 的体积比为 3:7 条件下，还原过程各个参数计算结果见表 5-4。

表 5-4 未反应核模型参数

参数	球团矿	烧结矿
半径 r_0/m	0.0055	0.0044
单个颗粒质量/g	3.46	2.89
反应标准平衡常数 K^0	0.593	0.593

参数	球团矿	烧结矿
气相本体 CO 浓度 C_b/mol·m^{-3}	3.12	3.12
界面处 CO 浓度 C_e/mol·m^{-3}	1.99	1.99
单位体积去除氧原子浓度 d_0/mol·m^{-3}	70444	102484
气相边界层传质系数 k_g/m·s^{-1}	0.024	0.024
有效扩散系数 D_{eff}/m^2·s^{-1}	1.453×10^{-5}	1.583×10^{-5}
正反应速率常数 k_{rea+}	0.231	0.192

将未反应核模型微分方程进行离散，并利用计算机语言编制程序，采用四阶龙格库塔法求解方程，时间步长设为 1s。利用表 5-4 中的参数分别计算烧结矿和球团矿在整个还原过程当中还原率随时间的变化，计算结果如图 5-12 和图 5-13 所示。

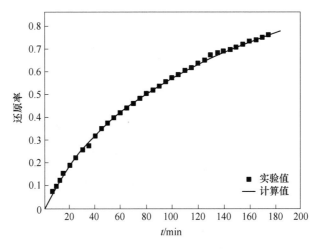

图 5-12　球团矿实验数据与程序计算结果比较

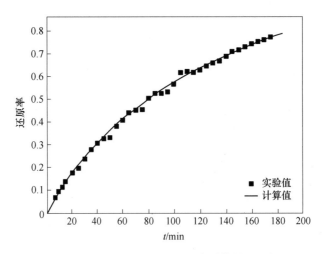

图 5-13　烧结矿实验数据与程序计算结果比较

还原过程中各步骤阻力的变化见表 5-5 和表 5-6。

表 5-5 球团矿各步骤阻力随时间变化

还原时间/min	3	35	60	90	120	150	180
外扩散阻力/$s^{-1} \cdot cm^{-1}$	41.7	41.7	41.7	41.7	41.7	41.7	41.7
内扩散阻力/$s^{-1} \cdot cm^{-1}$	4.4	42.1	73.2	108.5	147.7	184.7	234.1
化学反应阻力/$s^{-1} \cdot cm^{-1}$	1.6	1.9	2.2	2.6	3.1	3.5	4.1

表 5-6 烧结矿还原各步骤阻力随时间变化

还原时间/min	3	40	85	90	120	150	180
外扩散阻力/$s^{-1} \cdot cm^{-1}$	41.7	41.7	41.7	41.7	41.7	41.7	41.7
内扩散阻力/$s^{-1} \cdot cm^{-1}$	2.4	35.7	76.9	77.2	106.1	139.8	177.8
化学反应阻力/$s^{-1} \cdot cm^{-1}$	1.9	2.5	3.1	3.1	3.6	4.3	5.1

由各步骤阻力变化可知，反应前期为外扩散控制，中期为内扩散和外扩散混合控制，并且随着反应的进行内扩散阻力越来越大，后期主要为内扩散控制。整个反应过程化学反应阻力微小，没有对反应进程产生明显影响。

球团矿选择的是球形标准无裂纹的颗粒，反应过程中反应界面收缩均匀，与未反应核模型假设一致，因此模型计算数据与实验数据达到了高度的一致。烧结矿虽然颗粒大小差别不大，但是不具有规则的形状，反应过程中反应界面收缩受局部形状因素的影响并不均匀，这与未反应核模型假设不一致，所以在反应过程的某个阶段才会出现上下波动。烧结矿实验数据与模型之间的波动只产生于反应中期，在初期和后期与球团矿一样达到了高度的一致。反应初始阶段受到外扩散控制，在采用等效半径后形状因素的影响被弥补，反应进程是由气相边界层传质系数决定的，所以理论计算与实验数据能够一致；反应后期已经形成了足够厚的产物层，内扩散阻力相对很大，这时候形状变化的影响相比之下微小，反应进程由产物层中的内扩散控制，所以理论计算与实验数据能够一致；在反应中期，反应进程受到外扩散和内扩散混合控制，并且产物层还不够厚，未反应核反应界面处局部形状的变化会对瞬时反应速率产生一定的影响，所以才会出现理论计算与实验数据之间的波动。通过在不同温度和不同气氛下开展还原实验可以获得不同条件下的动力学参数，进而可以建立变温条件下的铁矿石还原动力学模型，为模拟高炉内部的矿石还原过程提供基础。

习题和思考题

5-1 简述金属氧化物还原反应的基本原理，并写出还原的通式。

5-2 简述在铁氧化物逐级还原过程中哪一个环节是最难的，并分析原因。

5-3 试分析比较 CO 和 H_2 作为还原剂还原铁氧化物的特点。

5-4 何为直接还原、间接还原，二者对高炉冶炼的影响有何差异？

5-5 高炉条件下，铁的还原反应限制环节是什么？试分析降低焦比的途径。

5-6 影响高炉冶炼碳素消耗的因素有哪些？简述降低碳素消耗的技术途径。

5-7 简述气固未反应核模型的特点，分析影响铁氧化物还原速度的因素。

5-8 高炉条件下，铁氧化物还原反应限制环节是什么？简述改善还原的措施。

参考文献及建议阅读书目

[1] 陈新民. 火法冶金过程物理化学 [M]. 北京：冶金工业出版社，1984.

[2] 卢宇飞. 炼铁工艺 [M]. 北京：冶金工业出版社，2006.

[3] 吴胜利，王筱留，张建良. 钢铁冶金学（炼铁部分）[M]. 北京：冶金工业出版社，2019.

[4] 张寿荣，王筱留，毕学工. 高炉高效冶炼技术 [M]. 北京：冶金工业出版社，2015.

[5] 比斯瓦斯 A K. 高炉炼铁原理 [M]. 王筱留，等译. 北京：冶金工业出版社，1989.

[6] 黄希枯. 钢铁冶金原理 [M]. 3 版. 北京：冶金工业出版社，2002.

[7] 邵久刚，张建良，刘征建，等. 铁矿石等温气固还原动力学研究 [J]. 材料与冶金学报. 2015，14
　　（1）：24-28.

6 造渣与脱硫

■ 思政课堂

钢铁人物

周国治，冶金材料物理化学家，中国科学院院士。1937 年 3 月 25 日出生于江苏省南京市，1959 年提前毕业于北京钢铁工业学院（现北京科技大学）冶金系并留校任教，1979 年赴美国麻省理工学院研修，1984 年被破格提升为北京科技大学教授、博士生导师。

周国治院士主要从事冶金过程基础理论、冶金材料及物理化学方面的教学与研究。他曾获魏寿昆冶金奖（全奖）、国家自然科学奖三等奖、国家教委科技进步奖一等奖、冶金部科技进步奖、上海市科学技术奖一等奖、国家教委科技进步奖二等奖，以及首批"国家有突出贡献中青年专家"称号、日本铁钢协会"荣誉会员"称号等；先后发表论文 400 余篇，获国内外专利 60 余项。1995 年，他当选为中国科学院技术科学部院士。曾任中国金属学会理事、国际矿业冶金杂志编委等职。

中国科学院院士证书的首页写着这样一句话："中国科学院院士，是国家设立的科学技术方面的最高学术称号，为终身荣誉。"周国治说，这句话是对院士在科学技术方面的基本要求，随着国家科学技术水平逐年提高，"向世界看齐"是对大多数院士的要求。

在学术生涯中，周国治始终没有忘记这份荣誉所赋予的责任，也时刻以此标准严格要求自己，不断审视自己的科研工作。

周国治于 1995 年在国际相图会议上发表的"新一代溶液几何模型"再创佳绩。该模型不含任何需要使用者去确定的"待定参数"，解决了国际上 30 多年来几何模型存在的固有缺陷，同时为实现模型的选择和计算的完全计算机化开辟了道路，彻底奠定了他在冶金物理化学领域难以撼动的学术地位。他的这一理论模型被命名为"周模型"（Chou Model），至今仍被广泛应用。1995 年当选为中国科学院院士后，周国治仍坚持在科研道路上砥砺前行，以勇攀高峰的精神带领学生攻克重重难关。除在多元熔体和合金物理化学性质计算方面继续探索外，他还带领团队向氧离子迁移的理论和应用、气固相反应动力学等多个方向拓展，大大推进了我国的"绿色冶金"事业，为国家钢铁行业的可持续发展贡献力量。如今，周国治在北京科技大学和上海大学建设了两个教学科研团队，并以此为中心，在固体废弃物、固体氧化物燃料、电池、高温耐火材料、熔渣资源化、氢还原、纳米等多个领域深入探索，为我国冶金物理化学学术发展和行业建设作贡献。

在追寻科研梦的同时，周国治在教学工作上一直兢兢业业，桃李育人。他充分发挥自己的教学天赋，将所学悉数传授给学生，在北京科技大学开设多门本科生、研究生课程，在课堂上与学生分享自己的研究成果和国际学术进展，并以研讨的形式提升课程趣味性，打开学生的研究思路，并激发学生投身科学的热情。

正如党的二十大报告中所指出的，教育、科技、人才是全面建设社会主义现代化国家的基础性、战略性支撑。必须坚持科技是第一生产力、人才是第一资源、创新是第一动力，深入实施科教兴国战略、人才强国战略、创新驱动发展战略，开辟发展新领域新赛道，不断塑造发展新动能新优势。

60 余年来，周国治静心钻研，朴素生活。在工作和生活中，他从不将自身事务假手于人。此外，他还注重学生的品格教育，教导学生抛弃功利心态，沉下心来做研究。有感于早期培养的研究生很多留在国外，周国治教育后来的学生要有家国情怀和报国之志。20 世纪 90 年代，周国治再次访美回国后，在招收博士研究生时一开始就与学生约定：无论将来到世界的哪个地方，都要尽量回到祖国的怀抱，用自己的才能为祖国建设贡献力量。也因此，自 1995 年开始，周国治培养的学生几乎都回了国。多年来，周国治累计培养博士研究生 40 余人、硕士研究生 30 余人，学生中有多位成为我国冶金物理化学领域的知名专家和中坚力量。其较早的弟子陈双林、鲁雄刚、李谦、胡晓军、侯新梅、王丽君、张国华等人在相图计算、无污染脱氧、储氢合金、几何模型等多个科研方向取得不俗的成就，陈志远、党杰等学生则将国外所学带了回来。此外，也有一些学生从专业领域走出去，在社会的各行各业发挥着光与热。周国治院士以培养祖国的青年一代为己任，数十年如一日兢兢业业、言传身教，践行着"教书与育人相辅相成"的育人模式，弘扬着"甘为人梯，奖掖后学"的育人精神。周国治的学生都继承了他的特点——坚毅、向上、创新。看到学生们取得的成绩，周国治倍感欣慰。生命不息，求索不止。今天，周国治带着科研团队继续前进，引领越来越多的年轻人在冶金物理化学领域耕耘收获，为建设现代化强国而不懈奋斗，牢筑钢铁强国梦。

高炉造渣是用熔剂的碱性物质中和矿石中的酸性脉石及焦炭中的酸性灰分，发生化学反应生成低熔点的炉渣在高炉内熔化，低熔点的渣与铁水良好地分离，能顺利从炉内流出，冶炼出合格的生铁。炉渣的物理性能与化学成分，对冶炼过程影响极大。

6.1　高炉造渣过程

高炉渣是高炉炼铁的副产品，其主要成分为 CaO、SiO_2、MgO 和 Al_2O_3，主要来自矿石中的脉石、焦炭中的灰分、添加的熔剂和被侵蚀的炉衬等。由于其密度小、熔点低且不熔于生铁，渣铁才得以分离，获得纯净的生铁。现代高炉多采用熟料冶炼，一般不会在高炉内直接加入熔剂，大大改善了高炉内的造渣过程。高炉造渣过程是伴随着炉料的加热和还原而产生的重要过程——物态变化和物理化学过程。经过块状带、软熔带、滴落带和下炉缸渣铁储存区，最终形成。在块状带内固相反应低熔点化合物首先形成，随着温度的升高，低熔点物中出现少量液相，开始软化黏结，初渣在软熔带内形成；经软熔带滴下后成为中间渣，在穿越滴落带的过程中成分发生很大变化；中间渣进一步穿过焦柱后进入炉缸聚集，完成渣铁反应，最终形成终渣。由炉渣的形成过程可知，炉渣的成分主要来自矿石中的脉石、焦炭灰分、熔剂氧化物和被侵的炉衬等。高炉冶炼过程，不仅要求从铁矿石中还原出金属铁，而且要求铁与未还原的脉石能熔化，从而利用它们的密度不同使之分离，铁经渗碳而成为液体生铁，熔化的脉石等即成为液态炉渣。就宏观而言，高炉内一切非金属的液相都可称为炉渣。

6.1.1 炉渣的作用

高炉冶炼不仅要求还原出金属铁，而且还要求未被还原的 Si、Ca、Mg、Al、Ti 等元素的氧化物以及金属硫化物形成炉渣，使铁与炉渣熔化。由于炉渣具有熔点低、密度小和不溶于生铁的特点，所以高炉冶炼过程中渣、铁得以分离并从而获得纯净的生铁，这就是高炉造渣过程的基本作用。另外，炉渣对高炉冶炼还有以下几方面的作用。

（1）渣铁之间进行合金元素的还原及脱硫反应，起着控制生铁成分和质量的作用。比如高碱度渣能促进脱硫反应，有利于锰的还原，从而提高生铁质量；SiO_2 含量高的炉渣促进硅的还原，从而控制生铁含硅量等。

（2）初渣的形成造成了高炉内的软熔带和滴落带，对炉内煤气流分布及炉料的下降都有很大的影响。因此，炉渣的性质和数量，对高炉操作直接产生作用。

（3）炉渣附着在炉墙上形成"渣皮"，起保护炉衬的作用。但是另一种情况下又可能侵蚀炉衬，起破坏性作用。因此，炉渣成分和性质直接影响高炉寿命。

总之，造渣过程是高炉内主要的物理化学变化过程之一，而且极为复杂。造渣过程与高炉冶炼的技术经济指标有着密切的关系。因此，在控制和调整炉渣成分和性质时，必须兼顾上述几方面的作用。

6.1.2 炉渣的主要成分及分类

6.1.2.1 炉渣的主要成分

炉渣的主要成分是 SiO_2、Al_2O_3、CaO、MgO，见表 6-1。它们主要来自矿石中的脉石、燃料（焦炭）灰分、熔剂氧化物、侵蚀的炉衬和初渣中含有大量矿石中的氧化物（如 FeO、MnO 等）五个方面。对炉渣性质起决定性作用的是前三项。

表 6-1 一般高炉炉渣成分 （%）

铁种	$w(SiO_2)$	$w(CaO)$	$w(Al_2O_3)$	$w(MgO)$	$w(CaO)/w(SiO_2)$
炼钢铁	30~38	38~44	8~15	2~8	1.6~1.24
铸造铁	35~40	37~41	10~17	2~5	0.95~1.10

脉石和灰分的主要成分是酸性氧化物 SiO_2 和 Al_2O_3，而碱性氧化物 CaO 和 MgO 的含量很少。为了保证形成良好的炉渣，就需要加入一定量的含 CaO、MgO 高的碱性熔剂（石灰石、白云石）。当这些氧化物单独存在时熔点都很高，高炉条件下不能熔化。例如 SiO_2、Al_2O_3、CaO、MgO 的熔点分别是 1713℃、2050℃、2570℃、2800℃。只有它们之间相互

作用形成低熔点化合物时，才能熔化成具有良好流动性的熔渣。原料中加入熔剂的目的就是中和脉石和灰分中的酸性氧化物，形成高炉条件下能熔化并自由流动的低熔点化合物。炉渣的主要成分就是上述四种氧化物。

用特殊矿石冶炼时，根据不同的矿石种类. 炉渣中还会有 CaF_2、TiO_2、BaO、MnO 等氧化物。另外，高炉渣中总是含有少量的 FeO 和硫化物（CaS）。

6.1.2.2 炉渣的碱度

炉渣的碱度就是用来表示炉渣酸碱性的指标。尽管炉渣的氧化物种类很多，但对炉渣影响较大和炉渣中含量最多的是 CaO、MgO、SiO_2、Al_2O_3 四种氧化物。因此，通常用其中的碱性氧化物 CaO、MgO 和酸性氧化物 SiO_2、Al_2O_3 的质量分数之比来表示炉渣碱度，常用的有以下几种：

（1）二元碱度 $R = \dfrac{w(CaO)}{w(SiO_2)}$；

（2）三元碱度 $R = \dfrac{w(CaO) + w(MgO)}{w(SiO_2)}$；

（3）四元碱度 $R = \dfrac{w(CaO) + w(MgO)}{w(SiO_2) + w(Al_2O_3)}$。

高炉生产中可根据各自炉渣成分的特点选择一种最简单又具有代表性的表示方法。渣的碱度在一定程度上决定了其熔化温度、黏度及黏度随温度变化的特征，以及其脱硫和排碱能力等。因此，碱度是非常重要的代表炉渣成分的实用性很强的参数。现场常用二元碱度 $\left(R = \dfrac{w(CaO)}{w(SiO_2)}\right)$ 作为炉渣参数。

6.1.2.3 碱性渣和酸性渣

炉渣按成分不同可分为碱性氧化物和酸性氧化物两大类。现代炉渣理论认为熔融炉渣是由离子组成的。熔融炉渣中能提供氧离子的氧化物称为碱性氧化物；反之，能吸收氧离子的氧化物称为酸性氧化物；有些既能提供氧离子又能吸收氧离子的氧化物则称为中性氧化物或两性氧化物。组成炉渣的各种氧化物按其碱性的强弱排列为：K_2O、Na_2O、BaO、PbO、CaO、MnO、FeO、ZnO、MgO、CaF_2、Fe_2O_3、Al_2O_3、TiO_2、SiO_2、P_2O_5。

其中，排在 CaF_2 以前的氧化物可视为碱性氧化物，Fe_2O_3、Al_2O_3 可视为中性氧化物，而 TiO_2、SiO_2、P_2O_5 为酸性氧化物。碱性氧化物可与酸性氧化物结合形成盐类，如 $CaO \cdot SiO_2$、$2FeO \cdot SiO_2$ 等，并且酸碱性相距越大，结合力就越强。以碱性氧化物为主的炉渣称为碱性炉渣，以酸性氧化物为主的炉渣称为酸性炉渣。生产中常把二元碱度 $R = \dfrac{w(CaO)}{w(SiO_2)} > 1.0$ 的渣称为碱性渣，把 $R = \dfrac{w(CaO)}{w(SiO_2)} < 1.0$ 的渣称为酸性渣，把 $R = \dfrac{w(CaO)}{w(SiO_2)} = 1.0$ 的渣称为中性渣。

6.1.2.4 长渣和短渣

长渣：在黏度-温度曲线上无明显转折点的炉渣称为长渣。一般酸性渣属长渣，其特点是在取渣样时，渣液能拉成长丝，冷却后渣样断面呈玻璃状。

短渣：与长渣相反，在黏度-温度曲线上有明显转折点的炉渣称为短渣。一般碱性渣属短渣，其特点是在取渣样时，渣液不能拉成长丝，冷却后渣样断面呈石头状。

6.1.3　炉渣的形成过程

高炉造渣过程是伴随着炉料的加热和还原而产生的重要过程——物态变化和物理化学变化过程。

各种炉料在炉内下降过程中的变化是不一样的，其中焦炭一直保持固体状态，除少部分炭素参加还原和生铁渗碳外，其余绝大部分到达风口时才燃烧而气化。因此，除做还原剂和发热剂外，焦炭在炉内还起料柱骨架作用，对料柱的透气性影响很大；石灰石在下降过程中，从530℃开始分解，在900~925℃大量分解，1000℃以上石灰石完全分解，分解生成的CaO直至初渣以大量滴状流过其表面时才被溶解，参加造渣，这个过程直到风口时才大部分完成。矿石在炉内下降过程中经历的几个阶段的变化如图6-1所示。

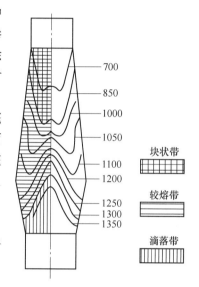

图6-1　高炉断面各带分布图

6.1.3.1　高炉内不同区域的物理变化和化学变化

铁矿石在下降过程中，受上升煤气的加热，温度不断升高。随着温度的升高，矿石发生一系列物理化学变化，其物态也不断改变，使高炉内形成不同的区域，即块状带、软熔带、滴落带和下炉缸的渣铁储存区，如图6-1所示。

A　块状带

块状带发生游离水蒸发、菱铁矿和结晶水分解、矿石的间接还原（还原度可达30%~40%）等变化。但是矿石仍保持固体状态，脉石中的氧化物与还原出来的低级铁和锰氧化物发生固相反应，形成部分低熔点化合物，为矿石的软化和熔融创造了条件。固相反应主要在脉石与熔剂之间或脉石与铁氧化物之间进行，形成 $FeO \cdot SiO_2$、$CaO \cdot SiO_2$、$CaO \cdot Fe_2O_3$ 等低熔点化合物。当高炉使用自熔性烧结矿（或自熔性球团矿）时，固相反应主要在矿块内部脉石之间进行。

B　软熔带

固相反应生成的低熔化点化合物在温度升高和上面料柱重力作用下开始软化和黏结，随着温度的继续升高和还原的进行，液相数量增加，最终完全熔融，并以液滴或冰川状向下滴落。这个从软化到熔融的矿石软熔层与焦炭层间隔地形成了软熔带。

各种矿石有着不同的软化性能。它主要表现在两方面：一是开始软化温度，二是软化温度区间。矿石在高炉内从开始软化到熔化滴落，需要一段时间和空间（升温），这就是所谓软化温度区间，如图6-2所示。处于这段空间，即相当于软熔带内的矿石，软化、熔解成黏稠状，形成软熔层（或熔融层），并受到上部炉料的压力，矿石之间的空隙度和矿石本身的气孔率大大降低，透气性变差，对气流的阻力很大。显然，矿石开始软化温度越低，初渣出现得越早，软熔带位置就越高；而软化温度区间越大，则软熔层越宽，对气流的阻力越大，对高炉顺行不利。因此，一般希望矿石的开始软化温度要高，软化区间要窄。这样软熔带位置较低，软熔层较窄，对高炉顺行有利。一般来说，矿石软化温度在 700~1200℃ 之间。

C　滴落带

滴落带在软熔带之下，是填满焦炭的区域。在软熔带内熔化成铁滴和汇集成渣滴或冰川流的初渣滴落此带，穿过焦柱而进入炉缸。穿过此带的炉渣称为中间渣。在此带中铁滴继续完成渗碳和溶入直接还原成元素 Si、Mn、P、S 等，而炉渣成分则发生较大变化，由"中间渣"转化成"终渣"。

D　下炉缸渣铁储存区

下炉缸渣铁储存区是从滴落带来的铁和渣聚集的地区，在这里铁滴穿过渣层时在渣层与铁层的交界面上进行着渣铁反应，最突出的是硅的氧化和脱硫。

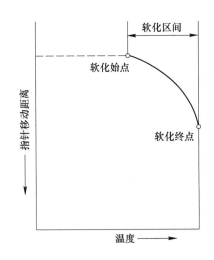

图 6-2　矿石的软化性能

6.1.3.2　炉渣的形成

块状带内固相反应形成低熔点化合物是造渣过程的开始；在软熔带内，低熔点化合物首先呈现少量液相，开始软化黏结，随着温度的进一步升高，液相数量增多，产生流动进行渣铁分离，在软熔带内形成初渣。初渣的特点是 FeO 和 MnO 含量高，碱度偏低（相当于天然矿和酸性氧化球团矿自身的碱度），成分不均匀；初渣从软熔带滴下后成为中间渣，在穿越滴落带时中间渣的成分变化很大，FeO 和 MnO 被还原而含量降低，熔剂的或高碱度烧结矿中的 CaO 进入使中间渣碱度升高，甚至超过终渣的碱度，直到接近风口中心线吸收随煤气上升的焦炭灰分后，碱度才逐步降低。中间渣穿过焦柱后进入炉缸聚集，在下炉缸渣铁储存区内完成渣铁反应，吸收脱硫产生的 CaS 和硅氧化生成的 SiO_2 等而转化为终渣。

6.2　炉渣性质

炉渣的性质与其化学成分密切相关，其中碱度对渣的性质有很大影响。直接影响高炉冶炼的炉渣性质有熔化温度、熔化性温度、黏度、稳定性和脱硫性能等。一般希望高炉渣具有适宜的熔化性、较小的黏度、良好的稳定性和较高的脱硫能力。

6.2.1　炉渣的熔化性

炉渣的熔化性表示炉渣熔化的难易程度。若炉渣需要在较高温度下才能熔化，称为难熔炉渣，相反则称为易熔炉渣。炉渣的熔化性通常用其熔化温度和熔化性温度来表示。前者是指炉渣熔化过程中的液相线温度；后者是指炉渣开始自由流动的温度。

6.2.1.1　炉渣的熔化温度

高炉渣主要成分为 CaO、SiO_2、Al_2O_3、MgO，其等熔化温度曲线采用 Al_2O_3 质量分数固定为 5%、10%、15% 和 20% 时的三元相图表示，坐标轴上的刻度值没有标示 Al_2O_3 的含量。

图 6-3 是范围经过缩小，但仍包括了所有高炉渣成分的四元系等熔化温度图。由该图可以看出，炉渣的熔化温度与其组成有关。在此渣系内 $w(Al_2O_3) = 5\% \sim 20\%$，$w(MgO) \leqslant 20\%$，$w(CaO)/w(SiO_2) \approx 1$ 的组成范围内，炉渣有较低的熔化温度。当 Al_2O_3 含量低时，随着碱度的增加，熔化温度增加较快；$w(Al_2O_3) > 10\%$ 以后，碱度增加时，熔化温度增加较慢，低熔化区扩大了，炉渣稳定性增加了。原因是 Al_2O_3 显酸性，削弱了碱度变化的影响。

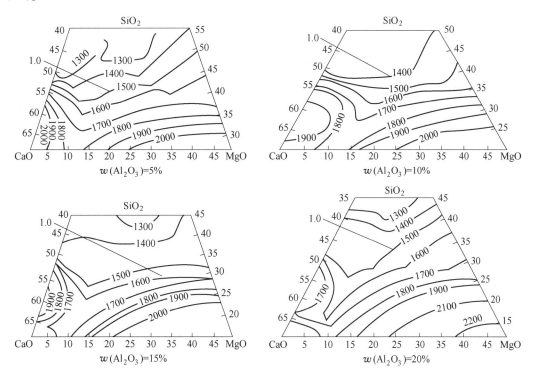

图 6-3 $CaO-SiO_2-Al_2O_3-MgO$ 四元系等熔化温度图

实际上，高炉渣除四元组成之外，还有其他成分。对此有两种处理办法：一是只取 SiO_2、CaO、MgO 和 Al_2O_3 四组元，折算成 100% 后查图，不计其他成分；二是把性质相近的成分进行合并，如 MnO、FeO 合并入 MgO 中，再查四元系状态图，查出的熔化温度比实际炉渣成分完全熔化的液相线温度高 $100 \sim 200\mathrm{℃}$，而与炉渣的出炉温度大致相近。这是因为出炉的炉渣要过热，较液相线温度高 $100 \sim 200\mathrm{℃}$。

渣中 MnO 能降低熔化温度，此外，在特殊矿石中存在的 CaF_2、TiO_2 对炉渣的熔化温度也有一定影响。CaF_2 能显著降低炉渣的熔化温度，渣中 $w(TiO_2)$ 在 $25\% \sim 30\%$ 范围内，碱度 $0.9 \sim 1.2$ 时，炉渣的熔化温度在 $1400\mathrm{℃}$ 左右，较一般高炉渣高出 $100\mathrm{℃}$ 左右。

熔化温度是炉渣的重要性质之一，熔化温度高于 $1500\mathrm{℃}$ 的炉渣成分不能采用，这是因为这种组成的炉渣，在炉缸温度下不能完全熔化。

熔化温度只表示炉渣加热时晶体完全消失的温度，此温度下炉渣变成均匀的液相，但并不能表示炉渣的流动性能。有的炉渣达到熔化温度，但仍很黏稠，没有良好的流动性。因此，使用熔化温度指标有很大局限性。

6.2.1.2　炉渣的熔化性温度

熔化性温度是指炉渣黏度-温度曲线的转折点温度。它是能较确切地表示炉渣由不能流动变为自由流动时的温度值，是把熔化温度和流动性两者统一起来的一项指标。

图 6-4 是炉渣黏度-温度曲线。图 6-4 中 A 为短渣，其特点是在熔化性温度 a 处，固液相剧变，炉渣黏度也急速变化。这种炉渣冷却时，能在很窄的温度范围内，由自由流动而变为凝固，故称短渣。生产中用铁棍黏液体熔渣，短渣不能拉长丝，而成滴状下落，或凝固在铁棍上。图 6-4 中 B 为长渣，其黏度随温度的改变而缓慢变化，无明显的转折点。确定熔化性温度的办法是依横坐标作 45°的直线与 B 线相切，切点对应处的温度，即为熔化性温度，或者规定黏度达到 2.0~2.5Pa·s 时的温度为酸性渣的熔化性温度。酸性渣属长渣，用铁棍黏着液体炉渣，渣液连续下流，最后拉成长丝。

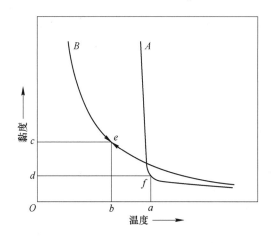

图 6-4　炉渣黏度-温度图

6.2.2　炉渣的黏度及其影响因素

6.2.2.1　炉渣的黏度

炉渣黏度对高炉操作具有非常实际的意义，一般的高炉渣终渣成分及熔化温度可由配料计算确定，而炉渣黏度与温度及操作条件等很多因素有关，并且又往往成为造成操作故障的重要原因。

高炉炉渣黏度适当，一般以不超过 1Pa·s（10P）为好，如果黏度过大，炉料下降或煤气上升均发生困难，而且渣铁分离不净，渣铁间反应速度降低，但是如果黏度过小，容易侵蚀炉衬，炉缸温度也不易提高。

液体的流动速度不同时，两相邻液层之间产生的内摩擦系数称为黏度。

如果设一层液体的流速为 v，另一层液体的流速为 $v+dv$，两液层间的接触表面为 S，两液层的距离为 dx，内摩擦系数 F，则可得出下列关系：

$$F = \eta S \frac{dv}{dx} \qquad (6-1)$$

式中　η——内摩擦系数；

S——接触面积；

$\dfrac{\mathrm{d}v}{\mathrm{d}x}$——速度梯度；

F——内摩擦力。

当 $F = 10^{-5}\mathrm{N}$、$S = 1\mathrm{cm}^2$、$\mathrm{d}x = 1\mathrm{cm}$、$\mathrm{d}v = 1\mathrm{cm/s}$ 时，$\eta = 0.1\mathrm{Pa \cdot s}$。

式 (6-1) 说明，黏度 η 实际上就是内摩擦系数，它的倒数值为流动性，影响炉渣黏度的主要因素有温度及炉渣成分。

实际生产中要求高炉渣在 1350~1500℃ 时有较好的流动性，一般在炉缸温度范围内适宜的黏度值应在 0.5~2.0Pa·s 之间，最好为 0.4~0.6Pa·s。过低时流动性过好，对炉衬有冲刷侵蚀作用。

6.2.2.2 温度和炉渣成分对炉渣黏度的影响

A 温度的影响

一般炉渣黏度总是随温度升高而降低的，其关系式为 Arrhe-nius 定律形式：

$$\eta = A_\eta \exp\left(-\frac{E_\eta}{RT}\right) \tag{6-2}$$

式中 A_η——系数，随不同炉渣成分而定；

E_η——黏流活化能，表示黏度随温度升高而下降趋势的大小。

随着温度的升高，所有液态炉渣质点的热运动能量均增加，离子间的静电引力减弱，因而黏度降低，流动性变好。但是碱性渣和酸性渣有区别。一般碱性渣在高于熔化性温度后黏度比较低，以后变化不大；而酸性渣高于熔化性温度后，虽然黏度仍随温度升高而降低，但黏度仍高于碱性渣。

B 炉渣成分对炉渣黏度的影响

(1) SiO_2。$w(SiO_2)$ 在 35% 左右黏度最低，若再增加渣中 SiO_2 含量其黏度逐渐增加。此时黏度线几乎与 SiO_2 浓度线平行。

(2) CaO。CaO 对炉渣黏度的影响正好与 SiO_2 相反。随着渣中 CaO 含量增加，黏度逐渐降低，当 $w(CaO)/w(SiO_2) = 0.8~1.2$ 之间黏度最低。之后继续增加 CaO，黏度急剧上升。

(3) MgO。MgO 的影响与 CaO 相似。在一定范围内随着 MgO 的增加炉渣黏度下降，特别在酸性渣中。当保持 $w(CaO)/w(SiO_2)$ 不变而增加 MgO 时，这种影响更为明显。如果三元碱度 $[w(CaO)+w(MgO)]/w(SiO_2)$ 不变，而用 MgO 代替 CaO 时，这种作用不明显。但无论何种情况，MgO 含量都不能过高，否则 $[w(CaO)+w(MgO)]/w(SiO_2)$ 比值太大，会使炉渣难熔，造成黏度增高且脱硫率降低。下面是一组炉渣在 1350℃ 时其黏度随 MgO 含量变化的数据，见表 6-2。

表 6-2 1350℃时炉渣黏度随 MgO 含量的变化

渣中 $w(MgO)$/%	1.52	5.10	7.35	8.68	10.79
黏度/Pa·s	2.45	1.92	1.52	1.18	1.18

可见在1350℃之下，$w(MgO)$从1.52%增加至7.35%时，黏度降低近一半，超过10%以后，黏度不再降低。因此，一般认为炉渣中MgO含量不宜太高，维持在7%～12%较为合适，同时也有利于改善炉渣的稳定性和难熔性。

（4）Al_2O_3。Al_2O_3一般为酸性物质，所以当$w(Al_2O_3)$高时，炉渣碱度应取得高些。当渣中$w(CaO)/[w(SiO_2)+w(Al_2O_3)]$比值固定，$SiO_2$与$Al_2O_3$互相变动时对黏度没有影响。渣中$Al_2O_3$还能改善炉渣的稳定性。如$w(Al_2O_3)>10\%$，炉渣熔化温度与黏度的变化均随碱度的变化减缓，相当于扩大了低熔化温度和低黏度区域，即增加了稳定性。

6.2.3　炉渣的表面张力和界面张力

熔渣表面张力和渣钢界面张力是熔渣的重要性质，与冶金过程的动力学以及钢液中熔渣等杂质的排除等都有很大关系。

6.2.3.1　炉渣的表面张力

熔渣的表面张力和成分有关，也和气氛的组成与压力有关，主要取决于熔体质点间化学键的性质。在二元系熔体中，溶剂分子间的作用力如果比溶剂和溶质间的作用力大，加入的溶质分子容易被排斥到表面，降低溶液的表面张力，这种溶质就是表面活性物质。

TiO_2含量较高的渣，由于表面张力小，表面黏度大，故容易形成泡沫渣。泡沫渣在炉内易造成液泛现象，降低料柱透气性，在炉外，渣罐、渣沟容易溢流，酿成事故。

形成泡沫渣也与渣中表面活性物质有关。当渣中存在的气体被分散成许多小气泡时，这些小气泡在表面活性物质作用下，或固相质点被吸附在气泡表面，都将使气泡保存下来，成为形成泡沫渣的有利条件。

渣中TiO_2、SiO_2等都是表面活性物质，容易在气泡表面吸附，降低熔渣的表面张力；此外，渣中TiC、TiN等也有同样作用，并有增加泡沫稳定性的能力，因此容易生成泡沫渣。炉渣流出炉外时，由测定及计算可知，TiO_2含量（质量分数）为25%的炉渣，表面张力值为：

$$\sigma_1 = 461 \times 10^3 \mathrm{N/m}，若\ \eta_1 = 1.5\mathrm{Pa \cdot s}，则\ \sigma_1/\eta_1 \approx 0.30$$

普通炉渣$\sigma_2 = 485 \times 10^3 \mathrm{N/m}$，若$\eta_2 = 0.5\mathrm{Pa \cdot s}$，则$\sigma_2/\eta_2 \approx 1.00$。故含$TiO_2$炉渣有生成泡沫渣的条件。

6.2.3.2　渣铁间的界面张力

界面张力主要指液态渣铁之间的力，一般为0.9～1.2N/m。界面张力$\sigma_界$小，与表面张力的物理意义类似，即容易形成新的渣铁间的相界面。而炉渣的黏度一般比液态金属高100倍以上，故常造成液态铁珠"乳化"为高弥散度的细滴，悬浮于渣中，形成相对稳定的乳状液，结果造成较大的铁损。

若易造成泡沫渣的条件为炉渣的两个性能参数σ/η的比值偏小，则容易造成铁珠悬浮于渣中的条件为$\sigma_界/\eta$的比值偏小。经验表明，配加10%～15%普通块矿，或高品位钒钛磁铁矿、铁精矿进行冶炼，有显著的消泡作用。其原因是加入的这些矿石结构致密，难还原的FeO质量分数高达25%～30%，在高温区直接还原时，除可抑制TiO_2的还原外，还可使 TiC、TiN 等受到破坏。另外，炉渣的表面性质对渣铁的分离，耐火材料的侵蚀等都有影响。

炉渣的表面性质及渣与金属间的界面性质是近年来才引起冶金界重视的课题。由于精确地测定熔体的表面性质或界面特性参数的技术比较复杂，故有关这方面的数据极其缺乏。无论在理论上、实验技术上以及工业实践的应用上都有待大力发展。

6.3　炉渣结构理论

很多研究表明，炉渣是由很多矿物组成的。迄今为止，关于熔融炉渣的研究有分子结构理论和离子结构理论两种。

6.3.1　炉渣的分子结构理论

分子结构理论是以凝固炉渣的岩相分析和化学分析等为依据而提出来的，它认为液态炉渣和固态炉渣一样是由各种矿物分子构成的，其理论要点有以下几个方面。

（1）炉渣由各种不带电的自由氧化物分子和由这些氧化物所形成的复杂化合物分子组成。自由氧化物分子有 SiO_2、Al_2O_3、P_2O_5、CaO、MgO、FeO、MnO、CaS、MgS 等，复杂化合物有 $CaO \cdot SiO_2$、$2FeO \cdot SiO_2$、$3CaO \cdot Fe_2O_3$、$2MnO \cdot SiO_2$、$3CaO \cdot P_2O_5$、$4CaO \cdot P_2O_5$ 等。

（2）酸性氧化物和碱性氧化物相互作用形成复杂化合物，且处于化学动平衡状态。温度越高，复杂化合物的离解程度越高，熔渣中的自由氧化物浓度增加；温度降低，自由氧化物浓度降低。

（3）只有炉渣中的自由氧化物才能参加反应。例如，只有炉渣中的自由 CaO 才能参加渣铁间的脱硫反应：

$$[FeS] + (CaO) \Longrightarrow (CaS) + (FeO) \tag{6-3}$$

当炉渣中的 SO_2 增加时，由于与 CaO 作用形成复杂化合物，减少了自由 CaO 的数量，从而降低了炉渣的脱硫能力。因此，要提高脱硫能力，必须提高碱度。

（4）熔渣是理想溶液，可以用理想溶液的各种定律来进行定量计算。

这种理论由于无法解释后来发现的炉渣的电化学特性和炉渣黏度随碱度发生巨大变化等现象而逐渐被淘汰。不过，在判断反应进行的条件难易、方向及进行热力学计算等方面，至今仍然沿用。

6.3.2　炉渣的离子结构理论

炉渣的离子结构理论是根据对固体炉渣的 X 射线结构分析和对熔融炉渣的电化学试验结果提出来的。对碱性和中性固体炉渣的 X 射线分析表明，它们都是由正负离子相互配位所构成的空间点阵结构。酸性氧化物虽然不是由离子构成的，但是 SiO_2 所生成的硅酸盐却是由金属正离子和硅酸根负离子组成的。硅酸根离子 SiO_4^{4-} 中，Si 和 O 之间是共价键，而硅酸根与金属之间是离子键。对熔渣进行电化学试验的结果表明，熔体能导电，有确定的电导值，与典型的离子化合物的电导值差不多，且随着温度的升高导电性增强，这正是离子导电的特性。熔渣可以电解，在阴极上析出金属。以上这些现象用熔渣的分子结构理论是无法解释的，于是提出了熔渣的离子结构理论。

离子结构理论认为，液态炉渣是属于各种不同的正负离子所组成的离子溶液。组成炉渣的基本离子主要有几种，见表 6-3。

表 6-3　组成炉渣的基本离子

离子	Si^{4+}	Al^{3+}	Mg^{2+}	Fe^{2+}	Mn^{2+}	Ca^{2+}	O^{2-}	S^{2-}
半径/nm	0.039	0.057	0.078	0.083	0.091	0.106	0.132	0.174

其中半径最小、电荷最多的 Si^{4+} 与 O^{2-} 结合力最大，按式 (6-4) 结合形成硅氧复合负离子：

$$Si^{4+} + 4O^{2-} = SiO_4^{4-} \tag{6-4}$$

Al^{3+} 半径也较小，电荷较多，因此有时也与 O^{2-} 结合形成负离子 AlO_4^{5-} 或 AlO_2^{-}，有时还以正离子 Al^{3+} 的形态存在。其他半径较大、电荷较少的不能形成复合离子，单独以正离子的形态存在。

硅氧复合负离子（SiO_4^{4-}），一般称为正硅酸离子，它是四面体结构，按其结构特点又称硅氧复合四面体，如图 6-5 所示。四面体的四个顶点是氧离子，四面体中心位置上是 Si^{4+}，Si^{4+} 的四个正化合价与四个氧离子的四个负化合价结合，而四个氧离子的其余四个负化合价，或与周围其他正离子 Fe^{2+}、Mn^{2+}、Mg^{2+}、Ca^{2+} 等结合，或与其他硅氧四面体的 Si^{4+} 结合，形成共用顶点。构成熔渣的离子中，硅氧复合离子体积最大，四面体中 Si—O 之间的距离为 0.132nm + 0.039nm = 0.171nm，O—O 之间的距离为 0.132nm + 0.132nm = 0.264nm。同时复合离子的结构最复杂，其周围结合的金属离子最多，因此，它是构成炉渣的基本单元，炉渣的许多性质取决于复合离子的形态。

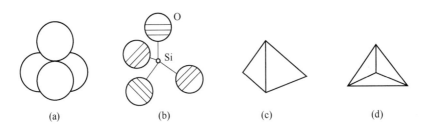

图 6-5　硅氧复合四面体结构示意图
(a) 氧离子的紧密堆积；(b) 四面体示意图；(c) 四面体侧面；(d) 四面体平面投影

只有 $w(O)/w(Si) = 4$ 时，一个 Si^{4+} 与四个 O^{2-} 结合形成四个负化合价的复合负离子（络合离子），与周围的金属正离子结合形成一个单独单元，四面体才可以单独存在。而当 $w(O)/w(Si)$ 比值减小，四面体不能单独存在，此时是两个以上的四面体共用顶点 O^{2-}，形成数量不等的四面体结合而成的群体负离子（络合离子），如图 6-6 所示。具有群体负离子的熔渣，其物理性质与四面体单独存在的熔渣完全不同，即熔渣的物理性质取决于复合负离子的结构形态。

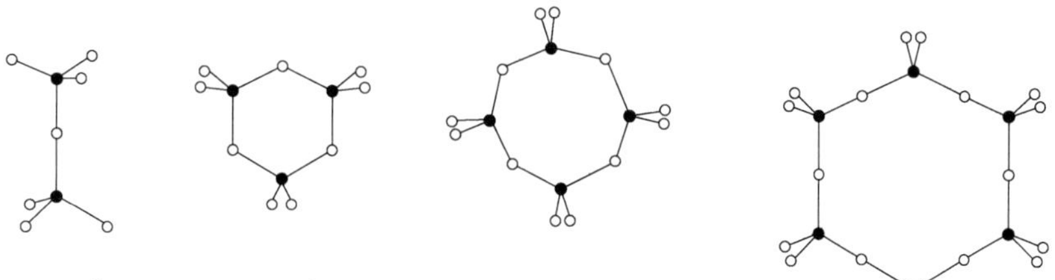

$Si_2O_7^{6-}$　$Si_3O_9^{6-}$　$Si_4O_{12}^{8-}$　$Si_6O_{18}^{12-}$

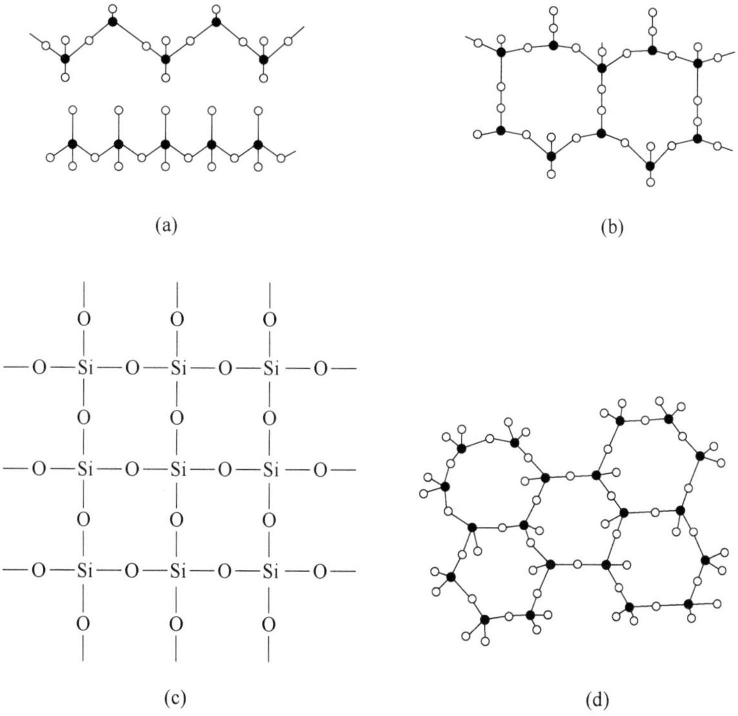

图 6-6　硅氧离子结构示意图

(a) $(SiO_3^{2-})_\infty$；(b) $(Si_4O_{11}^{6-})_n$；(c) $(SiO_2)_n$；(d) $(Si_2O_5^{2-})_n$

以上就是熔渣离子结构理论。这种结构理论能够比较圆满地解释炉渣成分对其物理化学性质的影响，是目前得到公认的理论。

6.3.3　炉渣的共存理论

共存理论原名考虑未分解化合物的炉渣离子理论，由丘依考教授提出，他在制定这种炉渣理论的计算模型，从理论和实践的角度进行论证，以及运用这种理论解决渣钢间磷、氧和锰的分配等问题方面均做出了巨大贡献。但他在论证这种理论方面还存在着不完善的地方。

（1）认为碱性氧化物在炉渣中进行着离解和缔合反应，从而导致等渗系数 j 的引入。这不仅与结晶化学的事实不一致，与他自己提出的模型相矛盾，而且计算起来也不方便。

（2）认为各渣系的热力学数据（$\Delta G^{\ominus}$ 等）与分子理论的反应式相对应，而在用共存理论进行计算时，还要对其平衡常数加一个校正系数。如就下述反应而言：

$$2FeO + SiO_2 \Longrightarrow Fe_2SiO_4 \qquad \Delta G^{\ominus} = -28595 + 3.349T(J/mol)$$

$$K_{共存} = K_{分子} \left(\frac{\sum x}{\sum x'} \right)^2$$

式中　$\sum x$，$\sum x'$——共存和分子理论的炉渣平衡总摩尔分数。

这是极其明显的错误，本着理论与实践一致的原则，热力学数据应当与正确地反映炉渣结构的模型对应，而不应该是相反的。

（3）虽然提出了 $\alpha_{MeO} = \dfrac{2x_{MeO}}{2x_{MeO} + \alpha} = \dfrac{x_{Me^{2+}} + x_{O^{2-}}}{\sum x_{Me^{2+}} + \sum x_{O^{2-}} + \alpha}$ 模型，但对它的论证还非常不够。

鉴于以上原因，有必要对这种理论做进一步的论证，同时从分子与离子同时存在于熔渣的现实出发，有必要将这种理论起名为共存理论。共存理论所依据的事实主要是以下几个方面。

（1）结晶化学的事实。CaO、MgO、MnO 和 FeO 在固态下即以图 6-7 所示的 NaCl 状的面心立方离子晶格存在，即这些氧化物在固态下即以 Ca^{2+}、Mg^{2+}、Mn^{2+}、Fe^{2+} 和 O^{2-} 的状态存在，所以和大多数物质的熔化过程为物理过程，化学反应不起主导作用一样，这些氧化物在熔化过程中的离解反应也不起主导作用，即下列反应 $MeO = Me^{2+} + O^{2-}$ 不会有明显的发展。因此，持离子观点的许多教科书中关于这些氧化物在熔化过程中离解的说法是不正确的。

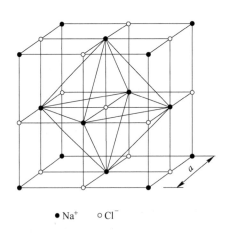

$\bullet\,Na^+$　$\circ\,Cl^-$

图 6-7　NaCl 结构

（2）炉渣导电的差异性。不同熔渣的电导如下：熔盐 $\sigma = 0.004\Omega^{-1} \cdot cm^{-1}$；熔渣 $\sigma = 0.1 \sim 0.9\Omega^{-1} \cdot cm^{-1}$；高 FeO-MnO 渣 $\sigma = 200 \sim 300\Omega^{-1} \cdot cm^{-1}$；$SiO_2$（3%$Al_2O_3$），2000K 下 $\sigma = 0.0007\Omega^{-1} \cdot cm^{-1}$；$Al_2O_3$（8%）-$SiO_2$，2000K 下 $\sigma = 0.004\Omega^{-1} \cdot cm^{-1}$。

这表明碱金属和碱土金属氧化物的熔体可以良好地导电，与此相反，SiO_2 或 Al_2O_3 的熔体几乎不导电，而 SiO_2-Al_2O_3 熔体的电导是非常低的。所有这些事实表明不能将全部炉渣当作电解质。

（3）CaO-SiO_2、MgO-SiO_2、MnO-SiO_2、FeO-SiO_2 等渣系在 SiO_2 较多的一边当熔化时会出现两层液体，其中一层成分与 SiO_2 相近，见表 6-4。

表 6-4　与白硅石相平衡的温度下共存两液体相的成分

渣系	T/K	相 I		相 II	
		$x_{Me^{2+}}$	$x_{Si^{4+}}$	$x_{Me^{2+}}$	$x_{Si^{4+}}$
FeO-SiO_2	1962	36%	64%	2.5%	97.5%
MnO-SiO_2	1923	44%	56%	1.7%	98.3%
CaO-SiO_2	1971	29%	71%	0.7%	99.3%
MgO-SiO_2	1968	40%	60%	1.2%	98.8%

根据质量互变定律，或从饱和的观点看，证明 SiO_2 可以存在于熔渣中。

（4）不同渣系固液相同成分熔点的存在，说明熔渣中有分子存在。如在 CaO-SiO_2 相图中（见图 6-8）在 $B = \dfrac{\sum x_{CaO}}{\sum x_{SiO_2}} = 1$ 和 $B = 2$ 的地方有尖峰，就表明此渣系在液态下存在 $CaSiO_3$ 和 Ca_2SiO_4。此外，如在含包晶体二元金属熔体中已经论证过的，与包晶体相对应的大部分化合物也可以在熔体中继续存在。

（5）晶格能 $[(1.2 \sim 1.6) \times 10^5 \text{ kJ/kg}]$ 和熔化能 $[(2 \sim 4) \times 10^2 \text{ kJ/kg}]$ 的巨大差别，证明熔化过程不能完全破坏炉渣的固态结构。

（6）否定炉渣中有 SiO_3^{2-}、$Si_3O_9^{6-}$ 复杂离子及高分子 $Ca_3Si_3O_9$ 存在的事实，冶金工作者巴克（T. Baak）研究了 CaF_2 对 $CaSiO_3$ 的黏度的影响，结果得出图 6-9 中的曲线 1（按质量分数作图）。作者假设上述渣系中存在 CaF_2 分子和 $Ca_3Si_3O_9$ 三聚合分子 [即离子理论认为的 $(Si_3O_9^{6-})$]，并用摩尔分数表示其浓度后得图 6-9 曲线 2 的直线关系。巴克由此得出结论，熔渣中存在有三聚合分子 $Ca_3Si_3O_9$。持离子观点的冶金工作者根据这个事实证明熔渣中存在有复杂离子 $(Si_3O_9^{6-})$。实际情况是 CaF_2 在结晶状态下就是典型的离子晶体（见图 6-10），电渣重熔的实践证明纯 CaF_2 渣的导电性非常良好，这说明 CaF_2 不论在固态或液态下都是以离子（$Ca^{2+}+2F^-$）的状态存在的。这样将 CaF_2 看作 3 个离子（$Ca^{2+}+2F^-$），而将 $CaSiO_3$ 看作 1 个分子，以摩尔分数为单位重新处理图 6-9 曲线 1 后同样可以得到图右边的直线关系。现将两种处理方法对比如下。

三聚分子模型：$N_{CaF_2} = \dfrac{\dfrac{40}{78}}{\dfrac{40}{78} + \dfrac{1}{3} \times \dfrac{60}{116}} = 0.75$

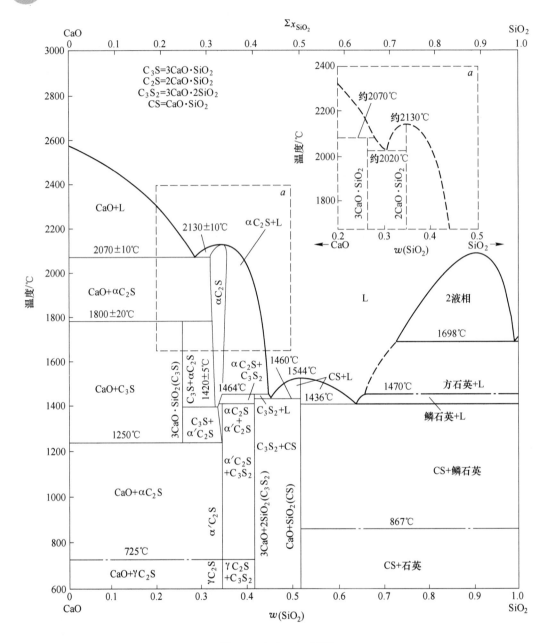

图 6-8   CaO-SiO$_2$ 相图

$$共存模型: N_{CaF_2} = \frac{3 \times \dfrac{40}{78}}{3 \times \dfrac{40}{78} + \dfrac{60}{116}} = 0.75$$

CaSiO$_3$-CaF$_2$ 渣系的黏度与 CaSiO$_3$ 分子和 Ca^{2+}+2F$^-$ 的摩尔分数呈线性关系的事实说明，以前一些冶金工作者关于本渣系中存在有 SiO$_3^{2-}$ 和 CaSiO$_3$ 的看法是不正确的。同时这也说明 CaSiO$_3$ 是以 1 个分子的状态存在，而不是离解为 Ca^{2+} 和 SiO$_3^{2-}$，因而 SiO$_3^{2-}$ 的存在也是站不住脚的。

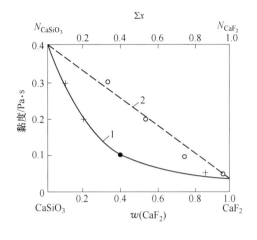

图 6-9　萤石对偏硅酸钙黏度的影响

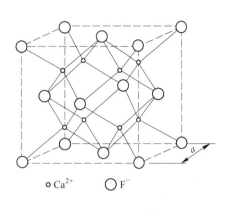

图 6-10　CaF_2 结构

（7）在液态下测定了温度、热容、焓、熵和化学势的复杂氧化物的存在，见表 6-5。

表 6-5　液态下复杂氧化物的 T、c^0、h^0、s^0 和 μ^0

化合物	熔点 /K	最高温度 /K	化合物	熔点 /K	最高温度 /K	化合物	熔点 /K	最高温度 /K
$3CaO \cdot B_2O_3$	1763	2000	$Li_2O \cdot SiO_2$	1474	2000	$Na_2O \cdot Cr_2O_3$	1070	1500
$2CaO \cdot B_2O_3$	1538	2000	$Li_2O \cdot 2SiO_2$（包）	1307	2000	$2Na_2O \cdot SiO_2$（包）	1393	2000
$CaO \cdot B_2O_3$	1433	2000	$Li_2O \cdot TiO_2$	1809	2200	$Na_2O \cdot SiO_2$	1362	2000
$CaO \cdot 2B_2O_3$（包）	1263	2000	$Li_2O \cdot B_2O_3$	1117	2130	$Na_2O \cdot 2SiO_2$	1147	2000
$2CaO \cdot Fe_2O_3$	1722	2001	$Li_2O \cdot 2B_2O_3$	1190	2000	$Na_2O \cdot TiO_2$	1303	2000
$CaO \cdot Fe_2O_3$（包）	1489	1850	$3MgO \cdot P_2O_5$	1621	2000	$Na_2O \cdot 2TiO_2$（包）	1258	2000
$2CaO \cdot P_2O_5$	1626	2000	$2MgO \cdot SiO_2$	2171	2500	$Na_2O \cdot 3TiO_2$（包）	1401	2000
$CaO \cdot MgO \cdot 2SiO_2$	1665	2000	$MgO \cdot SiO_2$（包）	1850	2000	$2PbO \cdot SiO_2$	1019	2000
$CaO \cdot TiO_2 \cdot SiO_2$	1673	1800	$2MgO \cdot TiO_2$	2013	2100	$PbO \cdot SiO_2$	1037	2000
$CaO \cdot Al_2O_3 \cdot 2SiO_2$	1826	2000	$MgO \cdot TiO_2$	1953	2100	$Rb_2O \cdot SiO_2$	1143	2000
$2CoO \cdot SiO_2$	1688	2000	$MgO \cdot 2TiO_2$	1963	2100	$Rb_2O \cdot 2SiO_2$	1363	2000
$Cu_2O \cdot Fe_2O_3$	1470	1600	$2MnO \cdot SiO_2$	1618	2000	$Rb_2O \cdot 4SiO_2$	1173	2000
$FeO \cdot TiO_2$	1673	2000	$Na_2O \cdot Fe_2O_3$	1620	1800	$Rb_2O \cdot B_2O_3$	1133	1604

　　从表 6-5 中看出，以上复杂氧化物不仅大部分有确定的熔点（固液相同成分熔点），而且有规定其存在状态的状态函数 c^0、h^0、s^0 和 μ^0，因此这些复杂氧化物或分子在液态下的存在应该是没有疑问的。少数含包晶体的复杂氧化物（表 6-5 中注有"包"的）虽然无

固液相同成分熔点，但由于有规定其存在状态的状态函数 c^0、h^0、s^0 和 μ^0，故其存在也是理所当然的。

（8）利用质谱仪探测到的液态复杂化合物。俄罗斯学者扎伊采夫等利用质谱仪探测到 $CaO \cdot Al_2O_3$、$2CaO \cdot SiO_2$、$CaO \cdot SiO_2$、$2CaO \cdot Al_2O_3 \cdot SiO_2$、$CaO \cdot Al_2O_3 \cdot 2SiO_2$、$2MnO \cdot SiO_2$、$MnO \cdot SiO_2$ 等复杂化合物，这就为熔渣中分子的存在提供了直接的证据。

（9）在制备 $12CaO \cdot 7Al_2O_3$ 单晶体过程中，却发现同时会出现 $12CaO \cdot 7Al_2O_3$、$5CaO \cdot 3Al_2O_3$、$3CaO \cdot Al_2O_3$ 和 $CaO \cdot Al_2O_3$ 晶体。因此，与金属熔体的情况相类似，熔渣中分子和离子的共存在全成分范围内都是连续的，只是相对量因成分不同而有所变化，而不是和相图中描述的一样按成分范围分成间断的区域。

（10）硅酸盐、铝酸盐、磷酸盐等的存在为正负离子分开提供了介电常数较大的环境。碱性氧化物固溶体、熔盐及熔锍中正负离子未分开的现象从相反的方面证明在无电场作用的条件下，只有硅酸盐、铝酸盐、磷酸盐等介电常数较大的物质才有可能使熔渣中碱性氧化物等正负离子间的静电吸引力削弱而分开，因而它们是正负离子能够独立存在的重要条件。

（11）熔渣的热力学性质和实测活度值与其结构的一致性。以 $MnO\text{-}SiO_2$ 为例，设其二组元的活度（$N_1 = \alpha_{MnO}$，$N_2 = \alpha_{SiO_2}$）已经测得，并从相图查得该渣系中生成 $MnSiO_3$ 和 Mn_2SiO_4 两个化合物。则可列出如下方程：

$$N_1 + N_2 + K_1 N_1 N_2 + K_2 N_1^2 N_2 - 1 = 0$$

移项后得：

$$\frac{1 - N_1 - N_2}{N_1 N_2} = K_1 + K_2 N_1$$

令 $Y = \dfrac{1 - N_1 - N_2}{N_1 N_2}$，$a = K_1$，$b = K_2$，$X = N_1$，上式为 $Y = a + bX$ 型的一元回归方程式。

由此不难求得 K_1 和 K_2，进而通过 $\Delta G^{\ominus} = -RT\ln K$ 即可求出 $MnSiO_3$ 和 Mn_2SiO_4 的标准自由能 $\Delta G^{\ominus}$。但如果不是根据相图的研究结果选取生成的硅酸盐，而是任意设定，则要想得到满意的结果是不可能的。由此可见，熔渣的热力学性质和实测活度值与其结构是一致的，它们之间存在着严格的函数关系，而不仅是一般的相关关系。

根据以上事实可将共存理论对炉渣的看法概括为以下几个方面。

（1）熔渣由简单离子（Na^+、Ca^{2+}、Mg^{2+}、Mn^{2+}、Fe^{2+}、O^{2-}、S^{2-}、F^- 等）和 SiO_2、硅酸盐、磷酸盐、铝酸盐等分子组成。

（2）在全成分范围内分子和离子的共存是连续的。

（3）简单离子和分子间进行着动平衡反应：

$$2(Me^{2+} + O^{2-}) + (SiO_2) \Longrightarrow (Me_2SiO_4)$$

$$(Me^{2+} + O^{2-}) + (SiO_2) \Longrightarrow (MeSiO_3)$$

将 Me^{2+} 和 O^{2-} 同置于括号内并加起来的原因是 CaO、MgO、MnO 和 FeO 在固态下即以类似 $NaCl$ 的面心立方离子晶格存在，它们由固态变液态时的离子化过程不起主导作用，即下述反应很少进行：

$$MeO \Longrightarrow Me^{2+} + O^{2-}$$

这表明不论在固态或液态下，自由的 Me^{2+} 和 O^{2-} 均能保持独立而不结合成 MeO 分子，因而表示 MeO 的浓度时就不能采用离子理论的形式，即：

$$a_{MeO} = N_{MeO} = N_{Me^{2+}} \times N_{O^{2-}}$$

而应采用以下形式：

$$a_{MeO} = N_{MeO} = N_{Me^{2+}} + N_{O^{2-}}$$

正负离子的这种性质即称为它们的独立性。

因为单独增加 Me^{2+} 或 O^{2-} 的任何一个不论到多大的浓度均不能促进形成更多的硅酸盐，所以形成 Me_2SiO_4 或 $MeSiO_3$ 时需要 Me^{2+} 和 O^{2-} 的协同参加。这就是 Me^{2+} 和 O^{2-} 在成盐时的协同性。由于协同性，故水溶液中的所谓"共同离子（common ions）"在熔渣中是不会起作用的。

（4）熔渣内部的化学反应服从质量作用定律。

6.3.4 炉渣离子结构理论对炉渣现象的解释

应用炉渣离子结构理论，可以解释炉渣的一些重要现象。例如，解释炉渣碱度与黏度之间的关系。炉渣离子结构理论认为，炉渣黏度取决于构成炉渣的硅氧复合四面体是单独存在的，还是以两个以上的、数量不等的四面体结合而成的群体负离子形式存在。比如，增加碱度，碱性氧化物 MeO 增加，MeO 离解成 Me^{2+} 和 O^{2-} 进入硅氧复合离子，使 $w(O)/w(Si)$ 增大，炉渣黏度降低；反之，降低碱度，使 $w(O)/w(Si)$ 降低，炉渣黏度增加。如图 6-6 所示，当 $w(O)/w(Si) = 3.5$ 时，两个四面体结合在一起，形成 $(Si_2O_7)^{6-}$；当 $w(O)/w(Si) = 3$ 时，三个四面体结合在一起形成 $(Si_3O_9)^{6-}$，或者四个四面体结合在一起形成 $(Si_4O_{12})^{8-}$，或者六个四面体结合在一起形成 $(Si_6O_{18})^{12-}$ 等。连接形成的络合离子越庞大越复杂，炉渣黏度也越大。如果继续降低碱度，从而使 $w(O)/w(Si)$ 比进一步降低时，就进一步出现了由众多四面体聚合而成的巨大的群体负离子，它们的结构又各不相同，有链状的 $(SiO_3)_n^{2n-}$、环带形的 $(Si_4O_{11})_n^{6-}$、层状的 $(Si_2O_5)_n^{2-}$、骨架状的 $(SiO_2)_\infty$ 等。最后一个由纯 SiO_2 组成的无限多个四面体连接形成的骨架状群体负络合离子 $(SiO_2)_\infty$，实际上已经是不能流动的了。

相反，炉渣中增加碱性氧化物 CaO、MgO、FeO、MnO 等，增加氧离子浓度，从而提高 $w(O)/w(Si)$，则复杂结构开始裂解，结构越来越简单，直到成为完全能自由流动的单独的硅氧四面体为止，此时熔渣黏度降到最小值。不过碱度过高时黏度又上升是由于形成熔化温度很高的渣相，熔渣中开始出现不能熔化的固相悬浮物所致。

在一定温度下，炉渣随碱度升高而超过某一值后，黏度反而增加，这是由于熔渣成分的变化所致，熔化温度升高后，若当时的炉渣温度条件处于熔化温度之下，即液相中含有固体结晶颗粒，破坏了熔融炉渣的均一性质，虽然高碱渣的硅氧离子结构很简单，但仍具有很高的黏度。

用离子理论还能解释：炉渣中加入 CaF_2 会降低炉渣黏度的原因。当碱度小时，CaF_2 的影响可解释为：F^- 的作用类似于 O_2 的作用，它可使硅氧离子分解，变为简单的四面体，颗粒变小，黏度降低。

对碱度高的炉渣，虽然此时硅氧复合离子已很简单，但由于 F^- 为负一价，所以用 F^-

截断 Ca^{2+} 与硅氧四面体的离子键，而使颗粒变小，黏度降低。当然，加入 CaF_2 还有降低熔化温度的作用。

6.4　炉渣脱硫

6.4.1　硫在高炉内的行为及分布规律

6.4.1.1　硫在高炉内的行为

进入高炉中的硫，同碱金属、锌、硅等一样，会在高炉内循环。硫来自焦炭、喷吹燃料矿石和熔剂，其中以焦炭带入的硫最多，一般占入炉总硫量的 60%~80%，其次是矿石和熔剂等。每吨生铁的炉料带入的总硫量，称为硫负荷，一般在 4~8kg/t 范围。硫负荷太高，将危及生铁质量。

硫在炉料中以硫化物、硫酸盐和有机硫的形态存在。矿石和熔剂中的硫主要是 FeS_2 和 $CaSO_4$，烧结矿中的硫则以 FeS 和 CaS 为主，而焦炭中的硫有三种形态，即有机硫、硫化物和硫酸盐。

焦炭中有机硫在到达风口前有 50%~75% 以 S、SO_2、H_2S 等形态挥发到煤气中，余下部分在风口前燃烧生成 SO_2，在高温还原气氛条件下，SO_2 很快被 C 还原，生成硫蒸气：

$$SO_2 + 2C \Longrightarrow 2CO + S\uparrow \tag{6-5}$$

也可能与 C 及其他物质作用，生成 CS、CS_2、HS、H_2S 等硫化物。

矿石中的 FeS_2 在下降过程中，温度达到 565℃ 以上开始分解：

$$FeS_2 \Longrightarrow FeS + S\uparrow \tag{6-6}$$

分解生成的 FeS 在高炉上部，有少量被 Fe_2O_3 和 H_2O 所氧化：

$$FeS + 10Fe_2O_3 \Longrightarrow 7Fe_3O_4 + SO_2\uparrow \tag{6-7}$$

$$3FeS + 4H_2O \Longrightarrow Fe_3O_4 + 3H_2S\uparrow + H_2\uparrow \tag{6-8}$$

炉料中的硫酸盐在与 SiO_2、Al_2O_3、Fe_2O_3 等接触下，也会分解或生成硅酸盐：

$$CaSO_4 \Longrightarrow CaO + SO_3 \tag{6-9}$$

$$CaSO_4 + SiO_2 \Longrightarrow CaSiO_3 + SO_3 \tag{6-10}$$

或者与碳作用，进行下述反应：

$$CaSO_4 + 4C \Longrightarrow CaS + 4CO \tag{6-11}$$

硫在上述诸反应中，生成的气态硫化物或硫的蒸气，在随煤气上升过程中，除一小部分被煤气带走外，其余部分被炉料中的 CaO，铁氧化物，或已还原的 Fe 所吸收而转入炉料中，随同炉料一起下降。反应生成的 CaS 在高炉下部进入渣中，FeS 有部分分配在渣铁中，其余的硫或硫化物又随同煤气上升。上升过程中硫的大部分再被炉料吸收，下降后在炉内循环。

硫在炉内的分布主要集中在软熔带到风口燃烧带区间，即硫在炉内的循环区主要是在风口平面到 1000℃ 左右的高温区间，在滴落带出现最高值。

当炉料带入高炉的硫进行各种反应后，在高温区生成硫的蒸气和氧化物随煤气上升到滴落带和软熔带被大量吸收，然后又随炉料下降，形成循环的过程中，一部分进入炉缸，分配到渣铁中去，另一部分硫随煤气带出炉外。

炉料吸收硫的能力随炉料不同而异，碱性烧结矿大于酸性球团矿，原因是炉料中碱性物质增加了对硫的吸收作用。

6.4.1.2 硫在煤气、铁、渣中的分配

依据硫在炉内的平衡关系，即炉料带入的总硫量，应等于进入煤气和渣、铁中的总硫量，可得式（6-12）：

$$w(S)_{料} = w(S)_{气} + w(S)_{铁} + w(S)_{渣} \tag{6-12}$$

以冶炼100kg生铁为例：令 $w[S]$ 和 $w(S)$ 分别表示硫在生铁和渣中的质量分数；n 表示单位重量生铁的渣量；$L_s = w(S)/w[S]$ 表示硫在渣、铁中的分配系数，则

$$w(S)_{铁} / w[S]w(S)_{渣} = n \cdot w[S] = n \cdot L_s \cdot w[S] \tag{6-13}$$

代入式（6-10）得：

$$w(S)_{料} - w(S)_{气} = w[S] + n \cdot L_s \cdot w[S]$$

所以

$$w[S] = \frac{w(S)_{料} - w(S)_{气}}{1 + n \cdot L_s} \tag{6-14}$$

由此可知，进入生铁中的S取决于炉料带入的S、挥发掉的S、渣量，以及S的分配系数 L_s。这为提高生铁质量指明了方向。

炉料带入的S越多，即硫负荷越高，进入生铁中的S相对增多。减少炉料带入的S量，主要是降低燃料尤其是焦炭量，矿石带入的S若经烧结生产，则已去掉了大部分。因此降低焦比，使用熟料，就为提高生铁质量创造了有利条件。

从硫在炉内循环的条件分析，要增加煤气带出炉外的硫量，可以增加炉温，降低碱度和渣量。增加炉温有助于硫的挥发；降低碱度可以减少炉料吸收的硫量，减少硫的循环数量，增加煤气带走的硫量，降低渣量，可使进入渣中的硫减少，相对地增加了硫的挥发量。苏联洛金夫等人指出，每减少100kg渣量，或降低炉渣碱度0.1时，将使硫的挥发量增加约5%。但是炉温、渣量、碱度等操作指标，主要取决于原料条件和生产要求，实际生产中不可能作为增加硫挥发量的手段。因此，挥发硫量目前仍是一项难以调节和控制的因素。一般情况下，逸出炉外的硫量，冶炼炼钢生铁时为10%~15%，铸造铁时为15%~20%，镜铁时为20%~30%，硅铁和锰铁可达40%~60%。

增大渣量可以增加炉渣带走的硫量（渣中硫的质量分数相同条件下），但是生产中不会采取这个措施去硫。这并不是因增加渣量降低了硫的挥发量，而是增加渣量必然升高焦比，使硫负荷增大，带入炉内的硫增多。此外，焦比与熔剂用量增加，会提高生铁成本，恶化料柱透气性，不利于顺行。

综上所述，要降低生铁含硫量，提高生铁质量，在一定原料条件下，主要靠提高炉渣的脱硫能力，即提高硫的分配系数。

6.4.2 炉渣脱硫

高炉内渣铁之间的脱硫反应在初渣生成后即开始，在炉腹或滴落带中较多进行，在炉缸中最终完成。炉缸中的脱硫存在两种情况：一是当铁水滴下穿过渣层时，在渣层中脱硫，这时渣、铁接触面积大，脱硫反应进行很快；二是在渣、铁界面上，这时渣、铁接触

面积虽不如前者大，但接触时间较长，可保证脱硫反应充分进行，最终完成炉内生铁脱硫过程。

炉渣具有导电性证明构成炉渣的不是分子，而是正、负离子。

脱硫反应是渣、铁界面处进行离子迁移的过程。对脱硫反应可以认为是原来在铁水中呈中性的原子硫，在渣、铁界面处吸收熔渣中的电子变成为 S^{2-} 进入炉渣中，而炉渣中的负氧离子（O^{2-}）在界面处失去电子变成中性的氧原子进入铁水中。其离子反应式可写成：

$$[S] + 2e^- === (S^{2-}) \tag{6-15}$$

$$(O^{2-}) - 2e^- === [O] \tag{6-16}$$

$$[S] + (O^{2-}) === (S^{2-}) + [O] \tag{6-17}$$

反应后进入生铁中的氧与生铁中的碳化合成 CO，并从生铁中排出。

由于铁水中硫和氧的含量很少，可以当作稀溶液用质量分数 $w[S]$ 和 $w[O]$ 表示，而炉渣中硫和氧的负离子用离子分数 $x_{S^{2-}}$ 和 $x_{O^{2-}}$ 表示，则式（6-17）的脱硫反应的平衡常数为：

$$K_S = \frac{\alpha_{(S^{2-})} \cdot \alpha_{[O]}}{\alpha_{[S]} \cdot \alpha_{(O^{2-})}} = \frac{w(S) \cdot f_{(S^{2-})} \cdot \alpha_{[O]}}{w[S] \cdot f_{(S)} \cdot \alpha_{(O^{2-})}} \quad [\text{以 } w(S) \text{ 代 } w(S^{2-})] \tag{6-18}$$

所以，硫在渣-铁间的分配比：

$$L_S \frac{w(S)}{w[S]} = \frac{K_S \cdot f_S \cdot \alpha_{(O^{2-})}}{f(S^{2-}) \cdot \alpha_{[O]}} \tag{6-19}$$

L_S 体现了熔渣对金属的去 [S] 能力的强弱，强化脱 [S] 的热力学条件。

6.4.3 影响炉渣脱硫能力的因素

6.4.3.1 炉渣成分

炉渣碱度 $w(CaO)/w(SiO_2)$ 是脱硫的重要因素，碱度高则 CaO 多，增加了渣中（O^{2-}）的浓度，从而使炉渣脱硫能力提高。但实践经验表明，在一定炉温下有一个合适的碱度，碱度过高反而降低脱硫效率，其原因是碱度太高，炉渣的熔化性温度升高，在渣中将出现 $2CaO \cdot SiO_2$ 固体颗粒，降低炉渣的流动性，影响脱硫反应进行时离子间的相互扩散。此外，高碱度渣稳定性不好，容易导致炉况不顺。

渣中 MgO、MnO 等碱性氧化物有一定的脱硫能力，但比 CaO 弱，渣中加入少量 MgO、MnO，能降低炉渣熔化温度和黏度，也有利于脱硫。用 MgO、MnO 代替 CaO，将降低脱硫能力。

FeO 不利于去硫，但在酸性渣中影响较小，而且在过酸的炉渣中，FeO 还有使脱硫能力增大的趋势。

Al_2O_3 不利于去硫，但以 Al_2O_3 代替 SiO_2 时，将使 L_S 增大。这是因为单位质量的 Al_2O_3 结合的氧离子数比单位质量的 SiO_2 结合的氧离子数少的缘故。

6.4.3.2 炉缸温度

脱硫反应是吸热反应，温度升高有益于反应的进行；同时升高温度会改善脱硫的力学条件，即降低炉渣黏度，加速离子的扩散；此外，温度高能促进 FeO 还原，降低渣中 FeO 含量。

6.4.3.3 炉渣黏度

脱硫反应速度取决于化学反应速度和扩散速度。一般碱性渣中限制脱硫反应速度的因素是 S^{2-} 和 O^{2-} 在炉渣中的扩散速度。降低炉渣黏度将使扩散速度增加，因而促进了炉渣脱硫效率的提高。

6.4.3.4 其他因素

高炉冶炼状况对脱硫也有影响。高炉操作稳定，炉缸工作均匀，有利于脱硫；而煤气分布失常，如管道行程、边缘气流发展、炉缸堆积以及结瘤等，都会导致脱硫效率降低，生铁含硫增加。

6.4.4 低渣比条件下炉渣脱硫

近年来，随着环保要求不断严格，一些钢铁厂开始优化炉料结构，提高球团矿在炉料中的配比。球团矿含铁品位高于烧结矿，球团矿配比升高，导致高炉渣量减少。渣量减少使得冶炼强度提高，冶炼周期缩短，炉渣和铁水的平均接触时间减少，铁水中的硫含量和之前相比就会有所升高。大渣量有利于炉渣脱硫，渣量减少后炉渣的脱硫能力就会有所降低。调整炉渣碱度和成分是提高炉渣脱硫能力的主要手段。

二元碱度对炉渣脱硫能力影响的实验结果如图 6-12 所示。由图 6-12 可知，硫的分配比随着二元碱度的升高呈现先上升后下降的趋势，即二元碱度升高后，炉渣脱硫能力先上升后下降。炉渣碱度从 0.93 上升到 1.17 时，硫的分配比从 3.35 上升到 23.58，炉渣脱硫能力呈上升趋势；碱度从 1.17 上升到 1.23 时，硫的分配比从 23.58 下降到 18.75，炉渣脱硫能力呈下降趋势。碱度为 1.17 时，硫的分配比达到最大，此时炉渣脱硫能力最好。提高熔渣碱度，就是提高渣中 CaO 的含量，从而使熔渣中自由氧离子增多。由式（6-19）可知，渣中自由氧离子增多，渣铁间硫的分配系数升高，炉渣脱硫能力提高。当复杂的硅氧复合氧离子中加入一个 CaO 时，被相邻两个 Si^{4+} 共用的 O^{2-} 就会被消灭，网状结构的复杂程度就会被简化，从而使炉渣的黏度降低，如图 6-11 所示。炉渣黏度降低，硫在熔渣中的传质系数增大，从而使得脱硫反应速率升高。当碱度过高时，过多的 CaO 容易形成固溶体，或者与 TiO_2 形成高熔点的钙钛矿，使得熔渣黏度升高，不利于炉渣脱硫。因此，

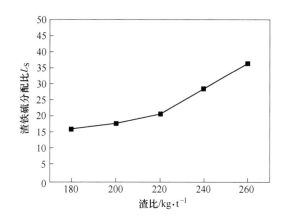

图 6-11 渣比与渣铁硫分配比的关系

炉渣碱度应保持在一定的范围内，不能过高也不能太低。从脱硫角度考虑，适宜的炉渣碱度为 1.17。

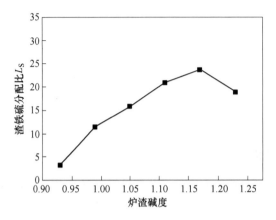

图 6-12　二元碱度与渣铁硫分配比的关系

MgO 含量对炉渣脱硫能力影响的实验结果如图 6-13 所示。由图 6-13 可知，硫的分配比随着炉渣中 MgO 含量的升高先快速上升后趋于平缓，即 MgO 含量升高后，炉渣脱硫能力逐渐升高。炉渣 MgO 含量（质量分数）从 7.5% 上升到 10.5% 时，硫的分配比从 17.78 上升到 22.24，炉渣脱硫能力呈上升趋势；炉渣 MgO 含量（质量分数）从 10.5% 上升到 11.5% 时，硫的分配比从 22.24 变化到 22.29，炉渣脱硫能力基本上没什么变化。因此，可以推测，在 MgO 的质量分数不超过 12% 时，提高 MgO 的质量分数可以提高炉渣脱硫能力。MgO 是一种碱性氧化物，随着 MgO 含量（质量分数）的升高，炉渣中自由氧离子增多，脱硫能力也随之提高。向复杂的硅氧复合阴离子中加入 MgO 的情况同加入 CaO 一样，都简化了网状结构的复杂程度，使得炉渣黏度降低，改善炉渣动力学条件，提高炉渣脱硫能力。当 MgO 含量（质量分数）过高时，容易形成高熔点的方镁石和尖晶石。炉渣熔点升高，在炉缸温度一定时，过热度降低，炉渣黏度升高，脱硫动力学条件恶化。

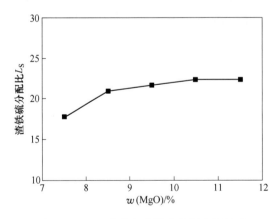

图 6-13　MgO 含量与渣铁硫分配比的关系

Al$_2$O$_3$ 含量对炉渣脱硫能力影响的实验结果如图 6-14 所示。由图 6-14 可知，硫的分配比随着 Al$_2$O$_3$ 含量的升高整体上呈现下降趋势，即 Al$_2$O$_3$ 含量升高后，炉渣脱硫能力逐渐下降。炉渣中 Al_2O_3 含量（质量分数）从 14.5% 上升到 16.5% 时，渣铁硫的分配比从 31.9 降低到 15.22，随着炉渣中 Al_2O_3 含量的增加，炉渣脱硫能力随之降低。当只考虑对炉渣脱硫能力影响时，Al_2O_3 含量（质量分数）应不超过 14.5%，此时硫的分配比在 31.9 以上，炉渣脱硫能力较强。Al_2O_3 是一种弱酸性的氧化物，能够吸收炉渣中的 O^{2-} 形成复合阴离子团，降低炉渣中自由氧离子含量。由式（6-19）可知，渣铁间硫的分配系数随着渣中自由氧离子的降低而下降，炉渣脱硫能力降低。随着渣中 Al_2O_3 含量的提高，容易和 MgO 结合形成高熔点的尖晶石，炉渣黏度升高。因此，应尽量降低熔渣中 Al_2O_3 的含量。

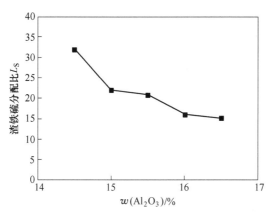

图 6-14　Al_2O_3 含量与渣铁硫分配比的关系

MnO 含量（质量分数）对炉渣脱硫能力影响的实验结果如图 6-15 所示。由图 6-15 可知，硫的分配比随着 MnO 含量（质量分数）的升高呈现上升趋势，即 MnO 含量（质量分数）升高后，炉渣脱硫能力逐渐升高。炉渣中 MnO 含量（质量分数）从 0.2% 上升到 1% 时，硫的分配比从 21.93 上升到 29.13，炉渣脱硫能力呈上升趋势。当只考虑炉渣脱硫能力时，升高炉渣中 MnO 含量（质量分数）有利于炉渣脱硫。MnO 含量（质量分数）的增加，使得炉渣中 O^{2-} 的含量增加，炉渣脱硫能力提高。同 CaO 和 MgO 进入复杂的硅氧复合阴离子的情况一样，MnO 会简化网状结构的复杂程度，使得炉渣黏度降低。随着 MnO 含

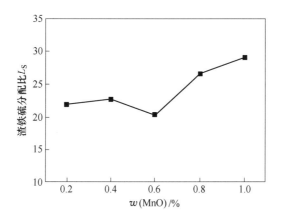

图 6-15　MnO 含量与渣铁硫分配比的关系

量（质量分数）的增加，炉渣中开始形成低熔点的锰橄榄石类硅酸盐，炉渣熔化温度降低，增大了炉渣的过热度，炉渣黏度降低。

　　TiO_2 含量（质量分数）对炉渣脱硫能力影响的实验结果如图 6-16 所示。由图 6-16 可知，硫的分配比随着 TiO_2 含量（质量分数）的增加整体上呈现下降趋势，即 TiO_2 含量（质量分数）升高后，炉渣脱硫能力逐渐下降。炉渣中 TiO_2（质量分数）从 1% 增加到 5%，硫的分配比从 19.84 降低到 9.09，随着炉渣中 TiO_2 质量分数的增加，高炉渣的脱硫能力降低。在只考虑炉渣脱硫的情况下，尽量降低炉渣中 TiO_2 质量分数有利于炉渣脱硫。TiO_2 在炉渣中为酸性氧化物，会吸收炉渣中 O_2，从而使炉渣中自由氧离子含量降低，炉渣脱硫能力随之降低。另外，TiO_2 含量（质量分数）升高时，炉渣中钙钛矿等高熔点物质增多，炉渣的熔化温度增大，过热度降低，炉渣的黏度升高，使得炉渣脱硫的动力学条件恶化。因此，在实际生产中，应控制炉渣中 TiO_2 含量，以改善炉渣脱硫性能。

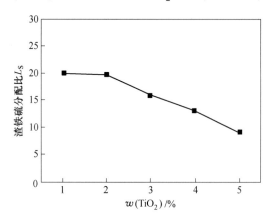

图 6-16　TiO_2 含量与渣铁硫分配比的关系

习题和思考题

6-1　阐述炉渣的主要成分及其作用和分类。

6-2　简述炉渣的形成原理以及性质。

6-3　分别简述不同炉渣结构理论的原理。

6-4　试述影响炉渣脱硫能力的因素以及提高炉渣脱硫的主要手段。

6-5　简述目前主要的烧结新技术以及其技术特点。

6-6　简述铁水预处理中脱硫剂的种类和优缺点。

参考文献及建议阅读书目

[1] 梁中渝. 炼铁学 [M]. 北京：冶金工业出版社，2009.

[2] 孙斌煜，张芳萍，杨小容. 钢铁生产概论 [M]. 北京：冶金工业出版社，2017.

[3] 卢宇飞. 炼铁工艺 [M]. 北京：冶金工业出版社，2006.

[4] 时彦林，曹淑敏. 高炉炼铁工培训教程 [M]. 北京：冶金工业出版社，2014.

［5］朱苗勇. 现代冶金工艺学钢铁冶金卷［M］. 北京：冶金工业出版社，2011.

［6］赵俊学，李林波，李小明，等. 冶金原理［M］. 北京：冶金工业出版社，2012.

［7］罗莉萍，刘辉杰. 炼钢生产［M］. 北京：冶金工业出版社，2016.

［8］张玉柱. 高炉炼铁［M］. 北京：冶金工业出版社，1995.

［9］中国科学技术情报研究所重庆分所. 高炉生铁的炉外脱硫［M］. 北京：科学技术文献出版社重庆分社，1979.

［10］陈立达，刘然，邓勇，等. 低渣比条件下高炉渣脱硫能力及其机理［J］. 华北理工大学学报，2022，44（3）：23-30.

7 高炉冶炼过程中的炉料与煤气运动

第 7 章数字资源

⭐ 思政课堂

钢铁人物

包钢 6 号高炉于 2021 年 1 月 9 日安全停炉，创造出高炉投产 5141 天、连续累计出铁突破 2706.29 万吨大关的优异成绩，是包钢首座"长寿"高炉。2021 年，包钢 4 号高炉首次突破日产 7000t 大关，全年生产合格生铁 2397749.89t，利用系数达 2.162t/m³，创历史最好水平。

在这几座高炉生产优异成绩的背后有一位敬畏高炉、钻研高炉、投身炉前工作三十载的工人，他是全国五一劳动奖章获得者，包钢钢联股份有限公司炼铁厂炼铁二部 4 号高炉炉前大班长、高级技师孔德礼。

1992 年，19 岁的孔德礼从技校毕业，走进包钢大门，孔德礼被分配在 3 号高炉当学徒，从此与高炉结下不解之缘。当时该高炉运行工艺老化，设备故障频发，运行状态不佳，"疑难杂症"让岗位工人高度紧张。怎么做才能让装入炉内的炉料均匀下降，炉温稳定充沛，实现高产低耗，这让冶炼"新手"孔德礼犯了难。作为新人，孔德礼和所有的工人一样，面对高炉总有一种敬畏之心，他说："干工作容易，干好工作不容易。"高炉里的难题，他要一个接着一个攻克。鉴于出色表现，1994 年，21 岁的孔德礼成为炼铁厂有史以来最年轻的炉前副组长。两年后又成为炉前组长，创下炼铁厂该岗位最短工龄纪录。2003 年，孔德礼任 3 号高炉炉前大班长，这位年轻的炉前大班长不断用青春和汗水照亮自己的高炉人生。

2007 年，包钢 6 号高炉投产，存在诸多不稳定因素。孔德礼临危受命，成为这座新高炉的炉前大班长。他统一操作标准，逐步将 4 个班组的操作趋于一致，在他的"精心照顾"下，6 号高炉稳定运转，除尘器环保达标，节约布袋及更换费用 400 余万元，有效降低了成本。运行两年后，6 号高炉铁口又"闹起脾气"，表现为不易开口，深度变化，打炮困难……根据经验分析，孔德礼判断是炮泥配方改变造成的。他的结论一出，供货方合资企业派来了日方专家，一番研究后拒不承认是配方的问题，这时孔德礼将 3 个月的铁口参数统计数据摆在日方专家面前，自信地说："高炉从不对我们说谎！"最终，日方专家承认是为了降低成本擅自改变了炮泥配方，并且鞠躬认错。恢复以往配方后，6 号高炉铁口恢复了往日的欢腾。

在孔德礼看来，高炉不语，却也会表达。铁口飞溅的铁花颜色与亮度、铁流的流速、渣铁的流动性等，都是高炉的话语。一代炉龄结束后，高炉必须停炉检修，这时关键一步就是放残铁，这一操作难度大、危险性大。2014 年起，孔德礼先后参与指导包钢 4 座高炉数次停炉放残铁作业，他精准测算残铁口位置，实施炉皮定点测温，合理架设残铁沟，拟定停炉和放残铁计划，制定降料面和放残铁应急预案，每一次操作都安全顺利完成，残铁放净率不断提高直至接近 100%，达到行业领先水平。

2020 年，包钢股份炼铁厂承办了自治区级高炉炉前工职业技能竞赛。其间，孔德礼完成编写技术文件、制定比赛细则、编制培训教材、授课、出题、阅卷、实操场地布置及相关工作，最终竞赛在公正、公平、公开的比赛环境下圆满落幕。根据公司技师、高级技师职业技能等级认定改革要求，孔德礼完成了高炉炉前工职业技能等级认定客观题库建设，按时保质完成了 660 道题目的编制、校对、定稿、电脑录入等相关工作，此题库用于 2020 年度职业技能等级认定考试，为包钢的技术人才培养作出了贡献。

孔德礼坚信，想干好工作就要多动脑、多用心、多投入。"三多"信念，让他成为炼铁工人中的佼佼者，孔德礼创建的工作室晋级"包头市技能大师工作室"，他也成为了包钢高炉炉前工首席技能大师，用他的话说，"这下，责任更重了"。随着 6 号高炉步入国内大型长寿高炉先进行列，孔德礼的劳模创新大师工作室更加忙碌了，工作室主攻炉前科技创新和技术攻关，破解生产工艺技术难题。自 2017 年以来，工作室完成创新项目 120 项，创造效益 500 余万元。其中，铁口泥套寿命攻关使得 6 号高炉铁口泥套平均使用寿命达到 400 天以上，通铁量大于 100 万吨，在国内铁厂高炉中处于领先水平。工作室 12 名骨干成员均来自高炉生产一线，已有两人走上了炉前大班长的岗位。

炉料和煤气运动是高炉炼铁的特点，一切物理化学过程都是在其相对运动中发生、完成的。在高炉冶炼过程中，必须保证炉料和煤气的合理分布和正常运动，使高炉冶炼能持续稳定高效地进行，获得好的技术经济指标。

7.1　炉料运动

7.1.1　炉料下降的力学分析

炉料下降首先要满足的必要条件是在高炉内有不断存在着的促使炉料下降的自由空间。形成这一空间的条件是以下几个方面。

（1）焦炭在风口前的燃烧。焦炭占料柱总体积的 50%～70%，且有 70% 左右的碳在风口前燃烧掉，从而形成较大的自由空间，占缩小的总体积的 35%～40%。

（2）焦炭中的碳参加直接还原的消耗，占缩小总体积的 11%～16%。

（3）固体炉料在下降过程中，小块料不断充填于大块料的间隙以及受压使其体积收缩，以及矿石熔化，形成液态的渣铁，引起炉料体积缩小，提供 30% 的空间。

（4）定期从炉内放出渣、铁，空出的空间为 15%～20%。

只有以上的因素并不能保证炉料就可以顺利下降，例如高炉在难行、悬料之时，风口前的燃烧虽还在缓慢进行，但炉料的下降却停止了。炉料的下降除具备以上必要条件外，还要受到力学因素的支配：

$$F = W_{炉料} - p_{墙摩} - p_{料摩} - \Delta p \tag{7-1}$$

式中　F——决定炉料下降的力；

$\quad W_{炉料}$——炉料在炉内的总重；

$\quad p_{墙摩}$——炉料与炉墙之间的摩擦阻力；

$\quad p_{料摩}$——料块相互运动时，颗粒之间的摩擦阻力；

$\quad \Delta p$——煤气对炉料的支撑阻力。

$$W_{炉料} - p_{墙摩} - p_{料摩} = W_{有效}$$

即

$$F = W_{有效} - \Delta p \tag{7-2}$$

可见，炉料有效重量（$W_{有效}$）越大，压差 Δp 越小，此时 F 值越大即越有利于炉料顺行。反之，不利于顺行。当 $W_{有效}$ 接近或等于 Δp 时，炉料难行或悬料。

7.1.2　炉料下降的规律

在高炉冶炼中，炉料均匀而有节奏地下降，是获得良好的技术经济指标的基础和前提。因此，了解原料在炉内的运动规律进而能动地控制其运动状况，对高炉操作是十分重要的。

大钟开启后，炉料以 2.5~4.0m/h 的平均速度下移。这个平均运动速度可由式（7-3）算出：

$$V_{均} = \frac{V}{24S} \tag{7-3}$$

式中　V——每昼夜装入高炉的全部炉料，m^3；

$\quad S$——炉喉截面积，m^2。

如设高炉有效容积为 $V_u(m^3)$，有效容积利用系数为 $\eta_v[t/(m^3 \cdot d)]$，1t 生铁的炉料体积为 $V'(m^3)$，则式（7-3）也可写为

$$V_{均} = \frac{V_u \eta_v V'}{24S} \tag{7-4}$$

可见，在一定的炉型条件下，要获得较高的利用系数必须加速炉料运行。

依式（7-4）可以算出炉料平均下降速度，即炉料经过炉喉时的速度。

实际上，高炉内部不同位置炉料下降的速度是不一样的。下料速度一般有以下规律。

（1）沿高炉半径。炉料运动速度不相等，紧靠炉墙的地方下料最慢，距炉墙一定距离处，下料速度最快（这里正是燃烧带的上方，产生很大的自由空间，同时这区域炉料最松动，有利于炉料的下降）。此外，由于布料时在距炉墙一定距离处，矿石量总是相对多些，因此此处矿石下降到高炉中下部时，被大量还原和软化成渣后，炉料的体积收缩比半径上的其他点都要大。

（2）沿高炉圆周方向。炉料运动速度也不一致，由于热风总管离各风口距离不同，阻力损失则不相同，致使各风口的进风量相差较大（有时各风口进风量之差可达 25% 左右），造成各风口前的下料速度不均匀。另外，在渣铁口方位经常排放渣、铁，因此在渣、铁口的上方炉料下降速度相对较快。

（3）不同高度处炉料的下降速度也不相同。炉身部分由于炉子断面往下逐渐扩大，下料速度变化，致使到炉身下部下料速度最小。到炉腹处，由于断面开始收缩，致使炉料的下降速度又有增加。从高炉解剖研究的资料可见，随着炉料下降，料层厚度逐渐变薄，显然是因为炉身部分断面向下逐渐扩大所造成，证明了炉身部分下料速度是逐渐减小的。另外还看到，炉料刚进炉喉的分布都有一定的倾斜角，即离炉墙一定距离处料面高，炉子中心和紧靠炉墙处的料面较低。随着炉料下降，倾斜角变小，料面变平坦，说明距炉墙一定距离处，炉料下降比半径的其他地方要快。

（4）高温区内焦炭运动情况。从滴落带到炉缸均由焦炭构成的料柱所充满，在每个风口处都因焦炭回旋运动形成一个疏松带。当炉缸排放渣铁后，焦炭仅从疏松区进入燃烧带燃烧。由于疏松区和燃烧带距炉子中心略远，故形成中心部分炉料的运动比燃烧带上方的炉料运动慢得多。当渣铁在炉缸内集聚到一定数量后，焦炭柱开始漂浮，这时炉缸中心部的焦炭一方面受到料柱的压力，一方面又受渣、铁的浮力，使中心的焦炭经过熔池，从燃烧带下方迂回进入燃烧带，如图 7-1 所示。

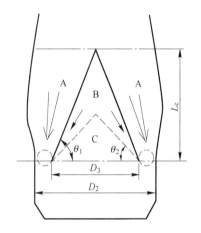

图 7-1　高炉下部炉料运动模式

A 区域：是焦炭向回旋区运动的主流。

B 区域：焦炭降落速度明显减小。

C 区域：焦炭已不向回旋区运动，形成一个接近圆锥形的炉芯部分。

在高炉解剖中，炉芯部夹角为 40°~50°。

引起高炉下部炉料的运动，主要是焦炭向回旋区流动、直接还原、出渣出铁等原因。炉芯焦炭的移动，主要受渣铁的积蓄和排放的影响。在蓄存渣铁期间，由于液面上升，受浮力作用，故沉入炉底的焦炭成为悬浮状。但随炉缸中未熔化料的消耗和渣铁的放出，炉芯焦炭的移动就变得明显；焦炭的位移又促使未熔化的炉料向炉芯移动。炉芯部焦炭滞留时间长，其更新周期大约要一周时间。以上说明高炉中心部分的炉料不是静止的，而是运动的，其运动速度不仅取决于中心部分炉料的熔化和焦炭中碳消耗于还原反应而产生的体积收缩的大小，同时还取决于炉缸中心的焦炭，通过炉缸熔池从燃烧带下方进入燃烧带参加燃烧反应的数量。

冶炼周期是指炉料在炉内的停留时间，也可以表明高炉下料速度的快慢，是高炉冶炼的一个重要指标。

（1）用时间表示：

$$t = \frac{24V}{PV'(1-C)}h \tag{7-5}$$

$$\eta_{有} = \frac{P}{V_{有}}$$

$$t = \frac{24V}{\eta_{有}V'(1-C)}h$$

式中　t——冶炼周期，h；

　　$V_有$——高炉有效容积，m^3；

　　P——高炉日产量，t；

　　V'——1t 铁的炉料体积，m^3；

　　C——炉料的炉内的压缩系数，大中型高炉 $C \approx 12\%$，小型高炉 $C \approx 10\%$。

　　式（7-5）为近似公式，因为炉料在炉内，除体积收缩外，还有变成液相或变成气相的体积收缩等故它可看作是固体炉料在不熔化状态下在炉内的停留时间。

　　（2）用料批表示：生产中常采用由料线平面到达风口平面时的下料批数，作为冶炼周期的表达方法。如果知道这一料批数，又知每小时下料的批数，同样可求出下料所需的时间。

$$N_批 = \frac{V}{(V_矿 + V_焦)(1 - C)} \tag{7-6}$$

式中　$N_批$——由料线平面到风口平面的炉料批数；

　　V——风口以上的工作容积，m^3；

　　$V_矿$——每批料中矿石的体积（包括熔剂），m^3；

　　$V_焦$——每批料中焦炭的体积，m^3。

　　通常矿石的堆积密度取 2.0~2.2 t/m^3，烧结矿为 1.6 t/m^3，焦炭为 0.45 t/m^3。

　　冶炼周期是评价冶炼强化程度的指标之一。冶炼周期越短，利用系数越高，意味着生产强化程度越高。冶炼周期还与高炉容积有关，小高炉料柱短，冶炼周期也短。如容积相同，矮胖型高炉易接受大风，料柱相对较短，故冶炼周期也较短。我国大中型高炉的冶炼周期一般为 6~8h，小型高炉 3~4h。

　　炉料在下降过程中，由于气流速度、内型变化、燃烧带影响等因素，促使炉料在纵向、横向都发生相对位置的改变，即炉料的再分布现象。

　　在径向分布上，一般质量大的矿石易于垂直下降，而质量较小的焦炭则易被挤向边缘，从炉身取样时，常发现边缘只有焦炭而无矿石可以佐证。据高炉解体及实验研究表明，炉料下降过程中，在炉喉布料形成的堆角逐渐减小，径向矿焦比不断改变。这些事例都说明了炉料在径向的再分布现象。

　　炉料在纵向的再分布即为超越现象。造成纵向矿焦相对位置的变化，主要是受纵向料速差异的影响，有的快，有的慢。此外，原料性质如密度、形状、大小等都对炉料的下降速度产生不同影响。质量大的、光滑的、细小的炉料具有超前下降的能力，当矿石熔融滴落时，以液态渣铁形式超越固态焦炭而先入炉缸。对于解体高炉发现炉料在正常炉型情况下，降落过程中始终保持分层状态，不存在所谓超越问题。其原因可能与使用精料品种单一，粒度均匀，缩小了原料的物性差别，以及强化冶炼料速趋向均匀有关。

　　正常生产时，连续作业前后各批料中焦炭负荷一致，即使存在超越现象，前后超越结果仍维持原有矿焦结构，影响不明显。但当变料时，对超越问题应以注意。如改变铁种时，由于组成新料批的物料不是同时下到炉缸，因此往往会得到一些中间产品。为改进操作，在生产中摸索出一些经验，如改变铁种时，由炼钢铁改炼铸造铁，可先提炉温后降碱度；与此相反，由炼铸造铁改炼钢铁时，则先提碱度后降炉温。这样做的目的就是考虑矿石、熔剂的超越现象所产生的影响，争取铁种改变时做到一次性过渡到要求的生铁品种。

7.2　燃料燃烧

风口前燃料的燃烧和炉缸工作状态对高炉的冶炼过程极为重要。

第一，燃料燃烧是高炉冶炼所需热能和化学能的源泉。燃料在风口前燃烧，放出大量的热，并产生高温还原性气体（CO、H_2），保证了炉料的加热、分解、还原、熔化、造渣等过程的进行。

第二，燃料燃烧是高炉炉料下降的前导。风口前焦炭及其他燃料的燃烧和炉料的熔化，产生了空间，为炉料的不断下降创造了基本条件。风口前燃料燃烧是否均匀有效，对炉料和煤气运动具有重大影响。没有燃料燃烧，高炉炉料和煤气的运动也就无法进行。

第三，炉缸反应除燃料燃烧外，还包括直接还原、渗碳、渣铁间脱硫等尚未完成的反应，最后都集中在炉缸内来完成，最终形成生铁和炉渣，自炉缸内排出。

因此，炉缸反应既是高炉冶炼过程的开始，又是高炉冶炼过程的归宿。炉缸工作好坏，对高炉冶炼过程起着举足轻重的作用。

7.2.1　焦炭燃烧反应

焦炭中的碳除部分参与直接还原、进入生铁和生成 CO 外，有 70% 以上在风口前燃烧。炉缸内存在大量的过剩焦炭和大量的 CO，但风口前例外，有氧化性气氛。风口喷射出来的强大鼓风气流，存在着大量的游离氧与碳进行激烈的反应。

研究表明，碳燃烧的最初产物既有 CO_2，也有 CO。

$$C + O_2 \rule[0.5ex]{1.5em}{0.4pt} CO_2 , \quad \Delta_r H_m^{\ominus} = -395 \text{kJ/mol} \tag{7-7}$$

$$C + \frac{1}{2} O_2 \rule[0.5ex]{1.5em}{0.4pt} CO , \quad \Delta_r H_m^{\ominus} = -114.4 \text{kJ/mol} \tag{7-8}$$

前者为完全燃烧，发生在氧过剩的地方；后者为不完全燃烧，发生在碳过剩、氧不足的地方。燃烧反应在气-固界面上进行，即氧（或 CO_2、H_2O）扩散到碳的反应表面，并为碳原子所吸附，形成 C_xO_y 型的复合物，而后 C_xO_y 在气相中 O_2 的冲击下或高温的作用下，再分解为 CO_2 和 CO，并且从反应表面脱附而转移到气相中。

高炉风口前由于存在着大量的游离氧，因此最初生成的那部分 CO 将很快与 O_2 反应生成 CO_2。

$$CO + \frac{1}{2} O_2 \rule[0.5ex]{1.5em}{0.4pt} CO_2 , \quad \Delta_r H_m^{\ominus} = -280.6 \text{kJ/mol} \tag{7-9}$$

随着向炉缸中心深入，气渣中的游离氧消耗殆尽，而生成的大量 CO_2 将遇到炽热焦炭并与之作用，最终生成 CO。

$$CO_2 + C_{\text{焦}} \rule[0.5ex]{1.5em}{0.4pt} 2CO , \quad \Delta_r H_m^{\ominus} = 166.2 \text{kJ/mol} \tag{7-10}$$

因此，在炉缸中实际上起主要作用的燃烧反应过程为：

$$C + O_2 \rule[0.5ex]{1.5em}{0.4pt} CO_2$$
$$CO_2 + C \rule[0.5ex]{1.5em}{0.4pt} 2CO$$
$$2C + O_2 \rule[0.5ex]{1.5em}{0.4pt} 2CO$$

鼓风中有氮气，则反应为：

$$2C + O_2 + \frac{79}{21}N_2 = 2CO + \frac{79}{21}N_2 \tag{7-11}$$

7.2.2　喷吹燃料燃烧反应

高炉喷吹燃料是指从风口喷入气体、液体或固体燃料，使它们直接代替一部分焦炭在风口前燃烧，产生还原气体和热量，从而扩大了高炉的燃料来源，缓解了结焦煤的供应紧张问题。由于喷吹工艺比较简单，同时喷吹燃料以后，不仅降低了焦比，提高了产量和改善了生铁质量，而且能促进高炉顺行。因此，我国的大中高炉，甚至一部分小高炉均采用了该项技术。

气体燃料有天然气、焦炉煤气、R煤气等。天然气的主要成分是 $\varphi(CH_4) > 90\%$，焦炉煤气的主要成分是 $\varphi(H_2) > 55\%$，R煤气是从焦炉煤气中提取 H_2 以后剩余的煤气，主要成分是 CH_4 和 CO。以天然气中的主要成分甲烷为例，热分解反应为：

$$CH_4 = C + 2H_2 \tag{7-12}$$

1000℃时甲烷分解度为60%，分解产物炭黑及氢先和氧反应生成 CO_2 与 H_2O，然后再和剩余的甲烷及焦炭进行反应。甲烷喷入风口后，在氧化带进行一系列反应，用下面反应式表示其最后结果：

$$CH_4 + \frac{1}{2}O_2 = CO + 2H_2 \tag{7-13}$$

同样，乙烷、丙烷的燃烧反应分别为：

$$C_2H_6 + O_2 = 2CO + 3H_2 \tag{7-14}$$

$$C_3H_8 + \frac{3}{2}O_2 = 3CO + 4H_2 \tag{7-15}$$

液体燃料有重油、柴油、焦油等，都是含碳量较高的液态碳氧化合物，灰分少，热值高。以重油为例，液体燃料在风口区的燃烧可以分为三个阶段。首先重油滴受热后蒸发为油蒸气。当重油表面温度达到沸点时，液体燃料迅速汽化。汽化之后的重油继续加热，重碳氢化合物裂解成轻碳氢化合物，形成易燃气体。易燃气体与空气混合，达到点火温度，着火燃烧。以上三个阶段是相互依存、相互制约、同时进行的。所用气体、液体燃料主要是饱和碳氢化合物的混合体，可用式（7-16）表示各个成分的燃烧反应：

$$C_nH_{2n+2} + \frac{n}{2}O_2 = nCO + (n+1)H_2 + Q \tag{7-16}$$

固体燃料有无烟煤、肥煤、气煤、长焰煤等，成分与焦炭的基本相同，缺点是灰分高，含硫量高。我国采用的喷吹物，由于来源问题，故主要是固体燃料煤粉。无论是无烟煤或烟煤，它们的主要成分碳的燃烧，与前述焦炭的燃烧具有类似的反应。但是由于煤粉和焦炭有不同的性状差异，所以燃烧过程不同。煤粉在风口前首先被加热，继之所含挥发分气化并燃烧，挥发分中的碳氢化合物 C_nH_m 裂解为 CO 和 H_2，最后碳进行不完全燃烧反应：

$$C + \frac{1}{2}O_2 = CO, \quad \Delta_r H_m^{\ominus} = -114.4kJ/mol \tag{7-17}$$

喷吹物中的碳取代了焦炭中的碳，在一定程度上能够降低焦比，但是这些碳只取代了焦炭的发热剂和还原剂作用，不能取代焦炭的骨架作用。这就决定了喷吹燃料的比例不能太高。而且裂解产生的 H_2 可以代替碳参与到还原反应节约热量，间接还原度提高，直接还原度降低，同样降低焦比。

而且喷吹燃料相对于焦炭来说，硫含量更低，价格更加低廉，不仅可以改善生铁质量，生铁成本也有所降低。

喷吹燃料后，最明显的变化是中心气流得到发展。首先，这是由于一部分燃料在风口内与氧汇合而分解和燃烧，体积和温度均有大幅度提高，因而极大地提高了鼓风动能。因此，在选取适宜的鼓风动能且有喷吹时，所选用的鼓风动能应比计算值小些，喷吹量越大，所选取的鼓风动能值应越小。

喷吹后中心气流得到发展的原因还有炉缸煤气量增加和煤气中 H_2 发生作用。由于煤气量增加，到达中心的气流量也增加，从而使得中心气流得到发展。而且碳氢化合物的分解是在缸温最高处进行的，从而使该点的温度降低，而在中心部位，又开始燃烧放热，从而使炉缸内温度发生再分布，趋于均匀化。

炉顶温度增高，是由于煤气量增加所致。燃料喷吹入炉，炉温应当升高，但需经过一段时间后才能显示出喷吹燃料的作用，而初期反而有炉温暂时下降的趋势，这就是热滞后。热滞后的时间有 $2 \sim 3h$。

高炉喷吹燃料主要是使压差升高，却不影响高炉顺行。

压差升高：一方面是由于煤气量增加，流速变快；另一方面是由于焦比降低，焦炭负荷增加，料柱孔隙度减小，透气性恶化。但由于煤气中的 H_2 含量增加能降低煤气黏度，使 Δp 得到一部分缓和，另外还有炉料的有效重量增加，炉缸活跃，中心煤气流得到发展，使得高炉可以在较高的压差下操作。喷吹燃料后，高炉更易于接受高风温和大风量。

喷吹燃料后，由于中心气流的发展，容易出现边缘堆积和，上部气流不稳的现象，所以操作方针是稳定上部气流，全面活跃炉缸。

上部调剂主要是扩大料批，提高料线。下部调剂主要是扩大风口，缩短风口长度，增加风量。运用喷吹量来控制炉温，所有喷吹燃料的高炉已基本上停止调湿和调温，而是采用调节喷吹量控制调温的办法，应注意的是喷吹数量和滞后时间。

喷吹燃料应与高风温、富氧鼓风配合使用，这样才能充分发挥喷吹燃料的作用。

7.2.3 炉缸煤气成分

在干空气鼓风条件下，碳燃烧的最终产物为 CO 与 N_2。如果不考虑 N_2，则炉缸最终煤气成分为 100% 的 CO。如果考虑 N_2 则炉缸煤气的理论成分为：

$$\varphi(CO) = \frac{2}{2 + 3.76} \times 100\% = 34.7\% \tag{7-18}$$

$$\varphi(N_2) = \frac{3.76}{2 + 3.76} \times 100\% = 65.3\% \tag{7-19}$$

而大气鼓风中含有一定量的水分，空气中水分经过热风炉鼓出变化为水蒸气，水蒸气在炉缸的高温下与碳发生反应：

$$H_2O + C = CO + H_2, \quad \Delta_r H_m^\ominus = 133.1 kJ/mol \tag{7-20}$$

因此，实际上炉缸煤气中，除了 CO 和 N_2 外，还有 H_2。此时炉缸煤气成分可以按照式（7-21）~式（7-23）计算。设鼓风中水蒸气的体积分数为 $f(\%)$，以 $100m^3$ 鼓风为例，则：

$$V_{CO} = [0.21(100 - f) + 0.5f] \times 2 \qquad (7-21)$$

$$V_{N_2} = 0.79(100 - f) \qquad (7-22)$$

$$V_{H_2} = f \qquad (7-23)$$

再将体积（m^3）转换为体积分数，即可分别得到 CO、N_2、H_2 的体积分数。

如此，可计算各种鼓风湿度下的炉缸煤气成分见表 7-1，由表可见，增加鼓风湿度（加湿鼓风），则煤气中 H_2、CO 含量增加，N_2 相对减少。

表 7-1　鼓风湿度对炉缸煤气成分的影响　　　　　　　　（%）

鼓风湿度 (体积分数)	干风含氧 (体积分数)	炉缸煤气成分（体积分数）		
		CO	N_2	H_2
0	21	34.70	65.30	0
1	21	34.96	64.22	0.82
2	21	35.21	63.16	1.63
3	21	35.45	62.12	2.43
4	21	35.70	61.08	3.22

喷吹燃料时，其中 C-H 化合物分解，使炉缸煤气 H_2 含量显著增加，CO、N_2 含量相对降低；富氧鼓风时，由于 N_2 含量减少，因此 CO 含量相对增加。

7.3　燃烧带及其影响因素

7.3.1　燃烧带及其形成

研究证明，无论回旋区形状、大小如何，回旋区中煤气和焦炭如何运动，在高炉每个风口前实际上都存在着一个风口前回旋区与径向煤气分布的燃烧带。所谓燃烧带，就是风口前有 O_2 和 CO 存在，并进行着碳燃烧反应的区域，即回旋区空腔加周围疏松焦炭的中间层。在燃烧带里由于是氧化性气氛，所以又称为氧化带。从上面滴下经过这里的铁水，其中已还原的元素（如铁、硅、碳等）有一部分又被氧化，称为再氧化现象。这些元素氧化放热，而到炉缸渣、铁聚集带还原，又吸热。因此再氧化只引起热量的转移，而对整个热平衡无影响。然而，再氧化现象或广义的炉缸氧化作用，对特定条件下的高炉冶炼可能产生重要影响。燃烧带和回旋区既然是一个空间，就有长、宽、高三个方向的尺寸。沿风口中心线两侧为宽，向上为高，径向为长。燃烧带的长度为回旋区与中间层长度之和。可见燃烧带和回旋区是相互联系而又有区别的两个概念。

燃烧带的大小可按 CO_2 消失的位置来确定。但是当 $\varphi(CO_2)$ 降低到 2%左右时，往往延续相当长的距离才消失。因此，实践中以 $\varphi(CO_2)$ 降低到 1%~2%的位置，来确定燃烧带的尺寸。在喷吹燃料或大量加湿的情况下，产生较多的水蒸气，H_2、O_2 同 CO_2 一样，

也起着把 O_2 搬到炉缸深处的作用，此时还应参考 H_2O 的影响（也按 $1\% \sim 2\% H_2O$）来确定燃烧带。

燃烧带是高炉煤气的发源地。燃烧带的大小和分布决定着炉缸煤气的初始分布，煤气分布合理，则其能量利用充分，高炉顺行。在冶炼条件一定的情况下，一般扩大燃烧带，可使炉缸截面煤气分布较为均匀，有较多的煤气到达炉缸中心和相邻风口之间，炉缸活跃区增加，也有利于炉缸工作均匀化。但燃烧带过长，则炉缸中心气流过分发展，产生中心"过吹"；若燃烧带过短而向两侧发展，中心气流不足，造成中心堆积，边缘气流过分发展。这两种情况都使煤气能量得不到充分利用，边缘气流过分发展还使炉衬过分冲刷，高炉寿命降低。

燃料燃烧为炉料下降腾出了空间，燃烧带的上方，炉料比较疏松，摩擦阻力较小，炉料下降最快。燃烧带占整个炉缸截面的比例越大，炉料松动区也越大，越利于炉料顺行。燃烧带的均匀分布，将促使炉料均匀下降。因此，适当扩大燃烧带（包括纵向和横向），可以缩小中心和边缘炉料呆滞区，有利于炉料均匀而顺利地下降，促进顺行。

由上可见，燃烧带对高炉冶炼过程影响重大。控制燃烧带对强化高炉冶炼具有重要意义。

7.3.2 影响燃烧带大小的因素

研究影响燃烧带大小的因素，主要是为了在实际生产中合理控制燃烧带，以获得合理的初始煤气流分布。

在现代高炉上，燃烧带的大小主要取决于鼓风动能，其次是与燃烧反应速度、炉料分布状况有关。

7.3.2.1 鼓风动能的影响

鼓风动能是指单位时间内鼓风所具有的能量，其大小表示鼓风克服风口前料层阻力，向炉缸中心穿透的能力。

生产实践和理论研究证明，鼓风动能（E）同回旋区长度（L_1）（或燃烧带长度 L）基本呈直线关系。根据这一关系，可通过调整鼓风动能来控制燃烧带（或回旋区）大小。

在不同的冶炼条件下，客观上都存在着一个适宜的鼓风动能（$E_{适}$），在这个动能下获得适宜的燃烧带和合理的初始煤气分布，保证炉缸工作均匀活跃，高炉稳定顺行，生铁质量良好。

高炉容积越大，炉缸直径越大，要求相应有更大的鼓风动能。同一座高炉冶炼强度低，原料条件差时，应采用较大的鼓风动能，以防止中心堆积。冶炼强度高，原料条件好时，应采用相对较小的鼓风动能，以防止中心过吹。适宜的鼓风动能与冶炼强度呈双曲线关系（$E \propto 1/T$）。

鼓风动能可用式（7-24）表示：

$$E = \frac{1}{2}mw^2 = \frac{V_0\gamma_0}{2 \times 60} \times \left(\frac{V_0 p_0 T}{60 Sp T_0}\right)^2 = \frac{1.239 V_0}{120} \times \left(\frac{V_0 \times 0.0313 \times T^2}{60 Sp \times 273}\right)^2 \tag{7-24}$$

将常数项合并得：

$$E = 4.18 \times 10^{-14} \frac{V_0^3 T^2}{S^2 p^2}(\text{kg} \cdot \text{m/s}) = 4.12 \times 10^{16} \frac{V_0^3 T^2}{S^2 T^2}(\text{kW}) \tag{7-25}$$

式中　m——鼓风质量，kg/s；

　　　w——风速，m/s；

　　　γ_0——空气密度，$\gamma_0 = 1.293$ kg/m³；

　　　S——风口截面积，m²；

　　　V_0——风口的进风量（冷风流量），m³/min；

　　　p_0——鼓风标准状态大气压，$p_0 = 0.1013$ MPa；

　　　T——热风绝对温度，K；

　　　p——热风的绝对压力，$p = (0.1013 + p_{\rm j})$，MPa；

　　　$p_{\rm j}$——热风压力（表压），MPa。

凡影响鼓风动能的因素都影响燃烧带的大小。控制这些因素，就可以获得适宜的燃烧带和合理的初始煤气流分布。从式（7-24）看到，影响鼓风动能的主要因素有风量、风温、风压和风口截面积等。

(1) 风量（$E \propto V_0^3$）：风量增加，鼓风动能显著增加，这种机械力的作用迫使回旋区和燃烧带扩大，特别是向中心延伸。另外，化学因素也在起作用，即风量增加，要求相应扩大燃烧反应空间，从而使燃烧带在各向都扩大。

(2) 风温（$E \propto T^2$）：从机械因素的作用看，提高风温，鼓风体积膨胀，动能增加，燃烧带扩大。但从化学因素的作用看，风温升高，燃烧反应加速，相应只需较小的反应空间，因而燃烧带缩小。实际研究结果也指出，风温对燃烧带的影响不规律，最终结果视机械和化学因素的优势而定。

(3) 风压（$E \propto 1/p^2$）：采用高压操作时，由于炉顶压力提高，风压相应升高，鼓风体积压缩，鼓风密度 γ 增大，则鼓风动能增加；但由于鼓风体积 V_0 减小，风速降低，故动能减小，燃烧带缩短。因此，高压操作时如不注意调剂，会导致边缘气流的发展。

如果风压的升高是由增加风量所引起，则鼓风动能增加，$E \propto V_0^3$。

由以上分析可见，在鼓风参数中，风量对动能的影响最大。

(4) 风口截面积（$E \propto 1/S^2$）：风量一定，扩大风口直径，风口截面积 S 增加，风速降低，动能减小，燃烧带缩短并向两侧扩散，有利于抑制中心而发展边缘气流。反之有利于抑制边缘而发展中心气流。

在喷吹燃料条件下，鼓风动能除与上述因素有关外，还与喷吹燃料情况有关。高炉喷吹燃料后，一部分燃料在风口内燃烧，产生煤气使气体体积增加，鼓风动能明显增大，因而燃烧带扩大。

7.3.2.2　燃烧反应速度对燃烧带大小的影响

通常如燃烧速度增加，燃烧反应在较小范围完成，则燃烧带缩小；反之，燃烧速度降低，则燃烧带扩大。

前已述及，在有明显回旋区高炉上，燃烧带大小主要取决于回旋区尺寸，而回旋区大小又取决于鼓风动能高低，此时燃烧速度仅是通过对 CO_2 还原区的影响来影响燃烧带大小。但 CO_2 还原区占燃烧带的比例很小，因此可以认为燃烧速度对燃烧带大小无实际影响。只有在焦炭处于层状燃烧的高炉上，燃烧速度对燃烧带大小的影响才有实际意义。

此外，焦炭粒度气孔度及反应性等对燃烧带大小有影响。对无回旋区高炉，焦炭粒度大时，单位质量焦炭的表面积就小，减慢燃烧速度使燃烧带扩大。对存在回旋区的高炉，焦炭粒度增大，不易被煤气挟带回旋，使回旋区变小，燃烧带缩小。

焦炭的气孔度对燃烧带影响是通过焦炭表面实现的。气孔率增加则表面积增大，反应速度加快，使燃烧带缩小。

7.3.2.3 炉缸料柱阻力对燃烧带大小的影响

除鼓风动能影响燃烧带大小外，炉缸中心料柱的疏松程度，即透气性也影响燃烧带大小。当中心料柱疏松，透气性好，煤气通过的阻力小，此时即使鼓风动能较小，也能维持较大（长）的燃烧带，炉缸中心煤气量仍然会是充足的。相反，炉缸中心料柱紧密，煤气不易通过，即使有较高鼓风动能，燃烧带也不会有较大扩展。

7.3.3 理论燃烧温度

在风口前燃烧带中，焦炭为 1000℃ 以上的高温热风所燃烧，最终变成 CO，放出大量热量，使炉缸煤气温度达到 2200℃ 以上的温度水平。理论燃烧温度是衡量高炉热状态的常用指标。

理论燃烧温度是在与周围环境绝热，无热损失的条件下，所有由燃料和鼓风带入的显热（物理热）及碳燃烧放出的化学热，全部传给燃烧产物炉缸煤气，这时煤气达到的温度称为理论燃烧温度，也就是炉缸煤气尚未同炉料进行热交换的原始温度。

根据这一定义和风口燃烧区热平衡原理，炉料燃烧温度可用式（7-26）计算：

$$t_{理} = \frac{Q_{碳} + Q_{风} + Q_{焦} - Q_{水} - Q_{吸}}{c_{CO,N_2}(V_{CO} + V_{N_2}) + c_{H_2}V_{H_2}} = \frac{Q_{碳} + Q_{风} + Q_{焦} - Q_{水} - Q_{吸}}{V c_p^{煤}} \tag{7-26}$$

式中
$Q_{碳}$——生产 1t 铁风口区碳燃烧成 CO 放出的热量，kJ；

$Q_{风}$——生产 1t 铁热风带入的物理热，kJ；

$Q_{焦}$——生产 1t 铁焦炭和其他燃料（如喷吹高温裂化还原气时）带入炉缸的物理热，kJ；焦炭下达风口水平带入的热量一般可按 $0.75 t_{焦} \times 0.4 \times 4.186$ = 1.26（kJC）计算（$t_{焦}$ 为焦炭下达风口水平时的温度，一般在 1400 ~1500℃ 范围）；

$Q_{水}$——鼓风和喷吹燃料中水分分解热，kJ/t；

$Q_{吸}$——将喷吹燃料加热到 1500℃（相当于风口水平焦炭温度）所吸收的热及 C-H 化合物分解热之和，kJ/t；

c_{CO,N_2}——CO 或 N_2 的比热容，kJ/($m^3 \cdot$ ℃)；

c_{H_2}——氢的比热容，kJ/($m^3 \cdot$ ℃)；

V_{CO}，V_{N_2}，V_{H_2}——炉缸煤气中 CO、N_2、H_2 的体积量，m^3/t；

V——炉缸煤气总体积量，m^3/t；

$c_p^{煤}$——炉料温度下煤气的平均比热容，kJ/($m^3 \cdot$ ℃)。

显然，风口区理论燃烧温度直接影响高炉内的传热、传质过程。理论燃烧温度（$t_{理}$）越高，炉缸煤气原始温度越高，同周围环境炉料之间的温差（Δt）就越大，便具有更多的热量传给炉料，有利于炉料的加热。尤其在高炉喷吹燃料时，较高的理论燃烧温度可加速喷吹物的燃烧，改善喷吹效果。

但是，在一定的冶炼条件下，理论燃烧温度过高将引起初始煤气体积膨胀，增大了对料柱的阻力，影响炉料下降；同时，也会引起 SiO_2 的大量挥发，造成高炉难行和悬料。

由式（7-26）可知，影响理论燃烧温度的因素主要有风温、鼓风湿度、燃料喷吹量及成分、焦炭热含量等。在风量一定的情况下，生成煤气量基本不变，鼓风湿度一般也是自然湿度，变化不大，焦炭从上带到风口水平的物理热在冶炼制度一定时，也基本不变。因此，理论燃烧温度主要取决于风温、富氧程度和燃料喷吹量。

普通鼓风时，主要取决于风温。在普通鼓风条件下，风温约 1000℃ 时，理论燃烧温度可达 1800~2100℃。提高风温，$Q_风$ 增大，虽然焦比降低，$Q_碳$ 与 $Q_焦$ 有所降低，但 V_{CO}、V_{N_2} 也减小，$t_理$ 仍显著升高。

富氧鼓风时，由于氮含量显著减少，故理论燃烧温度仍显著升高。

喷吹燃料后，$Q_吸$、$Q_水$ 都升高，V_{H_2} 显著增大，因而理论燃烧温度显著下降。不同种类的喷吹燃料，对降低理论燃烧温度的程度是不同的。通常，天然气 C-H 化合物最高，分解热最大，生成的煤气量最多，对降低理论燃烧温度的作用最大，重油次之，无烟煤粉最小。

理论燃烧温度与炉缸渣、铁温度有关，但不是严格的依赖关系。如喷吹燃料时，理论燃烧温度降低，但渣、铁温度却升高。因此，理论燃烧温度不宜作为炉温的标志，但它仍是高炉操作特别是喷吹时的重要参数之一。

传统高炉生产以燃烧焦炭为主，由于焦炭资源的稀缺性，因此近几十年燃料喷吹在高炉生产中得到广泛的应用。不同种燃料在风口回旋区燃烧的性质差异性，对理论燃烧温度计算模型提出了新的要求。传统的理论燃烧温度计算模型中考虑的控制方程是压力为 101kPa、焓为常数、原子守恒方程、能量守恒方程，并没有考虑化学平衡对理论燃烧温度的影响。传统理论燃烧温度计算模型认为，风口回旋区内部燃烧产物完全为 CO、H_2 和 N_2，然而文献中某厂 2000m^3 高炉上大量喷吹天然气之后，回旋区距风口端 0.5m 处的湿度达到 10.7%，往里逐渐降低，但在距风口端 3.0m 处还有 3.8%。鉴于风口回旋区理论燃烧温度对炉缸热状态反应的重要性，有必要讨论风口回旋区煤气成分对理论燃烧温度的影响，对传统的理论燃烧温度计算模型进行更正，以便更有效地指导高炉生产和丰富炼铁理论。

传统高炉的理论燃烧温度计算中，风口回旋区热收入项有碳素燃烧产生 CO 释放热量、热风带入显热及焦炭带入物理热。热支出项有鼓风中湿分的分解耗热、喷吹燃料的分解耗热。也有学者在大喷煤的情况下对公式进行了修正，主要内容有热量收入项中增加了煤粉物理热，将鼓风湿分的分解热改为水煤气反应热，考虑不完全燃烧条件下煤粉在风口前的反应热，风口焦炭温度由炉热指数确定，喷吹燃料和焦炭带入的灰分升温吸收热量。

传统的理论燃烧温度计算模型把风口回旋区内部的煤气成分假设为完全的 CO、H_2 和 N_2。实际上，燃料在风口回旋区燃烧产物主要为 CO、H_2，同时也存在部分的 CO_2、H_2O 和 NO_x 等气体。完全燃烧比不完全燃烧释放更多的热量，可以把煤气加热到更高的温度，因此为更加准确描述风口回旋区的温度，应当将部分完全燃烧所增加的热量也考虑到产物热焓当中。

修正的理论燃烧温度计算模型认为风口回旋区为绝热系统，燃料和热风在回旋区内部燃烧，平衡时产物为 CO、H_2、CO_2、H_2O 和 N_2，鼓风显热和燃烧所释放出来的热量全部用来加热燃烧产物。

$$t_f = \frac{Q_{coke} + Q_{fuel} + Q_{CO_2} + Q_{H_2O} + Q_b + Q_c + Q_f - Q_w - Q_d + Q_{else}}{V_g C_g + m_a C_a} \tag{7-27}$$

式中　t_f——理论燃烧温度，℃；

$\quad Q_{coke}$——焦炭燃烧生成 CO 放出热量，kJ；

$\quad Q_{fuel}$——燃料燃烧生成 CO 放出的热量，kJ；

$\quad Q_{CO_2}$——碳素燃烧生成的 CO_2 释放的热量，kJ；

$\quad Q_{H_2O}$——燃料中氢燃烧生成 H_2O 释放的热量，kJ；

$\quad Q_c$——焦炭带入显热，kJ；

$\quad Q_f$——喷吹燃料带入的显热，kJ；

$\quad Q_b$——鼓风带入显热，kJ；

$\quad Q_w$——燃料和鼓风中水分反应耗热，kJ；

$\quad Q_d$——喷吹燃料分解耗热，kJ；

$\quad Q_{else}$——除喷吹燃料外其他喷吹物耗热，kJ；

$\quad V_g$——风口回旋区煤气量，m^3；

$\quad C_g$——风口回旋区煤气平均热容，$kJ/(m^3 \cdot ℃)$；

$\quad m_a$——焦炭和喷吹燃料燃烧产生的灰分，kg；

$\quad C_a$——灰分平均热容，$kJ/(m^3 \cdot ℃)$。

利用热力学第二定律最小吉布斯自由能法计算风口回旋区燃烧最终成分，确定理论燃烧温度。风口回旋区内部压强为 400kPa，温度高达 2000℃，热风和喷吹燃料进入风口回旋区后剧烈燃烧，风口回旋区前端热风中氧过剩，可以假设部分燃料先完全燃烧生成 CO_2、H_2O，在风口回旋区内部，CO_2 和 H_2O 再与焦炭发生碳素熔损反应生成 CO 和 H_2。由于风口回旋区内部焦炭过剩，整体为还原性环境，因此煤气成分中 O_2 的含量极少，最终煤气成分为 CO_2、H_2O、CO、H_2 和 N_2。风口回旋区内部的化学反应可以由式（7-28）和式（7-29）表示。

$$C(s) + CO_2(g) \Longrightarrow 2CO(g)，\Delta_r H_{298} = 172.45 kJ/mol \tag{7-28}$$

$$C(s) + H_2O(g) \Longrightarrow H_2(g) + CO(g)，\Delta_r H_{298} = 131.3 kJ/mol \tag{7-29}$$

由于风口回旋区内部的高温已经超出平时应用的吉布斯自由能变与温度关系的适用范围，为此采用定积分基尔霍夫（Kirchhoff）定律和不定积分吉布斯-亥姆霍兹（Gibbs-Helmholtz）方程，分别求得化学反应式（7-28）和反应式（7-29）的标准吉布斯自由能变与温度的关系，见式（7-30）和式（7-31）。

$$\Delta_r G_T = 179588.64 + 4.48 T\ln T - 2.55 \times 10^{-3} T^2 -$$
$$8.21 \times 10^5 T^{-1} - 216.52 T，(298 \sim 3000K) \tag{7-30}$$

$$\Delta_r GT_T = 132608.75 - 8.53 T\ln T + 3.81 \times 10^{-3} T^2 -$$
$$4.25 \times 10^5 T^{-1} - 84.72 T，(298 \sim 3000K) \tag{7-31}$$

理论燃烧温度计算中，风口回旋区压强取值为400kPa，进入风口回旋区的焦炭温度由文献中的简化炉热指数模型确定。在高炉物料平衡和热平衡的基础上，通过反应前后原子守恒方程，查找煤气各组分的热力学参数，调用简化炉热指数模型计算得到不同条件下焦炭理论燃烧温度 t_C，最后利用牛顿迭代方法求解不同情况下的煤气成分和理论燃烧温度。因其计算过程涉及变量之间的迭代，计算过程繁琐，这里借助计算机来求解不同条件下的理论燃烧温度，计算流程如图7-2所示。

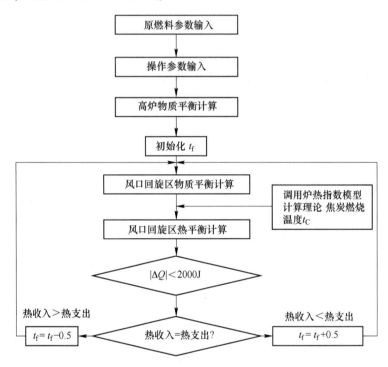

图 7-2　理论燃烧温度计算流程图

在理论燃烧温度计算中，影响理论燃烧温度的因素很多，主要包括焦比、富氧率、鼓风温度和燃料的喷吹量。为便于理解，本节中 Δt 表示在相同条件下，修正的模型和传统模型理论燃烧温度计算结果的差值。

图7-3为两种模型下理论燃烧温度随鼓风温度和富氧率的变化。可以看出传统模型理论燃烧温度的计算结果要低于新模型所计算的结果，新模型中部分燃料完全燃烧生成 CO 和 H_2O，释放出来的热量增加，煤气化学热减少，物理热增加，理论燃烧温度升高。新模型和传统模型相比，不同的鼓风温度和富氧率条件下，理论燃烧温度计算结果的差值 Δt 的变化始终固定在很小的范围之内，在改变鼓风温度和富氧率操作中，两种模型不影响理论燃烧温度的比较。

图7-4所示为两种模型下理论燃烧温度与焦比和煤比的关系。可以看出，理论燃烧温度随着焦比的增加而升高，新模型与传统模型相比理论燃烧温度值升高。与改变鼓风温度和富氧率相仿，改变焦比时两者之差 Δt 基本为一定值，新旧模型在改变焦比时不影响理论燃烧温度的对比。结合鼓风温度和富氧率对理论燃烧温度的影响结果可以知道，对于全焦高炉而言，两种理论燃烧温度模型都能有效表征炉缸的热状态。

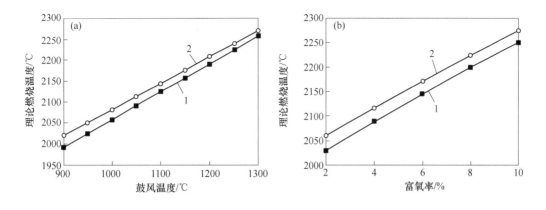

图 7-3　鼓风温度和富氧率对理论燃烧温度的影响
1—传统模型；2—新模型

图 7-4 中增加煤比时，新模型和传统模型理论燃烧温度计算结果之差 Δt 逐渐增加。在喷煤量小于 100kg/t 时，两种模型计算结果之差小于 10℃，喷煤量增加到 240kg/t 时传统模型计算结果为 1959℃，新模型计算结果为 1992℃，两者之差已达到 33℃。此时新模型中化学平衡对理论燃烧温度的影响已经很明显，不能简单认为风口回旋区煤气成为还原性气体。高炉吹煤粉以后，由于煤粉中氢含量达到 3.2%，大喷煤后风口回旋区煤气成分中 H_2 的含量大幅增加，由 $\Delta G = -RT\ln K$ 计算反映平衡常数可知同样浓度的 H_2 与 CO 熔损反应平衡后，煤气中的 H_2O 的含量要远大于 CO_2 的含量，释放出大量的热量，因此在大喷煤时，氢的大量存在使化学平衡对理论燃烧温度的影响增加，新的模型与传统模型计算结果差异增大，在这种情况下新理论燃烧温度计算模型与高炉风口回旋区实际燃烧情况更接近，更能有效地表征炉缸的热状态。

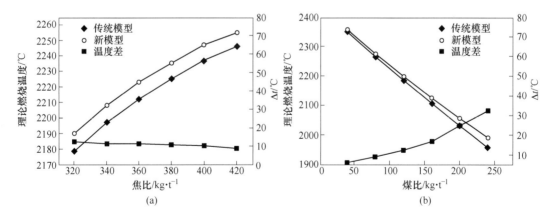

图 7-4　焦比和煤比对理论燃烧温度的影响

前面讨论了单种因素变化对理论燃烧温度的影响，实际高炉生产中理论燃烧温度是多种因素共同作用的结果，因此有必要计算多种因素共同作用时两种模型对风口回旋区理论燃烧温度计算的影响。计算中鼓风温度为 1100℃。调节富氧率、煤比、焦比和焦炉煤气鼓入量，以满足高炉物料平衡和热量平衡的要求。

图 7-5 给出高炉富氧喷吹煤粉和焦炉煤气后理论燃烧温度的变化。对比两种模型理论燃烧温度曲线可以看出，新模型理论燃烧温度计算结果比传统模型分别高 16~34℃ 和 11~79℃，随着燃料喷吹量的增加温差逐渐扩大。分析造成这种结果的原因有：

（1）新模型中，煤气成分随着理论燃烧温度发生变化，高温促进碳素熔损反应的进行，低温抑制碳素熔损反应，喷吹燃料后理论燃烧温度降低，更多的 CO 和 H_2 反应生成 CO_2 和 H_2O，释放热量，减缓了理论燃烧温度的降低趋势；

（2）随着燃料喷吹量的增加，H_2 含量增加，平衡时煤气中的 H_2O 含量增加，所释放出来的热量加热煤气，使煤气达到更高的温度，其中 H_2 含量的增加是造成富氧喷煤和喷吹焦炉煤气之后 Δt 增加的主要原因。

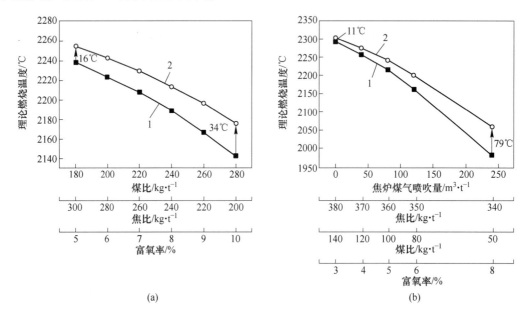

(a)　　　　　　(b)

图 7-5　富氧喷煤和喷吹焦炉煤气对理论燃烧温度的影响
1—传统模型；2—新模型

由表 7-2 和表 7-3 中煤气成分及含量的数据可以看出，随着 CO 和 H_2 含量的增加，煤气中 CO_2 含量变化不大，H_2O 含量迅速增加。对比煤气成分中 CO 和 H_2 对氧化性气体含量的影响可知，H_2/H_2O 平衡起决定性的作用，其中在喷吹煤粉时贡献率达 90%，喷吹焦炉煤气时贡献率达 94%。因此在喷吹含氢燃料时必须考虑氢对理论燃烧温度的影响，其中氢含量越高对理论燃烧温度的影响越大，传统模型计算的理论燃烧温度与实际情况偏离越大，此时新模型更能表征不同条件下理论燃烧温度的差异。

表 7-2　富氧喷煤时风口回旋区煤气成分

煤比 /kg · t^{-1}	回旋区煤气成分（体积分数）/%					氧化性气体 体积分数/%
	CO	CO_2	H_2	N_2	H_2O	
180	39.56	0.54	6.00	54.16	0.22	0.28
200	40.47	0.059	6.66	52.57	0.26	0.32

续表 7-2

煤比 /kg · t^{-1}	回旋区煤气成分（体积分数）/%					氧化性气体 体积分数/%
	CO	CO$_2$	H$_2$	N$_2$	H$_2$O	
220	41.33	0.065	7.32	50.98	0.30	0.36
240	42.15	0.071	7.80	49.44	0.35	0.42
260	42.93	0.079	8.67	47.92	0.40	0.48
280	43.66	0.086	9.35	46.43	0.47	0.55

表 7-3　不同焦炉煤气喷吹量时风口回旋区煤气成分

焦炉煤气喷吹量 /m^3 · t^{-1}	回旋区煤气成分（体积分数）/%					氧化性气体 体积分数/%
	CO	CO$_2$	H$_2$	N$_2$	H$_2$O	
0	37.76	0.04	4.28	57.78	0.14	0.18
40	37.91	0.05	7.04	54.76	0.24	0.28
80	37.88	0.05	10.00	51.71	0.36	0.42
120	37.64	0.06	13.14	48.63	0.53	0.59
240	36.17	0.09	20.68	41.88	1.19	1.28

7.4　煤气运动

　　煤气在炉内的分布状态，直接影响矿石的加热和还原，以及炉料的顺行状况。风口前燃烧焦炭生成的煤气，多从回旋区正面上方至漏斗区界面间流出。受鼓风和布料影响，通常分为三种类型，即"W"形、倒"V"形和"V"形（与软熔带相适应），穿过软融层进入块状带。也有非对称分布的混合型，但较为个别。在散料层中煤气流经道路，是许多平行的、弯弯曲曲的非圆形通道。这些通道非常复杂，表面粗糙，大小不一，彼此间时通时断。煤气通过时受到散料结构的影响，其阻损是不断变化的，阻力最小处，煤气最易流通。当上升到炉喉部位时，在装入矿石的时候，煤气有可能趋向高炉中心上升，流速增快，而造成焦炭的流化现象。

　　煤气在炉内停留时间一般 2~4s，平均流速 5~10m/s，在这样短的时间和高速情况下，要能充分利用煤气的热能和化学能，必须保持煤气和炉料有很好的接触条件，以保证炉料的加热和还原。

　　煤气上升过程中，不仅要充分利用其能量，还应考虑炉料的顺行。这是因为煤气对炉料的支撑作用，在一定条件下，可能阻止炉料下降，甚至将炉料从炉内吹出，造成炉况的难行、悬料，或者产生管道。从理论分析和实践证明，保证煤气较多地分布在中心和炉墙边缘，有利于炉料的正常下降。

为使煤气能量得到充分利用，希望煤气能均匀分布；而为了炉料的顺行，又希望煤气分布有差别，二者是矛盾的。寻求二者的统一，即是研究煤气合理分布的出发点。为此，需了解影响煤气流在高炉内分布的因素及其控制方法。

总的说来，高炉内煤气的流动和分布，主要取决于影响散料层结构的因素，如装入方法、散料性质、运动状态以及送风条件和高炉内型等，后两类因素较前者相对稳定，改变散料的结构和送风条件对控制气流分布具有重大意义。

7.4.1　煤气通过料柱的阻力损失

Δp 则是煤气对下降炉料的支撑阻力。高炉内煤气之所以能穿过料柱自下而上运动，主要靠鼓风具有的压力能。煤气流在克服炉料阻力的过程中，本身压力能逐渐减小，产生压力降（即压头损失），也就是 Δp：

$$\Delta p = p_{炉缸} - p_{炉喉} \approx p_{热风} - p_{炉顶} \tag{7-32}$$

式中　　$p_{炉缸}$——煤气在炉缸风口水平面的压力；

　　　　$p_{炉喉}$——料线水平面炉喉煤气压力；

　　　　$p_{热风}$——热风压力；

　　　　$p_{炉顶}$——炉顶煤气压力。

由于炉缸和炉喉处的煤气压力不便于经常测定，故近似采用 $p_{热风}$ 和 $p_{炉顶}$ 代替。

为了便于理解或简化，引入气体通过圆形直管的压头通式：

$$\Delta p = \lambda \frac{\gamma_g w^2}{2g} \frac{L}{d} \tag{7-33}$$

式中　　Δp——流动气体的压力降；

　　　　w——给定温度和压力下，气流通过时的实际速度；

　　　　γ_g——气体密度；

　　　　L, d——管路长度和管路的水利学直径；

　　　　λ——阻力系数，与雷诺准数有关。

煤气在通过散粒状料的高炉料柱时，其通道不是圆孔直线，而是非常曲折的，并且在高温区有渣铁液相的存在，其阻力损失非常复杂，目前尚无正确可靠的公式表示。可借用公式近似分析高炉内煤气运动的一些规律。

也有许多学者将散料体中流体力学参数引入并依据实例资料，导出一些不同的经验公式，分析高炉内情况，常用的如下。

（1）沙沃隆科夫公式：

$$\Delta p = \frac{2fw^2\gamma}{gd_{当}} \frac{1}{F_\alpha} \times H \tag{7-34}$$

（2）埃根（Ergun）公式。内容比较全面，其表达式为：

$$\frac{\Delta p}{H} = 150 \frac{\mu w (1 - \varepsilon)^2}{\phi d_0^2 \varepsilon^3} + 1.75 \frac{\gamma w^2 (1 - \varepsilon)}{\varepsilon^3 \phi d_0^2} \tag{7-35}$$

式中　　w——煤气的平均流速；

μ——气体黏度；

ε——散料孔隙度；

ϕ——形状系数，它等于等体积圆球表面积与料块表面积之比；

d_0——料块的平均粒径。

式（7-35）对研究高炉冶炼过程中炉料的透气性、煤气管道的形成等很有意义。该公式前一项代表层流，后一项代表紊流，一般高炉内非层流，故前一项为零，即：

$$\frac{\Delta p}{H} = 1.75 \frac{\gamma w^2 (1 - \varepsilon)}{\varepsilon^3 \phi d_0^2}$$

移项可得：

$$\frac{w^2}{\Delta p} = \frac{\phi d_0}{1.75 H \gamma} \times \left(1 - \frac{\varepsilon^3}{1 - \varepsilon}\right)$$

生产高炉的高炉煤气流速一般与风量 Q 呈正比关系，当炉料没有显著变化时，ϕ、d_0 可认为是常数，料线稳定时 H 也是常数，所以 $\frac{\phi d_0}{1.75 H \gamma}$ 都归纳为常数 K，可得：

$$\frac{Q^2}{\Delta p} = K \left(1 - \frac{\varepsilon^3}{1 - \varepsilon}\right) \tag{7-36}$$

从式（7-36）可知，$Q^2/\Delta p$ 的变化代表了 $\varepsilon^3/(1 - \varepsilon)$ 的变化，生产高炉的 Q 和 Δp 都是已知的，可以直接计算。由于 ε 恒小于1，ε 的细小变化会使 ε^3 变化很大，所以 $Q^2/\Delta p$ 反映炉料透气性变化非常灵敏，可以作为冶炼操作中的重要依据，常把它称为透气性指数。

透气性指数把风量和高炉料柱全压差联系起来，更好地反映出风量必须与料柱透气性相适应的规律。它的物理意义是单位压差所允许通过的风量。在一定条件下，透气性指数有一个适宜的波动范围，超过或低于这个范围，说明风量和透气性不相适应，应及时调整，否则将会引起炉况不顺。因此，当前高炉都装有透气性指数这块仪表，作为操作人员准确判断或处理炉况的重要依据。

7.4.2 影响阻力损失的因素

有关 Δp 的公式只适用于炉身部位没有液相存在的块状带，而且是在固定床推导的，高炉中的炉料下降不是固定床，而是缓缓下降的移动床（只有在悬料时或开炉点火之前相当于固定床）。影响因素可归纳为两方面：一是属煤气流方面，包括流量流速、密度、黏度、压力、温度等；二是属原料方面，它包括孔隙度、透气性、通道的形状和面积以及形状系数等。这里只做一般的定性分析。

7.4.2.1 风量对 Δp 的影响

从上述 Δp 的公式可见：

$$\Delta p \propto w^{1.8 \sim 2.0}$$

即 Δp 随煤气流速增加而迅速增加。因此，降低煤气流速 w 能明显降低 Δp。然而，对一定容积和截面的高炉，煤气流速同煤气量或同鼓风量成正比。在焦比（燃料比）

不变的情况下，风量（或冶炼强度）又同高炉生产率成正比，这就形成了强化和顺行的矛盾。

$\Delta p \propto w^2$ 这一关系，在一定时期内曾束缚了一些高炉操作者，使他们在条件本来允许的情况下，也不敢强化高炉，担心提高冶炼强度，Δp 迅速升高会破坏高炉顺行。图 7-6 是从大量统计资料做出的 Δp 与 I 的关系，可见，随冶炼强度提高，Δp 开始直线增加，当冶炼强度达到一定水平后，Δp 几乎不再升高。这是因为高炉炉料处于不断运动状态（移动床），随冶炼强度提高，风量加大，燃烧加速，下料加快，炉料处于松动活跃状态，导致料柱孔隙率 ε 增加。

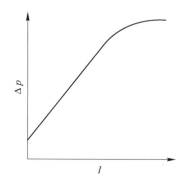

图 7-6   冶炼强度 I 与料柱
全压差 Δp 的关系

风量过大，超过了料柱透气性允许的程度，会引起煤气流分布失常，形成局部过吹的煤气管道，此时尽管 Δp 不会过高，但大量煤气得不到充分利用，必然导致炉况恶化。参考透气性指数来确定是否加减风量会给操作者带来很大方便。例如，加风之后，上升很多，透气性指数 $Q/\Delta p$ 已接近合适范围的下限，说明此时料柱透气性已接近恶化程度不可再增加风量了，如果指数下降，离下限还远，说明还允许再增加些风量。

7.4.2.2   温度对 Δp 的影响

气体的体积受温度影响很大，例如 1650℃ 的空气体积是常温下的 6.5 倍。因此，当炉内温度增高，煤气体积增大，如料柱其他条件变化不多，煤气流速增大，此时 Δp 增大。这直接反映在热风压力的变化上。例如炉温升高，热风压力随之升高，当炉况向凉时热风压力则降低。

7.4.2.3   煤气压力对 Δp 的影响

当炉内煤气压力升高，煤气体积缩小，煤气流速降低时，有利于炉况顺行。同时在保持原 Δp 的水平，则允许增加风量以强化冶炼和增产。这就是当代高炉采用高压操作的优越性。

7.4.2.4   炉料方面对 Δp 的影响

主要影响因素是炉料的透气性及与此有关的孔隙度 ε 和 Δp。为了改善炉料透气性以降低 Δp，首先应提高焦炭和矿石的强度，减少入炉料的粉末。特别要提高矿石的高温强度，增加其在高温还原状态下抵抗摩擦、挤压、膨胀、热裂的能力。这样即可减少炉内粉末，增大 ε 和 $d_当$，改善料柱透气性，降低 Δp。

其次要大力改善入炉原料的粒度组成，加强原料的整粒工作。一般来说，增大原料粒度对改善料层透气性，降低 Δp 有利。实验证实（见图 7-7），随料块直径的增加，料层相对阻力减小，但当料块直径超过一定数值（$D>25$mm）后，相对阻力基本不降低。当料块直径在 6~25mm，随着粒度减小，相对阻力增加不明显。若粒度小于 6mm，则相对阻力显著升高。

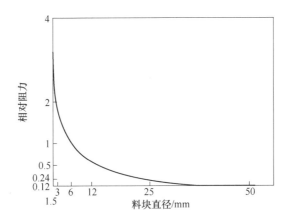

图 7-7　炉料透气性变化和矿块大小（用计算直径表示）的关系

可见，适于高炉冶炼的矿石粒度范围是 6~25mm，5mm 以下的粉末危害极大，务必筛除。对 25mm 以上的大块，得益不多，反而增加还原的困难，应予以破碎。使用天然矿的尤须如此。因此，靠增大原料粒度来提高 $d_当$，降低 Δp 是有限的。

在原料适宜的粒度范围内，如何达到粒度的均匀化，这是改善透气性至关重要的一面。图 7-8 是料层孔隙率与大、小料块直径及大、小块数量比的关系。对于粒度均一的散料，孔隙度与原料粒度无关，一般在 0.4~0.5。炉料粒度相差越大，小块越易堵塞在大块空隙之间。实验得到不同粒径比（小大）为 0.01~0.5 之间的七种情况，ε 都小于 50%，当细粒占 30%，大粒 70%，ε 值为最小。而且 $D_小/D_大$ 比值越小（见图 7-8 曲线 1），料柱孔隙率 ε 越小，反之 $D_小/D_大$ 比值越大，即粒度差减小，此时不但 ε 增大，其波动幅度也变小（见图 7-8 曲线 7，近于水平）。因此，为改善料柱透气性，除了筛去粉末和小块外，最好采用分级入炉（如分成 10~25mm 和 5~10mm 两级），达到粒度均匀。

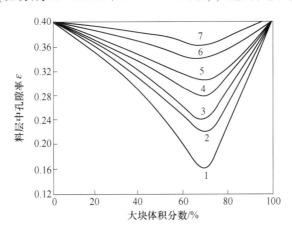

图 7-8　料层孔隙度同大、小块之间以及大、小块数量比的关系

总之，加强原料管理，确保原料的"净"（筛除粉末）和"匀"（减少同级原料上、下限粒度差），能明显地改善高炉行程和技术经济指标。粒度均匀可以减少炉顶布料的偏析，使煤气分布更加合理。原料分级和单级入炉可使 Δp 下降，减少煤气管道行程。同时

粒度均匀还能使炉料在炉内的堆角变小，布料时可使中心的矿石相对增多，抑制和防止中心过吹，所有这些都有利于煤气能量的合理利用，有利降低焦比，提高产量。

对 Δp 影响因素除上述有关煤气和炉料方面外，生产中还有很多因素影响 Δp 的变化。例如装料制度方面，发展边缘气流的装料制度有利于 Δp 降低，尤其影响高炉上部 Δp。反之，采用压制边缘气流（发展中心）的装料制度则不利于高炉上部 Δp 的降低，即不利于高炉顺行，但对煤气的利用有利。

7.4.2.5　高炉块状带煤气流分布的数值模拟

高炉煤气流的合理分布，是维护炉况稳定顺行与改善煤气利用率的重要因素。采用适当的上下部调剂手段控制和调节炉内煤气流分布是高炉最基本的操作方法之一。通过长期的高炉生产实践表明，作为上部调节手段的装料制度对高炉煤气流分布具有重要作用。封闭的高炉和复杂的炉况，对研究高炉煤气流的分布带来很大的困难。目前常通过监测炉顶煤气流的分布情况来估计高炉内部炉况、煤气流分布及软熔带形状。实际生产中，煤气流分布自下而上可分为风口回旋区的初始流分布，炉腰到炉身下部的煤气流分布和炉身上部分布。煤气经回旋区、滴落带及软熔带两次分布后进入块状带，受炉料分布不均的影响，发生煤气流的重新分布。炉料透气性好将促进煤气流发展，反之则抑制煤气流发展，甚至导致悬料、管道等炉况的发生。近几年数值模拟在高炉中的应用得到了飞速发展，高炉"黑匣子"的不可见性正在变得可见，其中布料与煤气间的影响关系也已成为了研究热门之一。下文通过数值模拟的流体软件，建立软熔带及块状带内煤气流的流动模型，分析了煤气流在散料层上升过程中的"整流"现象，并研究炉顶煤气流包含的实际信息，为指导实际高炉生产操作奠定基础。

本模型主要研究高炉软熔带及块状带的煤气流分布，认为高炉为轴对称且炉身直径相等，简化的二维模型如图 7-9 所示。模型中，矿石与焦炭层交替分布，在炉身下部矿石软化及熔化形成软熔带，而与软熔矿石交替的焦炭层成为"焦窗"。

实际中软熔带形状多样，不是模型中简单的倒三角形，而且滴落带中固、液、气三相运动也相当复杂。但本模型主要用来研究块状带、软熔带及下部因素对上部煤气流分布的影响，流出软熔带的煤气将受到块状带的"整流"作用而发生重新分布，因而不同的软熔带及下部条件将不会影响本节的结论。

本书主要利用流体力学的连续性方程、动量方程、湍流模型方程及欧根方程建立数学模型，其中欧根方程反映了煤气流穿过料层的压力损失变化。在模型中焦炭、矿石及软熔带用不同的空隙度、颗粒粒径、形状因子来表现各层不同的透气性与压力损失。通过给定边界条件，可对模型进行离散求解。

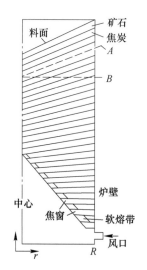

图 7-9　煤气流模型示意图

当矿焦层厚度相等，且各料层透气性分布均匀，则模拟所得的煤气流、等压线及流线分布如图 7-10 所示。从图 7-10 中可见，煤气出软熔带时，在"焦窗"处有较大流量分布，软熔带底部的煤气流量相对于较小。受软熔带形状影响，煤气出软熔带后中心煤气流很大，但煤气进入透气性分布均匀的料层后，煤气流发生重新分布简称"整流"，即煤气流径向分布随各料层透气性的分布而变化。高炉中焦炭层与矿石层交替分布，煤气上升过程中常在透气性小的矿石层受阻，为达到煤气流经过路径最短、压损最小，煤气流动方向趋于垂直料面。由于轴向上方的矿石层影响，在透气性较好的焦炭层，则煤气流动方向偏向于壁边。从图7-10中料面的煤气流分布可清楚看出料面形状对炉顶煤气分布的影响，中心煤气流速大，且随靠近壁面煤气流速递减，这是由于料面倾角的存在，较低的中心料面促进了炉顶中心煤气流的发展。因而料面形状对炉顶煤气流的布影响也是相当大的。从图7-10中煤气的等压线可看出，煤气在软熔带的顶部压损最大，占总压损的一半以上。各料层中煤气压损也有很大不同，矿石层压降梯度较大，且等压线平行于料层倾面。焦炭层压损远小于矿石层，等压线偏于水平。在料面附近，高炉中心煤气的流速与压力梯度均较大，这也是由于料面倾角引起的。从图7-10中煤气流线可见，煤气在从风口进入后在软熔带受阻，绕过阻力较大的熔化矿石层，从焦炭层流出，在软熔带顶部的"焦窗"分布有大量的煤气流。进入块状带后，煤气流发生"整流"，使煤气流趋于均匀，并在交替的矿焦层内流动，直至流出料面进入空区，成为炉顶煤气。

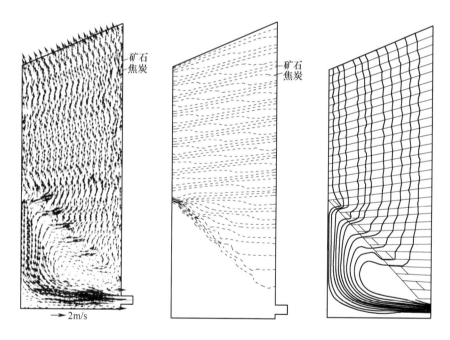

图7-10　炉料均匀分布下煤气流 、等压线和流线分布图

　　高炉结瘤将改变炉身的内部形状，从而导致煤气流分布的变化。炉墙上大范围的结瘤，将形成新的内壁面，由于内径变小，流速均应相对增加。而小块结瘤改变局部煤气流分布，这将可能导致大范围的结瘤和悬料的发生。图7-11模拟了高炉炉壁结瘤时炉内煤气流、等压线及流线分布图，结瘤厚度为炉身半径的20%。

　　从煤气流的速度矢量图7-11（a）可见，壁边附近的煤气流上升到结瘤处受阻，煤气流将绕过瘤体，分布发生变化，瘤体附近的煤气流相对较大。但当煤气流到瘤体上方时，由于瘤体上方压强较低，煤气向壁边流去，再次发生局部"整流"，直至整个料层的煤气流分布与炉料透气性分布一致。从图 7-11（b）的压力分布图可见，煤气流在结瘤处局部压损很大，而瘤体上下部位的料层由于煤气的绕行，相应的流速较小，因而压损也相对变小。与瘤体所在的同一料层由于相对炉身内径减小，则煤气流速增大，导致压损上升，特别在靠近瘤体处，绕流而成的煤气流很大，压损也就更大。因而，当炉墙厚时会使煤气总压损增大，且瘤体所在层的压降梯度也将变大，这将可能导致高炉悬料的发生。

从流线图 7-11（c），可清楚看出煤气流绕过瘤体，使煤气流分布发生变化，但上部均匀炉料的"整流"又使煤气流分布回归均匀。可见在块状带，初始的煤气流分布影响距离相当有限，煤气流分布趋向于由炉料自身分布状况决定。因而，如果结厚处离料面较远时，由于料层的"整流"作用，因此炉顶煤气流分布是无法反映下部结瘤状况的。但从壁边煤气绕流可见，壁边局部结瘤可延长煤气流动路径，从而将提高壁边煤气的利用率，使壁边炉顶煤气流的 CO_2 浓度增大。可见，虽然炉顶煤气流的分布不能反映高炉内部的炉况，但炉顶煤气的 CO_2 分布曲线却能用来判断炉内结瘤等状况。

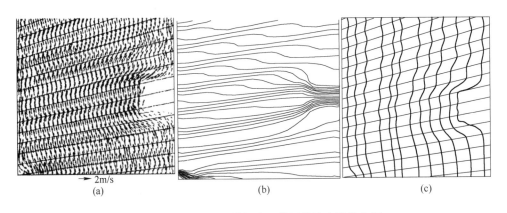

图 7-11　高炉结瘤下煤气流、等压线及流线分布图

不均匀布料时煤气流的变化。料面形状及矿焦比分布受装料影响最大，尤其是无钟炉顶的使用，炉料表面的矿焦比分布就显得更为复杂。图 7-12 模拟了炉料装入后，料面分布有单环矿石层时煤气流分布情况。可见，由于受到最上部装入透气性较差的矿石层影响，煤气流在接近料面时分布发生变化，在矿石层下部的煤气趋向于绕过矿石层流出料面，特别在高炉中心，料面低，透气性又好，因而煤气集中从料面中心溢出，使炉顶中心煤气流最

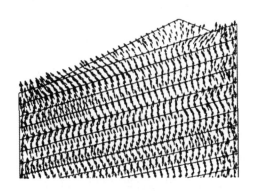

图 7-12　料面不均匀下煤气流分布图

大。当布料时装入矿石的表面煤气流较小，而在环间或矿焦比较小处的煤气流将较大，这大大改变了炉顶煤气分布，因此炉顶煤气流的分布最能反映的是料面形状及分布情况。

图 7-13 为此情况下料面煤气流径向分布曲线。从曲线可看出，内部均匀的块状带分布由于受料面分布的影响，而使炉顶煤气流分布成"W"形，因而料面处炉料的分布情况将直接影响炉顶煤气分布，通过炉顶煤气分布来预测下部煤气的分布情况受装料干扰很大。

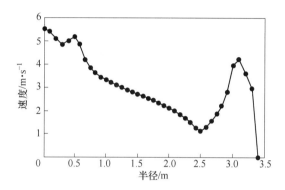

图 7-13　料面煤气流径向分布曲线

7.5　高炉内的热交换

7.5.1　水当量

高炉是竖炉的一种，竖炉热交换过程有一个共同的规律，即温度沿高度的分布呈 S 形变化。为研究和阐明这个问题，常引用"水当量"概念。

$$W_{料} = G_{料} \cdot c_{料}$$
$$W_{气} = V_{气} \cdot c_{气}$$

式中　$W_{料}$，$W_{气}$——炉料和煤气的水当量，kJ/(h・℃)；

　　　　$G_{料}$——每小时通过的炉料量，kg/h；

　　　　$c_{料}$——炉料的比热容，kJ/(kg・℃)；

　　　　$V_{气}$——每小时通过的煤气量，m³/h；

　　　　$c_{气}$——煤气的比热容，kJ/(m³・℃)。

在高炉内炉料的水当量，是指单位时间内，通过高炉的某一截面的炉料，温度升高 1℃ 所吸收的热量；而煤气的水当量则指单位时间内，通过高炉某一截面的煤气，温度降低 1℃ 所放出的热量。二者比值的变化，可以表明高炉内热交换进行的情况：

（1）当（$W_{料}/W_{气}$）< 1 时，炉料加热速度较快，而煤气冷却较为缓慢，炉顶煤气温度往往较高；

（2）当（$W_{料}/W_{气}$）> 1 时，炉料吸收煤气大量热量，炉顶煤气温度降低，煤气利用较好；

（3）当（$W_{料}/W_{气}$）= 1 时，炉料吸热与煤气放热基本保持平衡，煤气和炉料温度变化都不大。

实际上高炉并非是一个简单的热交换器，在煤气与炉料进行热交换过程中，还发生一系列化学反应，因此沿高炉高度上炉料和煤气的水当量是变化的。高炉上部煤气热量主要消耗在加热炉料、水分蒸发、部分碳酸盐分解。在消耗热量的同时，由于间接还原反应的进行要释放出热量，因此炉料温度升高1℃所需热量较少即 $W_料$ 较小；而在高炉下部，因炉料进行大量直接还原，加上未分解的碳酸盐分解，渣铁熔化和过热，消耗热量很大，而且越到高炉下部，消耗的热量也越多，即 $W_料$ 不断增大。对于煤气，其水当量的变化情况不同于炉料。因煤气上升过程中体积增大，组成中 CO_2 含量也增多，所以煤气的水当量在上部要比下部稍大些。但与炉料的水当量变化相比是微不足道的，一般可以认为沿高炉高度上 $W_气$ 是基本不变的。

7.5.2　炉内温度的变化和分布规律

冶炼过程中燃料在风口带与热风反应形成高温煤气。它既是还原剂又是载热体。在煤气由下至上的运动过程中既还原了矿石又将热量传给了炉料，提供升温及各种物理及化学变化所需的热量，这种热量交换十分复杂，涉及多种热量交换方式。由于煤气和炉料的温度沿着高炉高度不断变化，因此要准确计算各部分传热方式的比例很困难。大体上可以说，炉身上部主要进行的是对流热交换，炉身下部温度很高，对流热交换和辐射热交换同时进行，料块本身与炉缸渣铁之间主要进行传导传热。

热交换方程可以用基本方程式表示：

$$dQ = \alpha_F F(t_{煤气} - t_{料})d\tau \tag{7-37}$$

式中　dQ——$d\tau$ 时间内煤气传给炉料的热量；

$\quad\quad\alpha_F$——传热系数，$kJ/(m^2 \cdot h \cdot ℃)$；

$\quad\quad F$——散料每小时流量的表面积，m^2；

$t_{煤气} - t_{料}$——煤气与炉料的温度差，℃。

单位时间内炉料吸收的热量与炉料表面积、煤气与炉料的温度差及传热系数成正比，而 α_F 又与煤气流速、温度、炉料性质有关。在风量、煤气量、炉料性质一定的情况下，dQ 主要取决于 $t_{煤气} - t_{料}$。然而，由于沿高度煤气与炉料温度不断变化，因而煤气与炉料温差也是变化的，这种变化规律如图7-14所示。

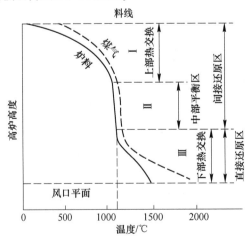

图7-14　高炉热交换过程示意图

沿着高炉高度与炉料之间热交换分为三段。

（1）上部热交换区（Ⅰ）。此区中 $W_{料} < W_{气}$，即炉料温度升高1℃所需热量小于煤气温度降低1℃所放出的热量。在此情况下炉料容易被加热，炉料装入高炉后下降不大的距离内，便被加热到与煤气温度差不多的程度。

（2）下部热交换区（Ⅲ）。此区内 $W_{料} > W_{气}$，即炉料温度升高1℃所需热量大于煤气温度降低1℃所放出的热量。在此情况下炉料强烈的吸热，热交换进行最激烈；而且随着直接还原的发展，炉料和煤气的温差越大，热交换的强度越大。

（3）空区即热储备区（Ⅱ）。此区域中 $W_{料}/W_{气} = 1$，即在高炉内由上到下热交换强度逐渐转变过程中，出现 $W_{料}$ 接近甚至等于 $W_{气}$ 的情况，煤气和炉料温差较小甚至接近，此时热交换非常缓慢，甚至不再进行，煤气组成变化也很小。如图7-14所示，在距风口以上10~15m区间，$\varphi(CO_2)/\varphi(CO + CO_2)$ 比值几乎不变，这间接表明，FeO被CO的还原接近平衡状态。但在强化冶炼时，则不存在上述情况，间接还原反应及热交换仍在进行（含 H_2 的还原）。这个区域称为热交换空区（空段）或热储备区。空区的温度随冶炼条件不同而异，在熔剂用量大时，取决于石灰石大量分解的温度（850~900℃）；而在使用熔剂性烧结矿时，则取决于大量直接还原开始的温度（950~1100℃）。当温度高于空区温度时，$W_{料}$ 才开始增大，进入下部热交换区。在图7-14中，$\varphi(CO_2)/\varphi(CO + CO_2)$ 比值增大或减小的区域，即为空区开始或结束的区域。

不同高度的高炉，或同一高炉的横截面上各部分的物料，水当量是不相同的。如高炉边缘和中心通过煤气多，形成 $W_{料} < W_{气}$ 的条件，炉料和煤气热交换，在上部和下部进行激烈，而在中部则缓慢，这种情况下，煤气沿高炉高度上的温度分布曲线，就具有明显的"S"形特征；而在矿石集中的地方，煤气流通量少，$W_{料} > W_{气}$，此时在高炉上、中、下部热交换都较激烈进行，这种情况下，沿高炉高度上的温度分布曲线就不具有"S"形特征。

高炉生产实践表明，高炉热交换过程基本上符合上述三段热交换区的规律。国外在20世纪70年代实测的沿高炉纵向温度曲线（见图7-15）指出，虽然高炉空区的部位因生产条件不同而有差别，但煤气温度相对稳定区总是存在的；而且煤气温度曲线的规律性也大体上是一致的。

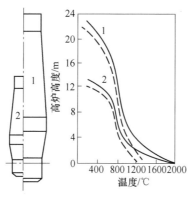

图7-15 靠近炉墙的纵向温度分布

1—大高炉；2—小高炉

改善煤气能量利用高炉内煤气和炉料逆流热交换过程具有很好的接触条件，热交换效率很高，可以达到75%～85%。正确运用热交换规律，便能改善煤气能量利用，减少燃料消耗。

7.5.2.1　高炉上部热交换对炉顶温度的影响

根据炉料及炉料水当量和热平衡原理，高炉上部热交换区的任一截面上，固体炉料加上煤气带走的热量，应该等于该截面上煤气原来所含的热量（不计炉料入口的温度）即：

$$W_\text{气} \cdot t_\text{空} = W_\text{料} \cdot t_\text{空} + W_\text{气} \cdot t_\text{顶} \tag{7-38}$$

即

$$t_\text{顶} = t_\text{空} \cdot \left(1 - \frac{W_\text{料}}{W_\text{气}} \right)$$

式中　$t_\text{空}$，$t_\text{顶}$——热交换空区和炉顶煤气温度，℃。

由式（7-38）得知，炉顶煤气温度取决于空区温度，以及$W_\text{料}/W_\text{气}$的比值。降低炉顶温度可以促进高炉内热交换和煤气热能利用，而一切增大$W_\text{料}/W_\text{气}$比值的措施，都可以降低炉顶温度。例如提高风温、降低焦比、富氧鼓风等都将使单位生铁煤气量减少，$W_\text{气}$下降，则$W_\text{料}/W_\text{气}$值增大，最终使炉顶温度降低。如果提高风温的同时，焦比不变，则$W_\text{料}/W_\text{气}$比值基本不变，因而炉顶温度变化也不大。焦比升高时，煤气量增大，则$W_\text{气}$增加，$W_\text{料}/W_\text{气}$比值降低，炉顶煤气温度就将上升。炉料热装时，如热烧结矿入炉，则使$W_\text{料}$减少，$W_\text{料}/W_\text{气}$比值降低，炉顶温度会升高。因此，设法增大$W_\text{料}/W_\text{气}$比值、避免减小比值的各项措施，都将利于炉顶煤气温度的降低和煤气利用的改善。

7.5.2.2　高炉下部热交换及其对炉缸的影响

同样根据热平衡和热交换的原理，可以推导出高炉下部热交换区炉缸温度和$W_\text{料}/W_\text{气}$比值的关系：

$$W_\text{料} \cdot t_\text{缸} - W_\text{料} \cdot t_\text{空} = W_\text{气} \cdot t_\text{气} - W_\text{气} \cdot t_\text{空} \tag{7-39}$$

式中　$t_\text{缸}$，$t_\text{气}$——炉缸内炉料（渣、铁）和煤气的温度，℃。

由于空区内$W_\text{料} \approx W_\text{气}$，因此可将式（7-39）化简为：

$$W_\text{料} \cdot t_\text{缸} = W_\text{气} \cdot t_\text{气}$$

即

$$t_\text{缸} = \frac{W_\text{气}}{W_\text{料}} \cdot t_\text{气}$$

炉缸温度主要取决于$t_\text{气}$和$W_\text{气}/W_\text{料}$比值。一切有利于炉缸煤气温度升高和$W_\text{气}/W_\text{料}$比值增大的因素，都将促进炉缸温度升高。例如提高风温而焦比保持不变，则$W_\text{气}/W_\text{料}$比值一定，但$t_\text{气}$增加，因而渣铁温度升高。如果提高风温又降低焦比，结果$t_\text{气}$增加，但$W_\text{气}/W_\text{料}$比值下降，则可能炉缸温度变化不大。富氧鼓风时，单位生铁的炉缸煤气量减少，$W_\text{气}/W_\text{料}$比值下降，但煤气温度升高比$W_\text{气}/W_\text{料}$比值下降的影响要大，结果炉缸温度是升高的。在焦比不增加条件下，增大风量可使单位时间内燃烧的焦炭量增加，炉缸热量收入增多，单位生铁的热损失减少，有利于提高炉缸煤气温度，从而促使炉缸渣铁温度升高。在小高炉提高冶炼强度后，可能出现这种情况。

7.5.2.3　热交换空区

在高炉热交换空区，煤气与炉料温差仅20～50℃，$W_\text{气}$与$W_\text{料}$很接近，热交换作用非常微弱。无论高炉大小，操作条件如何，在高炉炉身中下部总是存在着热交换空区。在实际生产高炉中，不乏有效高度相差悬殊而炉顶煤气温度相差不多的高炉实例，因此，炉型发展趋向矮胖。

但是高炉过矮，将导致煤气利用恶化。如某钢厂高炉曾把炉身缩短，高炉有效高度和炉腰直径之比降到 2.61，结果和冶炼条件相似，但与高径比为 2.91 的另一高炉相比，燃料比高出约 80kg/t，煤气 CO_2 含量（体积分数）低约 1%。

事实上高炉热交换空区把高炉分成两段，上部主要是对炉料进行加热和预还原，而下部主要是最终冶炼加工和过热。空区起着缓冲作用，如高炉偶然的坐料或崩料不会影响到焦比的升高。空区越大，高炉热惯性越大，则热量波动越小。因此，试图过大地减小高炉高度是不利的。与此相反，过分地增加高炉高度以保持大的空区也是不经济的，而且不利于高炉的顺行和强化。

在冶炼条件稳定情况下，热交换区也相对稳定；当冶炼条件改变时，热交换区也将有所变化。例如在焦比不变条件下，临时提高风温，将使理论燃烧温度升高，但煤气体积基本不变，下部热量加多，温差增大，促使渣铁温度升高，其总的影响将使下部热交换区扩大，高度上延；但进入到热交换空区的煤气体积与温度仍保持不变，故对上部热交换区无影响。又如炉料打水，由于炉料水分加热和蒸发，吸收热量增多，$W_{料}$ 加大，结果更多地吸收了煤气热量，使炉顶煤气温度下降，其结果是上部热交换区下延，缩小了空区高度，但进入空区的炉料最终温度不变，对下部热交换区不产生影响。同样用热烧结矿、干燥矿石都只能提高炉顶煤气温度，而不影响下部热交换区的热平衡（忽略空区大小对间接还原进行的某些影响）。

总之，改变冶炼条件，上下部热交换区的高度会发生变化，会引起炉缸温度和炉顶煤气温度的改变。只要上下部热交换区之间隔着热交换空区，则上下部热交换区是相对独立而互不影响，这也是可以用下部区域热平衡来计算高炉焦比的理论依据。

7.6　炉料与煤气运动的失常

7.6.1　管道行程

为了保证煤气流的合理分布，使其热能和化学能得到充分利用，必须时刻制止各种煤气流分布失常的现象，其中最常见的就是管道行程。

所谓管道行程，是指高炉截面的某一个局部地区煤气流量过大的现象。所以，广义地讲，边缘和中心煤气流过分发展，也属于管道行程的一种，只是范围更加扩大而已。

煤气管道行程的结果：一方面，是由于煤气能量利用变坏使燃料比升高；另一方面，在产生管道时也容易因边缘矿石过早熔化（边缘气流过分发展时）或边缘矿石还原不足（管道产生在其他部位而使边缘气流过少时）而产生高 FeO 初渣，这种初渣和焦炭接触时会使已熔初渣重新凝固，炉墙结厚长瘤，妨碍炉料正常下降。

生产实践表明，凡能促使煤气分布不均的因素，都能促进管道形成。如布料不均使某些地方透气性特别好，对煤气上升的阻力小就会出现管道；各风口风量不均，进风多的风口前焦炭燃烧的空间大，不但产生的煤气量多，同时其上方由于下料快，料柱也较松动，因此在这个方向上也易出管道。大风操作时，煤气流速大，当料柱局部地区煤气速度达到一定限度时，部分小块炉料开始悬浮，就可能吹出或吹到其他地方，使这一区域透气性改善，而透气性改善又使通过的煤气量进一步增加，引起更多的炉料被吹走，这样恶性循环，最后形成管道。大量喷吹燃料后，由于鼓风动能增大，煤气量显著增多，故更易出现管道，特别是在高炉中心。

综上所述，引起煤气管道行程的根本原因主要是煤气流速太快和原料处理不好（尤其是粉末多）。

消除管道应该从改善原料（特别是筛除粉末）、加强操作两方面入手。降低煤气流速就意味少鼓风，降低冶炼强度，为高产所不允许。在原料一定条件下，只能改进操作，通过合理的上下部调剂来消除管道行程，达到高产、低耗。

生产实践指出，加大料批对抑制管道行程有明显效果。批重大，料层厚，粉末不易吹出，且煤气分布趋于均匀，这样既利于消除管道，又能充分利用煤气能量。鞍钢某高炉在原料较差的条件下，采用"大批重（矿批由17t增大到36t）、大风量、大喷吹量、大风口"的操作，消除了管道，利用系数也由1.82提高到1.90，获得了稳产、高产、低焦比的良好效果。

7.6.2　液泛现象

在高炉下部滴落带，焦炭是唯一的固体炉料，在这里穿过焦炭向下滴落的液体渣铁，与向上运动的煤气反向流动，在一定条件下，液体被气体吹起不能降落，这一现象称为液泛。

据实验研究，高炉中产生的液体渣铁沿着软熔带内侧下流，并在软熔带下端汇聚后泻下，在风口前下降的液体，一旦进入回旋区即被雾化，在离心力作用下而聚集到边缘，达到一定数量就沿回旋区外壁下落。不同类型的软熔带会造成不同的气流方向，使液体流动发生变化。倒"V"形软熔带，液体大部分集中边缘，由于高温气流经此穿越，故渣铁温度较高；"V"形软熔带，液体大部分集中中心落下，加热条件差，渣铁温度低；"W"形软熔带，液体主要集中在中间圆环区域，受热状况与渣铁温度介于二者之间。高炉下部和炉身干区不同，这里唯一尚存的固体炉料是焦炭，在与煤气流向上的同时，液体渣铁往下滴落穿过焦炭的空隙，在气、固、液三相之间进行着剧烈的传热、还原与气化反应。

煤气流穿过焦炭层的阻力，显然还受到向下流动的液态渣铁的阻力影响，而且渣铁量越多和炉渣黏度越大时，其阻力损失也越大。当煤气流速升高到一定值时，煤气的压力梯度的垂直分量大于液体的重力，液体便被托住并被气流带走，渣铁将完全被煤气流托住而下不来，类似沸腾的牛奶，液层变厚，液体被气体吹起，便产生液泛现象。当液体密度和黏度提高时，散料空隙更易被堵塞，气流阻损增加，更易产生液泛。当出现这种现象时，风压也将剧增，高炉的顺行炉况受到破坏。

液泛不仅与气流速度有关，也与滴落的液体数量等一系列因素有关。如果将有关因素归纳为两个因子，一个为流量比$(f \cdot r)$，一个为液泛因子$(f \cdot f)$，则得：

$$f \cdot r = \left(\frac{L}{G} \right) \cdot \sqrt{\frac{\rho'_G}{\rho_L}} \qquad (7\text{-}40)$$

$$f \cdot f = \left(\frac{w_2 \cdot s_0}{g \varepsilon^2}\right) \cdot \left(\frac{\rho_G}{\rho_L}\right) \mu^{0.2} \tag{7-41}$$

式中　w——上升气流的空炉速度，m/s；

　　　s_0——填充粒子的比表面积，m^2/m^3；

　L，G——液体、气体的空炉流量，$kg/(m^2 \cdot s)$；

ρ_G，ρ_L——液体、气体的密度，kg/m^3；

　　　μ——液体黏性系数，$mPa \cdot s$；

　　　ε——空隙度；

　　　g——重力加速度，$9.8 m/s^2$。

依据模型实验与高炉实际分析，可将流量比与液泛因子作图（见图 7-16），该图中以曲线为界，左下方为安全操作区，右上方为液泛区。在实际生产中的一定操作条件下，都有一个界限气体流速，超过这一流速将产生液泛。如果滴落的液体数量增加，则界限流速随之降低。

从图 7-16 可以看出，形成液泛的主要因素是渣量（渣量增加则 L/G 值增大）、煤气流速、填充物（焦炭）的比表面积和黏度系数等。高炉生产中出现液泛现象，通常发生在风口回旋区的上方和滴落带。当气流速度高于液泛界限流速时，液态渣铁便被煤气带入软熔带或块状带，随着温度降低，渣铁黏度增大甚至凝结、阻损增大，造成难行、悬料。因此，减小煤气体积（如高压、富氧、低燃料比等），提高焦炭高温强度，使用粒度较大的焦炭，改善料柱透气性，提高品位，改进炉渣性能等，均有利于减少或防止液泛产生。

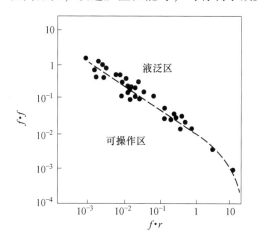

图 7-16　液泛示意图

在一般情况下高炉内不会发生液泛现象，但若渣量过大，炉渣的表面张力又小，而其中 FeO 含量又高时，很可能产生液泛现象。

7.6.3　悬料

高炉炼铁过程中，炉料停止下降超过一定时间（如一些厂规定为下降 1~2 批料的时间）是为悬料。它是炉况失常的一种表现。

悬料可发生在高炉的上部或下部。悬料发生时炉况表现为：

（1）炉料下降极慢或停滞；

（2）风压突然升高或冒尖，上部悬料风压上升较少但上部压差升高，下部悬料风压上升较多同时下部压差升高；

（3）风量减少或突然锐减；

（4）透气性指数明显下降；

（5）炉顶压力由于煤气量减少而下降；

（6）炉顶温度开始时由于下料慢而上升，同时曲线变窄，在连续悬料后煤气量剧减，炉顶温度下降；

（7）上部悬料在风量减少不多时风口前焦炭仍然活跃，下部悬料因风量减少较多则不活跃，严重时几乎不动。

上部悬料产生的原因有：

（1）煤气分布严重失常，中心与边缘的 CO_2 相差大于 4%；

（2）管道被堵死后立即悬料；

（3）炉料偏行，致煤气分布不均；

（4）冶炼强度与炉料透气性不相适应，冶炼强度与含粉率不相适应；

（5）炉温急升、处理不当等。

下部悬料产生的原因有以下几种。

（1）造渣制度失常：渣碱度变化大，由长渣变短渣。炉温升高，渣碱度升高。高 Al_2O_3，低 MgO 的炉渣流动性差。

（2）焦炭质量变差，粉末多，焦粉末进入炉渣，炉渣变黏稠。

（3）炉腰或炉腹结瘤。

（4）休风时间长，特别是重负荷无计划休风时间长，热损失大，复风后的低炉温（复风进度过快）致使炉缸变凉。

（5）高炉操作不当。加风（超过正常风量的 10%）或提风温（1h 以内多次提风温，幅度大于 50℃）过猛。

（6）低料线时间长，使成渣带温度降低，初渣易凝固；加大了焦炭和矿石的落下距离，增加了粉末的产生，减少了炉料预热。低料线的料称为乱料，乱料下达软熔带和炉缸时，高炉不好操作，或出现操作不当。乱料下达炉缸，煤气流分布不合理，炉况难行，出现崩料，最后导致悬料。

悬料一发生即需尽快处理以使损失最小。首先要迅速减风，降低风压，使压差低于正常水平，将高压操作改常压；停止高炉喷吹燃料相应减轻焦炭负荷；炉温充足时多减风温（如减 50~100℃ 或更多）。这些措施的目的在于争取不采用坐料而炉料自动向下运动，对于上部悬料比较有效。

以上措施无效时立即在打开渣口或出铁后放风坐料，回风后的风量及压差应低于正常水平。如需要再次坐料，两次间隔需一定时间，否则炉料不易坐下，而且料柱越压越紧，恢复更难。如坐料两次以上包括放风至零仍然无效，则采取休风坐料。堵部分风口，送风后先装若干批净焦，按较正常为低的压差操作，采取适当发展边沿的装料制度并相应减轻负荷。赶料不可过急以防再次悬料。对炉凉顽固性悬料，为改善料柱透气性及制止炉凉，应大量减轻焦炭负荷或集中加焦。如悬料特别顽固，甚至休风坐料也无效，可强行加风，争取在较短时间内多烧掉焦炭为坐料创造条件，但此时风压以不高于正常风压为宜。

习题和思考题

7-1 传输过程在高炉反应中有何重要性？

7-2 煤气在炉内的分布及其运动状态与高炉作业中的还原、传热及炉料运动等有何关系？

7-3 煤气在散料层中运动时，分析其影响其 $\Delta p/H$ 有何关系，为什么？

7-4 什么是理论燃烧温度，它在高炉冶炼中起何作用？

7-5 试述高炉中发生悬料的机理（分上部悬料、下部悬料）。

7-6 试分析流体流量比 K 及液泛因子 f 的物理意思，并且由此导出如何以这两个参数的关系表示液泛现象的规律。

7-7 从理论上来讲，决定散料体空隙度的因素有哪些？

7-8 试述高炉高度方向上的温度分布特征。

7-9 试述水当量的定义及其在高炉高度方向上的变化特征，并以此分析影响高炉炉顶煤气温度、炉缸渣铁温度的因素。

7-10 简单说明高炉内煤气在上升过程中量与成分的变化。

7-11 风口前焦炭循环区的物理结构如何，风口前碳的燃烧在高炉过程中所起的作用是什么？

参考文献及建议阅读书目

[1] 梁中渝. 炼铁学 [M]. 北京：冶金工业出版社，2009.

[2] 贾艳，李文兴. 高炉炼铁基础知识 [M]. 北京：冶金工业出版社，2010.

[3] 王筱留. 钢铁冶金学 [M]. 北京：冶金工业出版社，2000.

[4] 吴胜利 王筱留. 钢铁冶金学（炼铁部分）[M]. 4版. 北京：冶金工业出版社，2000.

[5] Von Boghandy L, Engele H J. The Reduction of Iron Ore [M]. Berlin：Springer Verlag, 1977.

[6] Turkdogan E T. Physical Chemistry of High Temperature Technology [M]. New York：Academic Press, 1980.

[7] 王广伟，张建良，苏步新，等. 考虑化学反应平衡的理论燃烧温度计算 [J]. 2012，47（4）：9-13.

[8] 朱清天，程树森. 高炉块状带煤气流分布的数值模拟 [C]. 中国金属学会，全国炼铁生产技术会议暨炼铁年会文集，2006.

8 高炉冶炼操作及强化技术

科技攻关

攀枝花地区蕴藏着丰富的钒钛磁铁矿，是我国三大铁矿之一，与铁矿共生的钒、钛资源在全国和世界占有重要地位。

用普通大型高炉冶炼钒钛磁铁矿，尤其是冶炼时炉渣中 TiO_2 含量高于22%的高钛型钒钛磁铁矿，过去国内外都认为是不可能的。由于技术上的原因，用常规方法冶炼将会出现炉渣黏稠、渣铁不分、炉缸堆积等现象，使正常生产难以进行。

为解决用普通大型高炉冶炼高钛型钒钛磁铁矿的世界性难题，1964年，冶金部汇聚全国钢铁领域科技力量，集中了一大批冶金行业著名的专家学者和有丰富实践经验的高炉炉长、工长以及技术人员，共"108将"。在那激情燃烧的峥嵘岁月，"108将"响应时代号召，积极担负起国家使命，全心投入科技攻关。从1964年到1967年，试验组辗转承德、西昌、北京等地，创造性地开展了1000多次试验。1970年7月1日，攀钢第一炉铁水顺利"分娩"。以此为标志，攀钢打开了攀西资源宝库的大门，开启了用普通大型高炉冶炼高钛型钒钛磁铁矿的世界先河。由攀钢创造出的普通大型高炉冶炼高钛型钒钛磁铁矿新工艺，实现了高钛型钒钛磁铁矿从无法冶炼到工业生产的跨越。1979年，该技术成果获得国家发明奖一等奖。

进入20世纪90年代中期，攀钢以钒钛磁铁矿高炉冶炼为中心，开展系统的科技攻关，进行了系列科学试验和理论研究，成功开发出钒钛磁铁矿高炉强化冶炼新技术，在入炉品位低的原料条件下，高炉利用系数达到国内外先进水平。自1998年下半年以来，高炉利用系数一直保持在2.0以上，1999年一季度平均利用系数为2.143，入炉焦比降到484kg/t，吨铁喷煤98.54kg，取得了巨大的经济效益。2000年1月20日，攀钢历经6年自主研发的科技攻关项目——攀钢"钒钛磁铁矿高炉强化冶炼新技术"获国家科学技术进步奖一等奖。

8.1 高炉冶炼的特点

高炉冶炼是把铁矿石还原成生铁的连续生产过程。铁矿石、焦炭和熔剂等固体原料按规定配料比由炉顶装料装置分批送入高炉，并使炉喉料面保持一定的高度。焦炭和矿石在炉内形成交替分层结构。矿石料在下降过程中逐步被还原、熔化成铁和渣，聚集在炉缸中，定期从铁口、渣口放出。

鼓风机送出的冷空气在热风炉加热到 800~1350℃ 以后，经风口连续而稳定地进入炉缸，热风使风口前的焦炭燃烧，产生 2000℃ 以上的炽热还原性煤气。上升的高温煤气流加热铁矿石和熔剂，使其成为液态；并使铁矿石完成一系列物理化学变化，煤气流则逐渐冷却。高炉炼铁即是下降料柱与上升煤气流之间进行剧烈的传热、传质和传动量的过程。

8.1.1 高炉冶炼的任务

将铁矿石冶炼成合格生铁是高炉冶炼的根本任务。高炉冶炼过程在密闭的容器内进行，经历一个极为复杂的物理化学的反应过程，实质上冶炼过程基本上是氧的传输与热的交换过程。铁矿石在炉内不断下降，随着温度的升高，铁氧化物逐渐失氧而被还原、熔化，最终冶炼成合格生铁。

高炉生铁工艺与其他冶金工艺过程比较，具有以下几大特点：

（1）生产过程的连续性；

（2）生产过程中炉料与煤气相对运动；

（3）高炉炼铁反应在密闭的容器中进行；

（4）庞大的生产体系与巨大的生产能力。

8.1.2 高炉操作的指导思想

高炉冶炼生产的目标是在较长的一代炉龄（例如 15 年或者更长）内生产出尽可能多的生铁（如 $13000~15000t/m^3$），而且消耗要低，生铁质量要好，经济效益要高，环境污染要小，概括起来就是以"高效、优质、低耗、长寿、环保"为指导思想。高炉的顺行、稳定是优质、高产、低耗必要的前提条件，均衡生产是关键，安全生产是保障。

8.2 高炉操作基本制度

高炉操作的基本制度，是在一定的生产操作条件下，以高炉冶炼的基本理论为依据，以优质、低耗、高产、长寿、环保为目的而制定的工作准则。由于高炉冶炼具有共同的客观规律，所以基本操作制度具有共同性，但因各高炉的具体生产和冶炼条件不同，各高炉的操作制度又具有其特殊性。

操作制度包括装料制度、送风制度、热制度、造渣制度以及冷却制度。它们彼此之间既有联系，又有各自的特定内容。

8.2.1 装料制度

装料制度是高炉上部调剂的手段，选择正确的装料制度可以保证高炉顺行，获得合理的煤气流分布，充分利用煤气的热能和化学能。

由于炉顶装料设备的密闭性，导致炉料在炉喉分布的实际情况是无法直观地观测到的。生产中是以炉喉处煤气中的 CO_2 分布、煤气温度分布或煤气流速分布作为上部调节的依据。一般来讲，炉料分布少的区域或炉料中透气性好的焦炭分布多的区域煤气流大，相对地，煤气中 CO_2 含量较低，煤气温度较高，煤气流速也快；反之亦然。长期以来，在生产中根据上述三个依据之一进行上部调节。现在检测技术的进步，操作者利用红外摄像、激光技术可准确地进行上部调节。上部调节具有以下作用：

（1）根据原燃料的物理性质，改变粒度及组成在炉喉的分布；

（2）改变炉料在炉内的堆尖位置；

（3）利用原料对焦的不同，改变炉料在炉喉的分布；

（4）通过料层的厚度和均匀程度，调整煤气的分布；

（5）控制和纠正煤气分布的合理性。

从煤气利用角度出发，炉料和煤气在炉子横断面上分布均匀，煤气对炉料的加热和还原就充分。但是从炉料下降，炉况顺行的角度分析，则要求炉子边缘和中心气流适当发展。边缘气流适当发展有利于降低固体料柱与炉墙之间的摩擦力，使炉子顺行；适当发展中心气流是使炉缸中心活跃的重要手段，也是炉况顺行的重要措施。同时，为了有效利用煤气的化学能和热能，利用装料制度将合适的矿焦比分布在与煤气流大小相对的径向上。在生产中由于原燃料条件的差异和操作技术水平的不同，故存在四种煤气分布类型。

（1）边缘发展型（馒头型）。其煤气上升阻力小，煤气利用程度差，软熔带形状为 V 形，这是由于原燃料条件差、强度低、粉末多，且渣量大（在 500kg/t 以上）所导致的，因此对应的高炉寿命也短。

（2）两条通路型（双峰型）。煤气上升阻力较小，煤气利用程度较差，软熔带形状为 W 形，这是由原燃料粒度组成差、渣量大（400～500kg/t）所导致，高炉寿命也相对较短。

（3）中心发展型（喇叭花型）。煤气上升阻力较大，煤气利用率较高，软熔带形状为倒 V 形，其原燃料质量好，渣量在 350kg/t 左右，寿命较长。

（4）平坦型。煤气上升阻力大，煤气利用程度好，软熔带形状为平坦倒 V 形，原燃料质量很好，渣量为 250kg/t，合适的冶炼强度在 0.95～1.05 之间，其装料制度为大料批、重负荷，炉龄寿命长。

生产者应根据各自的生产条件，选定适合于生产的煤气分布类型，然后应用炉料在炉喉的分布规律，采用不同的装料制度来达到具体条件下的炉况顺行、煤气利用率高的状态。可供生产者选择的装料制度内容有批重大小、装料顺序、料线高低以及布料设备的布料功能变动（如无钟炉顶布料溜槽工作制度）等，通过其来达到预定的目的。

8.2.1.1　批重大小

批重大小的定义为：每批炉料中，矿石的质量——矿批；每批炉料中，焦炭的质量——焦批。

批重大小与矿石的分布：增大矿批起着稳定气流、发展边缘、加重中心的作用。

批重大小是控制煤气分布的重要手段，原因有以下几个方面。

（1）烧结矿的堆积密度比天然矿小，同质量的烧结矿体积大大增加，焦比（焦炭的含量）又在逐渐地降低，因此矿石的分布对煤气流影响变大。

（2）烧结矿的堆角与焦炭接近，批重的大小对中心的影响在扩大。如果堆角相等，边缘的不均匀就不存在了。

（3）强化冶炼要求、控制中心过分发展，通过增大批重来控制中心煤气流就显得非常重要。

（4）一般来说，批重越大，料层越厚，减少了矿焦的接触面数，有利于改善透气性。刘云彩教授就批重对布料的影响进行了研究，科学地指出每座高炉都有一个临界批重，当批重大于临界批重时，随着矿石批重的增加而加重中心，则炉料分布趋于均匀；当批重小于临界值时，矿石布不到中心，随着批重的增加而加重边缘或作用不明显。如果批重过大，则出现中心和边缘均加重的现象。高炉合理的批重范围见表8-1。

表8-1　高炉合理的批重范围

高炉有效容积 /m³	炉喉直径 /m	平均堆积密度 /t·m⁻³	平均矿层厚度 /m	合理矿批 /t	临界矿层厚度 /m	临界矿批 /t
450	4.4	1.9	0.45~0.55	13.0~15.9	0.60	17.3
488~500	4.6	1.9	0.45~0.55	14.2~17.4	0.60	18.9
530~600	4.8	1.9	0.45~0.55	15.5~18.9	0.60	20.6
750	5.2	1.9	0.45~0.55	18.1~22.2	0.60	24.2
1080	5.8	1.9	0.45~0.55	22.6~27.6	0.60	30.1
1260	6.2	1.9	0.45~0.55	24.2~29.5	0.60	32.2
1350	6.5	1.9	0.45~0.55	28.4~34.7	0.60	37.8
1530	6.9	1.9	0.50~0.60	35.5~42.6	0.65	46.2
1780	7.4	1.9	0.50~0.60	40.8~49.0	0.65	53.0
2200	7.9	1.9	0.50~0.60	46.5~55.8	0.65	60.5
2580	8.3	1.9	0.50~0.60	51.4~61.7	0.65	66.8
3200	8.9	1.9	0.50~0.60	59~70.9	0.65	76.8
4050~4350	9.8	1.9	0.55~0.65	78.8~93.1	0.70	100.3
5150~5500	10.6	1.9	0.55~0.65	92.2~108.9	0.70	117.3

改变焦炭负荷或改变不同的矿石时，最好保持焦批的体积不变，这是因为焦批的体积在截面上的分布对煤气的影响最大。

8.2.1.2　装料顺序

装料顺序是指一批料中矿石和焦炭进入高炉时的顺序。一般将先矿石、后焦炭的顺序称为正装；将先焦炭、后矿石的顺序称为倒装。装料顺序对布料的影响，通过矿石和焦炭的堆角不同以及装入炉内时原料面（上一批炉料下降后形成的旧料面）的不同而起作用。如果原料面相同、矿石和焦炭两者的堆角相同，则装料顺序对布料将不产生影响。实际生产中，不同料速时形成的原料面不同，焦炭和矿石在炉喉形成的堆角也有差别。一般是焦炭的堆角略小于大块矿石的堆角，接近于小块矿石的堆角。从这个基本情况就可以知道装料顺序对布料有着明显的影响，这在原来双钟炉顶的装料上尤为明显，而且矿石粒度在这种影响上起着相当重要的作用。刘云彩教授用矿批13t、焦批4.33t、料线1.25m时大块矿石的堆角为 30.8°、小块矿石的堆角为 26°、焦炭堆角为 27.3°，计算出正装、倒装时大、小块矿对布料的影响。因此，操作者在生产中要密切注意入炉粒度组成的变化。现在采用无钟溜槽布料代替大钟布料，虽然装料顺序的影响已被削弱，但粒度变化对布料的影响仍不能忽视。

8.2.1.3　料线高低

钟式炉顶大钟完全开启位置的下缘至料面的垂直距离，称为料线。无钟炉顶则是以溜槽在最小夹角时其出口至料面的垂直距离为料线。料线的深度是用两个料尺（或称为探尺）来测定的。每次装料完毕无钟炉顶的溜槽停止工作后，料尺下放到料面并随料面下降，当降到规定的位置时提起料尺装料。在钟式炉顶上料线对炉料分布影响的一般规律是料线越深，堆尖越靠近边缘，边缘分布的炉料越多。因此，有时采用变动料线的方法来调整堆尖位置。无钟炉顶是用布料档位来调整堆尖，因此生产上料线一般是相对稳定的。为避免布料混乱，料线一般选在碰撞点以上某一高度。一般正常生产时料线深度为 1.5 ~ 2.0m，而且两个料尺相差不要超过 0.5m。料线一般不要选得太深，这是因为过深的料线不仅使炉喉部分容积得不到利用，而且碰撞点以下因炉料与炉墙打击后反弹而使料面混乱，不利于煤气流动和炉况顺行。

8.2.1.4　装料设备

A　无钟炉顶布料特征

目前我国各级高炉普遍采用的是无钟炉顶。无钟布料与传统的大钟布料相比具有以下特征。

（1）焦炭平台。无钟布料高炉通过旋转溜槽进行多环布料，易形成一个焦炭平台，即料面由平台和漏斗组成。通过平台形式可调整中心焦炭和矿石量。平台小，漏斗深，则料面不稳定；平台大，漏斗浅，则中心气流受抑制。适宜的平台宽度由实践决定，一旦形成就保持相对稳定，不作为调整对象。

（2）粒度分布。无钟炉顶采用多环布料，形成数个堆尖，故小粒度炉料有较宽的范围，主要集中在堆尖附近。在中心方向，由于滚动作用，大粒度炉料居多。

（3）气流分布。无钟旋转溜槽布料时料流小而面宽、布料时间长，因而矿石对焦炭的推移作用小，焦炭料面被改动的程度轻，平台范围内的矿焦比稳定，层次比较清晰，有利于稳定边缘气流。

B　无钟炉顶布料方式

无钟旋转溜槽一般设置 8 ~ 12 个环位，每个环位对应一个倾角，由里向外倾角逐渐加大。不同炉喉直径的高炉，环位对应的倾角不同。例如，2580m³ 高炉具有 11 个料位，第 11 个环位倾角最大（50.5°），第一个环位倾角最小（16°）。布料时一般由外环开始逐渐向里环进行，可实现多种布料方式。

（1）环形布料，又称为单环布料。环形布料的控制较为简单，溜槽只在一个预定角度做旋转运动。其作用与钟式布料无大的差别。但调节手段相当灵活，大钟布料采用固定的角度，旋转溜槽的倾角则可以任意选定，溜槽倾角 α 越大，炉料越布向边缘。当 $\alpha_C > \alpha_0$ 时，边缘焦炭增多，发展边缘气流；当 $\alpha_0 > \alpha_C$ 时，边缘矿增加，加重边缘气流。

（2）螺旋布料，又称多环布料。螺旋布料自动进行，它是无钟布料器最基本的布料方式。螺旋布料从一个固定角度出发，炉料以定中形式在 α_{11} 和 α_1 之间进行螺旋式旋转布料。每批料分成 12 份（大高炉为 14~16 份），每个倾角上的份数根据气流分布情况决定。如发展边缘气流，可增加高倾角位置的焦炭份数或减少高倾角位置上的矿石份数，否则相反。每环布料份数可任意调整，使煤气流合理分布。

（3）定点布料。定点布料方式为手动进行。其可在 11 个倾角位置中选定的任意角度进行布料，作用是控制煤气管道行程。

（4）扇形布料。扇形布料方式为手动操作。扇形布料时，可在 6 个预选的水平旋转角度中任意选择两个角度，重复进行布料。可预选的角度有 0°、60°、120°、180°、240°、300°。这种布料方式只适用于处理煤气流分布失常，且时间不长。

C 中心加焦技术

作为无钟炉顶布料技术中的一项内容，中心加焦技术现已广泛应用于国内外无钟炉顶的高炉生产。据不完全统计，世界上有 90%~95% 高炉应用中心加焦技术。中心加焦并不是单纯从炉顶炉料分布考虑的，而是从全炉煤气流分布和料柱的阻力以及死料柱中焦炭的透气性和透液性考虑的。全面地分析中心加焦作用有五个方面：

（1）减少中心带的矿焦比，以稳定和加强中心气流；

（2）降低中心带焦炭的熔损以阻止焦炭表面的剥落和溶蚀，中心矿少，气流中 CO_2 少，焦炭的熔损气化反应进行少，且缓慢，使大粒焦保持良好的粒度和性能；

（3）促使倒 V 形软熔带的形成；

（4）以大块焦炭置换死料柱内的焦炭；

（5）改善炉缸内焦柱的透气性和透液性，活跃炉缸。

需要注意的是，中心加焦只是降低中心的矿焦比，通过无钟炉顶"平台加浅漏斗"的布料不可能中心无矿，特别是使用球团矿比例较多的高炉。因此认为中心加焦造成中心无矿和气流温度过高，燃料比升高的看法是片面的。利用中心加焦只是寻找对中心来说合适的矿焦比以稳定和加强中心气流。中心加焦很重要的作用是将大块强度好的焦炭加在中心来改善目前存在的大量 W 形甚至 V 形软熔带的状况。W 形和 V 形软熔带是煤气流利用差的软熔带，是造成炉况顺行欠佳、煤气利用率差的原因。因此，大块焦炭加在中心部位保证死料柱的透气性透液性是高炉顺行，特别是活跃炉缸的保证。

中心加焦的种类和数量要根据高炉的冶炼条件来选择，但由于冶炼条件等不同，无法准确地衡量。但已经明确的是应该在中心部位加粒度大的强度好的焦炭，使其到达炉缸仍能有足够的粒度和良好的孔隙度。而从世界范围看，中心加焦的量从 5% 到 20%~25% 不等。德国蒂森公司、韩国浦项公司的高炉中心加焦后的燃料比都低于我国大型高炉。

但若焦炭质量很好，平均粒度大于 50mm，同时利用合适的平台加较深漏斗布料，使得强度好而且颗粒大的焦炭滚到中心，达到有稳定和较合适的中心气流，既保证倒 V 形软熔带，又能使炉缸活跃，就不必中心加焦，这也是世界上并不是所有高炉都采用中心加焦的原因。

D 无钟布料的基本要求

根据无钟布料的方式和特点，炉喉料面应由一个适当的平台和以滚动位置为主的漏斗组成。为此，应考虑以下问题：

（1）焦炭平台是根本性的，平台宽度一般控制在炉喉半径的 1/3，最大不超过 1/2，确定后一般情况下不作为调节对象；

（2）炉中间和中心的矿石以在焦炭平台边缘附近落下为宜；

（3）漏斗内可以用少量的焦炭来稳定中心气流；

（4）布料份数相近的连续档位是形成平台的基础。

E　布料制度对气流分布的影响

为满足冶炼要求，必须正确选择布料的环位和每个环位上的布料份数。环位和布料份数变更对气流分布的影响见表8-2。从表8-2可以看出，从序号1到6，对布料的影响程度逐渐减小。其中，序号1、2变化幅度太大，一般不宜使用；序号3~6变化幅度较小，可作为日常调节使用。

表8-2　环位和布料份数变更对气流分布的影响

序号	变动类型	影响	备　注
1	矿、焦环位同时向相反方向变动	最大	不轻易采用，处理炉况失常时使用
2	矿、焦环位单独变动	大	用于原燃料或炉况有较大波动的情况
3	矿、焦环位同时向同一方向变动	较大	用于日常调节炉况
4	矿、焦环位不动时同时反向变动份数	小	用于日常调节炉况
5	矿、焦环位不动时单独变动矿或焦份数	较小	用于日常调节炉况
6	矿、焦环位不动时向同方向变动矿、焦份数	最小	用于日常调节炉况

首钢生产实践表明，矿、焦工作角度有一角差：$\alpha_O = \alpha_C + (2° \sim 5°)$，对调节气流分布有利。而且在布料中，$\alpha_O$ 和 α_C 同时增大，则使边缘和中心气流同时加重；反之，两者同时、同值减小，将使边缘和中心气流都减轻。单独增大 α_O 时加重边缘、减轻中心；单独增大 α_C 时加重中心，而且控制中心非常敏感，减少 α_C 时则使中心发展。

焦炭平台对控制炉内矿焦比和粒度分布具有重要作用，因而在日常操作过程中不宜做变动。正常气流调节主要通过变更矿石环位和份数来完成。为减少波动，某高炉由每次调节一份改为每次调节 $\frac{1}{3}$ 份，又进一步采用每次调节 $\frac{1}{4}$ 份，并尽量保证周期内各批料的档位差别一致，以减少风压波动。

8.2.2　送风制度

送风制度是指在一定的冶炼条件下，鼓风的数量、质量和风口进风状态。它是高炉操作的基础，送风制度合理稳定，是保证炉缸热制度稳定和煤气流合理分布的关键，也是顺行的保证。

通常，送风制度包括风量、风压、风温等参数。

8.2.2.1　风量

风量是指单位时间（通常以分钟计）鼓入高炉的风量（风量多指标准状态下的风量）。一般情况下，风量与冶炼强度成正比关系。若焦比不变，风量越多，则冶炼强度越高，高炉的产量也越高。

例如，每 4.44m³ 干风可以燃烧 1kg 碳，如多送 100m³/min 风量，则每分钟可多燃烧 22.5kg 碳，设入炉焦批为 6t，相当于 1h 可多加 0.38 批焦（假定焦炭含固定碳含量为 85%，入炉焦炭的碳有 70% 在风口前燃烧），若 1h 上 7.5 批焦，则相当于提高冶炼强度 5%。

由此可知，风量对料速和产量有决定性影响。

风量和料柱透气性是相适应的，任何改善料柱透气性的措施，都将有利于提高风量。为此，高炉操作者要力求不断提高原燃料质量，选择合适的装料制度、造渣制度和风口直径，使炉料和煤气流分布合理，以保证炉况顺行稳定，为增加风量创造条件。

高炉鼓入的风量应该相对稳定。风量波动会影响料速，进而波及炉缸的热量平衡，造成炉温波动，严重时将使炉况失常。此外，风量波动也会影响炉内压力，这也影响下料的均匀性。

高炉需要增加风量时，应该逐步加风，否则顺行会受到破坏。据一些高炉的生产经验，1000m³ 级高炉，每次加风一般以 50m³/min 为宜；连续加风的间隔时间为 30min 左右。高炉减风，可以一次减到要求水平，但在炉缸内渣铁多而炉温又低时，减风时要防止风口灌渣。

除炉温向凉，管道行程，崩、悬料，低料线，原燃料供应不上，渣、铁罐严重晚点，以及设备故障等原因外，要尽量保持全风操作，不要轻易减风。

8.2.2.2 风压

在相同风量下，高炉风压大小直接反映出炉内煤气与料柱的透气性。因此，原燃料的粒度、含粉量、气孔度、机械强度、渣量、炉渣性质、装料制度与焦炭负荷等影响料柱透气性的因素，以及风量、风温、湿度、喷吹燃料量、高炉剖面状况、煤气流分布、炉温变化等影响煤气的因素，都将影响风压的大小。

几乎所有影响顺行的因素都将影响风压，而且反应较快。因此，风压的波动是高炉过程的综合反映，是及时判断炉况的重要参数。

在炉况正常情况下，风量和风压的大小要相适应，若风压出现过大过小，则反映出炉况有异常情况。如炉况失常，如难行、悬料时，则可能出现风量低而风压高的情况；产生管阻时，则常常是风量高而风压低。风压并非随风量的增加而增加，随风量的减少而减少，当炉内压差急剧升高时，必须采取措施，使炉况恢复正常。

炉况正常时都是定风量操作，但风压也可作为一种调剂手段。如料柱透气性差、炉况不顺、崩料频繁时，可临时定压（而不是定风量）操作，以风量的变动来适应炉料的透气性，往往会促使炉况转顺，待炉况逐渐恢复正常时，再定风量操作。

8.2.2.3 风温

风温对炉况的影响，不仅限于炉缸温度，同时还影响煤气体积和鼓风动能，从而影响煤气的初始分布和炉料的顺行状况。

提高风温可节约燃料消耗，但不同的风温水平所节约的燃料数量是不相同的。风温越低，节约燃料的效果越大。在温度 1000℃ 左右时，每增加 100℃ 风温，生铁含硅量（质量分数）增加 0.5%~0.6%。

由于风温的波动要引起热制度和风压的变化，使炉况不稳定甚至悬料，所以要尽量稳定风温，而且保持高风温操作。若需以改变风温来调节炉况时，增加风温要逐步进行，一次增加的风温幅度要小，以防止破坏顺行；而减少风温可以一次减到要求水平，使炉况迅速转为正常。

在喷吹燃料情况下，一般不再使用风温调节炉况，而是将风温固定在较高水平上，用改变喷吹燃料的数量来调节风温，最大限度地发挥高风温的作用。

8.2.2.4　加湿或脱湿鼓风

加蒸汽（或加水）鼓风曾作为高炉操作调节炉况和强化生产的一种手段。这是因为增加湿度相当于降低风温，而减少湿度则相当于提高风温，而且调节方便灵活。

但是加湿鼓风需要热补偿，故喷吹燃料以后，不再加湿鼓风，甚至采用脱湿鼓风。

8.2.2.5　喷吹燃料

A　喷吹量

经验表明，随着喷吹量的增加，置换比是不断降低的。而且不适度地增大喷吹量，还可能使风口结焦，炉况不顺。因此，喷吹量应控制在一定范围。如条件改善、风湿提高、改进燃料的雾化、改善原料条件等，则喷吹燃料数量还可进一步提高。

B　稳定料速

喷吹条件下料速可按下式计算：

$$n = \left[\frac{60 \times (0.21 + 0.29f)V}{0.933} - (Mw(\mathrm{C})_\mathrm{m} + yw(\mathrm{C})_\mathrm{y}) \right] \frac{1}{w(\mathrm{C})_\text{焦} \cdot C_\text{风} \cdot G_\text{焦}}$$

式中　　　　n——下料速度，批/h；

　　　　　　V——实际入炉风量，$\mathrm{m}^3/\min$；

　　　　　　f——鼓风湿度，%；

　　　　M，y——喷煤及喷油量，kg/h；

$w(\mathrm{C})_\mathrm{m}$，$w(\mathrm{C})_\mathrm{y}$——煤、油含碳量（质量分数），%；

　　　$w(\mathrm{C})_\text{焦}$——焦炭固定碳含量（质量分数），%；

　　　　　$C_\text{风}$——焦炭在风口前的燃烧率，%；

　　　　　$G_\text{焦}$——焦炭批重，kg/批。

C　热滞后性

喷吹燃料量的变化对炉温的影响，没有改变风温、湿度见效快，它对炉温的影响，需经过一段时间才能反映出来，这种炉温变化滞后于喷吹量变化的现象（即热滞后性），随炉容、冶炼强度、喷吹量等不同而异。

当高炉因故使风量或风温大幅度降低时，必须相应地减少喷吹量，直至停喷。

8.2.2.6　富氧鼓风

当风量一定时，富氧率每增加1%，出铁量相应增加约5%；在炉腹煤气一定情况下，富氧率增加1%，可相对增产约2%。

富氧鼓风后对操作的另一明显影响，就是提高了风口前理论燃烧温度。富氧率每增加1%，理论燃烧温度约提高43℃。单独采用富氧鼓风往往会造成理论燃烧温度过高，使炉内压差升高，炉况失常。因此，富氧通常与喷吹燃料并用，以控制理论燃烧温度在合适的范围内。

在高炉操作中，常将判断炉身下部热交换程度的参数——热流比控制在一定范围内。富氧与调湿鼓风、喷吹燃料并称为综合鼓风，可以取长补短。

8.2.2.7 风口参数

影响进风状态的决定因素是风口直径和长度。改变风口直径（面积）和长度，可以调整边缘与中心的气流分布。因此，改变风口直径和长度便成为下部调剂的重要手段。根据高炉操作的需要，有时也改变风口的形状和角度。风口向下倾斜一定角度，不仅适合中小型高炉，对大型高炉尤其是炉缸较高时也是适用的。

确定风口面积的依据是，当原燃料条件好，如粉末少、强度高、粒度均匀、渣量少、料柱透气性好时，有可能接受较高的鼓风动能和压差而不妨碍顺行。在喷吹燃料时，煤气体积增多。为防止中心过吹，应减小鼓风动能而相应调整风口面积。在高炉失常以致长期减风操作造成炉缸中心堆积时，也可临时堵风口或缩小风口直径。

高炉冶炼强度低和炉墙侵蚀严重时，可采用长风口操作，以利于吹透炉缸中心和保护炉墙。

8.2.3 热制度

热制度是指炉缸应具有的温度水平。它直接反应炉缸的工作状态，稳定、均匀、充沛的炉温是高炉顺行的基础。在一定的冶炼条件和铁种要求下，具体高炉热制度是不尽相同的，如冶炼高硅生铁时，要求的炉温水平，比冶炼低硅生铁高一些。

炉温实际上是指炉缸中炉渣和铁水的温度，它表示炉缸具有的物理热。铁水温度一般为1400~1500℃，而炉渣温度要比铁水温度高50~100℃。炉温是否正常，不仅要看渣铁温度的高低，还要看在同一次出铁中，铁水和炉渣温度及成分差异的大小，温度和组成是否均匀稳定。

由于硅的还原和炉温关系极为密切，故通常以生铁硅含量表示炉温，它表示化学热。正常时生铁含硅越高，炉温也越高；生铁含硅量下降，炉温也下降。但在炉况失常时，生铁含硅量往往不能完全代表炉温，生铁含硅与炉温高低的一致性常常出现差异，硅不低而炉温低的现象是时有发生的。

维持稳定的热制度，对保持炉况顺行和取得好的冶炼效果有着重大作用。高炉操作者应认真判断炉温发展趋向，及时准确地调整炉温，使之大体稳定。

8.2.3.1 热制度的选择

在一定的原燃料条件下，选择合理的热制度要根据高炉的具体特点和冶炼生铁品种来确定。

（1）依据铁种的要求，保证生铁含硅、含硫在规定的范围内。冶炼铸造铁时，为节约燃料，生铁硅含量应尽可能控制在所要求的牌号下限；冶炼炼钢用铁时，在条件允许时，硅含量应尽可能地低。原燃料含硫量高时，一般将炉温维持高些。

（2）在保证顺行的基础上，可维持略高的炉渣碱度，适当降低生铁含硅量。

（3）根据高炉的特殊要求，如炉缸侵蚀严重，或者冶炼过程出现严重的故障时，要规定较高的炉温。

8.2.3.2 影响热制度的主要因素

A 原燃料性质对热制度的影响

（1）矿石质量的影响。一般情况下，矿石品位提高1%，焦比降低2%；烧结矿中FeO增加1%，焦比升高约1.5%。矿石粒度增大将导致直接还原增加，使炉温下降。粒度均匀有利于改善料柱透气性，促使炉况顺行和煤气利用率提高。

（2）焦炭质量的影响。焦炭灰分增加，意味着固定碳降低，则炉温将降低。一般灰分增加1%，焦比升高2%左右。焦炭是炉内硫的主要来源，通常占入炉总硫量的70%～80%。生产经验表明，焦炭含硫（质量分数）增加0.1%，焦比升高1.2%～2.0%。因此，焦炭灰分、硫分的波动将造成炉温的波动。

B 炉料与煤气流分布对热制度的影响

高炉内一切物理化学反应的发生、发展和完成，都处于炉料和煤气的逆流运动之中，炉料和煤气接触良好，煤气的能量利用充分，炉温就会增加；反之，当炉料与煤气流的分布失常，如发生管道、边缘或中心气流过分发展，使得炉料在下降过程中加热还原差，则煤气能量利用变差，炉温必然降低。

C 其他操作因素的影响

热风是仅次于燃料的第二大热源，而且热风的热能能在炉缸得到充分利用，因此增加风温，就会使炉缸收入增加或减少，直接影响炉温。

风温是影响炉况最积极的因素，增减风量会使料速加快或减慢。在同样条件下，料速变快，炉料在炉内停留的时间缩短，加热和还原程度变差，会促使炉温降低；与此相反，料速减慢，一般情况下将使炉温上升。

炉渣成分和碱度的波动，势必引起炉渣性能如熔化性、黏度等的变化，从而影响热制度。造渣制度稳定是实现热制度稳定的基本保证。

装料方法的改变，影响炉料在炉喉截面上的分布，因而影响煤气流分布和煤气能量的利用，最终影响炉温的变化。

此外，冷却设备的冷却水流量、原燃料称量误差、装料设备故障、大气湿度变化、休风前后操作等都将使炉缸热制度发生变化。可以认为，高炉生产的一切不稳定因素，都将反映在炉温上。稳定的热制度，需要生产操作条件的稳定来保证。

8.2.3.3 热制度调节

生产中要维持长期相对稳定的热制度，主要是靠正确确定和调整焦炭负荷来实现的。

炉温波动较小时，可以采用风温、喷吹物等手段来调节。当用风温调节时，加风温要缓慢，一次提高风温的数量不宜过大；而减风温时可以一次减到要求水平。若热制度变化较大，则要调整焦炭负荷。特殊情况下，可临时通过减料或加净焦以提高炉温，再视炉况和炉温变化，适时地找回部分或全部矿石或焦炭用量。

在下列情况下，必须及时而准确地调整焦炭负荷。

（1）休风。长期休风时，炉料的预热还原都比正常生产时差，送风后料线也低，休风期间热收入为零，而热量却在不断散失，因此为保证送风后有充足的炉温和炉况易于恢复正常，需在休风料中适当减轻焦炭负荷。

（2）低料线。由于崩料、坐料或其他原因长期低料线时，炉料和煤气流的合理分布受到破坏，矿石预热还原差，使炉缸热量消耗增加，此时应及时减轻负荷，以免炉凉。

（3）喷吹设备事故。由于喷吹系统故障而迫使高炉停止喷吹燃料时，要及时补加与喷吹燃料相当的焦炭量。

（4）改变铁种。因为冶炼铁种不同，需要的炉温和炉渣碱度也不一样，所以当改变铁种时，要调整焦炭负荷。

（5）气候变化。当雨量较大或降雨时间较长时，要考虑入炉原燃料含水量的变化而及时调整负荷。

8.2.4　造渣制度

造渣制度是指根据原燃料条件（主要是含硫量）和生铁成分的要求，选择合适的炉渣成分和碱度。以此保证炉渣有良好的冶金性能、较强的脱硫能力、合格的生铁成分和炉况的顺行。选择造渣制度的主要依据是：

（1）保证炉渣在一定温度下，有较好的流动性和足够的脱硫能力；

（2）保证炉渣具有良好的热稳定性和化学稳定性；

（3）有利于炉况顺行和保证生铁成分合格。

碱度高的炉渣熔点高而流动性差，稳定性不好，不利于顺行。在保证生铁质量前提下，应选择较低的炉渣碱度。但为获得低硅生铁，在原燃料强度好、粉末少、料柱透气性好的条件下，可以适当提高炉渣碱度，以利于改善生铁质量。

渣中 MgO 含量低时，炉渣不稳定，流动性差。增加 MgO 可以改善炉渣流动性和脱硫效果，炉渣稳定性增加。在 Al_2O_3 含量高时，可以用四元碱度来表示，此值一般在 0.9 ~ 1.05 范围。

渣中 Al_2O_3 对黏度的影响如图 8-1 所示。Al_2O_3 含量过高或过低，都将使炉渣黏度增大。为保证渣铁充分分离以及脱硫反应的良好进行，应将渣中 Al_2O_3（质量分数）控制在 12% ~ 14% 范围，如 Al_2O_3 含量偏高，可改变矿石配比以降低其含量，也可使用硅石调整，但增加渣量是不经济的。

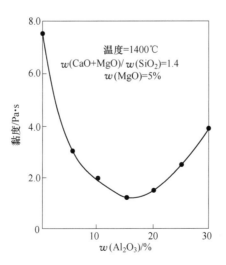

图 8-1　渣中 Al_2O_3 对黏度的影响

冶炼炼钢生铁时，炉渣碱度应高些。碱度增大，可以降低渣中 SiO_2 的活度，SiO_2 还原成 Si 受到抑制，有利于冶炼低 Si 生铁，也利于脱硫。冶炼铸造铁时，则应将炉渣碱度控制得低些，使 SiO_2 易于还原成 Si，并改善渣的流动性。炼钢铁的炉渣碱度一般可比铸造铁高 0.1~0.2。

造渣制度是高炉冶炼过程的基本制度之一，维持流动性和稳定性良好的炉渣是保证高炉稳定顺行的关键。国内某重点钢铁企业 3200m³ 高炉由于原燃料等外围条件变化频繁，引起高炉稳定性逐渐变差，炉况出现了较大波动，产量大幅降低。由于该高炉经历了较长时期的稳定顺行，各项制度尤其是造渣制度比较成熟，因此在炉况波动初期炉渣结构是否合理并没有引起足够的重视。在经历了一段时间的摸索后，认为长期推行的造渣制度已经与当前炉况不匹配，因此主动对炉渣结构进行了调整以促进炉况恢复。

与国内大多数高炉相比，所考察高炉炉渣结构具有高碱度和低镁两个特点，近年来这两点在国内炼铁降本增效中发挥了重要作用，并为许多先进高炉所采用。较高的炉渣碱度为低硅冶炼提供了基本制度保障，适度的氧化镁含量能够改善炉渣性能，但是镁元素主要来源于烧结过程中添加的熔剂，额外增加了铁水成本。关于炉渣中合理的 MgO/Al_2O_3 问题，不同的研究者从不同的角度出发有不同的结论，对于 90% 以上的国内高炉，都把 MgO/Al_2O_3 控制在 0.6 以上。前期该高炉炉渣碱度控制在 1.28~1.30 之间，在国内处于较高水平，炉渣氧化铝平均含量（质量分数）为 15.93%，最高时甚至超过 17%。在炉渣高碱度和高铝的情况下，该高炉同时还推行低镁渣冶炼，2016 年之前镁铝比控制在 0.47 左右，在国内也处于较先进水平。迫于成本压力，该高炉原燃料结构变动较大，很难维持长周期稳定。在原燃料条件进一步恶化的条件下，最终导致了炉况难以维持稳定，产量持续下降。

过高的氧化铝含量和过低的镁铝比对炉渣性能有不利影响，但是炉渣整体结构依然与近年来炉况顺行时的情况类似，因此炉况开始明显变差后，炉渣性能并没有引起操作者的重视。在炉况出现波动后，高炉采取退守策略。在减矿批退负荷调整布料制度的同时，采取了堵风口、换小风口等措施以提高动能促进吹透中心，但是效果并不明显。经过一段时间的摸索，认为高炉炉渣结构可能存在问题，因此开始着手对炉渣结构进行调整。

炉渣主要由 CaO、SiO_2、MgO、Al_2O_3 四种氧化物组成。碱度较低时，由于含有大量的硅氧复合离子，炉渣黏度较大，故表现为长渣特性。随着二元碱度的提高，能使炉渣中 O^{-2} 活度增大，促使硅氧复合离子解体，从而使炉渣黏度下降，流动性改善。随着碱度的进一步提高，炉渣中正硅酸钙（$2CaO \cdot SiO_2$）比例增加，导致炉渣的熔化性温度升高，短渣性能逐渐增强，炉渣稳定性变差。关于 Al_2O_3 含量对炉渣性能的影响国内外已经有了诸多的报道，其中最重要一点就是铝含量增加导致炉渣黏度升高稳定性下降。在高炉渣碱度范围内，随着 Al_2O_3 含量升高，炉渣中（AlO_4）$^{5-}$ 离子团数量增加。其他高熔点复杂化合物如铝酸一钙（$CaO \cdot Al_2O_3$）也比较容易形成，从而使炉渣的黏度升高稳定性下降。在温度较高的范围内，高炉渣能够承受较高的碱度、较低的镁铝比以及较高的氧化铝含量而不至于引起性能恶化。在炉况较好的条件下，高炉推行高碱度、低镁铝比以及较高的氧化铝含量的造渣制度具有其合理性。

二元碱度的提高，炉渣转折点温度或者称为熔化性温度呈现不断上升的趋势。表 8-3

列出了不同氧化铝含量条件下镁铝比对炉渣黏度转折点温度的影响，随着氧化铝含量的提高和镁铝比的降低，炉渣转折点温度逐渐升高。

表 8-3 镁铝比和 Al_2O_3 含量对炉渣黏度转折点的影响

Al_2O_3 含量 （质量分数）15%	镁铝比	0.4	0.45	0.5	0.55	0.6
	转折点温度/℃	1436	1430	1427	1423.2	1420
Al_2O_3 含量 （质量分数）18%	镁铝比	0.45	0.5	0.55	0.6	0.65
	转折点温度/℃	1432	1428	1421	1415	1405

在炉况出现波动时炉温难以控制，炉渣转折点温度或者说熔化性温度提高，意味着炉渣抗温度波动的能力下降，一旦温度低于转折点温度，炉渣很容易丧失流动性。高炉内部除了炉缸中的终渣以外，还存在大量成分和温度处于变动状态的中间渣，中间渣在没有进入炉缸之前温度较低，在高炉气流紊乱的情况下，某些区域的炉渣温度会随着气流的变化而产生较大波动，因此提升炉渣的抗温度波动能力有助于炉况恢复。在认识到这一点后，高炉开始逐步降低碱度、提升镁铝比以及降低渣中的氧化铝含量。

炉况波动前后炉渣主要成分变化见表 8-4。与某年平均相比，1—3 月炉渣碱度基本没有变化，氧化铝含量逐步提高，镁铝比呈下降趋势。在 3 月下旬炉况变差后，经过两周的摸索，从 4 月初开始提高镁铝比至 0.5 以上，并同时将碱度控制水平由 1.27~1.30 降低为 1.25~1.27。在此基础上，通过优化原料结构，逐步降低渣中氧化铝含量。

表 8-4 炉况波动前后炉渣主要成分变化

时间	$w(CaO)$/%	$w(SiO_2)$/%	$w(Al_2O_3)$/%	$w(MgO)$/%	$w(FeO)$/%	$w(S)$/%	二元碱度	镁铝比
某年平均	40.12	31.99	16.23	7.59	0.48	0.94	1.28	0.47
次年平均	41.06	32.14	15.58	7.39	0.38	0.98	1.27	0.47
1 月	41.07	32.51	15.80	7.23	0.34	0.99	1.27	0.46
2 月	41.56	32.41	15.94	7.20	0.33	0.99	1.28	0.45
3 月	40.95	32.20	16.06	7.35	0.45	0.98	1.27	0.46
4 月	39.77	31.94	16.54	8.27	0.72	1.05	1.25	0.50
5 月	40.24	32.07	16.34	8.22	0.64	1.13	1.26	0.50
6 月	40.46	32.13	16.02	8.17	0.65	1.15	1.26	0.51
7 月	40.19	31.91	15.76	8.27	0.61	1.12	1.26	0.53

某年 1—7 月产量变化如图 8-2 所示。自 4 月逐步降碱度、提镁铝比开始，炉况有了缓慢的恢复，产量逐步提高。5 月末新的低铝含铁料下达后，又降低了炉渣中氧化铝含量，炉渣稳定性得到了进一步加强，高炉顺行状况明显改善，产量逐步提高，至 6 月下旬产量稳定提升到了 7300t/d。炉渣镁铝比、氧化铝含量与高炉产量关系分别如图 8-3 和图 8-4 所

示，可以看出随着炉渣镁铝比提高和氧化铝含量的降低，高炉产量明显提升。由于炉况波动期间冷却壁损坏严重，操作炉型发生了较大变化，为了保证安全生产，在中修换冷却壁之前不再进一步追求产量指标，所以至 6 月下旬产量维持在 7300 t/d 左右时炉况已经基本恢复正常。

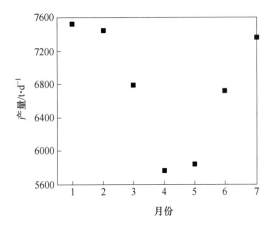

图 8-2　某年 1—7 月产量变化　　　　图 8-3　镁铝比与高炉产量关系

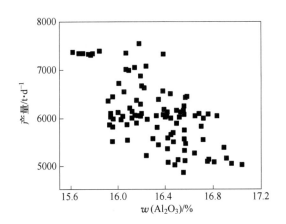

图 8-4　氧化铝含量与高炉产量关系

8.3　高炉强化冶炼技术

高炉强化冶炼技术是指采取一系列技术措施，创造优良的冶炼条件，使高炉内的各种物化反应尽可能快速进行，缩短冶炼周期，提高煤气热能和化学能的利用率，以达到高产、优质、低耗、长寿和环保的目的。高产是指高炉的有效容积利用系数高；优质是指生铁质量高；低耗主要是指焦比低和燃料比低，其次还指其他原料和辅助材料及动力消耗低；长寿是指高炉寿命长；环保是指在高炉生产过程中所产生的污染小。因此可以说，高炉强化冶炼的目的是使高炉生产获得最佳的经济效益。

现代炼铁技术的进步，高炉生产有了巨大的发展，单位容积的产量大幅度提高，单位生铁的消耗，尤其是燃料的消耗大量减少，高炉生产的强化达到了一个新水平。我国高炉炼铁在近几年来取得了很大的进步，冶炼强度在中小型高炉上超过 1.5t/(m³·d)，大型高炉也达到了 1.1t/(m³·d) 以上，利用系数相应达到 3.5t/(m³·d) 以上和 2.3t/(m³·d) 以上，燃料比降低到 530kg/t 和 500kg/t 左右。这是采取了所谓的高炉强化冶炼技术的结果。

提高利用系数，强化高炉冶炼，一方面要提高冶炼强度，另一方面要努力降低焦比。提高冶炼强度和降低燃料比都可使高炉增产，都是强化高炉冶炼的重要方向。但是，在实际生产中，随着冶炼强度的提高，燃料比也有所上升。如果燃料比升高的速率超过冶炼强度提高的速率，则产量不但得不到增加，反而会降低。因此，冶炼强度对燃料比的影响，成为高炉冶炼增产的关键。

生产实践表明，冶炼强度和焦比之间的关系如图 8-5 所示。由该图可见，在一定的冶炼条件下（一定的原料、设备和操作条件下），高炉冶炼有一个适宜的冶炼强度，此时焦比最低，高于和低于这个适宜的冶炼强度，都会引起焦比升高。由图 8-5 还可以看出，随着冶炼条件的改善（即冶炼条件由曲线 1 向着曲线 5 的方向改进，冶炼条件得到逐渐提高和不断优化），焦比最低、最适宜的冶炼强度将相应升高。这种关系的形成是因为冶炼强度和高炉冶炼过程的影响是多方面的。当冶炼强度过低时，风量和煤气量很小，煤气流速低，炉缸不活跃，煤气分布不均匀（通常边缘煤气过分发展，而中心煤气不足），煤气与矿石不能充分接触，矿石加热和还原不良，煤气热能和化学能利用不好，因而焦比升高。随着冶炼强度的提高，煤气能量利用情况改善，故焦比逐渐降低。但是，冶炼强度过大（如果超过适宜值）将导致炉缸中心"过吹"，中心煤气过分发展，煤气流速过大，与矿石接触时间过短，传质、传热不充分，煤气把大量热量带出炉外，使焦比升高，甚至造成管道行程、液泛、崩料、难行和悬料等失常现象，因此焦比逐渐升高。由此可知，每座高炉应根据自己的冶炼条件选择适宜的冶炼强度，以达到最大限度地降低焦比和提高产量的目的。

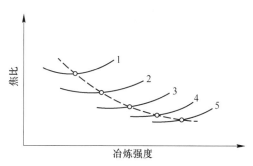

图 8-5 冶炼强度与焦比的关系

（1~5 分别表示不同冶炼条件）

高炉强化冶炼的方针应是：以精料为基础，以节能为中心，改善煤气能量利用率，选择适宜的冶炼强度，最大限度地降低燃料比，有效地提高利用系数。强化高炉冶炼的方向是增产、节能、降耗。

要在节能、降耗的同时实现增产，必须重视开发和采用高炉炼铁新技术。国内外高炉强化冶炼普遍采用精料、高风温、富氧鼓风、喷吹燃料、高压操作、加湿与脱湿鼓风以及自动控制等技术，促进了高炉生产技术的发展。

8.3.1　高风温

古老的高炉采用冷风炼铁。1828 年，英国第一次使用 149℃ 的热风炼铁，节省燃料 30%。由于鼓风预热可以大量降低燃料消耗，于是加热鼓风技术很快就被推广开来。采用热风（或高风温）炼铁，是高炉发展史上的一大革新。

8.3.1.1　高炉接受高风温的条件

生产实践表明，有效地提高风温受到某一"极限"的限制，超过这一极限时，炉况开始不顺或难行，严重时引起悬料，这样不但不能节焦反而会造成产量下降。这就是生产上常说的炉子不接受高风温。但是这一"最高风温极限"是与冶炼条件有关的，随着冶炼条件的改变，它可以向更高的水平方向移动，世界各国风温水平不断提高，目前最高已达 1350~1400℃。高炉冶炼接受更高风温的条件以下几个方面。

（1）加强原料准备。提高矿石和焦炭的强度，特别是高温强度，筛除粒度小于 5mm 的粉末以改善料柱的透气性。应当重视品位的提高，使渣量减少，并采用高碱度烧结矿与酸性料配合的合理炉料结构以改善炉腹和软熔带的工作条件。

（2）提高炉顶煤气压力。对比高压和高风温对高炉冶炼的影响可以看出，高风温对高炉还原和顺行的不利因素可以被高压操作的有利影响所弥补。

（3）喷吹燃料。向风口喷吹补充燃料可降低风口前的理论燃烧温度，它可以解决风温提高使炉子下部温度升高造成炉况难行的问题。

（4）合理的操作制度。根据各个高炉的实际状况，来确定合理的炉缸热制度、造渣制度、送风制度以及装料制度，以保证炉况的稳定与顺行。

8.3.1.2　高风温对高炉冶炼的影响

A　风口前碳的燃烧

在冶炼单位生铁的热收入不变的情况下，热风带入的显热替代了部分风口前焦炭的碳燃烧放出的热量。同时，风温提高以后焦比降低，由焦炭带入炉内的灰分和硫量减少，减少了单位生铁的渣量和脱硫耗热，使冶炼所需的有效热消耗相应地减少了。

提高风温而减少的燃烧碳量可按下式计算：

$$\Delta w(\mathrm{C})_{风} = \left(1 - \frac{\Delta w(\mathrm{C})_{风1}}{\Delta w(\mathrm{C})_{风2}}\right) \times 100\% = \frac{i_{风2} - i_{风1}}{q_c/v_风 + i_{风2}} \times 100\%$$

式中　$w(\mathrm{C})_{风1}$，$w(\mathrm{C})_{风2}$——不同风温下风口前燃烧的碳量，kg/t；

$i_{风1}$，$i_{风2}$——不同风温下鼓风的比焓（扣除水分分解热），kJ/mol；

q_c——风口前 1kg 焦炭的碳燃烧放出热量，一般为 9800kJ/kg；

$v_风$——燃烧 1kg 碳所消耗的风量，m^3/kg。

计算表明，风温由 0℃ 提高到 100℃，$\Delta w(\mathrm{C})_{风}$ 为 20.6%；而由 1100℃ 提高到 1200℃，$\Delta w(\mathrm{C})_{风}$ 只有 5.2%。也就是说，每提高风温 100℃ 所减少的 $\Delta w(\mathrm{C})_{风}$ 是有限的。

尽管风温越高，降低焦比的效果越差，但国内外钢铁企业仍在致力于继续提高风温。这是因为喷吹燃料必须要与高风温相配合。风温越高，燃烧温度越高，燃料燃烧越完全，喷吹效果越好。而喷吹燃料本身又有降低燃烧带温度的作用，因而又可促进风温的提高。同时精料水平的提高，使料柱透气性大为改善，为高炉接受风温创造了良好条件。因此，高炉风温水平一直在不断提高。

B　炉内温度分布

风温提高以后，高炉高度上温度的再分布表现为炉缸温度上升，炉身和炉顶温度降低，中温区（900~1000℃）略有扩大，如图 8-6 所示。这是因为风温提高以后，风口前的理论燃烧温度上升了，每提高 100℃ 风温，$t_{理}$ 上升 60~80℃，而风口前燃烧碳量的减少使风口煤气发生量成比例地减少，并相应地使煤气和炉料水当量的比值下降，结果炉身煤气温度和炉顶煤气温度均下降了。由于随着风温的提高，$\Delta w(C)_{风}$ 的数值变化趋于缓慢，因而每提高 100℃ 风温引起的炉顶煤气温度下降也减缓，而且风温越高，这种减缓的趋势越大。

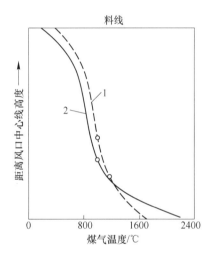

图 8-6　低风温和高风温情况下煤气温度沿高炉高度的分布
1—低风温；2—高风温

C　料柱阻损增加

风温提高以后，炉内煤气压差升高，特别是炉子下部的压差会急剧地上升，这将使炉内（尤其是炉腹部位）炉料下降的条件明显变差，如果高炉是在顺行的极限压差下操作，则风温的提高将迫使冶炼强度降低。据统计，风温每提高 100℃，炉内压差升高约 5kPa，冶炼强度下降 2%~2.5%。炉内压差升高的原因是焦比降低，焦炭在料柱所占体积减小，使料柱透气性变差；炉子下部温度升高，煤气实际流速增大。还有学者认为，炉子下部温度过高会使 SiO_2 大量还原并挥发，煤气将它带往上部，并在炉腹凝聚，在焦块间隙分解成固态，大大恶化了料柱的透气性，严重时造成炉子难行并发展为恶性悬料。

8.3.1.3　提高风温的措施

实践表明，在现代高炉冶炼的条件下，大气湿度为 1%~2%，不喷吹燃料的高炉可使用 1150℃ 风温正常操作，在采用大喷吹量，尤其是喷吹含氢高的燃料时，"极限" 风温完全取决于热风炉的能力。国外有些研究者在考虑加热鼓风的基建投资的生产费用后认为，在现代条件下，可能达到而且经济上核算的风温为1400~1500℃；我国炼铁工作者也提出要将风温提高到1350℃。为获取这样高的风温，需要经济地解决两个方面的问题：提供能高达到火焰燃烧温度1550~1650℃甚至1700℃以上的高温热量；热风炉结构能在这样的高温下稳定持久地工作和有热风管道（包括直吹管和热风阀）能承受这样高的温度并维持这样高的温度将热风送入炉内。

此外，还可采取预热助燃空气和煤气，对助燃空气、煤气进行脱湿，提高煤气热值等措施提高风温。利用热风炉废气余热预热助燃空气，煤气进行优化燃烧热风炉来提高风温和热风炉热效率，实现节能、降耗、减排。

燃烧热风炉主要采用高炉本身所产生的煤气，但随着高炉煤气能量利用改善，炉顶煤气中CO_2含量增高，CO含量降低，因而发热值也降低，而提高风温必须使用高热值煤气。

向高炉煤气中或向燃烧器中加入一定数量的高热值煤气（如转炉煤气热值为7880~8500kJ/m^3；焦炉煤气热值为16300~17600kJ/m^3，天然气热值为33500~41900kJ/m^3），可使高炉煤气富化，提高其热值。

宝钢湛江5050m^3高炉采用顶燃式热风炉实现了单烧高炉煤气的情况下稳定输送1280℃的热风，具备1300℃以上的风温能力，为高炉实现高煤比、低燃料比创造了条件。

湛江钢铁1号和2号高炉热风炉设计使用寿命为30年，配置两级预热，设计风温达到1300℃。由于热风炉消耗燃料占整个高炉工序的13%~20%，故热风炉效率的提升有利于降低高炉工序能耗。湛江钢铁采用合理的热风结构设计，从回收热风炉废弃预热及采用高效陶瓷燃烧器等方面着手改进，主要采用了包括高效拱顶陶瓷燃烧器、稳定的热风炉大墙及拱顶结构及高效的蓄热室等高热效率的设计措施，有效提高了热风炉烧炉的效率。

在实现高风温方面，生产现场进行以下的工作。首先，采用二级预热系统提升煤气和助燃空气温度，一级预热系统采用整体型换热器对热风炉和前置预热炉燃烧所用的高炉煤气和助燃空气分别进行预热。预热后的助燃空气温度上升至210~230℃，煤气温度上升至180~210℃；二级预热系统为前置式预热炉，助燃空气经过预热炉后温度可以达到550℃。其次，提高废气温度，通过提高废气温度能够增加预热室的蓄热量，减少周期风温下降的幅度，1号和2号高炉热风炉废气温度设计值最高为450℃，实际烧炉过程中废气管理温度为420℃。最后，选择合理的送风和燃烧制度，热风炉采用两烧两送交叉并联的作业制度，大部分但烧高炉煤气，偶尔混烧少量转炉煤气，平均每45min换一次炉，确保送出的风温稳定，满足高炉冶炼的需求。

图8-7为月度风温实绩变化图，1号高炉投产3个月后随着产能和指标的逐渐改善，风温稳定在1260℃，进入生产稳定期后进一步提升到1280℃，当月取得了煤比187.2kg/t、燃料比493.7kg/t的指标，但高炉风口理论燃烧温度随风温上升，高炉风压稳定性下降，因此1号高炉风温以1270℃作为操作目标和基准。2号高炉生产进入稳定期后于2017年5月进行了一次高风温试验，在单烧高炉煤气的情况下风温达到了1280℃，当月燃料比为484.2kg/t。2018年第4季度至2019年底，由于高炉原燃料条件变化等因素，使得高炉压差逐渐升高，难以适应1260℃以上风温，风温和煤气均有下降。2019年，两座高炉的热风温度分别下降至1251℃和1240℃，但在国内4000m^3以上级别的高炉中仍处于较好的水平，如图8-8所示。

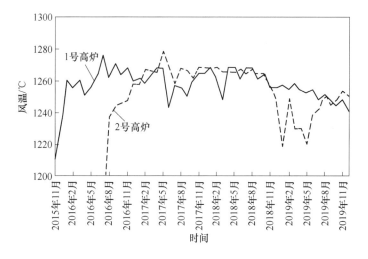

图 8-7　宝钢湛江钢铁 1 号和 2 号高炉月度风温实绩

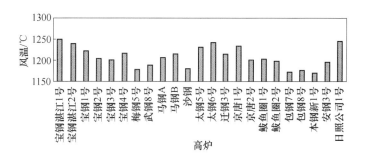

图 8-8　2019 年国内 4000m³ 以上级别高炉风温实绩

8.3.2　富氧鼓风

富氧鼓风是往高炉鼓风中加入工业氧，使鼓风含氧量超过大气含氧量，其目的是提高冶炼强度以增加高炉产量。随着高炉冶炼的技术进步，富氧可以提高理论燃烧温度，多喷吹燃料降低焦比。在无富氧鼓风操作的情况下，风温水平不同，节焦量也不一样，例如大气鼓风下风温从 0℃ 提高到 250℃ 可使焦比降低 230kg/t；从 500℃ 提高到 750℃ 可降低焦比 70kg/t，而从 1000℃ 提高到 1250℃，仅能降低焦比 40kg/t。富氧鼓风风中氧浓度提高时，差别减小，而当风中氧浓度提高到 40% 时差别就等于零。

8.3.2.1　富氧鼓风操作的特点

富氧鼓风操作的特点主要有以下几点。

（1）富氧与高风温都能提高理论燃烧温度，提高高炉下部温度，降低炉顶温度，但是绝不能得出富氧可以代替加热鼓风的结论，这是因为加热鼓风是给高炉冶炼带入高温热量，而富氧不但没有带入热量，而且还因富氧后风量减小，高炉冶炼的热收入反而减少了。例如在 $t_风 = 1000℃$ 时，风中含氧（体积分数）21%（湿分 1%），燃烧 1kg 碳的大气

鼓风带入的热量为 $4.341 \times 1319 = 5726kJ/kg$，而富氧到 30% 时，它降为 $3.060 \times 1319 = 4036kJ/kg$，减少了 $1690kJ/kg$，相当于大气鼓风下碳燃烧放出热量的 10.9%。

（2）由于富氧鼓风降低鼓风的焓，因此用它冶炼炼钢生铁时，焦比不会降低，风温 1000~1100℃ 而且还有上升的可能。但是冶炼铁合金和铸造生铁时，由于高温热量集中于炉缸有利于 Mn、Si 等还原，并且大幅度地降低炉顶温度，因此富氧 1% 可以降低焦比 1.5%~2.4%。

（3）由于富氧后燃烧 1kg 碳消耗的风量减少，就可在不增加单位时间内通过炉子的煤气量，以及炉内压头损失的情况下，增加单位时间内燃烧的碳量，即可以提高冶炼强度，在焦比基本保持不变的情况下，富氧 1% 的增产效果为：风中含氧（体积分数）21%~25%，增产 3.3%；风中含氧量（体积分数）25%~30%，增产 3.0%；冶炼铁合金时，由于焦比下降，使得增产效果增加到 5%~7%。

（4）把富氧与喷吹燃料结合起来，不论对高炉生产应用氧气，还是扩大喷吹量都是有利的。喷吹燃料和富氧对高炉冶炼过程大部分参数的影响是相反的，例如理论燃烧温度、炉顶温度、鼓风的焓 $i_风$、炉料在炉内停留的时间等。两者相结合可以增加焦炭燃烧强度，大幅度增产，促使喷入炉缸的燃料完全气化，以及不降低理论燃烧温度而扩大喷吹量，从而进一步降低焦比。苏联已应用这种结合达到相当于扩大高炉有效容积的增产效果（根据苏联的经验在风中含氧（体积分数）22%~25%，每小时富氧 50~65m³ 相当于扩大炉容 1m³）。

（5）富氧鼓风有利于冶炼特殊生铁。富氧鼓风有利于锰铁、硅铁、铬铁的冶炼。硅、锰、铬直接还原反应在炉子下部消耗大量热量，富氧鼓风理论燃烧温度 $t_理$ 升高，正好满足了硅、锰、铬还原反应对热量的需求。因此，富氧鼓风冶炼特殊生铁将会促使冶炼顺利进行和焦比降低。

8.3.2.2　富氧操作对高炉冶炼的影响

A　富氧对风口前燃料燃烧的影响

随着鼓风中氧浓度增加，氮浓度降低，燃烧 1kg 碳所需风量减少，相应地风口前燃烧产生的煤气量（$V_煤$）也减少，而煤气中 CO 含量增加，氮气含量减少，如图 8-9 所示。

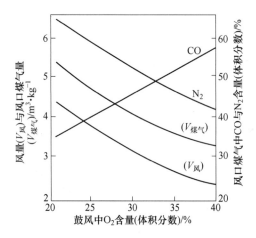

图 8-9　鼓风中氧浓度的变化对风量($V_风$)、煤气量($V_煤气$)和煤气中 CO、N_2 含量的影响

如同提高风温一样，富氧会使理论燃烧温度大幅度提高，但是升高的原因并不相同，提高风温给燃烧产物带来了宝贵的热量，富氧不仅没带来热量，而且因风量的减少使热风带入的这部分热量数值减小，$t_{理}$ 的升高是由于煤气量 $V_{煤气}$ 的减少造成的。富氧 1%，$t_{理}$ 提高 40～46℃，当 $t_{风}$ = 1000～1100℃，风中湿度为 1% 时，富氧到 26%～28% 时，$t_{理}$ 就超过 2500℃。生产实践表明，这样高的 $t_{理}$ 会导致冶炼十分困难，降低 $t_{理}$ 可以采用降低风温或增加鼓风湿度，显然这不利于焦比的降低，最好的办法是向炉缸喷吹补充燃料。

富氧以后，风中 N_2 含量的降低和 $t_{理}$ 的提高大大加快了碳的燃烧过程，这会导致风口前燃烧带的缩小，并引起边缘气流的发展。但是鼓风富氧是提高冶炼强度的，富氧量较小的情况下，燃烧带的缩小就变得不很明显，这被研究者们从风口区取样分析所证实。

B　富氧对炉内温度场分布的影响

富氧鼓风可使理论燃烧温度（$t_{理}$）升高。由燃料在风口前的理论燃烧温度计算公式：

$$t_{理} = \frac{Q_{碳} + Q_{风} + Q_{燃} - Q_{分}}{V_{煤} \times C_{碳}}$$

可以看出，理论燃烧温度（$t_{理}$）与产生的煤气量（$V_{煤}$）成反比，且与鼓风带入的热量 $Q_{风}$ 成正比。富氧鼓风时，风量和煤气量均减少，但由于风量减少 $t_{理}$ 影响小于 $V_{煤}$ 减少 $t_{理}$ 的影响，因此，$t_{理}$ 将随鼓风中 O_2 浓度的提高而升高（见表 8-5），从而有利于提高燃烧焦点、燃烧带和整个炉缸的温度。

表 8-5　鼓风中含量不同时的燃烧指标

干风中 CO 含氧量（体积分数）/%	燃烧 1kg 碳的风量（湿度 1%）/m³	燃烧 1kg 碳产生的煤气量/m³	炉缸煤气中 CO 含量（体积分数）/%	风温 1000℃ 时的 $t_{理}$/℃
21	4.38	5.33	35.0	2120
25	3.70	4.66	40.0	2280
30	3.09	4.04	46.2	2480

富氧鼓风可使高炉上部温度降低。富氧鼓风时，由于单位生铁煤气量减少，因而煤气水当量（$W_气$）降低，炉顶煤气温度下降，高温区和软熔带下降，中低温区扩大，高炉上部温度降低，从而减少了煤气带走的热量，有利于间接还原的发展和炉况顺行。由于同时产生煤气量的减少和炉身温度的降低，煤气带入炉身的热量减少，有可能造成该区域内的热平衡紧张，特别是炉料中配入大量石灰石时尤为严重。图 8-10 所示为富氧鼓风时炉身温度下降情况。

C　富氧对还原的影响

富氧对间接还原发挥有利的方面是炉缸煤气中 CO 浓度的提高与惰性的氮含量降低，但是要认识到，在焦比接近于保持不变的情况下，富氧并没有增加消耗于单位被还原 Fe 的 CO 数量，而且 CO 浓度对氧化铁还原度的影响有递减的特性，因此这种影响是有限的。

对间接还原发展不利的方面是炉身温度的降低，700～1000℃间接还原强烈发展的温度带高度的缩小，以及产量增加时，炉料下降速度加快，炉料在间接还原区停留时间的缩短。上述两方面因素共同作用的结果是，间接还原有可能发展，也有可能缩减，有可能维持在原来的水平。

D　富氧对高炉顺行的影响

富氧鼓风对高炉顺行的影响，有有利的一面，也有不利的一面。富氧鼓风时，单位生铁的煤气量减少，软熔带下移而块状带扩大，高炉下部温度升高，炉缸因此而活跃等，这些因素都有利于顺行。

当富氧程度超过一定的限度后，不利于顺行的因素将起主导作用，于是引起难行、悬料。其主要原因是：

（1）当燃烧带温度超过 1900℃ 时，将引起 SiO_2 的强烈挥发，使料柱的透气性急剧变差，从而导致难行、悬料；

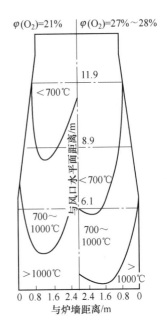

图 8-10　富氧鼓风时炉身温度下降情况
（苏联下塔吉尔钢铁厂 1 号高炉实测资料）

（2）炉缸温度升高，煤气体积因此而膨胀，使下部的煤气压差（Δp）增大；

（3）由于煤气量减少和燃烧温度提高，促使燃烧带缩小，中心煤气流减弱，易造成炉缸中心堆积；

（4）当软熔带下移到横断面比较小的炉腹时，将恶化高炉下部料柱的透气性。

生产实践表明，仅富氧而不喷吹燃料，在冶炼炼钢生铁时，当风中的氧含量（体积分数）超过 24% 后，就会引起炉况不顺。

8.3.2.3　富氧鼓风技术的发展

富氧鼓风的发展取决于制氧工业，也就是大功率制氧机的发展水平。高炉富氧鼓风所用工业氧气，可以不达到转炉炼钢要求的高纯度（$\varphi(O_2) \geqslant 99.5\%$），这就减轻了制氧机制造的难度和投资费用。德国、日本等国都生产专供高炉使用的低纯度（$\varphi(O_2) = 60\% \sim 90\%$）、大容量（$23000 \sim 103000 m^3/h$）的制氧机。

我国高炉从 20 世纪 80 年代开始对富氧鼓风进行工业试验，并取得了良好的效果。但直到现在，我国高炉富氧还不普遍，富氧率还不高，其主要原因是还没有生产出专供高炉用的制氧机。大多数高炉用的氧源是转炉富余的氧，致使富氧鼓风在我国始终处于较低水平。因此，尽快研制或引进低纯度、大容量制氧机，是我国发展富氧鼓风的首要目标。随着大规模制氧能力的提升和制氧成本的下降，高炉富氧鼓风水平将逐渐增加，甚至实现全氧鼓风冶炼。目前，宝武集团在全氧冶炼炼铁新技术的研究和实施已经走在世界前列。

宝武集团八钢氧气高炉于 2020 年 3 月 18 日破土动工，2020 年 7 月 10 日成功点火开炉，启动第一阶段工业试验。根据实验结果分析，八钢氧气高炉第一阶段工业试验，已突破了传统高炉富氧极限。在高富氧冶炼实践中，总结提炼出了一整套超高富氧操作技术，并根据试验效果，预测出最经济的富氧率操作指标区间，在富氧率 6%~7% 时燃料比最优，较传统高炉降低燃料比 11%，焦比焦低 14%。氧气高炉在高富氧冶炼试验过程中，炉况总体运行稳定，但还需要改进：如炉温控制不稳，燃料消耗及生铁［Si］含量偏高；前期操作时对高富氧率下的崩滑料危害认识不足，造成补热不足，炉况出现反复；在高富氧下对煤枪调整不到位，高压氧气流引起喷吹煤粉流场发生变化，直接冲刷小套，导致风口小套磨损。八钢氧气高炉后期还将围绕低碳、绿色、高效的科研目标，持续开展脱碳煤气风口喷吹、焦炉煤气富氢冶金及炉身喷吹脱碳煤气工业试验，为从源头上减少冶炼工艺的碳排放提供实践方案。

以下是传统高炉炼铁工艺和氧气高炉面临的技术难点，以及八钢第一阶段工业试验的详细介绍。

A 传统高炉炼铁工艺进一步发展面临的挑战

传统高炉炼铁工艺进一步发展面临挑战如下：

（1）传统高炉炼铁要使用焦炭，焦煤资源非常有限；

（2）随着高炉炉容的逐渐扩大，对原料的指标要求也越来越高；

（3）在烧结、焦化生产过程中产生的废水、废气含有酚氰、SO_2、NO_x、CO_2 等有害的物质，污染严重。

如图 8-11 所示，传统高炉运行在图 8-11 阴影区。虽然传统高炉通过高喷吹有效降低了焦比，降低了直接还原，但幅度受限。传统高炉还需要大量煤作为还原剂和能源。

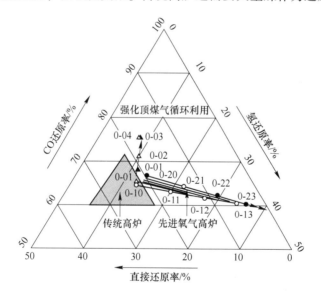

图 8-11 在各种高炉工艺中还原步骤的分布

B 氧气高炉面临的技术难点

有关理论研究认为，氧气高炉可实现顶煤气的循环利用，当炉顶煤气循环利用率为 89% 时，直接还原率降至 15%，CO 气体还原恰好替代直接还原，可以得到最低的燃料消耗。顶煤气循环氧气高炉工艺可最大限度地降低 CO_2 排放。另外氧气高炉的利用系数高，能够缩小高炉内容积，可以使用低等级的炉料。氧气高炉技术难点如图 8-12 所示。

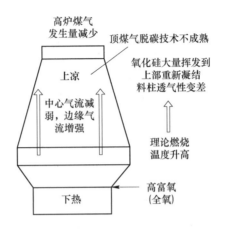

图 8-12　氧气高炉技术难点图示

从 20 世纪 80 年代开始，国内外冶金专家就开始了纯氧冶炼工艺技术的探索和研究，但最终都因解决不了氧气高炉运行的技术瓶颈，使得这一工艺无法实现工业化应用。国内外专家学者认为，氧气高炉必须突破的技术难点有：

（1）高富氧（全氧）使高炉内温度场发生变化，炉内上凉下热；

（2）理论燃烧温度过高，产生氧化硅大量挥发到上部重新凝结，降低料柱透气性，从而破坏高炉顺行；

（3）高炉冶炼条件发生了变化，中心气流会减弱，边缘气流会增强；

（4）高炉强化冶炼后，特别是炉内出现滑料现象时，极易发生滑料引起炉凉；

（5）顶煤气脱碳工艺技术还不成熟。

C　八钢氧气高炉试验的技术措施

八钢氧气高炉试验的技术措施主要有以下几个方面。

（1）建立合理的理论燃烧温度区间（2260~2300℃）。鼓风富氧率增加 1%，理论燃烧温度增加 43℃，通过增大喷煤量调整，煤比每增加 10kg/t，鼓风富氧率可增加 0.57%，并配合加湿降低理论燃烧温度。

（2）送风制度的调整。随着富氧率的提高，风口理论燃烧温度上升。在增加喷煤量降低理论燃烧温度的同时，需逐步降低风口面积，保障合理的风速。

（3）关于出渣出铁管理制度关键技术。降低渣铁在炉内的滞留时间，在出铁生产组织严格执行《定点出铁制度》。

（4）装料制度的调整。富氧后在高炉冶强大幅度提高的情况下，通过扩大矿批、增大布料带宽及增加中心焦量来稳定中心煤气流。

（5）针对炉况异常制定操作规范。建立崩滑料补热数据库及炉凉操作规范，针对氧气高炉易出现炉凉事故，建立《炉凉操作规范》，为工长处理高炉炉凉提供技术指导。

（6）冷却制度关键技术。通过稳定中心，抑制边缘煤气流，形成了炉体超低热流强度控制技术，维持了合理的操作炉型，为高炉的稳定长寿创造条件。

D　氧气高炉试验开炉及运行实绩

（1）点火开炉。氧气高炉 2020 年 7 月 15 日 11：58 成功点火开炉，3 天内将 Si 含量

（质量分数）降至1%以下，并开始喷煤、富氧运行。7月16日，第一炉铁Si含量（质量分数）5.24%，PT1420℃，第二炉铁Si含量（质量分数）4.62%，PT1425℃，Si含量逐步下降，至7月18日中班已降至0.55%，PT1430℃，累计出铁17炉。

（2）富氧率的提升。随着高炉富氧率的提高，高炉有效容积的利用系数上升。在入炉综合品位保持不变的情况下，富氧率提高1%，生产实践数据表明增加产量2%~4.5%，但当富氧率进一步提高后，极易导致高炉炉况不顺，崩滑料增多。

（3）高富氧率下风口理论燃烧温度的控制。氧气高炉开炉后逐步提升富氧率，风口理论燃烧温度也在实践中不断探索极限值，从运行情况看，理论燃烧温度不高于2300℃，炉况顺行能够保证，进一步提升富氧率，炉况出现波动，滑料增多，通过采取增加加湿措施，炉况趋稳，但煤气利用率总体变差，燃料比上升多。

（4）风口回旋区及煤气分布。随着富氧率的提高，风口回旋区缩短，煤气流初始分布向边缘发展。后休风将风口面积缩小，使风速维持在235~255m/s，边缘气流指数与中心气流指数逐步恢复，整体效果来看，调整后炉内压差水平大幅度缓解，为后期的强化冶炼提供了条件。

（5）装料制度调整。富氧率提高后，炉内煤气流变化，煤气利用率逐步降低，由初期的44%逐步减低至42%，将矿批逐步由11.5t增加至16t，采取压制边缘气流的布料制度，煤气利用率稳定在43%~44%。

（6）高富氧率下对入炉焦比的影响。在提高富氧率的试验中，初期提高富氧率，燃料消耗呈下降趋势，当富氧率达到6%时，焦比394kg/t，煤比126kg/t，燃料比520kg/t。后期随着富氧率的进一步提升，煤气利用率变差，燃料比、焦比均出现上升。

（7）高富氧率下单铁口生产组织的调整。提高富氧率，高炉产能提升。小高炉单铁口间隔性出铁，打开铁口前炉内有憋渣铁现象，出铁前后，风压、料速均有波动。鉴于此现象，炉次出铁间隔时间逐步缩短至60min。通过优化炉外出渣铁制度，炉缸渣铁得到了及时排放，炉内气流稳定性进一步加强。

（8）高富氧率下高炉长寿管理。随着高炉强化冶炼的进行，单位时间内高炉炉缸生成与排放的渣铁量增加，铁口区域炭砖温度升高特别明显。采取及时调整炮泥质量措施，铁口区域温度逐步稳定下来。其间多次对炉体进行了灌浆处理，控制因煤气串动导致的炉皮温度上升。

8.3.3　喷吹燃料

19世纪上半叶就产生了向高炉炉缸喷吹燃料的想法，自1840—1845年在法国一座高炉上喷吹木炭屑开始，经历了百余年的断断续续的试验，到20世纪50年代喷吹燃料才开始步入工业规模，并于60年代作为炼铁技术重大进步在很多国家普及。喷吹的燃料的品种很多，都是各国根据各自资源和可以廉价购得的气体、液体和固体粉状燃料，例如苏联、美国天然气资源丰富，以喷吹天然气为主，那些从中东廉价进口石油的国家（如日本、法国、德国等）则在石油危机前大量喷吹重油，我国一开始就以喷吹煤粉为主，现在很多国家也已从喷吹重油转为喷吹煤粉以适应国际市场上油、煤价格的变化。一些高炉也喷吹过冶金工厂自产的焦炉煤气、煤焦油，有些高炉做过喷吹液-固混合燃料的试验，个别高炉还喷吹过未燃法操作的转炉炼钢产生的转炉煤气。喷吹燃料的目的是以其他形式的廉价材料代替宝贵的冶炼焦炭，降低焦比。喷煤具有经济优势，高炉喷煤理论和技术从此开始全面发展，全球喷煤高炉总数迅速增加，高炉喷吹量也不断提高。喷煤减少炼焦生产的负担，节省焦炉基建投资，节约过程能耗和降低污染。

目前，欧洲一些高炉的平均喷煤比已经达到 180~200kg/t。1997 年以来，荷兰霍戈文公司 6 号高炉（2828m³）、7 号高炉（4650m³）月喷煤比达 210kg/t，平均焦比降至 234kg/t，英国钢铁公司肯索普厂从 1984 年起一直采用独特的粒煤喷吹技术，月喷煤比已达 200kg/t 以上。此外，美国、比利时、意大利、韩国等近几年来喷煤技术有较大发展，正向着 250kg/t 努力。

我国从 20 世纪 60 年代就开始在首钢发展高炉喷煤，是较早实现高炉喷煤工业生产的国家之一。"九五"期间，喷煤成绩较好的宝钢、鞍钢、马钢等高炉煤比达到 150~200kg/t。1988—1999 年初，宝钢高炉喷煤取得重大突破，高炉喷煤比突破 250kg/t。1999 年，1 号高炉利用系数为 2.328t/(m³·d)，年平均喷煤比达 238kg/t，焦比 270kg/t，燃料比 503.5kg/t。宝钢高炉平均喷煤比稳定在 210kg/t 以上，达到世界先进水平。

8.3.3.1　喷吹燃料对高炉冶炼的影响

A　风口前的燃烧

喷吹燃料与焦炭在风口前的燃烧相比，燃烧的最终产物仍然是 CO、H_2 和 N_2，并放出一定的热量，这点是相同的。不同之处主要有以下三个方面。

（1）燃烧过程不同。焦炭在炼焦过程已经完成煤的脱气和结焦过程，风口前的燃烧基本上是碳的氧化过程，而且焦炭粒度较大，在炉缸内不会随煤气流上升。而喷吹燃料却不同，煤粉要在风口前经历脱气、结焦和残焦燃烧三个过程，而且它要在喷枪出口处到循环区停留的千分之几到百分之几秒内完成；随着着火燃烧，重油要经历气化。天然气、重油蒸气和煤粉脱气的碳氢化合物燃烧时，碳氧化成 CO 放出的热量，有部分被碳氢化合物分解为碳和氢的反应所吸收，这种分解热随氢与碳的质量比 [$m(H)/m(C)$] 的增加而增大。因此，随着这一比例的增加，风口前燃料燃烧的热值也降低，见表 8-6。

表 8-6　不同燃料的每 1kg 碳在风口前燃烧放出的热量

燃料	$m(H)/m(C)$	燃烧放出的热量	
		kJ/kg	%
焦炭	0.002~0.005	9800	100
无烟煤	0.02~0.03	9100	96
气煤	0.08~0.10	8400	85
重油	0.11~0.13	7500	77
甲烷（天然气）	0.333	2970	30

碳氢化合物与氧的反应仅在它的热解温度下进行，如果重油未能很好雾化而迅速变成蒸气，并达到其热解温度，氧化反应就会产生烟炭，未完全氧化的 CH_4 也可能裂解为烟炭，如果这种烟炭在燃烧带内不气化，就会随煤气流离开燃烧带，这不仅导致炉缸热量收入减少，而且这些炭质点（包括喷吹煤粉时，在燃烧带内未气化的煤粉质点）大量混入炉

渣而使炉缸工况恶化：炉缸堆积，炉腹渣皮不稳定而脱落，风口和渣口大量烧坏。因此，为避免烟炭形成和残炭不能完全气化，必须使燃料与鼓风尽可能完全和均匀地混合。

（2）炉缸煤气量增加。喷吹燃料所含碳氢化合物在风口前气化后产生大量的 H_2，使炉缸煤气量增加（见表 8-7），燃烧带扩大。煤气量的增加与燃料中的 H、C 含量有关，氢与碳的比值越高，增加的煤气量越多，应当指出无烟煤的煤气量略低于焦炭是因为无烟煤的灰分含量高，含固定碳量低于焦炭所致，如果喷吹低灰分高挥发分的烟煤，则 1kg 煤粉产生的煤气量将大于焦炭燃烧形成的煤气量。煤气量的增加，使燃烧带增大，另外，造成燃烧带扩大的另一原因就是部分燃料在直吹管和风口内就开始燃烧，在直吹管内形成高于鼓风温度的热风和燃烧产物的混合气流，它的流速和动能远大于全焦冶炼时的风速和鼓风动能。

表 8-7　风口前每 1kg 燃料燃烧产生的煤气体积

燃料	V_{CO}/m^3	V_{H_2}/m^3	还原气总和		V_{N_2}/m^3	煤气量 /m^3	$\varphi(CO+H_2)$ /%
			m^3	%			
焦炭	1.553	0.055	1.608	100	2.92	4.528	35.5
重油	1.608	1.29	2.898	180	3.02	5.918	49.0
煤粉	1.408	0.41	1.818	113	2.64	4.458	40.8
天然气/$m^3 \cdot kg^{-1}$	1.370	2.78	4.150	258	2.58	6.730	61.9
天然气/$m^3 \cdot m^{-3}$	0.970	2.00	2.970	185	1.83	4.800	61.9

（3）理论燃烧温度下降，而炉缸中心温度略有上升。理论燃烧温度降低的原因在于：

1）燃烧产物的数量增加，用于加热产物到燃烧温度的热量增多；

2）喷吹燃料气化时因碳氢化合物分解吸热，燃烧放出的热值降低；

3）焦炭到达风口前燃烧带已被上升煤气加热（约达到 1500℃），可为燃烧带带来部分物理热，而喷吹燃料的温度一般在 100℃ 左右。

炉缸中心温度和两风口间的温度略有上升的原因是：

1）煤气量及其动能增加，燃烧带扩大使到达炉缸中心的煤气量增多，中心部位的热量收入增加；

2）上部还原得到改善，在高炉中心进行的直接还原数量减少，热支出减少；

3）高炉内热交换改善，使进入炉缸的物料和产品的温度升高。

B　料柱阻损与热交换

喷吹燃料以后，由炉缸上升到炉顶的煤气主要由风口前焦炭中碳燃烧形成的煤气、喷吹燃料燃烧形成的煤气和直接还原形成的煤气三部分组成。生产实践和理论燃烧计算表明，随着喷吹量的增加，喷吹燃料燃烧形成的煤气量增加总是超过其他两项的减少，最终炉顶煤气量总是有所增加（喷吹无烟煤时例外）。与此同时，单位生铁的焦炭消耗量减少和炉料中矿焦比上升，使料柱透气性变差。这两者的作用造成炉内的压差 Δp 升高，煤气和炉料的水当量比值（$W_气/W_料$）增大，导致炉身温度和炉顶温度略有升高。喷吹无烟煤时，由于煤气量不增加，因此炉身和炉顶温度无明显变化。喷吹燃料带入高炉的 H_2 对这两者变化（Δp 升高和 $t_{顶}$ 升高）起着缓和作用，由于 H_2 的黏度和密度较小，它可降低煤气的黏度和密度，从而使 Δp 下降；H_2 也能提高煤气的导热能力，加速煤气向炉料的热传递。

C　直接还原和间接还原的变化

喷吹燃料以后，改变了铁氧化物还原和碳气化的条件，明显地有利于间接还原的发展和直接还原度的降低：

（1）煤气中还原性组分（$CO+H_2$）的体积分数增加，N_2 的则降低；

（2）单位生铁的还原性气体量增加，因为等量于焦炭的喷吹燃料产生的（$CO+H_2$）量大于焦炭产生的，所以尽管焦比降低，（$CO+H_2$）的绝对量仍然增加；

（3）H_2 的数量和体积分数显著提高，而氢较一氧化碳在还原的热力学和动力学方面均有一定的优越性；

（4）炉内温度场变化使焦炭中碳与 CO_2 发生反应的下部区域温度降低，而氧化铁间接还原的区域温度升高，这样前一反应速率降低，后一反应速率则升高；

（5）焦比降低减少了焦炭与 CO_2 反应的表面积，也就降低了反应速度；

（6）焦比降低和单位生铁的炉料容积减少使炉料在炉内停留的时间增长。

8.3.3.2　置换比与喷吹量

喷吹燃料的主要目的是用价格较低廉的燃料替代价格昂贵的焦炭，因此喷吹 1kg 或 $1m^3$ 燃料能替换多少焦炭是衡量喷吹效果的重要指标。喷吹燃料的置换比取决于以下四个方面。

（1）喷吹燃料的种类。含碳和氢高的燃料，置换比就高。重油含碳和氢最高，置换比最高，一般在 1.2~1.4；无烟煤中含碳和氢量最少，灰分高，置换比也最低，一般在 0.8 左右。

（2）喷吹燃料在风口前的气化程度。如前所述，喷吹燃料气化时产生烟炭或残焦，不仅产生的热量和还原性气体减少，还可能恶化炉况，影响喷吹效果，使置换比降低。

（3）鼓风参数。通过对比高风温、高压、富氧和喷吹燃料对高炉冶炼的影响，可以看出它们的作用和影响有相反之处。例如，提高风温和富氧鼓风可提高理论燃烧温度，降低炉顶煤气温度，喷吹燃料时降低理论燃烧温度，提高炉顶喷气温度；又如，高风温和富氧使 r_d 上升，而喷吹燃料可降低 r_d；再如，高风温、富氧和喷吹燃料都使 Δp 上升，而高压却可使 Δp 降低。因此，风温的高低、是否富氧都影响置换比的高低。

（4）煤气流利用程度。既然喷吹燃料主要影响是改善高炉煤气的还原能力，那么操作上改进煤气流和矿石的接触就是发挥喷吹作用的重要方面，各高炉的置换比的差异与这一点有很大关系。

8.3.3.3　限制喷吹量的因素

实际生产中，限制喷吹量的因素有以下几个方面。

（1）风口前喷吹燃料的燃烧速率是目前限制喷吹量的薄弱环节。喷吹燃料最好能在燃烧带内停留的短暂时间内 100% 氧化成 CO 和 H_2，否则重油、天然气形成的烟炭和未完全气化的煤粉颗粒将影响高炉冶炼。燃烧动力学的研究和高炉工业性试验表明，影响燃烧速率的因素主要是温度、供氧、燃料与鼓风的接触面积等。

生产实践表明，喷吹的煤粉在风口燃烧带内的燃烧率保持在 85% 以上时，剩余的未气化煤粉不会给高炉带来明显的影响，这是因为它们随煤气流上升过程中能继续气化：遇焦炭黏附在其上，随焦炭下降进入燃烧带气化；少量地进入炉渣，称为渣中氧化物直接还原的碳；遇滴落的铁珠成为渗碳的碳；黏附在矿石、石灰石上成为直接还原的碳而气化。

（2）高温区放热和热交换状况，高炉冶炼需要有足够的高温热量保证炉子下部物理化学反应顺利进行。允许的最低值至少应高于冶炼的铁水温度，允许的炉缸煤气温度下限应保证能过热铁水和炉渣，以保证其他吸热的高温过程（例如锰的还原、脱硫等）的进行。喷吹燃料将降低理论燃烧温度，这样允许的最低 $t_{理}$ 就称为喷吹量的限制环节。当喷吹量增加，使 $t_{理}$ 降到允许的最低水平时，就要采取措施（如高风温或富氧等措施），维持理论燃烧温度不再下降，以进一步扩大喷吹量。

（3）产量和置换比降低是限制喷吹量的又一因素。实践表明，随着喷吹量的增加，喷吹燃料的置换比呈下降趋势。置换比降低可能导致燃料比过高、经济效益下降。

在风中含氧固定和综合冶炼强度一定的情况下，随着喷吹量的增加，高炉产量如同置换比那样呈下降趋势。在实际生产中，这种产量的降低被置换比所掩盖。例如在冶炼强度一定时，由于喷吹燃料使焦比降低 5%，产量本应提高 5%，但是实际提高了 2%，也就是产量下降了 3%。要使产量不下降，就得采用富氧鼓风。

综上所述，焦炭在高炉内起的作用是热源、还原剂、生铁渗碳的碳源、作为料柱透气性的骨架。人们普遍认为喷吹燃料可以代替焦炭除骨架以外的作用。因此，最大喷吹量限制即最低焦比应由炉内透气性、焦炭骨架作用所决定。

8.3.3.4 高炉喷吹煤粉对冶炼的影响

高炉喷吹煤粉目前已成为大幅度降低焦比的措施，这是近 40 年来重大技术发展之一，国内外高炉喷吹煤粉都取得了良好的效果。目前我国高炉煤粉喷吹量一般在 120～140kg/t，好的高炉为 150～210kg/t，最好的是宝钢高炉，高达 250～260kg/t，煤粉粒度也从 0.074mm（-200 目）的 70%～80% 放宽到 50% 左右之后，取得了良好的实际效果。

我国高炉采用高风温、精料，高冶炼强度与富氧相结合，喷煤量已逐步增加到 150～170kg/t，甚至 200kg/t 以上时，置换比仍保持在 0.70～0.80 的高水平，因此，我国高炉再进一步增加煤比的潜力还是比较大的，但是如何提高煤粉燃烧率，研究加速煤粉燃烧技术是一个十分重要的课题。

喷吹煤粉对于高炉冶炼也有显著的影响，主要表现在以下几个方面。

（1）炉缸煤气量增加，煤气还原势增加。

（2）中心气流明显发展。喷吹能使炉缸工作活跃，其原因主要是鼓风动能显著地增大所致。由于煤粉一部分在直吹管和风口内与氧汇合而产生燃烧反应，结果极大地提高了鼓风动能，使中心气流发展。喷吹后，炉缸煤气体积增大（喷吹高灰分无烟煤时例外），煤气中 H_2 含量增多，渗透能力增强。

（3）喷吹煤粉后，炉缸煤气中 H_2 浓度增大（喷吹高灰分无烟煤时例外）。从热力学来看，在高于 810℃ 时，H_2 的还原能力比 CO 强。假定 H_2 发挥还原作用主要在 800～1000℃ 区域内，则大部分用于 FeO 还原，在低于 810℃ 温度范围内，还原高价铁氧化物的作用较小。

由于 H_2 的导热性好，是其他气体的 $7 \sim 10$ 倍，黏度是其他气体的 0.5 倍，扩散速度是 CO 的 3.7 倍，H_2 有利于加热矿石，也有利于还原的扩散速度，所以有助于提高间接还原度，而还原生成产物 H_2O 也比 CO_2 具有更大的扩散速度（1.56 倍），脱附进行也很迅速。

（4）炉缸冷化，有热滞后现象。炉缸冷化是指风口前的理论燃烧温度降低，其产生的原因是：喷入的煤粉是以冷态进入燃烧带，不似焦炭经预热已具有 1500℃ 的高温；燃料中碳氧化合物在高温作用下，先分解再燃烧，分解反应吸收热量；燃烧生成的煤气体积大。因此，热滞后现象也是必然的。

（5）直接还原度的变化。由于单位生铁的煤气量增加，煤气富化，特别是煤气中 H_2 量增加，增加了间接还原，由此而降低焦比。

8.3.3.5 高炉喷吹煤粉的质量要求

高炉喷吹用煤应能满足高炉冶炼工艺要求并对提高喷吹量和置换比有利，以替代更多的焦炭，具体要求如下。

（1）煤的灰分越低越好，灰分含量应与使用的焦炭灰分相同，一般要求 $w_{灰} < 15\%$。

（2）硫含量越低越好，硫含量应与使用的焦炭硫含量相同，一般要求 $w_{硫} < 0.8\%$。

（3）表明煤结焦性能的焦质层越薄越好，以免煤粉在喷吹过程中结焦，堵塞煤枪和风口，影响喷吹和高炉正常生产。生产中常用无烟煤、贫煤和长焰煤作为喷吹用煤。

（4）煤的可磨性好，高炉喷吹的煤需要磨细到一定粒度，例如无烟煤粒度小于 0.074mm（200 目）的要达到 80% 以上，烟煤粒度小于 0.074mm 要达到 50% 以上。可磨性好，则磨煤消耗的电能就少，可降低喷吹费用。

（5）煤的燃烧性能好，即煤的着火温度低，反应性好，这样可使喷入炉缸的煤粉能在有限的空间和时间内尽可能多地气化。另外，燃烧性能好的煤也可以磨得粗一些，即小于 0.074mm 的比例小一些，以降低磨煤能耗和费用。

就目前有的煤种来说，任何一种煤都不能达到上述全部要求，另外各种煤源由于产地远近、开发方法、运输到厂的方式等不同，其单位价格也不同，生产中常采用配煤来获得性能好而且价格低的混合煤。国外常采用碳含量高、热值高的无烟煤与挥发分高、易燃的烟煤配合，使混合煤的挥发分在 20% ~ 25%、灰分在 12% 以下，充分发挥两种煤的优点，取得良好的喷煤效果。我国宝钢就是这样处理的。

对磨好了的喷吹用煤粉的要求主要如下。

（1）粒度。无烟煤粒度小于 0.074mm 的应达到 80% ~ 85%；烟煤粒度小于 0.074mm 的达到 50% ~ 60%；含结晶水的烟煤、褐煤在高富氧的条件下粒度还可以更粗些。

（2）温度。应控制在 70 ~ 80℃，以避免输送煤粉载体中的饱和水蒸气结露而影响收粉。

（3）水分。煤粉的水分应控制在 1.0% 左右，最高不超过 2.0%，这是因为水分大一方面影响煤粉的输送，另一方面喷入炉缸，在风口前分解吸热，加剧理论燃烧温度的下降。为保证必要的理论燃烧温度，要增加热补偿，无补偿手段时要降低喷吹量。

8.3.3.6 高炉煤粉喷吹的操作特点

喷吹燃料后，高炉上部气流不稳定，下部炉缸中心气流发展，容易形成边缘堆积。为此要相应地进行上下部调剂。

（1）上部调剂。上部调剂主要方向是适当而有控制地发展边缘，保持煤气流稳定，合理分布。常用的措施是扩大矿石批重，增加倒装比例和适当提高料线。

（2）下部调剂。下部调剂主要是全面活跃炉缸，保证炉缸工作均匀，抑制中心气流发展。为此，喷吹燃料后以扩大风口直径为主，适当缩短风口长度。一般认为大高炉每增加喷吹量10kg/t，风口面积相应扩大2%~3%。

（3）采用调剂喷吹量以控制炉温。在焦炭负荷不变的条件下，增加喷吹燃料数量，也就是改变燃料的全负荷，必然影响炉温；同时，由于喷吹燃料中碳氢化合物的燃烧，消耗风中氧量，使单位时间内燃烧焦炭数量减少，下料速度随之减慢，起着减风的作用。相反，减少喷吹物时，既减少了热源，又增快了料速，因而影响是双重的。但是，由于热滞后现象，以及喷吹物分解吸热和煤气量增加等原因，在增加喷吹物的初期，炉缸先凉后热，所以在调剂时要分清炉温是向凉还是已凉，向热还是已热，如果炉缸已凉而增加喷吹物，或者炉缸已热而减少喷吹物，则达不到调剂的目的，甚至还造成严重后果。此外，在开喷和停喷变料时，要考虑先凉后热的特点，即在开始喷吹燃料前，减负荷2~3h，之后分几次恢复正常负荷，当轻负荷料下达风口后，炉温上升便开始喷吹。停喷时则与此相反。

高炉喷吹煤粉技术除了在降低炼铁生产成本和改善高炉冶炼状况方面发挥着重要作用以外，部分钢铁企业还将其作为消纳工序除尘灰的作用，减少了炼铁生产固废的产生量和外排量。首钢京唐公司也长期在高炉喷吹煤中配加5%的干熄焦除尘灰，以便缓解资源紧张、稳定喷吹煤成分，有效地降低了炼铁成本，按2021年产量和煤比，每日可消耗除尘灰约400t。公司焦化厂干熄焦除尘灰每日产生量为340t，全部供高炉喷吹利用，喷吹煤和干熄焦成本运输供料系统除尘灰产生量250t，全部配入混匀矿。干熄焦除尘灰与供料系统除尘灰化学成分接近，都具有固定碳含量好、挥发分低的特点，尝试将供料系统除尘灰供高炉喷吹使用，弥补喷吹煤资源缺口。

首钢京唐以所产的干熄焦除尘灰CC9（基础样本）和供料系统除尘灰CCJ1（目标样本1）、C8（目标样本2）及其混煤样品为试验原料。其中，CC9、CCJ1、C8为现场除尘器的名称，CC9除尘灰来自焦化厂干熄焦系统，在京唐公司喷吹煤中长期配加，作为试验的基础样本；C8除尘灰来自料场运输喷吹煤的皮带系统；CCJ1除尘灰来自干熄焦直供高炉的皮带系统。三种除尘灰样品的粒度分布曲线如图8-13所示，可以看出不同除尘灰样品的粒度分布类似，都近似符合正态分布规律，基本都在5.23~125μm之间。说明两种供料系统除尘灰C8和CCJ1的粒径大小与在用干熄焦除尘灰CC9相差不大，在除尘灰配加比例没有较大变化情况下不会对高炉入炉燃料粒度产生较大影响。

三种除尘灰及其混煤的工业分析和热值见表8-8，供料系统除尘灰C8、CCJ1和目前喷吹煤中配加的干熄焦除尘灰CC9成分近似，混煤后（5%配比）灰分、挥发分、固定碳含量无明显波动，热值维持在30.70MJ/kg。硫元素作为冶炼过程中的有害元素，其含量越低越好，配加两种供料系统除尘灰后，硫分与原基础配煤方案硫含量一致，符合京唐高炉喷吹要求，热值也无明显波动，由于单品种除尘灰粒度过细，可磨性试验困难，经配煤后的混合煤可磨性指数均在66以上，故满足目前钢铁企业高炉喷吹煤粉制粉设备对固体燃料 *HGI* 大于60的要求。

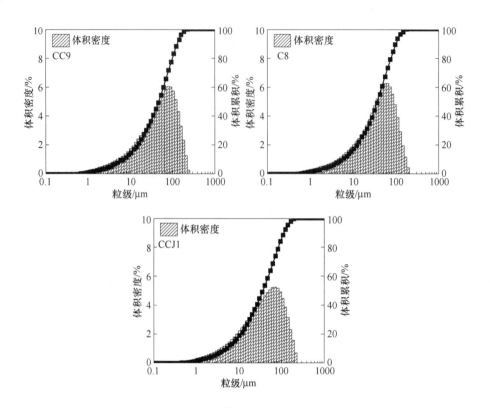

图 8-13　不同样品的粒度分布曲线

表 8-8　不同样品工业分析和发热值

项　目	FC_d/%	A_d/%	V_d/%	S_t/%	M_t/%	HHV /MJ·kg^{-1}	HGI
CC9	81.7	6.6	1.7	1.1	0.4	28.14	
CCJ1	85.18	3.78	1.04	0.95	0.2	28.23	
2C8	80.02	4.6	5.38	1.02	0.4	28.31	
基础混合煤（5%CC9 除尘灰）	72.15	8.95	18.9	0.45	13.4	30.74	66
目标混合煤 1（5%CCJ1 除尘灰）	72.32	8.81	18.87	0.45	13.4	30.65	77
目标混合煤 1（5%C8 除尘灰）	72.08	8.85	19.08	0.44	13.4	30.79	84

注：FC_d 为固定碳；V_d 为挥发分；A_d 为灰分；S_t 为样品中硫元素；d 为干燥基；HHV 为高位发热量；HGI 为哈氏可磨性指数。

单种除尘灰的燃烧曲线如图 8-14 所示，从图中可以看出干熄焦除尘灰 CC9 的燃烧曲线对应的温度区间较高，在 570℃ 左右样品开始快速失重，当温度达到 850℃ 左右时样品才燃烧完全，而供料系统除尘灰 C8 的燃烧温度区间较低，在 450℃ 左右快速失重，800℃时燃烧完全。为定量对比三种除尘灰燃烧过程的差异，对不同样品燃烧特征参数进行了提取，结果见表 8-9，通过表 8-9 可以看出供料系统除尘灰 CCJ1 与干熄焦除尘灰 CC9 的开始燃烧温度较为接近，而供料系统除尘灰 C8 的开始燃烧温度明显低于干熄焦除尘灰 CC9，开始燃烧温度越低越有利于高炉喷吹时的快速着火和燃烧，能够在风口及风口回旋区有限的时间内充分燃烧，提高喷吹燃料在风口前的燃烧效率和炉内的利用率。为综合分析煤粉燃烧性能，采用了综合燃烧特征指数 S 值来评价燃烧性能的好坏，可以看出供料系统除尘灰 C8 和 CCJ1 的综合燃烧性能均优于干熄焦除尘灰 CC9。

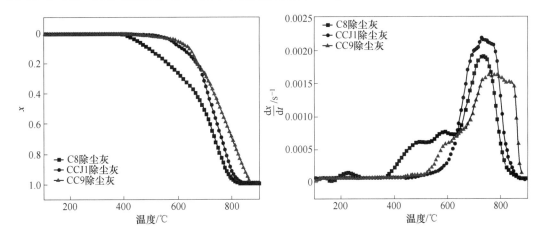

图 8-14　单种除尘灰燃烧性曲线

表 8-9　除尘灰燃烧特征参数

样品名称	$T_i/℃$	$T_f/℃$	R_{max}/s^{-1}	R_{mean}/s^{-1}	$S/s^{-2} \cdot ℃^{-3}$
C8 除尘灰	442.13	791.78	$1.80×10^{-3}$	$5.07×10^{-4}$	$5.90×10^{-15}$
CCJ1 除尘灰	585.51	808.22	$2.10×10^{-3}$	$4.97×10^{-4}$	$3.77×10^{-15}$
CC9（在用除尘灰）	569.26	854.13	$1.60×10^{-3}$	$5.10×10^{-4}$	$2.95×10^{-15}$

　　配加 5%除尘灰混煤燃烧性试验结果如图 8-15 所示，可以看出三种除尘灰混煤的 TG

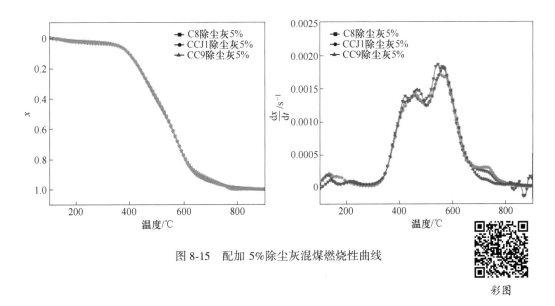

图 8-15　配加 5%除尘灰混煤燃烧性曲线

彩图

曲线基本吻合；配加 5% 除尘灰混煤的燃烧特征指数见表 8-10，可以发现三种混煤的开始燃烧温度十分接近，都在 350℃ 左右，燃尽温度均在 710℃ 左右，而且综合燃烧特性指数目标样本与基础样本接近，综合以上情况可以判断，在原有配比（5% 干熄焦除尘灰）情况下，供料系统除尘灰（C8、CCJ1）的燃烧性与干熄焦除尘灰 CC9 的燃烧性接近，配加进入高炉喷吹煤是完全可行的。

通过上述分析可知供料系统除尘灰（C8 和 CCJ1）配入喷吹煤中进行高炉喷吹是完全可行的，后续将喷吹煤中分别配入 0%、3%、5%、8%、10%、12% 供料系统除尘灰进行燃烧性试验，结果如图 8-16 所示。从图 8-16 可以看出，随着除尘灰含量的增加，TG 曲线整体趋势向高温区移动。

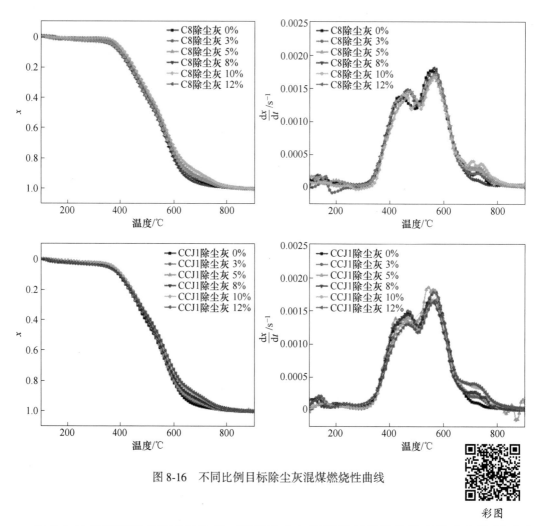

图 8-16　不同比例目标除尘灰混煤燃烧性曲线

彩图

从表 8-10 燃烧特征参数可以发现，两种除尘灰混煤的开始燃烧温度均为先降低后升高，为更加直观地表示除尘灰配加比例对混煤燃烧性能的影响，将综合燃烧特征指数 S 值作图，结果如图 8-17 所示。从图中可以得出随着除尘灰配加比例的增大，混合煤的燃烧性都呈现不同程度的下降趋势，这是因为单种除尘灰的燃烧性能不如高炉喷吹煤粉，随着除尘灰配加比例的增大，混煤的开始燃烧温度和燃尽温度在不同幅度的升高（大于 5% 配比），向单品种除尘灰的开始燃烧温度和燃尽温度靠近，导致整个失重曲线向高温区移动，并且在配加比例超过 10% 之后，两种除尘灰混煤的平均反应速率也有明显的降低，导致对应的 S 值会变小，但变化的幅度因除尘灰种类而异，其中供料系统除尘灰 C8 在配加比例超过 10% 之后出现明显拐点，CCJ1 在配加比例超过 5% 之后出现明显下降趋势。因此在实际应用中，建议配加供料系统除尘灰比例不超过 5%。

通过上述分析可知，将供料系统除尘灰（C8、CCJ1）配入高炉喷吹煤中进行高炉喷吹是完全可行的，并且配加比例应严格控制。

表 8-10 除尘灰及混煤燃烧特征参数

样品名称	$T_i/℃$	$T_f/℃$	R_{max}/s^{-1}	R_{mean}/s^{-1}	$S/s^{-2}·℃^{-3}$
混合煤	356.33	669.95	$1.80×10^{-3}$	$5.18×10^{-4}$	$10.95×10^{-15}$
混合方案（3%C8）	365.46	699.83	$1.70×10^{-3}$	$5.15×10^{-4}$	$9.36×10^{-15}$
混合方案（5%C8）	350.48	712.12	$1.60×10^{-3}$	$5.08×10^{-4}$	$9.26×10^{-15}$
混合方案（8%C8）	358.90	717.52	$1.60×10^{-3}$	$5.22×10^{-4}$	$9.04×10^{-15}$
混合方案（10%C8）	369.34	725.66	$1.70×10^{-3}$	$5.26×10^{-4}$	$9.03×10^{-15}$
混合方案（12%C8）	389.97	746.01	$1.60×10^{-3}$	$5.09×10^{-4}$	$7.17×10^{-15}$
混合方案（3%CCJ1）	354.95	693.77	$1.70×10^{-3}$	$5.23×10^{-4}$	$10.17×10^{-15}$
混合方案（5%CCJ1）	341.58	700.58	$1.60×10^{-3}$	$5.16×10^{-4}$	$10.11×10^{-15}$
混合方案（8%CCJ1）	358.24	721.31	$1.60×10^{-3}$	$5.14×10^{-4}$	$8.88×10^{-15}$
混合方案（10%CCJ1）	371.90	738.11	$1.60×10^{-3}$	$5.19×10^{-4}$	$8.14×10^{-15}$
混合方案（12%CCJ1）	378.30	743.71	$1.60×10^{-3}$	$5.03×10^{-4}$	$7.57×10^{-15}$

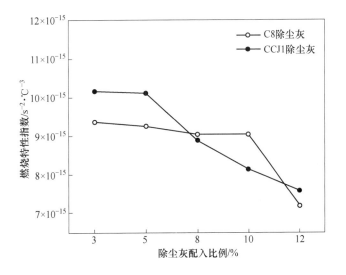

图 8-17 不同配比除尘灰燃烧特性指数变化情况

　　根据燃烧性结果分析，供料系统除尘灰配入喷吹煤中进行高炉喷吹是可行的，且配加比例不应超过5%。工业试验选择在首钢京唐公司3号高炉进行，喷吹煤中以5%配比配入供料系统除尘灰（C8和CCJ1）。此次工业试验从2022年2月16日开始至2月25日，共计10天，采集2022年2月13日至2月15日各项数据为基准期数据进行比对。

　　（1）喷吹煤粒度变化。高炉对喷入的煤粉粒度有严格的要求，煤粉的粒度影响煤粉的燃烧速率。煤粉的粒径越小，煤粉的比表面积越大，燃烧速率越高。研究表明，在高炉喷吹过程中，粒径小于75μm的煤粉比例应为80%左右。同时，煤粉的粒度不宜过小。煤粉越小，磨煤机的精度越高，增加制作成本。工业试验期间，3号高炉的喷吹煤粒度见表8-11，基准期喷吹混合煤粒度小于75μm的比例维持在82%左右，配入供料系统除尘灰后喷吹混合煤粒度无明显变化，对磨煤机无影响，不会增加制作成本。

表 8-11　喷吹煤粒度统计表

时间	名称	粒径<75μm 煤粉比例/%
2022 年 2 月 13 日	基准期数据	81.98
2022 年 2 月 14 日	基准期数据	81.96
2022 年 2 月 15 日	基准期数据	84.15
2022 年 2 月 16 日	配入 5%供料系统除尘灰	82.79
2022 年 2 月 17 日	配入 5%供料系统除尘灰	83.51
2022 年 2 月 18 日	配入 5%供料系统除尘灰	83.67
2022 年 2 月 19 日	配入 5%供料系统除尘灰	82.14
2022 年 2 月 20 日	配入 5%供料系统除尘灰	82.36
2022 年 2 月 21 日	配入 5%供料系统除尘灰	83.24
2022 年 2 月 22 日	配入 5%供料系统除尘灰	83.04
2022 年 2 月 23 日	配入 5%供料系统除尘灰	82.47
2022 年 2 月 24 日	配入 5%供料系统除尘灰	81.83
2022 年 2 月 25 日	配入 5%供料系统除尘灰	85.35

　　（2）高炉除尘灰成分变化。高炉除尘灰碳含量主要来源于焦炭粉末和未燃煤粉，因此通常采用高炉除尘灰中碳含量的变化来评价高炉煤粉燃烧率情况。高炉除尘灰分为旋风除尘灰和干法除尘灰两种。旋风除尘灰是高炉炉顶烟气经过旋风除尘器后脱除的粉尘，通常粒度较粗、含碳粉尘以焦粉为主。干法除尘灰是经过旋风除尘后的烟气再次经过布袋除尘器脱除的粉尘，通常粒度较细，含碳粉尘以未燃喷吹煤粉为主。因此，通常采用干法除尘灰中的碳含量变化来衡量高炉煤粉燃烧率情况。基准期和试验期高炉除尘灰碳含量变化见表 8-12，由表 8-12 可以看出，喷吹煤混合煤中配入 5%供料系统除尘灰以后，干法除尘灰中的碳质量分数变化并不明显，维持在 31%左右，与基准期无较大波动，旋风除尘灰中的

碳含量也无明显波动。分析结果表明，配加 5% 供料系统除尘灰之后高炉喷吹煤粉燃烧率基本不变，维持了较好的燃烧效果。

表 8-12　高炉除尘灰碳含量统计

时间	名称	旋风除尘灰含碳质量分数 /%	干法除尘灰含碳质量分数 /%
2022 年 2 月 13 日	基准期数据	29.09	27.41
2022 年 2 月 14 日	基准期数据	38.01	32.44
2022 年 2 月 15 日	基准期数据	28.19	30.15
2022 年 2 月 16 日	配入 5% 供料系统除尘灰	35.90	27.18
2022 年 2 月 17 日	配入 5% 供料系统除尘灰	31.05	29.66
2022 年 2 月 18 日	配入 5% 供料系统除尘灰	25.09	31.41
2022 年 2 月 19 日	配入 5% 供料系统除尘灰	30.21	29.56
2022 年 2 月 20 日	配入 5% 供料系统除尘灰	26.13	32.51
2022 年 2 月 21 日	配入 5% 供料系统除尘灰	20.24	30.58
2022 年 2 月 22 日	配入 5% 供料系统除尘灰	33.80	32.02
2022 年 2 月 23 日	配入 5% 供料系统除尘灰	31.42	31.52
2022 年 2 月 24 日	配入 5% 供料系统除尘灰	27.30	33.52
2022 年 2 月 25 日	配入 5% 供料系统除尘灰	29.44	30.69

（3）高炉压差、透气性指数、利用系数变化。及时掌握高炉运行状况并据此合理进行操作是实现高炉炼铁高产优质的关键。高炉压差是高炉透气性的主要指标，也是判断高炉运行状况的重要指标之一。炉内压差大，加大了落料阻力，严重时会影响高炉顺行；若压差过低，炉料与气流之间的热交换和反应就不能充分发挥，高炉能量利用效益差，严重时会引发炉内气流过吹甚至管道气流现象，因此，高炉压差对于高炉炼铁具有十分重要的意义。基准期和试验期高炉炉况变化如图 8-18 所示。从图中可以看出，配加供料系统除尘灰后高炉的压差基本稳定，与基准期无异，均维持在 188kPa（1.88bar）左右，透气性指数变化均在高炉可接受范围内，没有异常波动。从压差和透气性指数来看，高炉的下料没有任何问题。高炉利用系数是指高炉出铁量与单位容积之比，是体现高炉生产效率的重要指标之一。图 8-19 所示为工业试验期间高炉利用系数的变化情况，可以看出基准期高炉利用系数在 2.3t/（m³·d）上下浮动，随着除尘灰的配入高炉利用系数整体变化不大，高炉产量并没有降低，高炉的运行情况良好。

（4）高炉燃料消耗情况。焦比和煤比反映高炉的燃料消耗情况，工业试验期间高炉的焦比和煤比变情况如图 8-20 所示，可以看出，基准期高炉焦比维持在 280kg/t 左右，配入供料系统除尘灰后，焦比没有大幅度的波动，依然维持在原水平；煤比也与基准期无异，均在 170kg/t 上下波动，可以看出工业试验期间高炉焦比、煤比稳定。

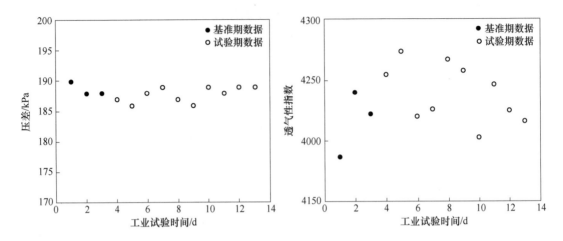

图 8-18   工业试验期间高炉炉况变化情况

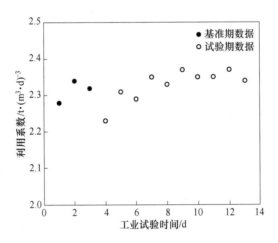

图 8-19   工业试验期间高炉利用系数变化情况

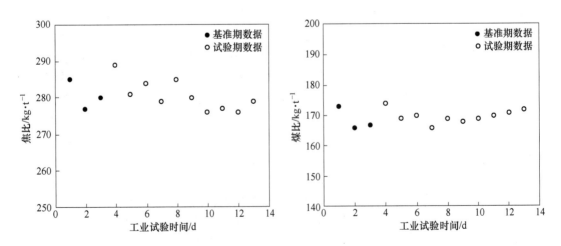

图 8-20   工业试验期间燃料消耗情况

8.3.4 高压操作

高压操作是通过安装在煤气除尘系统管道上（文氏管后面）的高压调节阀组，改变煤气通道截面，进而改变炉顶煤气压力的一种操作。一般常压高炉炉顶压力低于 0.3MPa，凡炉顶压力超过 0.03MPa 的均称为高压操作。

高压操作已成为强化高炉冶炼的有力手段，特别是对 2000m³ 以上的大型高炉，高压操作更为明显。可以说，高炉容积越大，为保证强化顺行所需的炉顶压力应越高；高炉强化程度越高，越需要实行高压操作。因此，国外一些巨型高炉，如日本大分厂 2 号高炉（内容积 5070m³），炉顶压力高达 275kPa，1980 年 7 月平均获得利用系数 2.04t/(m³·d)，燃料比 426kg/t（焦比 383.4kg/t）的优良结果。日本扇岛 1 号高炉（4052m³），炉顶压力 196kPa，炉顶煤气 CO_2 含量（体积分数）达到 20%~30%，获得了煤气能量利用的高水平。其他 4000m³ 级高炉，炉顶压力一般都在 200~300kPa。我国从 50 年代后期开始，也先后将 1000m³ 级高炉改为高压操作，目前炉顶压力提高到 120~150kPa，同样取得较好的效果，宝钢高炉的炉顶压力已达到 250kPa，进入世界先进行列。新设计的巨型高炉，一般都按 250kPa 以上的高压操作考虑。

8.3.4.1 高压操作系统

高炉炉顶煤气剩余压力的提高，是由煤气系统中的高压调节阀组控制阀门的开闭度来实现的，如图 8-21 所示。长期以来，由于炉顶装料设备系统中广泛使用着双钟马基式布料器，它既起着封闭炉顶的作用，又起着旋转布料的作用，故布料器旋转部位的密封一直阻碍着炉顶压力的进一步提高。直到 20 世纪 70 年代实现了"布料与封顶分离"的原则，即采用双钟四阀、无钟炉顶等装备以后，炉顶煤气压力才大幅度提高到 150kPa，甚至达到 200~300kPa。

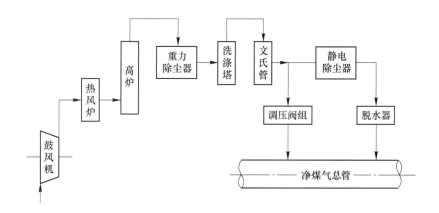

图 8-21　高压操作的工艺流程

应当指出，消耗在调节阀组的剩余压力是由风机提供的，而风机为此提高的风压需消耗大量能量。为有效地利用这部分压力能，人们从 20 世纪 60 年代开始，试验高炉炉顶煤气余压发电，先后在苏联和法国取得成功。采用这种技术后，可回收风机用电的 25%~30%，节省高炉炼铁的能耗。图 8-22 为采用余压发电后的高压操作系统。

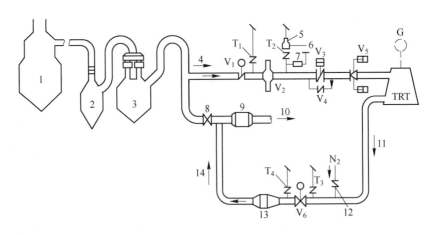

图 8-22　余压发电工艺流程图

1—重力除尘器；2，3—文氏洗涤塔；4，11，14—煤气管道；5—主管喷射器；6—蒸汽；
7—点火器；8—减压阀组；9—消声器；10—煤气总管；12—氮气吹扫阀；13—除雾器；
V_1—入口蝶阀；V_2—入口眼镜阀；V_3—紧急切断阀；V_4—旁通阀；
V_5—调速阀；V_6—水封截止阀；$T_1 \sim T_4$—放散阀；
G—发电机组；TRT—余压发电透平机

8.3.4.2 高压操作对冶炼的影响

A　对燃烧带的影响

由于炉内压力提高，在同样鼓风量的情况下，鼓风体积变小，从而引起鼓风动能的下降。根据计算，由常压（15kPa）提高到 80kPa 的高压后，鼓风动能降到原来的 76%。同时，由于炉缸煤气压力的升高，煤气中 O_2 和 CO_2 的分压升高，促使燃烧速度加快。鼓风动能降低和燃烧速度加快导致高压操作后的燃烧带缩小。为维持合理的燃烧带以利于煤气量分布，就可以增加鼓风量，这对增产起着积极的作用。

B　对还原的影响

从热力学上来说，压力对还原的影响是通过压力对反应 $CO_2 + C \rightleftharpoons 2CO$ 的影响体现的，由于这个反应前后有体积的变化，压力的增加有利于反应向左进行，即有利于 CO_2 的存在。这就有利于间接还原的进行。同时，高炉内直接还原发展程度取决于上述反应进行的程度，高压不利于此反应向右进行，从某种意义上来讲，是抑制了直接还原的发展，或者说将直接还原推向更高的温度区域进行，同样有利于 CO 还原铁氧化物而改善煤气化学能的利用。

从动力学上来说，压力提高加快了气体的扩散和化学反应速度，有利于还原反应的进行。但是有的研究者认为压力的提高也加快了直接还原的速度，因此压力对铁的直接还原度不会产生明显的影响。

研究和实际操作都肯定高压对 Si 的还原是不利的，这表明高压操作对低硅生铁的冶炼是有利的。

$$C + SiO_2 = CO_2 + [Si]$$
$$C + SiO = CO + [Si]$$

C　对料柱阻损的影响

料柱阻损是高压操作对高炉冶炼影响的最重要的一个方面。从著名的卡门公式：

$$\frac{\Delta p}{H} = \left[K_1 \frac{1 - \varepsilon^2}{\varepsilon^3} \mu w_0 s^2 + K_2 \frac{1 - \varepsilon}{\varepsilon^3} \mu w_0{}^2 s \right] \frac{p_0}{p} \left(1 + \frac{t}{273} \right)$$

不难看出，料层的阻力损失与气流的压力成反比。在其他条件不变得情况下，可写成：

$$\frac{\Delta p_{常}}{\Delta p_{高}} = \frac{p_{高}}{p_{常}}$$

由于料层的阻力损失与气流的压力成反比，高压操作以后，炉内的总压力 $p_{高}$ 较常压操作时的 $p_{常}$ 大，所以常压操作时煤气流通过料柱的阻力损失 $\Delta p_{常}$ 大于高压操作时的 $\Delta p_{高}$。这就使得在常压高炉上因 Δp 过高而引起的诸如管道行程、崩料等炉况失常现象在高压操作的高炉上大为减少，而且还可弥补一些强化高炉冶炼技术使 Δp 升高的缺陷。

研究者们用不同的方式对高压操作后的 $\Delta p_{高}$ 进行了测定和计算，所得结果不尽相同，但其平均值约为顶压每提高 100kPa，料柱阻损下降 3kPa。在常压提高到 100kPa 时，Δp 下降值略大于 3kPa；而顶压由 100kPa 进一步提高到 200～300kPa 时，此值降到 2kPa/100kPa。

应当指出，高压操作以后，炉内料柱阻损的下降并不是上下部均相同的，研究表明，高炉上部的阻损下降的多，下部的下降的少，如图 8-23 所示。造成这种现象的原因是料柱上下部透气不同，高炉下部由于被还原矿石的软熔，孔隙度急剧下降，故压力对 Δp 的作用为孔隙度的下降所减弱。

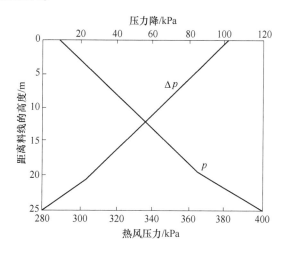

图 8-23　高压高炉高度上的煤气压力变化

众所周知，煤气通过料柱的阻力损失，相当于自下而上的浮力，它与炉料与炉墙之间的摩擦力、炉料与炉料之间的摩擦力等一起，阻碍着靠重力下降的炉料运动。高压操作后 Δp 的下降无疑减少了炉料下降的阻力，可使炉况顺行。如果 Δp 维持在原来低压时的水平，则可增加风量，即提高高炉的冶炼强度。

早期的生产实践表明，在由常压改为 80kPa 的高压后，鼓风量可增加 10%～15%，相当于提高 2%/9.8kPa 左右；现在的实践表明，再从 100kPa 往上提高时，这个数值下降到（1.7%～1.8%）/9.8kPa。这比理论计算的 3% 左右要低很多，造成这种差别的原因在于：

（1）高炉内限制冶炼强度提高的是炉子下部，如前所述，下部 Δp 减少的数值较小；

（2）高压以后，焦比有所降低，炉尘量大幅度降低，在入炉炉料准备水平相同的情况下，上部块状带内料柱透气性也变差；

（3）高压以后，燃烧带和炉顶布料发生变化，上下部调剂跟不上也阻碍着高压操作作用的发挥。

为此，要充分发挥高压对增产的作用，需要改善炉料的性能，特别是焦炭的高温强度，矿石的高温冶金性能和铁品位（降低渣量），以及掌握燃烧带和布料变化规律，应用上下部调剂手段加以控制。随着这些工作进展的情况不同，各厂家每提高 10kPa 的增产幅度波动在 1.1%～3.0%。我国宝钢的生产经验是：顶压每提高 10kPa，风量可增加 200～250m³/min。

D　对炉顶布料的影响

高压操作后，炉料从装料设备（大钟或布料溜槽）落到料面的运动有一定的影响，根据测定和计算，这种影响表现为布料后边缘料层加厚，料面漏斗加深，而影响的程度则取决于炉料准备情况（小于 5mm 粒度的含量和大小粒度的组成）和炉顶煤气压力提高的幅度。这种炉料在炉喉径向上分布的变化有可能恶化边缘区域的炉料透气性，从而使炉内压降增大，削弱了顶压提高的作用。

高压操作使炉尘吹出量显著减少，单位矿石消耗降低，实际焦炭负荷得到保证，批料出铁量增加，铁的回收率提高，焦比应有所降低。根据统计由常压改为高压操作后，炉尘吹出量降低 20%～50%，有的甚至高达 75%。在目前炉顶煤气压力达到 150～250kPa 的现代高炉上，炉尘吹出量经常在 10kg/t 以下。实践证明，实行高压操作，不断提高炉顶压力水平，是强化高炉冶炼，增产节能的一条重要途径。根据国内外经验，1000m³ 级高炉，炉顶压力应达到 120kPa 左右；2000m³ 级高炉，应达到 150kPa 以上；3000m³ 级高炉，应达到 200kPa 左右；4000m³ 级以上巨型高炉，应达到 250～300kPa。

高压操作不可避免地要增加鼓风机电耗，但可采取炉顶煤气余压发电予以回收。一般回收的发电量相当于高炉风机电耗的 25%～30%。

E　对焦比的影响

高压操作促使炉况顺行，煤气分布合理，利用程度改善，有利于冶炼低硅生铁等，而且使焦比有所下降。国内外的生产经验是，顶压每提高 10kPa，焦比下降 0.2%～1.5%。

提高炉顶压力的这种增产作用只有伴随着风量的增加或冶炼强度的提高才能明显表现出来。这是因为在焦比、焦炭负荷一定的情况下，高炉生产率与风量，即单位时间内燃烧的焦炭量成正比。因此，在一定冶炼条件下，冶炼强度与炉顶压力成正比，即提高炉顶压力可相应地提高冶炼强度，从而提高高炉生产率。

高压操作的这种降焦节能作用已为越来越多的高炉实践所证实。根据时间分析，高压降低燃烧的原因归结于改善了高炉顺行和煤气利用率，发展了高炉内的间接还原，抑制了直接还原。

首先，高压操作降低了煤气流速，延长了煤气在炉内与矿石的接触时间，同时减小或消除了管道行程，改善了煤气分布，炉料得到充分的预热，从而改善了矿石的还原条件，使块状炉料带的间接还原得到充分发展，煤气能量得到充分利用。

其次，直接还原反应取决于反应 $CO_2+C=2CO$ 的发展。提高炉顶压力，炉内平均压力相应提高，促使该反应的平衡向气体体积减小的方向（逆向）移动，从而抑制了直接还原的发展，或者说使直接还原推向更高的温度区域进行。这同压低软熔带，扩大块状带，提高 CO 利用率的要求相一致。高压操作对碳的气化反应的抑制作用，在某意义上也相当于降低焦炭的反应性。这对减少碳的溶解损失，提高焦炭高温强度，改善软熔带和滴落带的透气（液）性，增加风口燃烧有效碳量都是有利的。

同样高压可抑制硅还原（ $SiO_2+2C=[Si]+2CO$ ），有利于降低生铁含硅量，促进焦比降低。研究指出，在提高 CO 压力时，生铁中 [Si] 含量显著降低，这是因为硅在生铁中的平衡浓度与 CO 分压的平方成反比。另外，由反应 $SiO_2+CO=SiO+CO_2$ 的平衡常数 $K=p_{SiO}\cdot p_{CO_2}/p_{CO}$ 可得 $p_{SiO}=K\cdot p_{CO}/p_{CO_2}$ 。因此，提高炉顶压力，则气相中 p_{CO}/p_{CO_2} 降低，抑制了 SiO 的挥发，从而减少了硅的还原，节省了燃料。

高压操作改善了煤气分布，促使炉况稳定顺行和炉温稳定，因而可减少不必要的热量储备，适当降低炉缸和炉腹温度，使燃料消耗降低，也为降低生铁含硅量创造了条件。高压的顺行作用可保障喷吹燃料和高风温发挥更大效用，促使燃耗进一步降低。

8.3.4.3　高压操作注意事项

高压操作注意事项主要有以下几个方面。

（1）高压、常压转换会引起煤气流分布的变化，所以转换操作应缓慢进行，以免损坏设备和引起炉况不顺。

（2）转高压后一般会导致边缘气流发展，要视情况相应调整装料制度与送风制度。

（3）炉顶压力必须与风量相适应，避免因顶压波动较大引起煤气流分布的波动，从而造成崩料。提高炉顶压力必须增加风量保持一定的风速，当风量不能增加时，则不应提高顶压。

（4）加风提高顶压时，必须保持压差在原来的基础上不超过±5kPa。

（5）高压操作时，风口、渣口的冷却水压应高于炉内压力 50kPa 以上。

（6）在炉况出现崩料、悬料时，应根据实际情况进行调整，禁止使用高顶压操作。处理悬料，首先要改常压，然后放风坐料，严禁在高压下强迫放风坐料。

（7）炉外事故来不及按正常程序转常压操作时，可先放风，同时改常压。

（8）高压转常压的过程中，应完全设置为手动。

8.3.4.4　高压操作必备的条件及技术进步

采用高压操作和进一步提高炉顶压力，必备的条件是：

（1）高炉本体及整个送风系统、煤气除尘系统应有可靠的密封性和足够的强度；

（2）鼓风机要有足够的能力；

（3）炉顶装料设备密封可靠，使用寿命长；

（4）使用冷料；

（5）对顶压在 0.1MPa 以上的高炉应增设炉顶余压发电系统，以提高高压操作效益、降低能耗。

高炉采用高压操作时炉顶压力的水平，主要是根据原料条件和炉容大小来确定的。对于大型高炉，表 8-13 所示数据可供参考；对于中性高炉（250~620m³），应根据高炉容积大小即现有设备的可能，采用 0.025~0.04MPa 的小高压操作较合适；对于有条件的 620m³ 高炉，也可将顶压提高到 0.05~0.08MPa，但不宜过高。

表 8-13　高炉的炉顶压力和风机压力

高炉有效容积 /m³	设计顶压 /MPa	送风系统阻损 /MPa	料柱阻损 /MPa	要求风机出口压力 /MPa	选用风机出口压力 /MPa
1000	0.15	0.02	0.12~0.13	0.26~0.30	0.35
2000	0.15~0.20	0.02	0.13~0.15	0.30~0.37	0.35~0.40
3000	0.20	0.02	0.18	0.40	0.43
4000	0.25	0.02	0.20	0.45	0.50
5000	0.30	0.02	0.22	0.54	0.60

俄罗斯和日本 3000m³ 以上的高炉，顶压一般均为 0.25~0.30MPa，个别高炉超过 0.3MPa。

我国目前高炉的高压水平还较低，应采取措施，创造条件，使这一技术得到推广。近年来，我国高炉的高压操作水平不断提高，有些高炉顶压已达到国际先进水平，如宝钢顶压达 0.25MPa，但多数高炉的顶压还在 0.15MPa 以下。

8.3.5　加湿与脱湿鼓风

1927—1928 年，苏联曾用加湿鼓风作为高炉炼铁调节手段。1939 年，库兹涅茨克钢铁公司使用加湿鼓风 16~32g/m³，高炉产量提高了 10%~15%，焦比降低了 1.45%~3.4%。以后，加湿鼓风作为稳定风中湿分、增加风温和产量的一种强化手段而得到推广。

我国于 1952—1953 年在鞍钢使用了加湿鼓风，产量增加了 4.75%，焦比降低了 2.16%，随后，加湿鼓风得到普遍推行。但到 20 世纪 60 年代，喷吹燃料技术兴起，高风温已作为必须的热补偿措施，加湿鼓风就逐渐停止使用了，取而代之的是脱湿鼓风。不过，在无喷吹燃料的高炉上，加湿鼓风仍不失为一种调节和强化高炉冶炼的手段。

8.3.5.1　加湿鼓风

加湿鼓风是往鼓风中加入水蒸气，使鼓风中所含湿度超过自然湿度，用于调节炉况和强化冶炼。通常，是在冷风放风阀前（鼓风机与放风阀之间）将水蒸气加入冷风总管中，进行鼓风加湿。

A　加湿鼓风对高炉冶炼的影响

生产实践表明，加湿鼓风后炉况更顺行。这是由于炉缸中的水蒸气在炉缸燃烧带发生分解反应：

$$H_2O \Longrightarrow H_2 + \frac{1}{2}O_2 \quad -242039 \text{ J/mol}$$

或

$$H_2O + C \Longrightarrow H_2 + CO \quad - 124474 \text{ J/mol}$$

由于反应吸收大量热量，致使燃烧温度降低，炉缸温度发生变化。在燃烧焦点，水分分解进行最为激烈，因而降低了燃烧焦点温度，消除了过热区，使 SiO_2 挥发减弱，于是有利于防止因高风温或炉热引起的难行和悬料；同时，使燃烧温度均有所降低，即使炉缸煤气温度有所降低。因此，煤气体积和煤气流速减小有利于顺行。

此外，大气鼓风中含有一定的水分，但大气的自然水分含量是波动的，一年四季、天晴和下雨，甚至白天和晚上，大气湿度均不相同，这势必造成高炉热制度的波动。加湿鼓风可以使鼓风湿度稳定在一定水平，消除这种波动，显然也有利于稳定炉况。

随着鼓风湿度的提高，煤气中还原剂浓度将增加，于是煤气的还原能力提高，有利于间接还原的发展，降低直接还原度。

B　加湿鼓风的效果使鼓风中的含氧量提高

可以认为，加湿鼓风实际上是富氧鼓风的一种形式。因此，鼓风在一定加湿程度下也可以提高冶炼强度，从而提高产量。

干风的含氧量（体积分数）为 21%，水蒸气的含氧量（体积分数）为 50% $\left(H_2O \Longrightarrow H_2 + \dfrac{1}{2}O_2\right)$。于是水蒸气与干风的含氧量之比为 50%/21% = 2.38，即 1 单位体积水蒸气的含氧量为 1 单位体积干风含氧量的 2.38 倍。因此，鼓风中湿度每增加 1%，相当于增加干风 1.38%，即可以使冶炼强度提高 1.38%；在焦比不变的条件下，产量可提高 1.38%。

鼓风在一定加湿程度下，可以降低焦比。其主要原因是：

（1）有利于炉况顺行，故有利于提高煤气的利用率；

（2）有利于高炉接受高风温，这样，鼓风中 H_2O 消耗的热量可以由提高风温补偿，而 H_2O 分解产生的 H_2，一部分在上升过程中参加间接还原再度变成 H_2O，其放出的热量可以被高炉利用，相当于增加了热收入；

（3）直接还原度降低；

（4）产量提高，可以减少单位生铁的热损失。

C　加湿鼓风与提高风温的关系

鼓风中水蒸气在炉缸的分解反应为：

$$H_2O \Longrightarrow H_2 + \frac{1}{2}O_2 \quad - 242039 \text{ J/mol}$$

1kg 水蒸气的分解耗热为 242039/18 = 13447kJ。

温度为 0~800℃时，干风的比热容为 1.386kJ/（$m^3 \cdot$ ℃）。因此，在 $1m^3$ 鼓风中加入 1g 水蒸气时，需要提高风温 $\dfrac{13447\text{kJ}}{1000} \cdot \dfrac{1}{1m^3 \cdot 1.386\text{kJ/}(m^3 \cdot ℃)} = 9.7℃$，才能补偿 H_2O 在炉缸内分解所消耗的热量。但由于部分水蒸气分解产生的 H_2 参加还原再度转变为 H_2O 时放出了热量，因此，在考虑提高风温补偿水蒸气分解所消耗的热量时，应该扣除这部分热量。通常，约有 1/3 的 H_2 参加了还原，故 $1m^3$ 鼓风中加入 1g 水蒸气需要提高的风温为：$9℃ × \left(1 - \dfrac{1}{3}\right) = 6℃$。由此可见，为补偿 $1m^3$ 鼓风中加入 $1g$ 水蒸气所耗的热量，需要提高的风温可少于 $9℃$，但不能少于 $6℃$，否则可能引起焦比升高。因此，加湿鼓风应与高风温相配合，才能获得更好的效果。

由上述讨论可知，鼓风中水蒸气的含量不仅对高炉热制度有影响，而且对顺行和冶炼强度等也有影响。

8.3.5.2　脱湿鼓风

脱湿鼓风与加湿鼓风正好相反，它是将鼓风中湿分脱除到较低水平，使其鼓风湿度保持在低于大气湿度的稳定水平，以增加干风温度，从而稳定风中湿度，提高 $T_理$ 和增加喷吹量。显然，脱湿鼓风一方面降低了鼓风的水分含量，因而可减少水分分解耗热；另一方面又消除了大气湿度波动，对炉况稳定有利。因此，脱湿鼓风能取得很好的效益。

1904 年，美国就在高炉上进行过脱湿鼓风的试验，湿风含水量由 $26g/m^3$ 降到了 $6g/m^3$，风温由 $382℃$ 提高到 $465℃$，高炉产量增加 25%，焦比下降 20%。但因脱湿设备庞大、成本高，一度未得到发展。20 世纪 70 年代以来，由于焦炭价格暴涨、脱湿设备已经完善，脱湿鼓风才又被一些企业使用。

目前，脱湿设备有干式、湿式和冷冻式三种。

（1）氯化锂干式脱湿鼓风。氯化锂干法脱湿采用结晶 LiCl 石棉纸过滤鼓风空气中的水分，其吸附水分后生成 $LiCl_2 \cdot H_2O$；然后再将滤纸加热至 $140℃$ 以上，使 $LiCl_2 \cdot H_2O$ 分解脱水，LiCl 则可再生循环使用。这种脱湿法平均脱湿量可达到 $7g/m^3$。

（2）氯化锂湿式脱湿鼓风。氯化锂湿法脱湿采用浓度（质量分数）为 40% 的 LiCl 水溶液吸收经冷却的水分，LiCl 液则被稀释；然后再送到再生塔，通蒸汽加热 LiCl 的稀释液，使之脱水再生以供使用。此法平均脱湿量可以达到 $5g/m^3$。湿法工艺流程如图 8-24 所示。

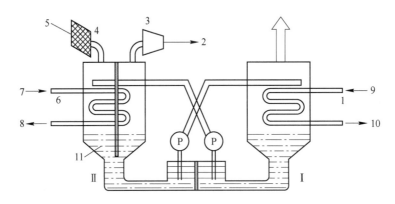

图 8-24　湿法脱湿鼓风工艺流程

Ⅰ—再生塔；Ⅱ—脱湿塔

1—蒸汽加热蛇形管；2—脱湿后的空气（送往高炉）；3—风机；4—过滤器；
5—空气；6—换热器；7—制冷物质（液体或气体）；8—受热后的制冷物质；
9—蒸气；10—冷凝水蒸气；11—40%（质量分数）LiCl 水溶液；P—泵

（3）冷冻式脱湿。冷冻法是随着深冷冻技术的发展而采用的一种方法。其原理是用大型螺杆式泵把冷媒（氨或氟利昂）压缩液化，然后在冷却器管道内汽化膨胀、吸收热量，使冷却器表面的温度低于空气的露点温度，高炉鼓风温度降低（夏天可由 32℃降到 9℃，冬天可由 16℃降到 5℃），饱和水含量减少，湿分即可凝结脱除。

宝钢采用冷冻式脱湿装置，在鼓风机吸入侧管道上安装大型冷冻机，作为脱湿主要装置。此法易于安装和调节，尤以节能和增加风量为最大优点。表 8-14 所示为宝钢脱湿装置的主要参数。

表 8-14 宝钢脱湿装置参数

项 目		工 况	
		夏季平均最高（设计条件）	年平均
脱湿前	空气量/m³·min⁻¹	7900	7900
	温度/℃	32	16
	相对湿度/%	83	80
	含湿量/g·m⁻³	32.5	12.9
脱湿后	温度/℃	8.5	2.5
	含湿量/g·m⁻³	9.0	6.0

马钢地处华东皖南地区，一年四季大气自然湿度变化较大。冬季湿度较低，最低至 1g/m³，而夏季湿度较高，最高能达到 35g/m³，且昼夜间波动较大。针对夏季湿度高波动大这一特点，2 号高炉（2500m³）于 2006 年 8 月始采取了脱湿技术，取得了一定的效果。但在应用的过程中发现在相同的原燃料条件及操作制度下，进入冬季或冬季前后高炉炉况便发生波动，难行、管道、崩悬料等现象频频发生。为缓解这一矛盾，2 号高炉自 2010 年底进行了加湿操作（2 号高炉加湿技术使用较早，但都局限于恢复及处理炉况上），配合夏季脱湿技术，常年湿度稳定在 15g/m³，达到了预期的效果。

作为日常炉况的一种调剂手段，2 号高炉脱湿技术早于加湿技术，始于 2006 年。2006 年进入 7 月以后，全炉焦比降至 296kg/t，煤比突破 200kg/t，理论燃烧温度同比下降较多，炉缸热收入趋向紧张，为此高炉采取了脱湿措施。8 月初，高炉脱湿鼓风技术首次得到应用，脱后湿度初步定为 15g/m³。脱湿前后数据对比分析来看发生了以下明显变化。

（1）全炉消耗明显降低。8 月相对 7 月煤比降低了 9kg/t，全炉燃料比降低了 8kg/t。2006 年脱湿前后部分指标对比见表 8-15。

（2）风口前理论燃烧温度提高了 77℃，炉缸热收入紧张的现象得以缓解，炉况顺行基础得以保障。基于以上明显效果，脱湿技术在夏季的应用便一直延续了下来。

表 8-15 马钢 2 号高炉脱湿前后部分指标对比

月份	焦比/kg·t⁻¹	煤比/kg·t⁻¹	燃料比/kg·t⁻¹	理论燃烧温度/℃	富氧率/%	风温/℃	入炉湿度/g·m⁻³
7	296	202	498	2121	4.08	1220	23.1
8	297	193	490	2198	4.07	1220	15.3

从历年来高炉运行状况看，高炉炉况的变化有一定的规律性。在相同的原燃料条件及操作制度下，一般在夏季6—9月采取脱湿鼓风操作后的炉况表现得较为稳定，而在湿度较低的冬季或冬季前后炉况便发生波动。炉温难以平衡，经常出现炉热难行现象，为控制炉热需要将风温降低$100 \sim 150$℃，同时为控制压差，风量也被迫减小，进而导致下部送风参数剧烈波动，炉况恶化。作为正常生产日常炉况的一种调剂手段，2010年底，2号高炉发展了加湿技术。2010年10月中旬，大气湿度同往年一样随着气温的下降开始走低，高炉停止脱湿操作，中旬末大气自然湿度降至$10g/m^3$以下。从炉况变化看，中上旬炉况稳定性表现较好，炉腹煤气量基本维持在$5800m^3/min$；但进入下旬以后，随着大气湿度的偏低，炉况整体波动也大了起来，炉热、崩滑料、管道现象也接踵而来。仅10月21—31日，崩料共达14次，管道3次，炉腹煤气量萎缩到$5600m^3/min$左右，高炉仅能维持低冶炼强度操作，但仍有崩滑料的现象存在。到11月14日白班，炉况再次发生大的波动。高炉在控风控氧退负荷的同时，作为日常炉况的一种下部调节手段，首次启用了加湿装置。通过调整加湿量，稳定入炉湿度在$15g/m^3$左右，使炉况进一步恶化的趋势得到制止。在保持入炉湿度稳定的前提下，经过11月中下旬一段时间的调整，至12月初基本消除了炉热难行、崩料、管道等，炉腹煤气量也继而开始攀升，炉况稳定性得到大大提高，如图8-25所示。

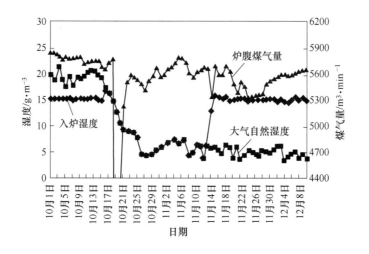

图8-25　马钢2号高炉湿度、炉腹煤气量的变化

作为正常生产日常炉况的一种下部调剂手段，2号高炉通过脱湿、加湿鼓风的综合技术，保持了入炉湿度的常年稳定。经过1年多的生产实践来看，高炉长期稳定性明显得到提高，各项技术经济指标也得到相对稳定和提升。

（1）促进了高炉长期稳定顺行。从2010年底到目前为止1年多的高炉运行状况来看，恒湿鼓风后的炉况变化走势比较明显。炉腹煤气量在2010年12月—2011年4月基本上处于一个攀升的阶段，到4月已逐步上升至$6000m^3/min$的平台，4月以后炉腹煤气量基本处于$6000 \sim 6300m^3/min$，如图8-26所示。其间未曾出现一次大的波动，炉况失常的现象得以消除，高炉长期稳定顺行的问题得以解决。

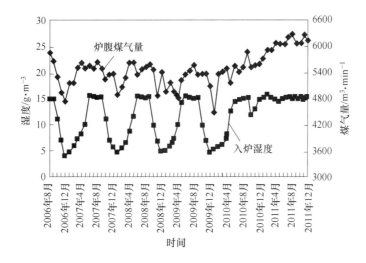

图 8-26　马钢 2 号高炉应用恒湿鼓风后入炉湿度、炉腹煤气量的变化

（2）各项技术经济指标得到稳定和提升。从历年来各主要参数及部分指标对比来看，取得的效果也是显著的。2011 年全年产能得到明显提升，全年平均利用系数由原来的 2.2 提高到 2.4，创造了历年来最好的水平。全年平均风温首次突破 1150℃，相对往年提高了约 40℃。全炉消耗变化也较为明显，在入炉焦比大致相同的情况下，全炉燃料比平均下降约 8.0kg/t。

（3）对提高炉腹煤气量进一步强化冶炼奠定了基础。由图 8-26 可见，在稳定湿度促进炉况顺行的基础上，高炉接受风量的能力逐渐增强，炉腹煤气量处于节节攀升的势头。2011 年全年平均风量突破 4700m³/min，相对往年提升约 500m³/min 的风量；炉腹煤气量也得到大幅度提升，且首次突破 6000m³/min，为进一步摸索逼近最大炉腹煤气量、强化冶炼操作奠定了基础。

8.3.6　高炉长寿

高炉大型化和长寿化是当今世界高炉炼铁技术的主要发展趋势，大型高炉具有投资和占地省、劳动生产效率高、能源消耗低、生产成本低、污染物排放少、环境治理效果好等诸多综合优势。大型高炉可以有效地提高炼铁工业的综合技术装备水平，具有可持续发展的优势和技术装备竞争力，是实现炼铁生产高效、优质、低耗、长寿、清洁的必由之路。而实现高炉长寿是一项系统工程，是现代高炉工艺装备、工程技术、操作与维护技术的继承。高炉长寿化与高炉大型化相互支撑，引领现代高炉炼铁技术不断创新。

8.3.6.1　高炉长寿的意义和作用

（1）高炉长寿可以有效提高高炉生产效率。现代高炉的高效和长寿是相互支撑、协同作用的两个要素。大型化的现代高炉生产要求稳定顺行，延长高炉寿命就是延长高炉稳定运行的生命周期，其实质则是提高了高炉生产效率。高炉一代炉役期间，其寿命延长一年就可以显著增加产量，产生可观的经济效益。高炉一代炉役期间的铁水产量是衡量高炉生产效率的重要指标，单位容积产铁量则是衡量高炉寿命的综合指标。

（2）高炉长寿是高炉大型化的重要支撑。高炉大型化是建立在原燃料条件改善、操作技术优化、工程系统集成等诸多要素条件之上的。高炉长寿化是高炉大型化的基础和前提，不能实现长寿的大型高炉从根本上就失去了技术发展优势。因此，延长高炉寿命是高炉大型化的重要技术保障。高炉大型化以后，钢铁企业的高炉数量大为减少，因而要求高炉寿命越来越长，作业率越来越高，这样才能保证钢铁联合企业的正常生产，充分发挥各工序设备的能力。因此，延长高炉寿命已成为高炉大型化的前提条件和重要的技术支撑。

（3）高炉长寿可以大幅度降低大修投资。高炉大型化以后，高炉建设投资费用增加。延长高炉寿命，可以减少高炉大修和维修的费用，有效降低工程投资，节约建设成本。从降低炼铁生产成本因素考虑，延长高炉寿命意义重大。现代高炉大修和相关配套实施的检修更换，单位投资约在 30 万元/m^3，在新技术改造和扩容大修时费用更高，甚至达到 40 万元/m^3，一座容积 2500m^3 级的高炉大修改造，工程投资将近 10 亿元。由此可见，延长高炉寿命，可以有效地降低高炉大修费用，减少经济损失，提高企业经济效益。

（4）高炉长寿可以有效降低高炉大修期间的减产损失，提高经济效益。高炉大修期间将造成高炉停产，对企业的铁产量和生产平衡影响很大，经济效益损失巨大，高炉容积越大，这种影响也就越大。在目前的条件下，一般高炉大修的工期为 60～200d，在此期间高炉停炉造成的产量损失和经济损失对整个钢铁企业都将是一个较大的负担，所以延长高炉寿命也是降低企业经济损失的有效措施。

现代化高炉技术装备水平高，新建高炉的工程投资巨大，高炉进行大中修所需的费用可观。高炉容积越大、技术装备水平越先进，高炉停炉进行大中修的损失也就越大。延长高炉寿命可以降低高炉大中修费用，减少高炉频繁大中修对生产的影响，保证钢铁联合企业各工序设备能力的充分发挥，对于提高钢铁联合企业的经济效益意义十分重大。德国蒂森公司在 1993 年 10 月建成投产了施韦尔根 2 号高炉，这座高炉容积为 5513m^3，炉缸直径为 14.9m，建成投资约 7.8 亿马克币，设计寿命为 15 年以上，目前这座欧洲最大的高炉仍在运行，实际寿命已经达到了 18 年。

（5）高炉长寿是实现高炉稳定顺行、高效低耗的重要保障。高炉生产的稳定顺行是高炉实现高效低耗的基础，没有高炉顺行，根本就无法实现高炉生产的高效低耗。高炉在一代炉役期间，应长期具备良好的工作状况。特别是高炉炉体冷却设备、耐火材料、炉壳等关键系统，应能够在不维修或少维修的条件下，满足高炉高效化生产的要求。如果高炉本体状况不佳，高炉"带病操作"，将影响高炉生产能力的发挥，也会造成事故隐患。因而对大型高炉而言，更要求高炉寿命要满足高效化生产的要求，不因高炉寿命而影响高炉正常生产；进而言之，高炉长寿是现代大型高炉实现稳定高效生产的重要基础和保障。

（6）延长高炉寿命已成为现代高炉技术进步的主要标志。现代高炉生产都是以长寿技术为基础，高炉富氧喷煤、提高产量、降低消耗等都要以高炉长寿作为基础保障。高炉富氧喷煤可使高炉焦比大幅度下降，使焦炉-高炉传统炼铁流程的竞争力提高。高炉频繁进行大中修将使高炉在正常生产状态下的作业时间大为减少，不利于提高喷煤量和产量；高炉精料、高顶压、高风温以及过程计算机控制技术等也都因此而失去应有的作用。因此，现代化高炉都致力于延长高炉寿命，使高炉在整个炉役期间长时间地保持良好的炉体状况，充分发挥高炉的效能，提高高炉一代炉役期间的工作效率，高炉长寿则成为现代高炉技术进步的主要标志。

8.3.6.2 高炉长寿的操作技术

国内外长寿高炉的生产实践证实，实现高炉长寿不仅取决于科学合理的设计和质量优良的施工建造，还要在高炉一代炉役的生产过程中进行有效的操作维护。科学合理的设计和优良的施工质量只是高炉长寿的基础条件，实现高炉长寿与操作维护具有直接的关系。在设计中采用的许多高炉长寿技术，只有在生产实践中合理地操作维护才能发挥其作用。

高炉生产操作对延长高炉寿命意义重大，其作用不可低估。应该指出，高炉生产操作的首要核心目的是实现高炉高效化生产，即不能为了追求高产、强化冶炼不计代价地牺牲高炉寿命，也不能为了追求高炉长寿而使高炉生产效率低下。因此，衡量高炉寿命的指标不仅是单一的炉龄，还有一代炉役期间高炉单位容积产铁量的评价指标，后者体现了高炉一代炉役期间的生产效率。

高炉生产是一项非常复杂的工程系统，各单元系统与高炉寿命具有密切的关联关系，并对于高炉寿命均有直接或间接的影响。由此可见，高炉操作对于高炉实现长寿目标非常重要。高炉操作最重要的工作是采取合理的操作制度和最佳工艺参数，搞好操作调节，使高炉能够长期保持稳定顺行状态。

A 精料

精料是高炉生产操作的基础，是高炉获得良好的技术经济指标和实现高炉长寿极为重要的条件。现代高炉必须对入炉原燃料条件给予足够的重视，特别是高炉大型化以后对精料水平更为严格，不少大型高炉投产以后，由于原燃料条件未得到改善反而恶化，严重制约了高炉生产的稳定顺行，对高炉寿命也造成恶劣的影响。

高炉原燃料质量差，入炉矿品位低、粉末多，化学成分波动大，入炉焦炭强度低、灰分高等，都会造成高炉透气性变差，影响炉况顺行。在原燃料条件较差的条件下，高炉不得不依靠发展中心、边缘两股煤气流维持高炉操作，其结果必然是煤气的热能和化学能不能充分利用，燃料消耗高、产量低；边缘气流过分发展还会造成炉墙温度过高、热流强度过大、温度波动大，热震幅度大且频繁发生，导致炉衬或冷却壁热面的渣皮极不稳定，难以形成稳定的保护性渣皮，甚至造成冷却壁局部过热，过早烧蚀破损，高炉寿命受到威胁。有时高炉原燃料质量变差，入炉粉末含量高，则会引起炉墙结厚，使操作炉型失常。在这种情形下，如果借助于发展边缘或洗炉措施处理炉墙结厚问题时，又极易带来冷却壁烧坏的恶性后果。

焦炭对于现代大型高炉生产的影响尤为突出。焦炭在高炉内具有还原剂、燃料、料柱骨架及渗碳的功能，焦炭在高炉内的骨架作用是其他燃料所不能替代的，高炉内焦炭的骨架作用在高炉不同区域内表现的形态不同。在块状带区域，焦炭与矿石分层相间。高炉富氧喷煤以后，对炉料分布控制提出了更高的要求，焦炭平台的构建、中心加焦、多环布料等技术的综合应用，其目的就是提高焦炭负荷，控制合理的煤气分布，提高料柱透气性和煤气利用率。在软熔带区域，焦炭层形态发生较大变化，矿石层以软化熔融状态存在，而焦炭层则转化为软熔带中的焦窗，是上升煤气穿透软熔带的主要通道，也是支撑软化熔融层和上部块状带的骨架。在滴落带区域，焦炭转化为中心压实层和边缘疏松层，边缘疏松层焦炭连续不断地下落到风口回旋区，成为焦炭燃烧的供应源；而中心压实焦炭则形成死焦柱，成为渣铁液滴滴落的渗透床。在渣铁储存区，焦炭形成浸浮在矿缸中的死焦柱，支撑着高炉上部的料柱。由此可见，焦炭在高炉内部的各区域内，始终以固态存在，但焦炭累积的物理形态发生了较大的变化，从分层状态逐渐演变为相对静止的死焦柱。与此同时，由于高炉内高温区碳素溶解反应的存在，使焦炭在下降过程中与煤气中的 CO_2 发生反应，焦炭粒度变小，强度变差，因此大型高炉对焦炭冶金性能提出了更高的要求。

对于高炉原料而言，要求其含铁品位高、化学成分稳定、粒度适宜、冶金性能优良，具备良好的耐磨、抗压等物理性能，以及在高炉冶炼过程中具有较低的低温还原粉化率和热爆裂率，同时要求具备良好的高温冶金性能。对高炉原料质量总体要求是要满足现代高炉大喷煤高效化生产，使高炉渣量低于 300kg/t，炉料成分稳定，粒度均匀，入炉粉末少，冶金性能良好，同时要采用合理的炉料结构。

B　炉料分布

炉料分布控制技术是现代高炉操作的重要内容，是控制煤气流合理分布的重要手段。炉料分布控制要实现煤气流合理分布，提高煤气利用率；防止风口及高炉内衬的破损，延长高炉寿命；使高炉长期获得稳定良好的透气性，保证炉况顺行；有效控制炉墙热负荷，降低高炉热量损失。炉料分布控制对高炉操作的影响是极其重要的，其核心目的就是使高炉炉喉径向矿焦比的分布合理、周向分布均匀，从而获得合理的煤气流分布，保持高炉稳定顺行，提高煤气利用率，改善煤气热能和化学能的利用，提高产量，降低燃料消耗，延长高炉寿命。

合理的炉料分布控制，使高炉内煤气流分布合理，改善矿石与煤气的接触条件，减小煤气对炉料下降的阻力，避免高炉憋风、悬料，从而促进高炉稳定顺行。炉料分布控制的主要内容包括装料方式、料批重量、布料方式和料线等。除个别高炉外，现代高炉绝大多数采用无料钟炉顶设备，这对于实现精准灵活的炉料分布控制创造了条件。

C　煤气流分布

在高炉冶炼进程中，下降炉料和上升煤气相向运动、相互作用、相互影响。事实上，高炉内煤气流分布不仅取决于装料制度，还取决于送风制度。高炉操作制度中，装料制度和送风制度分别是高炉上部调剂和下部调剂的主要手段，是基本的高炉操作制度。装料制度、送风制度的变化，往往引起造渣制度和热制度的剧烈波动，波及炉缸工作和炉况的稳定顺行。合理的装料制度和送风制度，可以解决炉料和煤气流相向运动过程的矛盾，使煤气流分布合理，炉况稳定顺行，使高炉生产实现高效长寿、节能降耗的综合目标。合理的煤气流分布具有以下特征：

(1) 炉料顺利下降，炉况稳定顺行，使高炉生产处于最佳的水平；

(2) 在保证高炉顺行的条件下，可以长期稳定地获得较高的煤气利用率，煤气能量利用充分；

(3) 抑制边缘煤气流过分发展，控制炉墙热负荷，延长高炉寿命。

D　活跃炉缸

炉缸工作是高炉冶炼进程的起始和终结，决定了整个高炉的冶炼进程。焦炭和煤粉在风口回旋区的燃烧、炉缸煤气的形成、液态渣铁汇集存储，以及一系列的直接还原反应和脱硫反应等都集中在炉缸区域进行，而且周期性的渣铁排放也是炉缸工作的一项主要内容。现代高炉要求炉缸工作活跃均匀，热量充沛，炉缸温度分布合理，渣铁反应充分，生铁质量良好，渣铁排放顺畅，炉缸工作状况也是高炉炉况顺行的重要标志。

良好的炉缸工作是实现煤气流合理分布的基础，特别是炉缸初始煤气流的分布，不仅决定了炉缸工作状态，同时也主导了高炉中上部软熔带和块状带的二次和三次煤气流分布，是保证高炉稳定顺行的基础。高炉煤气流的初始分布，主要取决于燃烧带，即风口回旋区。炉缸工作是否均匀，取决于风口回旋区的大小和分布，也就是煤气流的初始分布。高炉鼓风动能则是决定风口回旋区大小、形状和分布特性的主要因素。对于炉缸直径较大的高炉，不易吹透中心，要控制足够的鼓风动能，以确保中心煤气流的稳定和中心焦炭的活性，防止炉缸堆积，确保高炉稳定顺行和长寿。

E 控制炉体热负荷

高炉炉体热负荷是高炉冶炼过程中由炉衬和冷却器传递出的热量，也是高炉生产过程的热损失。热负荷是高炉生产操作中的重要参数。一般用来判断边缘煤气流的发展状况以及炉衬和冷却器的工作状态。高炉操作中可以根据炉体热负荷的变化，通过布料有效地调整煤气流分布，保证高炉炉况稳定顺行、达到高炉长寿高效的目的。如果热负荷控制不当，过高的热负荷冲击炉衬和冷却器，造成渣皮大量脱落，会加剧对炉体的侵蚀破坏，进而影响高炉长寿，而且还会增加热损失，使燃料消耗升高。因此，要尽可能降低高炉热负荷，将其控制在合理的范围，以有利于减少炉体热损失、节约燃料消耗、延长高炉寿命。

8.3.6.3 宝钢高炉长寿经验

宝钢 2 号高炉和 3 号高炉均是国内长寿高炉的代表，一代炉龄分别达到 15 年和 18 年以上。近年来随着高炉炉容扩大，以及原燃料条件整体质量的劣化，高炉在炉缸长寿维护方面遇到一些困扰，间或会出现炉缸侧壁温度异常升高的现象，抑制了高炉整体产能及指标的进一步提升。宝钢高炉的长寿生产经验，对业内高炉具有重要的借鉴意义。

A 炉体冷却形式

（1）冷却板+小冷壁。炉体采用密集铜冷却板冷却，为保证冷却效果，全部采用 6 通道冷却板，冷却板层间距 312mm，冷却板间为纵向连接；冷却板与钢套连接采用波纹管形式，波纹管式连接方式可借助波纹管的伸缩减少应力，避免或减少硬连接造成的焊缝开裂漏煤气现象，炉役后期尤为明显。

（2）冷却壁。风口带上方仍设置 3~4 层过渡段冷却板，冷却板以上建议采用全铸铁冷却壁，冷却壁高度最长段不超过 2.5m，冷却系统不要与炉缸串联（一串到底），设给排水环管和旁通管，因温度要求的不同可以独立选择水量的调整，纵向分区还是按照 16 个区配置，便于今后的查漏工作；冷却壁之间的配管还是按照自下而上的连接方式。

B 炉缸配置

（1）大块炭砖+水套。高炉生产实践说明，炉缸采用大块炭砖+外部洒水冷却形式完全可以实现高炉长寿。炉缸洒水冷却存在的问题是炉缸周围环境差、洒水挡板间垃圾异物影响冷却效果，必须及时清除。因此，炉缸可以采取炉壳外侧的水套式冷却，水套间可独立通水并预留压浆孔，便于后期压浆维护，为保证水质和周围环境，水系统为密闭循环系统，炉缸侧壁耐火材料配置大块炭砖并进行湿法砌砖。目前，炉缸长寿问题不是水量不够，而是有气隙存在导致热量传导不出来，因此，不用冷却壁是为减少中间传导阻隔，提高冷却比表面积，德国蒂森使用该项技术实绩较好。

（2）大块炭砖+铸铁冷却壁。高炉大修时炉缸侧壁可以考虑采用大块炭砖+横型铸铁冷却壁形式，铸入水管管径适当加大至 $\phi70mm\times6mm$，炉缸供水仍分两个区进行通水冷却，适当加大水量和水速，冷却水系统采用纯水密闭循环系统。炉缸侧壁耐火材料配置可借鉴国内外成功经验，采用湿法砌筑的大块炭砖+捣打层+模压炭砖形式。因为担心铜冷却壁变形产生气隙，所以不建议采用铜冷却壁。

C　设计施工

（1）炉型设计。在高炉炉型设计上，对于炉腹角问题，一般认为降低炉腹角有利于炉腹煤气顺畅排升，减小炉腹热流冲击，还有助于在炉腹区域形成比较稳定的保护性渣皮，保护冷却器长期工作，现代大型高炉炉腹角一般在80°以内。对于炉体高温区采用铜冷却壁的高炉，目前国内较多高炉炉腹炉腰部位铜冷却壁存在磨损损坏，更说明采用较小炉腹角的重要性，设计上要保证高炉实际生产后，砖衬侵蚀完形成的炉型，炉腹角仍能保证不大于74°。对于炉缸死铁层问题，一般认为炉缸死铁层加高有利于减少铁口环流，抑制炉缸"象脚状"异常侵蚀，延长炉缸炉底寿命，理论研究和实践表明，死铁层深度一般为炉缸直径的15%~20%。近些年，宝钢高炉大修时死铁层明显加高，从最初的1.8m到最高时的3.672m（2006年大修的2号高炉及2009年大修的1号高炉），死铁层大幅加深后高炉实际运行效果一般，说明过深的死铁层也不利于泥包稳定和侧壁环流抑制。因此，今后宝钢高炉大修时，炉缸死铁层高度选择建议不要超过炉缸直径的20%，可选择在2.8~3.0m。

（2）施工安装。在设计炉型、耐火材料及冷却器配置确定后，高炉的施工工艺流程及质量管控对长寿起到至关重要作用。对于高炉炉缸配置部分铜冷却壁的高炉，由于铜冷却壁为光面多边形没有弧度，故在炉缸耐火材料采用小块炭砖砌筑时，小块砖与铜冷却壁热面形成三角缝，对策一般是采用相应的胶泥进行填充。如果炭素胶泥未能在烘炉期间及时固化，在高炉投产后，炭素胶泥容易被挤出并形成间隙，成为冷却壁接缝处的薄弱环节。高炉采取快速大修时，由于高炉工期紧，如采用小块炭砖砌筑，也一定不能因为工期原因影响炭砖的火泥固化。投产前，冷却壁高炉在冷面料填充方面，原先采用高炉烘炉后进行冷面压浆工艺。之后，为快速大修需要，采用压完自流料后再烘炉及投产工艺，最新大修的高炉则采用冷却壁离线安装后逐段进行浇注实践。借鉴国内外成功经验，冷面压浆要求在烘炉前完成，冷面压浆的关键是要确保炉壳与冷却壁间填充密实，冷却壁壁间缝隙捣打好，避免高炉投产后的串气和影响冷却效果。

D　操作维护

高炉操作上，对于高炉大型化和原燃料质量总体劣化趋势，高炉原燃料管理上，首先要确保焦炭的质量，其次，要控制好入炉有害元素含量。炉料中的钾、钠对焦炭性能有催化破损作用，锌容易气化，锌蒸气容易进入砖缝，氧化成为 ZnO 后膨胀，破坏炉身上部耐火砖衬和易导致炉墙黏结现象。因此，大型高炉要制定原燃料质量标准，对碱金属及锌负荷进行控制，宝钢高炉原燃料中，有害元素严格按照锌负荷小于0.15kg和碱金属负荷小于2.0kg来控制。

送风制度选择上，随着高炉大型化和炉缸直径加大，要保证炉缸工况长期活跃，避免炉芯过死造成铁水环流加大侵蚀炭砖。根据原燃料实际情况，选择合适的风量、风口面积、风速、鼓风动能及较长的风口，以期实现打通中心和发展中心气流的目的，同时也要避免因风速过高造成炉缸焦炭劣化的发生。

炮泥质量及作业管理方面，铁口区域砖衬受周期性出渣铁冲刷是最薄弱环节，炮泥对日常铁口维护很重要。因此，要选取合适的炮泥，既要考虑炮泥的抗渣性和防铁口孔洞喷溅，也要考虑炮泥是否有利于泥包生成和泥包稳定存在，避免炉内因泥包脱落造成铁口区域侧壁温度异常快速升高的现象。炉前作业好坏直接影响炉况及炉缸侧壁温度，日常工作中要维持均匀且稳定的铁口深度，坚持一次开口法。提高操作人员素质与技能，维护好泥套，避免冒泥，开口过程困难时及时更换钻杆，避免由于开口原因造成泥包产生裂缝和断铁口现象。此外，日常生产中炉缸部位热胀冷缩会使砖衬产生气隙，降低冷却效率，可利用高炉休风时有计划地采取压浆处理，对中套、大套、小套及炉缸压浆孔进行清孔和压浆作业，严格控制好压浆管出口压力。

高炉长寿是一项系统工程，初始于高炉设计、关键部位耐火材料质量和施工质量，重在合理的日常操作和稳定的炉况，以及长寿管理制度的具体落实。炉身采用冷却板还是铸铁冷却壁均能实现高炉长寿，从后期维护效果看使用波纹管式冷却板优于焊接式冷却板，冷却板与小冷壁形式配置能够满足炉体冷却需要。炉体使用铜冷却壁易出现磨损和变形且操作难度大，铸铁冷却壁能够满足高炉长寿需要。炉缸采用类似于炉壳洒水的水套式或横型铸铁冷却壁能够满足高炉长寿需要，采用横型铸铁冷却壁冷却，相对较小的水量可实现较高水速和较大的冷却比表面积，圆周方向冷却均匀。高炉采用快速大修时，如炉缸配置小块炭砖，不利于保证砖缝灰浆料干燥和强度。采用铜冷却壁的高炉在砌筑时产生三角缝隙，边沿宜采取浇注形式替代顶砌，消除砖壁间的缝隙。高炉操作上保持原燃料质量稳定、控制入炉有害元素含量、长期合适的送风制度、稳定的炮泥质量及炉前合理的作业方针是实现高炉长寿目标的根本。

习题和思考题

8-1　叙述高炉炉况的判断方法与炉况正常的标志。

8-2　装料制度的调整主要影响高炉行程中的哪些现象？

8-3　为什么所谓的"理想的煤气流速沿径向分布"曲线效果最佳？

8-4　叙述炉缸堆积的征兆及原因。

8-5　提高风温后冶炼进程将发生什么变化？

8-6　提高风温可以采取什么措施，风温的进一步提高受何限制？

8-7　各种喷吹的辅助燃料在基本性质、喷吹设备及对高炉行程的影响方面有何异同（指固体、液体以及气体燃料）？

8-8　影响煤粉在风口区迅速完全燃烧的因素有哪些？

8-9　喷煤工艺在发展我国炼铁工业中的特殊作用是什么？

8-10　富氧鼓风后高炉行程将发生什么变化？

8-11　富氧鼓风与辅助燃料的喷吹有何关系？

8-12　实现高压操作在整体的设备上需要哪些条件？

8-13　分析高炉喷吹煤粉对冶炼过程的影响，并说明原因。

8-14　限制高炉提高喷煤量的因素有哪些？说明其限制的原因。

参考文献及建议阅读书目

[1] 刘云彩. 高炉布料规律［M］. 北京：冶金工业出版社，2012.

[2] 王筱留. 高炉生产知识问答［M］. 3 版. 北京：冶金工业出版社，2013.

[3] 成兰伯. 高炉炼铁工艺及计算［M］. 北京：冶金工业出版社，1991.

[4] 张寿荣，等. 高炉失常与事故处理［M］. 北京：冶金工业出版社，2012.

[5] 范广权. 高炉炼铁操作［M］. 北京：冶金工业出版社，2010.

[6] 拉姆 A H. 现代高炉过程的计算分析［M］. 王筱留，等译. 北京：冶金工业出版社，1987.

[7] 周传典. 高炉炼铁生产技术手册［M］. 北京：冶金工业出版社，2008.

[8] 王筱留. 高炉炉况失常的分析与处理［M］. 北京：冶金工业出版社，2015.

[9] 朱仁良. 宝钢大型高炉操作与管理［M］. 北京：冶金工业出版社，2015.

[10] 张福明，程树森. 现代高炉长寿技术［M］. 北京：冶金工业出版社，2012.

[11] 吴胜利，王筱留. 钢铁冶金学（炼铁部分）［M］. 4 版. 北京：冶金工业出版社，2000.

[12] Von Boghandy L, Engele H J. The Reduction of Iron Ore［M］. Berlin：Springer Verlag，1977.

[13] Turkdogan E T. Physical Chemistry of High Temperature Technology［M］. NewYork：Academic Press，1980.

[14] 杨桂生，张报清，马军文，等. 某高炉炉况波动与炉渣调控控制［J］. 云南冶金，2017，46（3）：35-39.

[15] 张晋，沙华玮，苏威. 宝钢湛江钢铁 $5050m^3$ 高炉顶燃式热风炉高风温应用实践［J］. 冶金管理，2020，9：13-14.

[16] 田宝山，张靖松. 八钢氧气高炉高富氧冶炼工业试验探索［J］. 新疆钢铁，2020，4：1-4.

[17] 王志堂. 马钢 2 号高炉恒湿古风操作实践［J］. 炼铁，2012，31（5）：16-19.

[18] 胡中杰. 宝钢高炉长寿生产实践与探讨［J］. 炼铁，2017，36（6）：1-6.

9 炼铁技术发展概论

第 9 章数字资源

思政课堂

钢铁人物

茨威格说，在一个人的命运之中，最大的幸运莫过于在年富力强时发现了自己人生的使命。

余艾冰是国际知名的化学工程和过程冶金专家，被公认为是颗粒填充、颗粒与多相流以及计算机模拟与仿真多个研究领域的权威，他的科研成果被广泛应用于钢铁、材料、化工和采矿工业，创造了巨大的经济效益。在国内读大学和硕士的时候，余艾冰的专业是钢铁冶金，真正和颗粒结缘，还是到澳大利亚读博士以后的事了，那时他才意识到，"颗粒是一个挺重要的研究领域"。"1986 年，我看到一本书（*Particulate Science and Technology*，作者 John K. Beddow）对颗粒研究进行了相当全面的介绍，大到宇宙、小到原子，它们都是颗粒，但我更多研究的是日常生活中看得到、摸得着的颗粒。当时我就认定，颗粒研究将是我一生的追求。"

余艾冰解释道，颗粒材料是除水之外，人类处理研究最多的材料类型，70% 左右的工业成品和中间产品都是以颗粒形态存在的。在自然界和工业生产中，存在着各种各样的颗粒系统，比如自然界中的沙石、矿石、煤炭、土壤等，日常生活中的粮食、糖、盐等，材料技术中的粉末、纳米颗粒、水泥、建材，不少药品、化工品也是颗粒物质。这些材料有湿有干，颗粒大小从纳米到分米，跨越多个数量级。

在余艾冰眼中，人类的发展可以说是与材料的发展息息相关的，而材料技术的发展很大程度上又要依靠颗粒技术，但过去人们一直没有意识到这一点。余艾冰以陶瓷举例，人们在很久以前就会制造陶瓷，但并没有意识到颗粒的重要性，直到 20 世纪 70 年代末、80 年代初，人们才充分意识到这应该是一个重要的研究领域，才开始真正把颗粒作为一门科学和技术来研究。

正是因为颗粒系统在工业生产中随处可见，因此在理解其性质、操控其行为方面的任何微小改进，都可以带来巨大的经济效益。例如，美国化工产业，据估算其 40% 的产值提升（每年约 610 亿美元）与颗粒技术相关。另一例子，研磨工艺是矿物工业中的重要环节，也是以低效（通常小于 10%）和耗能（占矿物加工厂直接运营成本的 40%）著称的环节，澳大利亚超过 10% 的电力消耗于此。

"因此，工业界非常需要颗粒技术的研究，希望能够得到终极解决方案，更好地设计、控制和优化相关工业过程和产品。颗粒科学与技术就是专门为解决这些工程应用问题而产生的交叉学科。"余艾冰说："颗粒材料兼具固、液、气三种物质聚集状态的特征。在特定条件下，它们可以像固体一样承受形变，像液体一样流动，或者像气体一样被压缩。微粒/颗粒物质可以被认为是一种新的物质聚集状态。"余艾冰坦言，在多年研究后，人们对它的理解依旧很不完善。

一代人有一代人的使命，一代人有一代人的担当。当代科研工作者面临着难得的发展机遇，但成功之路从来不会一帆风顺。"长风破浪会有时，直挂云帆济沧海"，余院士始终牢记时代使命，砥砺奋进、不负韶华，在他的岗位上作出不平凡的贡献，为国家和民族的发展进步注入蓬勃之力，发出耀眼光彩。

好消息是，颗粒研究的重要性已经被认可。如何发展颗粒动力学理论被《科学》杂志列为 125 大科学难题之一。如今，颗粒科学研究已经涉及矿业、冶金、材料、纳米、医药、能源、环保等众多领域，余艾冰的研究之路越走越宽。

"鉴于此，我确信在颗粒系统的理论体系、物理模型和研究技术等方面，都会不断产生新的进展，而颗粒尺度的研究将会成为主流。"余艾冰对颗粒研究的未来充满信心。

近年来，我国炼铁生产技术处于快速发展阶段，生铁产量高速增长，炼铁装备在向大型化、自动化、高效化、长寿化、节能降耗、高效率方向发展。同时，一些炼铁企业已开始在环保治理方面投入，向清洁炼铁方向发展。应当指出，目前我国炼铁工业产业集中度偏低，高炉平均炉容较小（约 $500m^3$），处于先进炼铁技术装备与落后炼铁技术装备并存的、多层次的共同发展阶段。

炼铁技术近年来飞速发展，主要进展表现在以下几个方面。

（1）高炉大型化和自动化。高炉容积向大型化发展，世界上不断有 $4000m^3$ 以上的高炉投入生产。由于高炉大型化，生铁产量增加，焦比降低，效率提高，成本核算降低，易于实现机械化和自动化。我国自 20 世纪 80 年代开始，已有 $4000m^3$ 以上的高炉投入生产，为我国向钢铁大国迈进提供了条件。

（2）进一步改善原燃料条件。普遍使用精料，即要求原料品位高、熟料率高、粒度小、含粉率低、成分粒度稳定等，尤其是在改善人造矿石质量、提高矿石的高温冶金性能、加强整粒、改善炉料结构、提高焦炭质量等方面投入了大量的精力，这是改善高炉生产最基础的条件。

（3）采用大喷吹量。以其他燃料代替焦炭，同时采用富氧鼓风及应用高风温，进一步促进大喷吹，达到降低生铁成本的目的。

（4）采用高压操作。应用轴流式风机，提高风压强化冶炼，同时利用煤气进行余压发电。

（5）高炉冶炼普遍使用和应用计算机技术。例如，采用计算机专家系统进行高炉冶炼的全过程控制，炉顶采用十字测温装置等新技术，为强化高炉冶炼、改善高炉冶炼技术经济指标提供了强有力的手段。

（6）作为研究课题，探索 21 世纪非高炉炼铁工艺，以适应各地区资源不同的需要。

9.1 非高炉炼铁

9.1.1 直接还原

直接还原法是指不用高炉从铁矿石中炼制海绵铁的工业生产过程。海绵铁是一种低温固态下还原的金属铁，这种产品未经熔化仍保持矿石外形，但由于还原失氧而形成大量气孔，在显微镜下观察形似海绵而得名。海绵铁的特点是含碳（质量分数）低（小于1%），不含硅锰等元素，但保存了矿石中的脉石。这些特性使其不宜大规模用于转炉炼钢，而只适于代替废钢作为电炉炼钢的原料。

原始的直接还原法甚至出现在高炉之前，但是直到20世纪60年代，直接还原法才有了较大成果，主要是因为解决了以下问题：

（1）随着冶金焦价格的提高，石油和天然气大量开发利用，全世界能源的结构发生重大的变化，特别是高效率天然气转化法的采用，提供了适用的冶金还原煤气，使直接还原法有了来源丰富、价格便宜的新能源；

（2）电炉炼钢迅速发展，加上超高功率（UHP）新技术的应用，大大扩展了海绵铁的需求；

（3）选矿技术提高，大量提供了高品位精矿，矿石中的脉石量可以降低到还原冶炼过程中不需要再加以脱除的程度，从而简化了直接还原技术。

即便如此，直接还原法仍然需要解决一些技术难题才能大规模发展，例如目前最成熟的直接还原法都是使用天然气作一次能源的，能源供应并未完美解决，此外直接还原法需要高品位精矿，对于某些嵌布细微的难选铁矿，直接还原法难以处理。

直接还原法可分为以下两大类。

（1）使用气体还原剂的直接还原法。在这种方法中煤气兼作还原剂与热载体，但需要另外补加能源加热煤气。

（2）使用固体还原剂的直接还原法。在这种方法中还原碳先用作还原剂，产生的CO燃烧可提供反应过程需要的部分热量，过程需要热量的不足部分则另外补充。

气体还原剂法常称为气基法，其产量约占总产量的72%，气基法中占重要地位的是竖炉法和流化床法。而固体还原剂法常称为煤基法，其产量不到总产量的28%，煤基法的代表是回转窑法和转底炉法。

在直接还原反应过程中，能源消耗于两个方面：一是夺取矿石氧量的还原剂；二是提供热量的燃料。在气体还原法中，煤气兼有两者的作用，对还原煤气有一定的要求，符合要求的天然气气体燃料是没有的。用天然气、石油及煤炭都可以制造这种冶金还原煤气，但以天然气转化法最方便、最容易，因此天然气就成为直接还原法最重要的一次能源。但由于石油及天然气缺乏，用煤炭制造还原煤气供竖炉使用则成为当前国内外研究的重要课题。

对于固体还原剂的直接还原法，还原剂与供热燃料是分开的，对它们也有一定要求。能否提供合乎要求且廉价的能源是直接还原能否被采用的关键。

对于铁矿原料，最重要的品质是含铁品位。这是因为矿石中的脉石在直接还原法中不能脱除而全部保留在海绵铁中，这样当海绵铁用于电炉炼钢时，脉石就造成严重危害，如使电耗剧增、生产率降低及炉衬寿命缩短。一般要求铁矿石酸性脉石含量（质量分数）小于 3%，最高不超过 5%；对铁矿石中 S、P 等杂质的要求并不十分严格，是因为各种直接还原法都有一定的脱硫能力，而 S、P 在电炉炼钢中也不能脱除。对于那些在高炉冶炼中能造成麻烦的元素，如 K、Na、Zn、Pb、As 等，有些元素通过直接还原法可以部分或大部分脱除，或直接还原法能适应其有害作用，具体要求视各种方法而定，但总的来讲不比高炉严格。

对于矿石强度的要求，直接还原法一般低于高炉，但良好的强度仍是保证竖炉及回转窑顺利操作的重要因素。对于矿石粒度则要求不一，图 9-1 为各种直接还原法使用的矿石粒度。

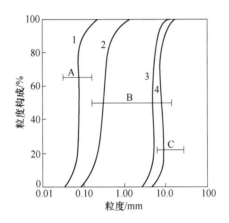

图 9-1　各种直接还原法使用的矿石粒度

A—流化床法；B—回转窑法；C—竖炉法；

1—磁铁矿；2—细粒赤铁矿；3—分级矿；4—球团矿

直接还原法常用的技术指标有下列几种。

（1）利用系数。评价生产率最常用的指标是利用系数（η_V），其定义与高炉有效容积利用系数相同，即 η_V 等于单位反应器容积每 24h 的产量，单位为 $t/(m^3 \cdot d)$。各类直接还原法的 η_V 在 $0.5 \sim 10 t/(m^3 \cdot d)$ 之间。

（2）单位耗热。由于各类方法使用的能源种类很多，因此用直接还原法系统内消耗的一次能源的总热值来表示燃料消耗，称为单位热耗 $Q_R(kJ/t)$。理论最低耗热按 Fe_2O_3 生成热计算为：

$$(823460/2 \times 56) \times 1000 = 7.36 GJ/t$$

各种直接还原法的耗热则在 $9.2 \sim 25.1 GJ/t$ 范围内。

（3）产品还原度和金属化率。评价产品质量的指标有两个：一个是产品还原度 R（%）；另一个是金属化率 M（%）。其计算如下：

$$R = 1 - \frac{1.5w(Fe^{3+}) + w(Fe^{2+})}{2.5w(TFe)}$$

$$M = \frac{w(Fe^0) + w(Fe)_{Fe_3C}}{w(TFe)}$$

式中 $w(Fe^{3+})$ ——Fe^{3+} 的质量分数,%;

$w(Fe^{2+})$ ——Fe^{2+} 的质量分数,%;

$w(Fe)_{Fe_3C}$——Fe_3C 中 Fe 的质量分数,%;

$w(Fe^0)$ ——铁素体中 Fe 的质量分数,%

$w(TFe)$ ——矿石中 Fe 的总质量分数,%。

金属化率与还原度的关系如图 9-2 所示。

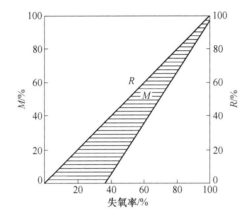

图 9-2 矿石失氧率与还原度及金属化率的关系

M—金属化率;R—还原度

(4)煤气氧化度。煤气氧化度 η_0 表示煤气质量,计算如下:

$$\eta_0 = \frac{\varphi(H_2O) + \varphi(CO_2)}{\varphi(H_2O) + \varphi(CO_2) + \varphi(H_2) + \varphi(CO)}$$

η_0 越大,煤气质量越差。但也可用此指标表示直接还原炉中煤气被利用的程度,则此时 η_0 越大表示煤气利用率越高。

9.1.1.1 气基还原法

A 竖炉法

竖炉还原法起源于 20 世纪 50 年代,世界上第一座竖炉于 1952 年在瑞典桑德维克(Sandvik)投入工业生产,其年产量仅为 2.4 万吨。20 世纪 60 年代后,天然气的大量开采推动了竖炉直接还原法的发展,出现了 Midrex 法、HYL/Energiron 法等一系列以竖炉为还原反应器的直接还原工艺。到 2010 年为止,竖炉直接还原工艺产量占气基直接还原 DRI 产量的 74% 以上,是主要的直接还原工艺。

直接还原竖炉的典型代表是 Midrex 法。其生产能力约占直接还原总产量的 55%,最大的 Midrex 竖炉年产 80 万吨,炉子直径 5.5m。其原料为粒度 6~25mm 的氧化球团或天然富矿,强度要求大于 200kg/球。酸性脉石量要求小于 3%,对矿石的软化性能及含 S 量有较严格的要求。球团矿体积膨胀应低于 20%。

Midrex 标准工艺流程如图 9-3 所示。还原气使用天然气经催化裂化制取,裂化剂采用炉顶煤气。炉顶煤气 CO 与 H$_2$ 的含量（体积分数）约为 70%，经洗涤后，其中 60% ~ 70%加压送入混合室与当量天然气混合均匀。混合气先进入一个换热器进行预热，换热器热源是转化炉尾气。预热后的混合气送入转化炉中的镍质催化反应管组，进行催化裂化反应，转化成还原气。还原气 CO 及 H$_2$ 的含量（体积分数）为 95% 左右，温度为 850 ~ 900℃。转化的反应式为：

$$CH_4 + H_2O == CO + 3H_2 \qquad \Delta H = 2.06 \times 10^5 J/mol$$
$$CH_4 + CO_2 == 2CO + 2H_2 \qquad \Delta H = 2.46 \times 10^5 J/mol$$

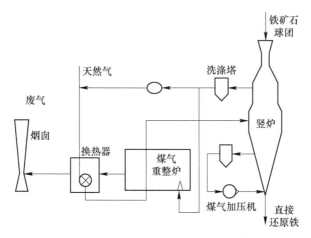

图 9-3　Midrex 标准工艺流程

剩余的炉顶煤气作为燃料，与适量的天然气在混合室混合后，送入转化炉反应管外的燃烧空间。助燃用的空气也要在换热器中预热，以提高燃烧温度。

转化炉燃烧尾气中 O$_2$ 含量（体积分数）小于 1%。高温尾气首先排入一个换热器，依次对助燃空气和混合原料气进行预热。烟气经换热器后，一部分经洗涤加压，作为密封气送入炉顶和炉底的气封装置；其余部分通过一个排烟机送入烟囱，排入大气。

还原过程在一个竖炉中完成。Midrex 竖炉属于对流移动床反应器，分为预热段、还原段和冷却段三个部分。预热段和还原段之间没有明确的界限，一般统称为还原段。

矿石装入竖炉后在下降运动中首先进入还原段，还原段温度主要由还原气温度决定，大部分区域在 800℃以上，接近炉顶的小段区域内床层温度才迅速降低。在还原段内，矿石与上升的还原气作用而迅速升温，完成预热过程。随着温度的升高，矿石的还原反应逐渐加速，形成海绵铁后进入冷却段。

在冷却段内，由一个煤气洗涤器和一个煤气加压机造成一股自下而上的冷却气流。海绵铁进入冷却段后，在冷却气流中被冷却至接近环境温度，排出炉外。

Midrex 竖炉自 1969 年第一次建厂生产后发展迅速，已成为直接还原法的主要生产形式，此法有设备紧凑、热能利用充分、生产率高的特点，因而达到较好的指标。竖炉还原段的利用系数为 8，还原段与预热段的利用系数为 7.38，全炉利用系数为 4.8。

Midrex 竖炉采用常压操作，炉顶压力约为 40kPa，还原气压力约为 223kPa。其操作指标见表 9-1。

表 9-1 Midrex 竖炉操作指标

产品成分		煤气成分			
$w(TFe)/\%$	92~96	还原煤气		炉顶煤气	
$w(MFe)/\%$	>91	$\varphi(CO_2)/\%$	0.5~3	$CO_2/\%$	16~22
金属化率/%	>91	$\varphi(CO)/\%$	24~36	$CO/\%$	16~25
$w(SiO_2+Al_2O_3)/\%$	≈3	$\varphi(H_2)/\%$	40~60	$H_2/\%$	30~47
$w(CaO+MgO)/\%$	<1	$\varphi(CH_4)/\%$	约为3	$CH_4/\%$	—
$w(C)/\%$	1.2~2.0	$\varphi(N_2)/\%$	12~15	$N_2/\%$	9~22
$w(P)/\%$	0.25	还原煤气氧化度 /%	<5	竖炉煤气利用率 /%	>40
$w(S)/\%$	0.01				
产品耐压/kg	>50				

注：利用系数（按还原带计算）9~12t/(m³·d)；作业强度80~106 t/(m²·d)；热耗（10.2~10.5）×10⁶J/t，作业率333d/a，水耗（新水）1.5t/t，动力电耗100kW·h/t。

Midrex 有三个流程分支，即电热直接还原铁（EDR）、炉顶煤气冷却和热压块。其中EDR 已经与原流程具有原则性的区别，必须重新分类；其他两个分支与原流程没有大的区别。

炉顶煤气冷却流程是针对硫含量较高的铁矿而开发的。它的特点是采用净炉顶煤气作冷却剂。完成冷却过程后的炉顶煤气再作为裂化剂与天然气混合，然后通入转化炉制取还原气。标准流程对矿石硫含量要求极严格，炉顶煤气冷却流程则可放宽对矿石硫含量的要求。由于两个流程的区别不大，故在生产过程中可将其作为两种不同的操作方式以适应不同硫含量的矿石供应。

在冷却海绵铁的过程中，炉顶煤气通过硫在海绵铁上的沉积和下列反应使硫含量明显降低：

$$H_2S + Fe \rightleftharpoons H_2 + FeS$$

该流程的脱硫效果已通过几种重要矿石得到证实。炉顶煤气的硫中有 30%~70% 可在冷却过程中被海绵铁脱除。在海绵铁硫含量不超标的前提下，煤气中含硫气体约可降至 10^{-5} 以下，从而避免了裂化造气过程中镍催化剂的中毒。采用炉顶煤气冷却方式的 Midrex 竖炉可将矿石硫含量（质量分数）上限从 0.01% 放宽至 0.02%。

热压块流程与标准流程的差别在于产品处理。完成还原过程后的海绵铁在标准流程中通过强制对流冷却至接近环境温度；热压块流程则没有这一强制冷却过程，而是将海绵铁在热态下送入压块机，压制成 90mm×60mm×30mm 的海绵铁块。

约 700℃ 的海绵铁由竖炉排入一个中间料仓，然后通过螺旋给料机送入热压机，从热压机出来的海绵铁块呈连成一体的串状，通过破碎机破碎成单一的压块后再送入冷却槽进行水浴冷却，冷却后即为海绵铁压块产品。

除 Midrex 法之外，还有几种直接还原竖炉法，见表 9-2。

表 9-2 其他竖炉直接还原工艺流程特点

工艺流程	工艺特点
Purofer	由德国提出，以天然气、焦炉煤气或重油作为一次能源，采用蓄热式转化法制备还原气；此外，竖炉不设冷却段，排出竖炉的海绵铁采用电炉热装或热压制成铁块
Armco	由 Armco 钢铁公司开发，以竖炉为还原反应器，利用水蒸气和天然气反应进行催化制气，供竖炉使用
Wiberg-Soderfors	由瑞典开发，不以天然气为一次能源，而使用焦炭或木炭为一次能源，利用炭素熔损反应制备还原气
Plasmared	在 Wiberg-Soderfors 工艺基础上发展起来，以等离子气化炉替代电弧气化炉实现制气，且流程中不设脱硫炉
BL	由上海宝钢集团公司和鲁南化学工业公司联合开发，完全使用煤作为一次能源，利用德士古煤气化技术与还原竖炉结合，生产海绵铁

B HYL/Energrion 法

HYL-Ⅲ工艺流程是由 Hojalata Y Lamia S. A. （Hylsa）公司在墨西哥的蒙特利尔开发成功的。这一工艺的前身是该公司早期开发的间歇式固定床罐式法（HYL-Ⅰ、HYL-Ⅱ）。1980 年 9 月，墨西哥希尔萨公司在蒙特利尔建了一座年生产能力为 200 万吨的竖炉还原装置并投入生产，该工艺可使用球团矿和天然块矿为原料。HYL-Ⅲ标准工艺流程如图 9-4 所示。

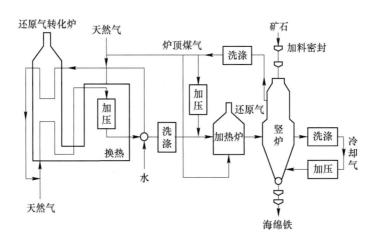

图 9-4 HYL-Ⅲ标准工艺流程

还原气以水蒸气为裂化剂，以天然气为原料，通过催化裂化反应制取，还原气转化炉以天然气和部分炉顶煤气为燃料。燃气余热在烟道换热器中回收，用以预热原料气和水蒸气。从转化炉排出的粗还原气首先通过一个热量回收装置，用于水蒸气的生产；然后通过一个还原气洗涤器清洗冷却，冷凝出过剩水蒸气，使氧化度降低。净还原气与一部分经过清洗加压的炉顶煤气混合，通入一个以炉顶煤气为燃料的加热炉，预热至900~960℃。

从加热炉排出的高温还原气从竖炉的中间部位进入还原段，在与矿石的对流运动中，还原气完成对矿石的还原和预热，然后作为炉顶煤气从炉顶排出竖炉。炉顶煤气首先经过清洗，将还原过程产生的水蒸气冷凝脱除，提高还原势，并除去灰尘以便加压。清洗后的炉顶煤气分为两路：一路作为燃料气供应还原气加热炉和转化炉；另一路加压后与净还原气混合，预热后作为还原气使用。

该法可使用球团矿和天然块矿为原料，加料和卸料都有密封装置，料速通过卸料装置中的蜂窝轮排料机进行控制。在还原段完成还原过程的海绵铁继续下降进入冷却段，冷却段的工作原理与 Midrex 法类似。可将冷还原气或天然气等作为冷却气补充进循环系统。海绵铁在冷却段中温度降低到50℃左右，然后排出竖炉。

HYL-Ⅲ的工艺特点如下。

（1）煤气重整与还原互为独立操作，重整炉不会因为还原部分压力、料流的突变或其他任何故障而受到影响。

（2）采用高压操作。HYL-Ⅲ工艺的还原竖炉在490kPa的高压下进行操作，确保在某一给定体积流量的情况下能给入较大的物料量，从而获得较高的产率，同时降低通过竖炉截面的气流速度。

（3）高温富氢还原。增加还原气中的氢含量，提高反应速度和生产效率。

（4）原料选择范围广。HYL-Ⅲ工艺可以使用氧化球团、块矿，对铁矿石的化学成分没有严格的限定。特别是由于该反应的还原气不再循环于煤气转化炉，故允许使用高硫矿。

（5）产品的金属化率和碳含量可单独控制。由于还原和冷却操作条件能分别受到控制，故能单独对产品的金属化率和碳含量进行调节，直接还原铁的金属化率能达到95%，而碳含量（质量分数）可控制在1.5%~3.0%范围内。

（6）脱除竖炉顶煤气中的 H_2O 和 CO，减轻了转化中催化剂的负担，降低了还原气的氧化度，提高了还原气的循环利用率。

（7）能够利用天然气重整装置所产生的高压蒸汽进行发电。

在 HYL-Ⅲ工艺的基础上，由达涅利和 Tenova HYL 共同研究开发的 Energiron 工艺于2009年12月在阿联酋 Emirates 钢铁公司投产。其单个反应器的年产能力从20万吨到200万吨，能够冶炼各种不同的原材料，如100%球团矿、100%块矿、BF 球团矿或三者的混合矿。Energiron 工艺的特点保证它可以单独控制 DRI 的金属化率和碳含量，特别是碳含量可随时调整，调整范围为1%~3.5%，从而满足电弧炉（EAF）炼钢需要。

由于具有较高的工艺灵活性，故 Energiron 直接还原厂可以设计成采用天然气、焦炉煤气、转炉煤气、高炉炉顶煤气等还原气体。热的 DRI 可以经压缩生产成 HBI（用于长距离运输的典型商品）或通过 Hytemp 气动传输系统直接送往 EAF（或一个外部冷却器）。

C 流化床法

固体颗粒在流体作用下呈现如流体一样的流动状态，具有流体的某些性质，该现象称为流态化。流态化技术最早用于矿石的净化，后来被广泛地应用在冶金、化工、食品加工等行业。20 世纪 50 年代，美国开发了多种流化床矿石还原工艺。该工艺的优点是：

（1）流化床内颗粒料混合迅速，水平和垂直方向测定表明，整个床层几乎是恒定温度分布，无局部过热、过冷现象；

（2）气、固充分接触，传热、传质快，化学反应顺利，充分显示出颗粒小、比表面积大的优越性；

（3）流化作业使用细颗粒料，加工处理步骤减少，在流态下进行各种过程便于实现过程连续化和自动化。

流化床设备简单、生产强度大，装置可小型化。但该工艺也存在一些缺点，如：

（1）反应器内固体料与流体介质顺流，特别是呈气泡通过床层或发生沟流时，会降低固-气接触效率，能量利用差，因此需采用多段组合床；

（2）固体料在床内迅速混合，易造成物料返混和短路，产品质量不均，降低固体料转化率；

（3）床内固体颗粒料剧烈搅动、磨损大，粉尘回收负荷大，也增加了设备磨损。

1962 年，Exxon 研究与工程公司研究开发了 Fior（Fluid iron ore reduction）工艺，并于 1976 年在委内瑞拉建设了年产 40 万吨的工厂。1993 年，委内瑞拉的 Fior 公司和奥钢联联合在 Fior 工艺基础上开发了以铁矿粉为原料、用天然气制造还原气来生产热压金属团块的直接还原工艺 Finmet，其流程如图 9-5 所示。

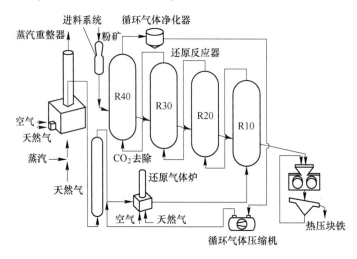

图 9-5　Finmet 工艺流程

Finmet 是工业应用较成功的工业装置。该工艺可直接用粒度小于 12mm 的粉铁矿，其生产装置由四级流化床顺次串联，逐级预热和还原粉铁矿。第一级流化床反应器内温度约为 550℃，最后一级流化床反应器内温度约为 800℃，析碳反应主要发生在此流化床反应器内。反应器内的压力保持在 1.1~1.3MPa。产品的金属化率为 91%~92%，碳的质量分数为 0.5%~3.0%，产品热压块后外销或替代优质废钢。以流化床反应器顶部煤气与天然气蒸汽重整炉的新鲜煤气的混合煤气作为还原煤气，混合煤气经过一个 CO_2 脱除系统，在还原煤气炉内加热到 830~850℃，之后被送入流化床还原反应器。使用新鲜煤气是为了补偿还原过程中消耗的 CO 和 H_2。

Finmet 工艺的主要技术改进在于用废气预热替代了 Fior 工艺中的矿粉预热床、改进了旋流器、采用双列流化反应床技术、采用 $\varphi(CO)/\varphi(CO_2)$ 高的还原气等。该法保留了流化床优势，实现能量闭路，提高煤气还原势，增大反应器能力，使产能增加、能耗和成本降低。

9.1.1.2 煤基还原法

A 回转窑法

回转窑是最重要的固体还原剂直接还原工艺，其工作原理如图 9-6 所示。

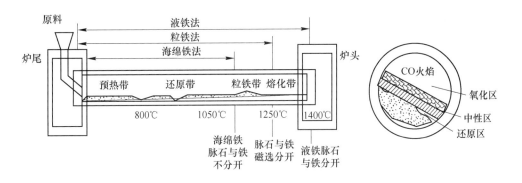

图 9-6 回转窑工作原理

该法以细粒煤（0~3mm）作为还原剂，以 0~3mm 的石灰石或白云石作为脱硫剂，它们与块状铁矿（5~20mm）组成的炉料由窑尾加入，因窑体稍有倾斜（4% 斜度），所以在窑体以 4r/min 左右的速度转动时炉料被推向窑头运行。

窑头外侧有烧嘴燃烧燃料（使用煤粉、煤气或燃油），燃烧废气则向炉尾排出。炉气与炉料逆向运动，炉料在预热阶段加热，蒸发水分及分解石灰石，达到 800℃ 的温度后在料层进行固体碳还原：

$$mC + Fe_nO_m \longrightarrow nFe + mCO - Q$$

放出的 CO 在空间氧化区被氧化，并提供还原反应所需要的热量：

$$CO + \frac{1}{2}O_2 \longrightarrow CO_2 + 283362.624J/mol$$

在还原区与氧化区中间有一个由火焰组成的中间区，使料层表面仅有不强的氧化层，炉料翻转后再被还原，有的回转窑设有沿炉料布置并随炉体转动的烧嘴，但仅通入空气以加强燃烧还原析出的 CO。

按照炉料出炉温度，回转窑可以生产海绵铁、粒铁及液态铁。但回转窑海绵铁法是应用最广的回转窑法。

根据前面固体碳还原的分析，在回转窑中炉料必须被加热到一定温度才能进行还原反应，因此炉料的加热速度（预热段长度）对回转窑的生产效率有重要影响。为了加速炉料预热，减少甚至取消回转窑预热段，大部分在回转窑前配置了链箅机。链箅机不仅能把炉料温度提高进行预热，也可使生球硬化到一定的强度，允许回转窑直接使用未经焙烧的生球。链箅机使用的能源是回收的回转窑窑尾废气。

a SL-RN 工艺

SL-RN 工艺流程由 SL 工艺流程和 RN 工艺流程结合而成。其开发者为加拿大 Steel、德国 Lurgi A. G.、美国 Repablic Steel 和 Natona Lead，S、L、R、N 即为这四个开发者的字头。该工艺开发工作于 1954 年完成，并于 1969 年在澳大利亚 Western 钛公司建成第一座 30m SL-RN 工业回转窑。此后，SL-RN 工艺很快在世界范围内得到广泛的工业应用，特别是在 1980—1984 年期间发展尤为迅速。

图 9-7 为南非 Iscor 公司的 SL-RN 工艺流程。该直接还原厂使用非焦煤、Sishen 天然块矿、脱硫剂白云石生产高金属化率海绵铁。回转窑长度为 80m，直径为 4.8m。窑头（卸料端）比窑尾（加料端）稍低，斜度为 2.5%。作业时，窑体以 0.5r/min 左右的速度转动。

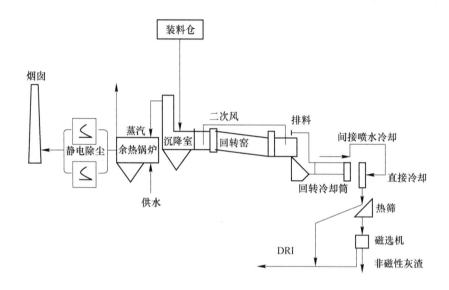

图 9-7 南非 Iscor 公司的 SL-RN 工艺流程

每吨海绵铁约消耗还原煤 800kg，回收蒸汽 2.3t，净能耗为 13.4GJ/t。

b Krupp-Codir 工艺

Krupp-Codir 工艺由 Krupp 公司提出，并于 1973 年在南非顿斯沃特钢铁公司建成了年产 15 万吨的装置。其工艺流程如图 9-8 所示。

此工艺的特点是：总耗煤量的 65%（包括一部分用于还原的煤）是从窑头喷入的，喷入的煤是粒度为 0~25mm 的高挥发性原煤 [挥发分的质量分数 $w(V)$ 约为 35%，固定碳的质量分数 $w(FC)$ 约为 60%]，这样煤中挥发分能在高温区较晚析出，并有更多的机会与从炉体烧嘴吹入的空气燃烧，不仅有助于提高回转窑后半部分温度，也提高了煤的利用率，降低了煤耗。

SL-RN 工艺及 Krupp-Codir 工艺的利用系数可达到 0.5t/($m^3 \cdot d$) 的水平，此值仍然不算高，回转窑海绵铁生产率仍是一个有待解决的问题。另外，虽然降低了操作温度，回转窑结圈故障仍然严重，妨碍了生产率的提高。回转窑海绵铁的单位热耗为 13.38~15GJ/t，产品金属化率在 90% 以上，碳含量（质量分数）为 1% 左右。

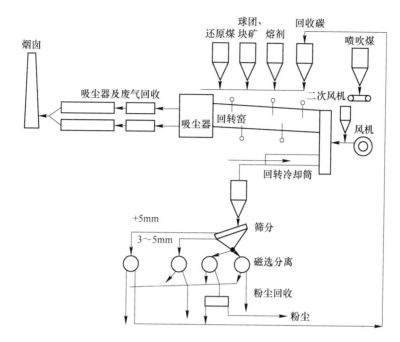

图 9-8 Krupp-Codir 工艺流程

c 其他回转窑直接还原工艺流程特点

其他回转窑直接还原工艺流程特点见表 9-3。

表 9-3 其他回转窑直接还原工艺流程特点

工艺流程	工 艺 特 点
Accar	由美国 Allis Chalmers 公司开发，在印度建有工业装置；通过控制回转窑窑内的转动，实现燃料和空气的交替喷吹，为窑内的还原提供良好的条件
DRC	以块矿、煤和石灰为原燃料，按一定的比例混合后从窑尾加入；窑内炉料在随窑体转动的过程中被混匀、加热和还原；窑内设有耐火挡墙，以增加炉料在窑内的停留时间，提高煤气利用率；我国天津钢管公司曾引进一套 DRC 工艺用于生产海绵铁
SDR	由日本住友重工株式会社所开发，主要用于冶金粉尘中有价元素的回收，混合料中添加了 1% 的皂土造球，采用低温（250℃）链箅机干燥硬化后加入回转窑，回转窑内温度较高，足以使锌挥发
SPM	由日本住友金属开发，主要用于钢铁厂粉尘的处理和回收；无须进行预造球，可在还原过程中进行造球；用作高炉尘泥、转炉尘泥和轧钢铁鳞等
川崎法	采用链箅机-回转窑工艺，用于处理钢铁厂的粉尘；生球在链箅机上 950℃ 下进行干燥、预热，在 1200℃ 的回转窑内进行还原，并回收粉尘中的其他有价元素

B　转底炉法

转底炉煤基直接还原法是最近 30 年间发展起来的炼铁新工艺，主体设备源于轧钢用的环形加热炉，其最初用于处理含铁废料，后来转而应用于铁矿石的直接还原。这一工艺由于无须对原燃料进行深加工、制备，对自然资源的合理利用、环境保护有积极的作用，因而受到了冶金界的普遍关注。

自 20 世纪 50 年代美国 Ross 公司（Midrex 公司的前身）首次开发出转底炉工艺 Fastmet 工艺以来，加拿大和比利时又相继开发了 Inmetco 和 Comet 工艺，使转底炉直接还原生产海绵铁工艺不断地得到完善和发展。在此基础上，日本又开发出转底炉粒铁工艺——ITmk3 和 Hi-Qip 工艺。同时，北京科技大学冶金喷枪研究中心已经在含碳球团直接还原的实验室实验中发现了珠铁析出的现象，并结合转底炉技术申请了煤基热风熔融还原炼铁法，又称恰普法（Coal Hot-Air Rotary Hearth Furnace Process，CHARP）的专利。

a　Inmetco 工艺

该工艺流程如图 9-9 所示，其突出特点是使用冷固结含碳球团。其可使用矿粉或冶金废料作为含铁原料，以焦粉或煤作为内配还原剂。将原燃料混匀磨细，制作成冷固结球团。然后将冷固结球团连续加入转底炉，在炉底上均匀布上一层厚度约为球团矿直径 3 倍的炉料。

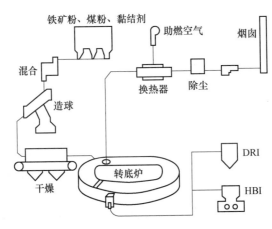

图 9-9　Inmetco 工艺流程

在炉膛周围设有烧嘴，以煤、煤气或油为燃料。高温燃气吹入炉内，以与炉底转向相反的方向流动，将热量传给炉料。由于料层薄，故球团矿升温极为迅速，很快达到还原温度 1250℃左右。

含碳球团内矿粉与还原剂具有良好的接触条件，在高温下还原反应以高速进行。经过 15~20min 的还原，球团矿金属化率即可达到 88%~92%。还原好的球团经一个螺旋出料机卸出转底炉。

使用铁精矿时，转底炉的利用系数为每小时 60~80kg/m³；使用冶金废料时，则为每小时 100~120kg/m³。

b　Fastmet 工艺

Fastmet 使用含碳球团作为原料，工艺流程如图 9-10 所示。粉状还原剂和黏结剂首先与铁精矿混合均匀并制成含碳球团。生球被送入一个干燥器，加热至约120℃，除去其中的水分。干燥球送入转底炉，均匀地铺放于旋转的炉底上，铺料厚度为1~2个球团的直径。随着炉膛的旋转，球团矿被加热至1250~1350℃，并还原成海绵铁。

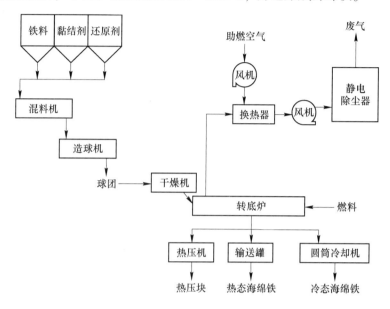

图9-10 Fastmet工艺流程

原料在炉内的停留时间视原料性质、还原温度及其他一些因素而定，一般为6~12min。海绵铁通过一个出料螺旋机连续排出炉外，出炉海绵铁的温度约为1000℃。根据需要，可以将出炉后的海绵铁热压成块、热装入熔铁炉或使用圆筒冷却机冷却。

Fastmet对原料没有特殊要求，铁精矿、矿粉、含铁海砂和粉尘均可使用，不过粒度应适宜造球。对配入球团矿的还原剂，要求固定碳含量（质量分数）高于50%、灰分含量（质量分数）小于10%、硫含量（质量分数）低于1%（干基）。两侧炉壁上安装的燃烧器可提供炉内需要的热量，燃料可使用天然气、重油或煤粉。煤粉燃烧器的造价较高，但火焰质量比天然气更为适用，且运行成本较低。燃烧用煤的挥发分含量（质量分数）不应低于30%，灰分含量（质量分数）应在20%以下。表9-4和表9-5分别示出典型Fastmet工艺原料和还原煤的化学成分。

表9-4 典型Fastmet工艺原料的化学组成（质量分数）（%）

矿种	TFe	FeO	SiO_2	Al_2O_3	CaO	MgO	MnO	TiO_2	P	S
磁铁矿	69.25	29.85	1.69	0.44	0.49	0.45	0.08	0.11	0.022	0.023
赤铁矿	67.61	0.14	1.06	0.51	0.14	0.06	0.31	0.07	0.034	0.022

表9-5 典型还原煤的化学组成（质量分数）（%）

C	H	N	O	M	A	V	S_t	FC
80.90	4.20	0.90	4.50	8.30	9.30	18.80	0.24	71.90

c ITmk3 工艺

其基本原理是：以含碳球团为原料，利用转底炉为反应器，在 1350~1450℃范围内生产出合格的铁粒。

经过一系列的研究发现，ITmk3 工艺中的反应与传统高炉炼铁工艺不同，含碳球团矿可以在较低的温度（如 1350℃）下熔化，实现渣铁分离。从对铁碳相图的分析来看，ITmk3 反应区间介于固、液两相间。其特点是先还原、后熔化，这样就使得残留在渣中的 FeO 含量（质量分数）低于 2%，因此对耐火材料的侵蚀小。

ITmk3 工艺的特点如下。

（1）ITmk3 工艺可以一步实现渣铁分离，是富集铁矿的有效手段。

（2）原燃料选择范围广，既可以选择磁铁矿，也可以选择赤铁矿，可以使用煤、石油或其他含碳原料。

（3）产品为无渣纯铁，其碳含量可以控制，无二次氧化现象，不会产生细粉，便于运输。生产的粒铁主要成分为：$w(\text{Fe}) = 96\% \sim 97\%$，$w(\text{C}) = 2.5\% \sim 3.5\%$，$w(\text{S}) = 0.05\%$。

（4）ITmk3 工艺为环境友好的炼铁工艺，其 CO_2 排放量比高炉炼铁工艺低 20%。

目前，哈萨克斯坦、印度、乌克兰和北美等国家和地区正推广此项目。但 ITmk3 工艺也存在着一些缺点，如生产效率低、渣铁与铺底料难以分离等，仍需冶金工作者进一步努力完善。

9.1.2 熔融还原

熔融还原指非高炉炼铁方法中那些冶炼液态生铁的工艺流程。熔融还原生产工艺其使用天然块矿或球团矿进行还原，理论上也可以直接使用粉矿进行还原。生成的产品为铁水，副产品为炉渣和煤气。熔融还原的生铁和炉渣与高炉相同，但煤气的数量和成分却差别巨大。

熔融还原的使用的能源主要是非焦煤，大大降低了焦炭等稀缺煤炭资源的使用，焦煤炼焦环节产生的环境污染也得到了大幅缩减。从整个工艺流程上来看，熔融还原工艺与高炉炼铁相比生产灵活性也得到了提高，生产流程初期的投入也相应缩减。

熔融还原的主要优势有：

（1）以煤代焦，直接使用粉矿或块矿；

（2）不需要烧结和炼焦，使环境污染大大减少；

（3）具有良好的反应动力学条件，生产效率高；

（4）设备开启或关闭灵活；

（5）基建投资少。

但熔融还原目前也存在着不少问题：

（1）燃料消耗高于高炉炼铁工艺；

（2）需要大量的氧气，同时能耗较高；

（3）铁水硫含量较高，铁水硅含量不稳定；

（4）炉渣对炉衬的侵蚀严重，设备操作寿命普遍不高。

$$3\text{C} + \text{Fe}_2\text{O}_3 \longrightarrow 2\text{Fe} + 3\text{CO} \quad\quad \Delta H = 456.4\,\text{kJ/mol}$$

$$3\text{CO} + \frac{3}{2}\text{O}_2 \longrightarrow 3\text{CO}_2 \quad\quad\quad \Delta H = -841.6\,\text{kJ/mol}$$

液态生铁的生产过程是高温作业，高温下只能发生碳的直接还原。一氧化碳的燃烧释放的热量大于直接还原消耗的热量，如能实现热量的充分利用则可充分供给还原供热。但这在实际生产过程中很难实现，是因为把一个还原反应和一个氧化反应在同一区域同一时间进行是一个困难的过程。在实际生产中往往是还原反应的热量需要另外提供，而 CO 的能量则被排出不能被充分利用。为了解决这一矛盾，熔融还原法采用了两种类型的方式加以解决。

（1）一步法。用一个反应器完成铁矿石的高温还原以及渣铁熔化分离，生成的 CO 排出反应器以外再加以回收利用。

（2）二步法。在第一个反应器进行预还原，而在第二个反应器进行补充还原（终还原）、熔化分离和生产还原气体（造气）。

9.1.2.1 一步法

A 回转炉法

回转炉法生产液铁的优点是可把矿石还原反应及 CO 的燃烧反应置于一个反应器内进行。两个反应（还原与氧化）的热效应互相补充，化学能利用良好，但其缺点是：

（1）耐火材料难以适应复杂的工作条件，还原和氧化气氛交替，酸性渣和碱性渣不断变化，炉渣生铁不断剧烈地冲刷炉衬，使炉衬损坏严重，因此设备的作业率较低；

（2）煤气以高温状态排出，热能的利用率较差；

（3）反应器内还原气氛不足，以 FeO 形式损失于渣中的铁量不少。

最有名的回转炉液铁法有 Basset 法及 Dored 法，Basset 法又称生铁水泥法。使用普通回转窑将炉温提高 1350℃，还原铁在高温渗碳并熔化，然后定时停炉排出。脉石用大量石灰，造成二元碱度为 3~4 的矿渣，炉渣不熔化可以减少炉衬的损害，而且排出炉外后即作为波特兰水泥熟料使用。

B 悬浮态法

极细的铁矿粉在悬浮状态（稀相流态化）下经受还原具有以下优点：

（1）还原速度快；

（2）不受温度限制，能使用高温作业；

（3）直接使用细精矿。

这就提供了一个不必造块，直接使用细精矿、又能脱除脉石成分，生产率又高的生产方法，因此十分引人注意。但是悬浮态操作时颗粒速度很大，即停留时间很小，即使反应速度快，也需要很大反应空间。悬浮态法的其他缺点是煤气排出的温度高，热利用不良，还原出的铁滴细小，悬浮于渣中不易渣铁分开，因此一步法的悬浮态法总的效果较差。

9.1.2.2 二步法

二步法熔融还原炼铁工艺，可将炼铁过程分在两个反应器内完成。第一步实现矿石的加热和预还原，一般可以达到 30% 的还原度。常见的第一步直接还原设备有流化床、竖炉和回转窑。要求第一步预还原器能达到较高的还原效率，允许使用煤气化的还原剂。第二步进行造气（还原气），对第一步产品进行补充还原，实现渣铁的熔化分离。常见的第二步还原设备有电弧炉、等离子炉、铁浴等。要求第二步的炉缸能够顺利完成终还原、渣铁熔化分离。

COREX 法炼铁是一种在两个独立的反应容器中进行二步熔融还原的非高炉还原炼铁方法，其工艺流程如图 9-11 所示。这两个独立的反应容器分别是预还原炉和熔融气化炉。预还原炉内将铁矿石在低于铁熔点的情况下进行还原反应，得到金属率为 60%~90% 的海绵铁（根据实际还原情况）。

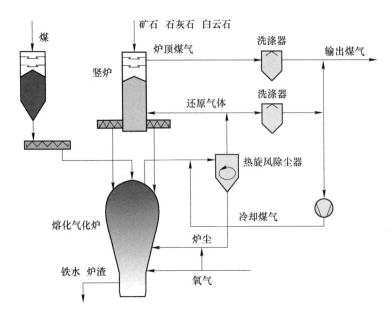

图 9-11 COREX 工艺流程

20 世纪 70 世纪末，奥钢联（VAI）和杜塞道尔科富（Korf）工程公司联合开发了 COREX 熔融还原炼铁技术。到 1989 年，南非伊斯科尔公司投资建设了 COREX-1000 工业化装置，这是第一座年产 30 万吨的 COREX 工业装置。至 1990 年该工业装置的累计年产量已经达到了 100 万吨，炉子作用率到达了 92%~94%。

2007 年 11 月，中国宝钢建成并投产了世界上第一座年产 150 万吨铁水的 COREX-3000 装置。COREX-3000 在各个技术方面都有了很大的进步，如采用万向节动态布料器取代固定曲锥布料器、增加气化炉风口数量等措施。COREX-3000 的产铁量相较于 COREX-2000 也有巨大提升，甚至达到了成倍的产量与增长。宝钢引入 COREX 熔融炼铁新技术，标志着我国非高炉炼铁事业有了新的发展方向，也为我国钢铁产业进一步节能减排、实现钢铁工业的可持续发展提供了新的思路。

在 COREX 工艺中，铁矿石预还原炉其中的一个反应器。在这样的一个反应器中，铁矿石从上部装入，还原煤气从下部输入。矿石呈一个与高炉炼铁类似的"逆行"状态，与入炉煤气在对流运动中完成预热和还原。炉料向下运动的速度由螺旋分配器控制，铁矿石经过 6~8h 的反应被还原成有一定金属化率的海绵铁，经螺旋分配器输入下方的熔融气化炉。熔融气化炉是一个包含气-固-液多相反应的炼铁移动床容器。海绵铁经过螺旋分配器进入炉内。还原所用的煤还原气体接触，在向下移动的过程中发生干燥和裂解反应。

COREX 工艺与高炉炼铁相比具有诸多优点。

（1）促进钢铁工业可持续发展。焦炭在世界范围内是一种紧缺的资源，在我国也是如此。焦炭不仅价格高，而且生产优质焦炭的优质炼焦煤资源也日益紧缺，COREX 工艺可以少用甚至不用焦炭，能够有效缓解焦煤资源不足的问题，促进钢铁工业的可持续发展。

（2）用料范围广。COREX 工艺可以使用较高比例非炼焦煤，焦炭用量相对较少，理论上还可使用 15%左右的粉矿。COREX 工艺使用比例较高的非焦煤，且对质量要求也相对较低，大大降低了原料制备的成本。

（3）生产调节灵活。COREX 生产工艺大大缩短了生产流程。可以拿 COREX 工艺体系和高炉体系在同样产量的条件下相比较，COREX 全流程的生产时间仅为高炉的三分之一。除此之外，由于螺旋分配器的存在，工厂可以随时对 COREX 还原竖炉进入熔融气化炉的海绵铁进行采样分析。相较于高炉自由性、灵活性大大提高。随时的采样分析还可以及时调控生产操作，进一步完善生产指标。如果遇到突发状况，COREX 工艺炉子的开停时间也比高炉要少得多。停炉只需要 45min，休风后 4h 之内就可以实现满负荷生产。

（4）回收废料或替代料。COREX 工艺可以处理由钢厂产生的废料。如钢屑、粉尘、含油轧钢屑、有机残留物、淤泥等可以通过各种方式加入 COREX 工艺中进行利用。比如向熔融气化炉加入还原煤的同时可以加入粉尘、废塑料、轧钢屑等回收；将灰尘和泥浆进行粒化处理后也可以加入熔融气化炉。

（5）环保效果好。正是由于 COREX 工艺避免焦炭的使用，所以钢厂可以不必建设炼焦厂。可以说炼焦炉是在钢铁冶金过程中最主要的污染来源之一。煤气经过了除尘处理，回收的炉尘以合适方式返回气化炉，这样的炉尘回收系统有效减少了炉尘的堆积。有关资料表明，COREX 工艺在 SO_2、NO_x、灰尘排放量、硫化物等方面比高炉的参数要小得多。图 9-12 和图 9-13 分别示出 COREX 和高炉工艺废气排放物以及废水中排放物不同。

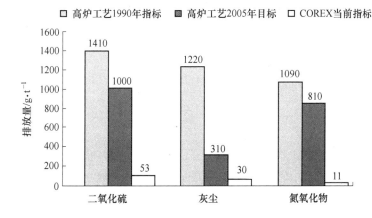

图 9-12　COREX 和高炉工艺废气排放物的比较

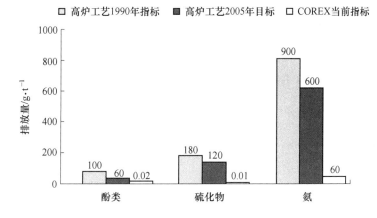

图 9-13　COREX 和高炉工艺废水中排放物的比较

COREX 工艺在实践中目前仍存在着一些问题。

（1）稳定性与高炉相比差距较大。工艺数据表明，COREX 生产流程的稳定性不够，产品参数也会随着炉况的变化出现较大波动。此外，黏结和煤气反串等问题也常有发生，各种小问题共同作用，使得生产难以稳定高效运转。

（2）COREX 工艺使用较多的铁粉矿，对炉内环境要求较高。在炉内环境不好，高温挤压严重的情况下，很容易就会在竖炉发生黏结现象，严重影响顺行和反应进程。

（3）不能完全摆脱对焦炭的依赖。在目前的实际生产过程中，为了保证料柱的透气性和燃烧质量，工厂仍要加入相当含量的焦炭，暂时无法做到完全不用焦炭。COREX 工艺最大的环保优势就在于钢厂能够少建甚至不建炼焦炉与烧结炉，但如果 COREX 工艺的焦炭用量一直不被减少，那么投建 COREX 的钢厂牺牲掉生产稳定性换来的环保优势将大打折扣。换言之，焦炭还在生产还在消耗，COREX 工艺做到的仅仅是污染的转移。

FINEX 工艺是在 COREX 工艺基础上开发的一种新的熔融还原工艺。其工艺主要由流化床预还原装置、DRI 粉压块装置和熔融气化炉装置 3 个工序组成。第一步，流化床反应装置，可以把铁矿粉进行预还原，其所使用的还原性气体是由熔融气化炉的煤经燃烧和高温分解而产生的；第二步，经流化床预还原后进入压块工序，变成热压块铁，非焦煤经过压块变成压块煤，加入熔融气化炉中；第三步，压块煤在熔融气化炉中燃烧产生热量，把经流化床中还原过的热压块铁熔化成铁水和炉渣。其工艺流程如图 9-14 所示。

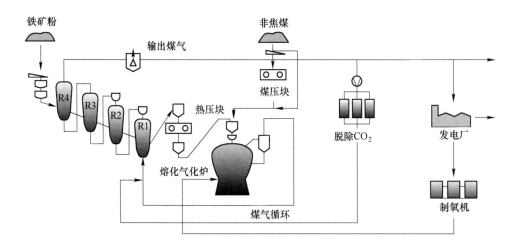

图 9-14   FINEX 流程工艺图

FINEX 的优势是用贮量丰富的普通煤种代替焦煤，但流态化反应器的还原效率不如竖炉，其金属化率只有 80%~85%，增加了熔融气化炉的还原负担，使得每吨生铁耗用的煤量要比高炉高得多。目前，先进的大型高炉燃料比约 500kg/t，而 FINEX 约 850kg/t（也有报道是 1050kg/t），还有 500m³/t 的氧气消耗。如高炉工艺考虑焦化、烧结、球团等铁前工序的全流程能耗，则二者的差距明显减小。加上 FINEX 从煤气回收的能量远高于高炉，有计算表明 FINEX 的工序能耗还略低于高炉工艺（含铁前工序）。

高炉生铁成本中原料占 60% 左右，而 FINEX 只占 45% 左右。高炉成本中燃料和动力占 30% 左右，扣除煤气回收约 28%。而 FINEX 燃料和动力因使用大量氧气约占 55%，扣除煤气回收仍占约41%，其中氧气每吨铁消耗约500m³，其费用为成本的20%，有专家估算，在国内情况下，FINEX与大型高炉相比（如1座3800m³高炉与2座年产150万吨铁的FINEX），高炉比FINEX生铁成本低12.5%。

9.1.2.3 新工艺

回转窑预还原-氧煤燃烧熔分炼铁工艺在对Romelt和烟化炉等工艺的熔池冶炼技术进行综合分析并结合我国现有能源和资源的特点后，钢铁研究院和华北理工大学提出了回转窑预还原氧煤燃烧熔分炉炼铁新工艺，其工艺流程如图9-15所示。该工艺包括在回转窑内进行预还原和在氧煤燃烧熔分炉内进行的熔化和分离两个步骤。将铁矿粉、还原剂和熔剂添加到回转窑中，原料与回转窑燃烧的热烟气进行换热，热烟气将原料逐渐加热至1000~1200℃，炉料中的铁氧化物被还原并进入到熔分炉内。熔分炉侧面分别设有两排风口，煤粉和氧气从下排风口吹入，而上排风口只喷吹氧气，在回转窑内预还原过的炉料进入熔分炉后进行终还原，并实现渣铁分离。由于熔分炉内产生的煤气温度很高，将回转窑产生的窑尾煤气脱除CO_2后同熔分炉内逸出的煤气进行混合，达到降低煤气温度和热值的效果，以避免回转窑内黏结和结圈。温度降低后的煤气直接通入回转窑内，为回转窑提供燃料和还原剂。

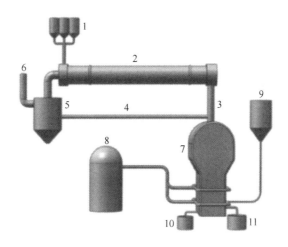

图9-15 回转窑-氧煤燃烧熔分炼铁工艺流程

1—原料仓；2—回转窑；3—下料管；4—冷煤气兑入管；5—除尘器；6—煤气管道；
7—熔分炉；8—氧气罐；9—煤粉喷吹罐；10—铁水罐；11—渣罐

氧煤燃烧熔分炼铁工艺的能量的来源主要为氧气和煤粉，这在很大程度上解决了目前我国所面临的焦炭不足问题。预还原炉料金属化率对熔分炉煤耗和氧耗有很大的影响，金属化率越高，煤耗和氧耗越低。初步计算表明，炉料金属化率越高，吨铁所需的煤量越少，氧耗也越少，吨铁排出的煤气量降低，煤气热值也较低。将回转窑预还原与熔分炉冶炼技术相结合，原料使用粉矿和粉煤，而不使用焦炭，符合我国目前焦煤资源短缺的现状，该工艺可冶炼特种铁矿资源，为特种铁矿资源的冶炼寻到了合理的道路，同时很好地解决了目前资源不足的问题。工艺流程短、一次燃料消耗低、能源利用率高、能耗低等都是回转窑预还原-氧煤燃烧炼铁的优势所在。

9.2　炼铁信息化与智能化

9.2.1　炼铁自动化

随着高炉大型化，为了满足生产工艺要求、工厂技术及管理水平与资金等条件，保证高炉生产的稳定顺行、低耗高效、长寿环保，高炉上应采用经济实用、互相协调的电气、仪表及计算机系统，配置电气、仪表及计算机一体化的自动化系统，以及测量仪表和特殊仪表，并采用计算机进行集中监视、操作、显示和故障报警，同时根据需要设置必要的紧急操作台。

9.2.1.1　高炉检测新技术

根据检测功能，高炉用检测仪表主要分为温度类仪表、压力类仪表、流量类仪表、物位类仪表和特殊仪表等几种类型。高炉常用温度仪表类型有双金属温度计、热电阻、热电偶、辐射高温计等；压力仪表主要有弹簧压力表、压力变送器、差压变送器及微差压变送器等；流量仪表有孔板、文丘里管、电磁流量计、金属转子流量、涡街流量计等；物位类仪表主要有差压式液位计、超声波物位、铁水液面计、雷达探尺等；同时，高炉特殊仪表种类较多，主要有焦炭水分仪、煤气成分分析仪、氧分析仪、热值仪、粉尘浓度仪等。

根据高炉各区域检测需要，可进行炉内状态检测、渣铁状态检测、各风口热风流量分布检测、热风温度检测、风口及冷却壁等漏水的检测、高炉炉衬和炉底耐火材料烧损检测、焦炭水分检测和煤粉喷吹量检测等。

9.2.1.2　高炉自动化过程

对高炉生产进行控制过程中，主要的难点就是控制的过程比较复杂和变化响应的时间较长，只有实现高炉生产过程的自动化控制才能够解决这些问题。在整个高炉系统中，原料系统和热风系统已经实现了计算机控制，高炉过程本身的自动控制也有了较大的发展，在不断地完善过程中。实现高炉过程的自动控制就是实现高炉过程的计算机控制，主要的过程是通过变送器给出高炉生产的参数变化的电信号，然后将电信号变为数码以实现输入到计算机中，以计算的周期为单位算出平均值，通过数学模型得到预估值，然后进行调节。

A　高炉过程自动化控制系统

高炉过程自动化控制系统的设计要按照设计原则，结合技术与经验，采用先进的过程计算机监控系统对高炉生产过程的监视与控制，主要的方式包括采集与处理数据、显示与记录图形等。系统的模式应该为集中操控、分散控制。整个高炉过程自动化控制系统要利用计算机在网络与数据处理方面的优势。高炉过程自动化控制系统的结构包括 PLC 芯片，能够满足高炉自动化控制中对数据处理的要求。在整个的高炉生产中，共有原料系统、热风系统与本体三个主要的系统，这三个系统的控制都是相对独立的，但也不意味着没有关联。因此，自动化控制系统的构成包括以下几个方面。

（1）现场层次。控制的主体是设备气动机构、测量仪表、伺服机构等这些对现场设备进行控制的主要设备。

（2）基础层次。在这个结构中主要进行的就是深加工各种数据，实现控制的完全自动化或半自动化。

（3）控制层次。主要依靠计算机来进行计算和分析，从而实现对高炉生产过程的控制。

B 原料系统的自动化控制

原料系统的计算机控制有着较长的应用历史，因此自动化控制也比较成熟。原料系统质量控制的过程就是通过记录每次实际装入漏斗中的原料最终值，将排料后的原料剩余值减去，这样就能够得到每次实际装高炉内的原料值，通过与定值的比较，比较结果能够作为下次称重中进行补正的依据。原料系统的自动化控制能够通过原来给定值的精确计算而控制给料称量。具体的操作过程为：

（1）卸空称量漏斗之后在称量系统中属于定值，装满称量漏斗之后计算机就会读出装满的质量，当漏斗再次被卸空之后计算机会显示出零点质量，计算机会自动校正下次称量质量（计算机会自动按照不同的品质给出卸料的设定值）；

（2）称量料斗中的原料称量值通过负荷传感器测定，之后通过磁力比较运算来进行实际称量值与卸料设定值的比较，当实际的称量值占卸料设定值的比例为95%时，计算机就会供料给料机发出指令，命令其减速；

（3）当实际的称量值占卸料设定值的比例为100%时供料机就会停止运行，在计算机中输入"满"信号作为称量值；

（4）如果设备出现故障，不能够达到100%或者到达100%而不停止运行时，需要将105%紧急停运的信号进行发出；

（5）当称量料斗的放料完成之后，料斗空信号0（关闭料斗闸门信号）将会发送到电气设备以使其关闭闸门；

（6）闸门关闭之后就会启动料仓给料器，放料的指令发出之后就会按照之前的规定值进行操作。

C 热风系统的自动化控制

高炉的热风炉实现自动化的控制主要的目的是要确定换炉的最佳时间点，使燃烧的状态保持最好。通过对热风炉中排放的燃烧废气的成分、温度与拱顶的温度进行测定与分析，通过计算机式电子单元组合仪表要对燃烧的空气和煤气量进行自动的调节，从而实现热风系统控制的自动化。

D 生产过程的自动化控制

在高炉生产过程的自动化控制中，冶炼过程复杂、原料质量不稳定、变化响应时间长以及炉内固态、液态与气态相互作用等因素都导致了自动化控制难度较大，因此对高炉生产过程的自动化控制并没有原料系统、热风系统那么成熟。计算机的控制功能主要体现在炉体监视、操作数据收集与显示、操作指导与闭环控制等方面。在整个高温炉系统中，原料和热风为输入，生铁、炉渣、煤气为输出，其中能够作为参数的主要有：输入方面，炉料中的氧化度、碳铁比、含铁、碱度等，鼓风的流量、温湿度、富氧率等；输出方面，液相的包括生铁的数量、质量与炉渣的数量指标，生铁与炉渣的化学成分和温度也是其中的一部分，气相的包括炉顶煤气流量、温度、化学成分等。

将这些操作的参数输入到计算机中，通过数学模型就能够得到评估值，然后根据数值进行炉温和炉况的调节。此外，计算机还能够对变化因素进行预测，例如炉温方面，可以通过各种数量的测定来保持炉温的预定水平。

自动化控制系统调节的方式有两种：一种是开环调节，另一种是闭环调节。开环调节指的是计算机操作人员对其进行调节，在这个过程中计算机不接收各种自动化控制系统的反馈，会按照操作人员的意图来进行控制方案的计算，还有一种情况就是计算机只负责一些结果的显示或者打印，不参与到控制过程中，由操作人员来制定和实施控制方案。闭环调节指的是计算机对测试结果进行计算后执行控制方案，在这个过程中计算机自动完成对高炉参数变化的检查，通过对参数变化的比较和判断之后得到合理的控制方案，不仅将结果进行打印，而且直接通过这些反馈的信息对炉况进行调节，保持高炉生产过程的高效。操作人员不需要干预控制过程，实现全盘的自动化。

高炉生产过程自动化控制的逐渐实现，对高炉的发展有着有效的促进作用。以计算机为基础，实现高炉生产过程的自动化控制能够获得最佳的生产指标，提高经济指标、劳动生产率和管理工作效率。计算机在生产的管理与指挥中广泛地使用能够利于管理的调度与生产的指挥，从而提高生产管理与生产指挥的效率；还能够真正地实现安全生产，不断提高生产效率与经济效益。

9.2.2　炼铁信息化

信息化是我国加快实现工业化和现代化的必然选择，钢铁企业作为我国国家建设重要支柱，必须通过信息化来对企业内部的流程再造和重组，实现生产管理模式和企业制度的创新，提升企业的核心价值，形成完善的现代化企业管理模式。

国外钢铁企业信息化发展普遍较早，早在1962年，英国RTB钢铁公司将生产管理和过程控制相结合，形成了一个分级的计算机控制系统，该系统从下到上分为生产过程级、生产控制级、生产管理级、全厂生产调度级。随着网络和计算机技术的进步和冶金企业信息化建设认识的不断提高，冶金企业的自动信息化及控制系统的各级含义也逐渐明确。国外钢铁企业信息化建设主要经历了4个发展阶段，即：20世纪70—80年代的信息系统起步阶段，80—90年代的应用功能横向扩展阶段，90年代后期的应用功能纵向扩展阶段，21世纪以来的集成信息系统阶段。中国钢铁行业的信息化建设相较于发达国家起步较晚，信息化发展大致可分为探索阶段（2000年以前）和发展并逐步走向成熟的阶段（2000—2011年）。21世纪以来，大型主机上的成熟应用系统仍然是国外各大钢铁公司不可取代的关键支柱。目前，德国蒂森克虏伯、韩国浦项、美国美钢联、日本新日铁住金等国外优秀钢铁企业，以及中国台湾中钢在信息化整体上维持较高的水平。

1989年，美国普渡大学Williams教授将流程工业的自动化系统从上到下分为过程控制、过程优化、生产调度、企业管理和经营决策五个层次，国际标准化组织ISO随后在其技术报告中将冶金企业自动化系统分为L0~L5级结构，如图9-16所示。L1为设备控制级，它就是人们熟悉的基础自动化系统，对一个钢铁联合企业来讲，L1包括多个控制系统，如高炉上料系统、炉顶装料和布料控制系统、转炉控制系统、轧钢控制系统等。L2为过程控制，如烧结专家系统、高炉专家系统等。而L3则为车间在线作业管理，钢铁联合企业根据铁前和钢后的管理模式和重点不同，一般将三级系统分为铁前和钢后。如中厚板MES、棒线材MES、铁前MES等。L4则是企业管理，它是面向公司管理层的计划系统，一个企业只有一个集成的L4系统，如企业资源计划（ERP）。

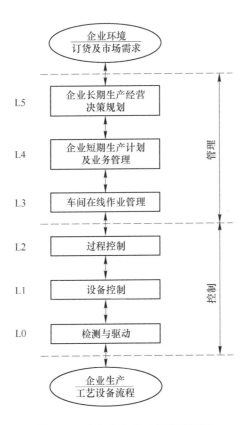

图 9-16 冶金企业的五级信息模型

在上述的四级模型中，上级向下级发送计划和指令，下级执行上级的计划和指令，并及时将结果向上级反馈。首先，L4 将管理级的计划信息下达给 L3；然后 L3 根据车间的现场情况进行优化，生成车间级的计划信息，并下达给 L2；随后，L2 根据具体生产过程的设备情况生成过程级的计划信息，并下达给 L1；最后 L1 负责具体的生产。与上述过程相反，从 L1 到 L4 逐次向上一层反馈实际的生产执行信息。这样，计划的下达与生产执行的反馈构成了一个闭环结构。

9.2.2.1 南钢信息化管理集成系统

"十二五"期间，南钢为提高企业综合运作能力，通过信息网络和计算机技术，陆续在炼钢、轧钢、炼铁片区构建了 ERP 系统、MES 系统、能源 EMS 系统等，依靠现代信息技术、网络技术等高新技术和资源，增强了企业的竞争能力。

2015 年以来，南钢进行事业部制改革，成立了炼铁事业部。炼铁事业部在信息化建设方面与钢后有较大差距，铁前片区在信息化应用方面相对钢后片区较为薄弱，而炼铁成本占南钢总成本 60%~70%，只有提升铁前片区的信息化水平，促进信息化与工业化融合，才能进一步降低铁前片区的生产成本，进而有效提升炼铁事业部经营管理水平和资源利用效率。

A 运用数据系统进行工艺监控，有效提升产品质量

南钢炼铁事业部对大部分自动化操作产生的实时数据，有选择地记录到管理系统之中，对历史数据进行系统分析，对铁前生产管理、工艺管理、能源管理、生产统计等系统进行统一信息资源规划，建立并运用铁前大数据系统。

该大数据系统对服务高炉的其他工艺过程进行第二方监控，包括烧结、竖炉、焦炉工艺过程及外购焦质量监控。能够实时查看到烧结、球团、焦化三大工序的生产工艺重点参数，以及外购原料进厂的检化验信息，并对异常信息自动评判和统计，通过积累原燃料关键参数信息和对上述信息进行客观统计分析，可供铁前事业部以及各分厂工艺人员对铁前重要工序的运行状况和原燃料品质有更精准的掌握，从而优化工序操作。

B　信息资源有效整合，信息利用效率大幅度提升

经过多年信息化建设，目前南钢铁前已有：以产销为龙头，财务为核心的 ERP 系统（包括采购、储运、原料、生产、销售、质量、设备、人资），突出的是产销一体化；以铁前生产工艺为主线，涵盖原料、焦化、烧结、炼铁等生产工序，铁水运输调度等业务的铁区 MES 系统，实现铁前部分业务数据的整合；以计量管理为主的远程计量系统，为铁前品类繁多、多种运输方式并存的原燃料和产品物料提供计量基础数据的支撑；以能源数据自动采集采取、能源管理为核心的能源管理 EMS 系统。这些基础管理系统，相互孤立，只能服务部分工序生产，工序间信息共享程度低，无法满足生产需求，难以指导和评价高炉生产。炼铁事业部对目前信息化系统建设进行对标学习，将原有孤岛信息进行有效整合。

C　构建炼铁信息系统，信息资源高度共享

优化原有的业务流程，并通过流程把各系统贯穿起来，数据集中统一管理，不同系统之间信息共享，实现无缝集成，最终构建成炼铁信息化集成系统，如图 9-17 所示。构建炼铁信息化集成系统，实现了动态的、统一的、全面集成的信息应用环境，让各种信息能够在一个统一的平台上高度共享，实现了各工序之间、事业部层级、公司层级的数据共享，形成了信息和数据积累的科学系统。

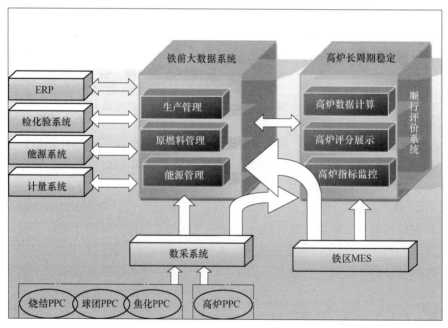

图 9-17　炼铁信息化集成系统架构图

9.2.2.2　杭钢综合信息管理系统

A　系统网络结构

炼铁厂综合信息系统基于网络系统构建，根据功能要求不同，数据来源众多，如来自PLC 的实时生产监控数据、视频监控、报表数据、因特网抓取的市场行情信息等，因此体系结构也较为复杂。

信息系统网络结构示意如图 9-18 所示。

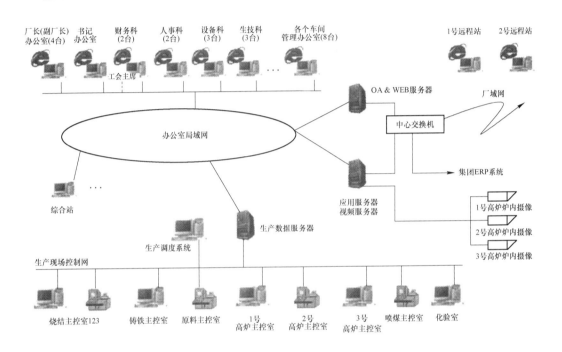

图 9-18　信息系统网络结构示意图

B　系统概述

杭钢炼铁厂综合信息管理系统由三台服务器、四台数据采集转发器、服务器端软件和客户端软件构成，其中一台服务器作为数据库服务器，一台作为数据处理、数据发布服务器，一台作为应用服务器和视频服务器。数据库服务器储存和处理所有实时数据及历史数据，数据采集转发机与工业控制网相连，采集所有车间的实时数据并送至实时数据库服务器。服务器软件负责采集、处理、保存生产实时数据，并自动生成生产报表，提供厂内新闻系统、邮件系统，功能组态配置、化验系统、网络访问功能，无论是厂区内网，还是Internet，均能支持访问。

客户端软件集成了厂内新闻系统浏览，邮件系统功能，参数显示功能，流程图显示功能，实时趋势曲线功能，历史趋势曲线功能，生产日报表、周报表、月报表、统计分析报表功能，化验数据、生产简报功能，高炉炉内摄像监视功能等。

系统将能够让厂长和其他管理人员不局限于亲临生产现场，可以随时随地对生产作业全过程进行实时跟踪、监控、动态管理，各级管理人员根据一定的操作权限通过客户端程序即可查询到各种生产报表、设备报表和实时的生产情况，如实时的产量、消耗。同时，炼铁厂三大化验系统（生化、污化、煤化）的化验数据也及时传输到服务器，提供产品质量合格情况的远程显示和报表。

杭钢炼铁厂综合信息管理系统在杭钢炼铁厂的成功应用，为生产管理者提供了远程数据浏览、报警信息、统计报表、历史趋势、化验数据、铁水温度曲线分析、高炉炉内摄像监控等多方面的功能，使生产数据利用计算机网络实现了共享，为企业的生产调度及生产决策带来了极大方便，极大地提高了企业的工作效率，填补了上层的管理信息系统与下层的现场控制系统之间的空白，也必将给企业创造出更加巨大的经济效益和社会效益。

9.2.3　炼铁智能化

智能控制是人工智能技术与现代控制理论及方法相结合的产物，而人工智能（Artificial Intelligence，AI）或称机器智能，是计算机科学的重要分支，是用人工方法在机器上实现的智能。人工智能主要研究如何用计算机来表示和执行人类的智能活动，以模拟人脑从事推理、学习、思考和规划等思维活动，并解决需要人类智力才能处理的复杂问题，即研究知识的获取、知识的表示方法以及运用知识进行推理的知识运用。人工智能是计算机科学、控制论、信息论、神经生理学、心理学、语言学等多种学科互相渗透而发展起来的一门综合性交叉学科，目前广泛应用于化工、冶炼、航空、地质、气象、医疗、交通等领域。

随着计算机技术的不断发展及其应用范围的拓广，智能控制理论和技术获得了长足进展，在工业控制中取得了令人瞩目的成果。其中，智能控制技术的三大支柱是专家系统、模糊控制、神经网络。

专家系统（Expert System，ES）是一种具有大量专门知识与经验的人工智能系统。它能运用某个领域一个或多个专家多年积累的经验和专门知识，模拟领域专家求解问题时的思维过程来解决该领域中的各种复杂问题。专家系统有三个方面的含义：

（1）具有智能的程序系统；

（2）包含大量专家水平的领域知识并在运用中更新；

（3）模拟人类专家推理过程解决该领域中的复杂问题。

专家系统是目前智能控制中最为成熟的领域，在钢铁企业中已建立了钢管材质设计、炼钢-连铸生产调度、高炉操作管理、转炉吹炼、精整线物流控制等一大批实用的专家系统。

模糊逻辑控制（Fuzzy Logic Control）简称模糊控制（Fuzzy Control），是以模糊集合论、模糊语言变量和模糊逻辑推理为基础的一种计算机数字控制技术。1965年，美国控制理论专家、加州大学的 L. A. Zadeh 创立了模糊集合论；1973年，他给出了模糊逻辑控制的定义和相关的定理。1974年，英国的 E. H. Mamdani 首次根据模糊控制语句组成模糊控制器，并将它应用于锅炉和蒸汽机的控制，获得了实验室的成功。这一开拓性的工作标志着模糊控制论的诞生。模糊控制的优势特点是能将操作者或专家的控制经验和知识表示成用语言变量描述的控制规则，然后利用这些控制规则经模糊推理得到合适的控制量去控制系统。因此，模糊控制更适用于数学模型未知或不易建立的、复杂的、非线性系统的控制。

模糊控制与传统的控制方法相比具有以下特点：

（1）适用于数学模型未知或不易建立的系统控制，只需掌握操作人员或专家的控制经验和知识即可；

（2）模糊控制是一种利用语言变量定性描述控制规则，从而构成被控对象模糊模型的控制方法，相比之下，经典控制中的系统模型由传递函数描述，而在现代控制领域用状态方程描述；

（3）模糊控制系统的鲁棒性强，更适用于非线性、时变、滞后系统的控制。

20 多年来，模糊控制在工业过程、家用电器以及高技术领域等得到了广泛的成功应用，这也充分显示了模糊控制的巨大应用潜力和应用价值，其中钢铁工业过程尤其复杂，故可成为模糊控制很好的应用领域，进一步促进模糊控制的研究和应用。

在机器学习和认知科学领域，人工神经网络（Artificial Neural Network，ANN），简称神经网络（Neural Network，NN）或类神经网络，是一种模仿生物神经网络（动物的中枢神经系统，特别是大脑）的结构和功能的数学模型或计算模型，用于对函数进行估计或近似。神经网络由大量的人工神经元联结进行计算。大多数情况下人工神经网络能在外界信息的基础上改变内部结构，是一种自适应系统。现代神经网络是一种非线性统计性数据建模工具。典型的神经网络具有以下三个部分。

（1）结构（Architecture）。结构指定了网络中的变量和它们的拓扑关系。例如，神经网络中的变量可以是神经元连接的权重（weights）和神经元的激励值（activities of the neurons）。

（2）激励函数（Activity Rule）。大部分神经网络模型具有一个短时间尺度的动力学规则，来定义神经元如何根据其他神经元的活动来改变自己的激励值。一般激励函数依赖于网络中的权重（即该网络的参数）。

（3）学习规则（Learning Rule）。学习规则指定了网络中的权重如何随着时间推进而调整。这一般被看作是一种长时间尺度的动力学规则。一般情况下，学习规则依赖于神经元的激励值，它也可能依赖于监督者提供的目标值和当前权重的值。例如，用于手写识别的一个神经网络，有一组输入神经元，输入神经元会被输入图像的数据所激发。在激励值被加权并通过一个函数（由网络的设计者确定）后，这些神经元的激励值被传递到其他神经元。这个过程不断重复，直到输出神经元被激发。最后，输出神经元的激励值决定了识别出来的是哪个字母。

神经网络的构筑理念是受到生物（人或其他动物）神经网络功能的运作启发而产生的。人工神经网络通常是通过一个基于数学统计学类型的学习方法得以优化，因此人工神经网络也是数学统计学方法的一种实际应用，通过统计学的标准数学方法能够得到大量的可以用函数来表达的局部结构空间。此外，在人工智能学的人工感知领域，通过数学统计学的应用可以来做人工感知方面的决定问题（也就是说通过统计学的方法，人工神经网络能够类似人一样具有简单的决定能力和简单的判断能力），这种方法比起正式的逻辑学推理演算更具有优势。

和其余智能方法一样，神经网络已经被用于解决各种各样的问题。目前，人工神经网络模型也广泛地应用在钢铁冶金领域，如 BP 神经网络模型、循环神经网络（RNN）、极限学习机（ELM）和支持向量机（SVM）模型等。

9.2.3.1　料场智能控制系统

原料准备系统作为钢铁工业的首道工序，主要任务是负责全厂大宗散状原料和燃料的受卸、储存、整粒、混匀等，并将经加工处理的各种物料送给高炉、烧结、石灰各用户，以保证正常连续的生产。在我国，钢铁原料准备工艺技术比国外起步较晚，早期的原料场均为露天模式，原料的卸、堆、取作业仍保留部分人工作业方式。随着环境保护要求的日益严格，大型钢铁企业开始普遍对原料堆场和输送系统胶带机通廊进行封闭改造，从最初的集中或分散的机械除尘设施、带式输送机落料口的密封、露天堆场的洒水到现在的各种类型的封闭料场、全封闭的胶带机通廊，在环保方面已有了长足的进步。而智能化系统作为原料场的更尖端发展方向，近年来也越来越受到各大钢铁企业的重视。

A　全自动无人堆取料机

目前作为原料堆场的核心设备——堆取料机，普遍需要操作人员进行控制，堆取料机的操作室是一个不足 3m² 的密闭空间，每天的工作时间达到 17~18h，作业过程中也需要人工进行判断。可以说，堆取料机的智能化是这个智能化堆场的核心技术之一，也是必须攻克的一大难关，如图 9-19 所示。

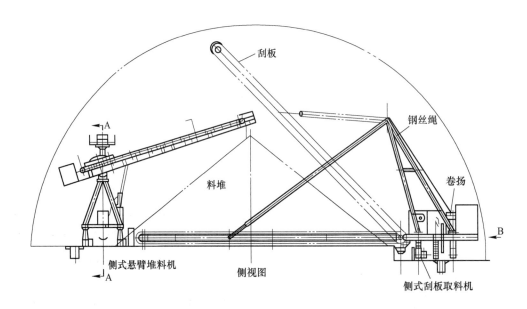

图 9-19　堆取料机布置图

无人化堆取料机：无人操作的堆取料机不设操作人员，依远程控制或自动控制完成堆取作业，作业类型大致分为远程控制作业和全自动作业两种。远程控制作业，即操作人员在中控室进行监控和调整，其需要设备本身至少应具备半自动功能，如果仅仅是远程手动作业，料场无人化则与之前的人工操作没有本质区别，中控人员每人仍旧只能操作单独的一台堆取料机。全自动作业则是较高程度的智能化，设备本身对料场和自身位置有认知能力，采用自动控制程序处理，完成自动堆取作业，并具备一定的紧急处理能力。对整个堆场以及堆取料机整机和悬臂位置采用 GPS 定位。通过安装在塔架顶部的 3D 扫描仪对料堆进行扫描，并利用 GPS 的料场定位形成料堆和设备的电子图表。取料作业首先通过即时扫描和程序对电子图表的解析，实现堆取料机自动寻堆寻址，该模式下堆取料机可以准确行走堆垛，并无间断地进行作业。

设备的控制系统安装在中控室。通过计算机控制料场全部设备的工作状态，并可以观察到料堆的实时状态。此系统涉及料堆识别系统、工业电视系统、悬臂式堆取料机定位检测、斗轮运行检测、电话通信系统、控制系统等技术。

在 2019 年，无人化供料系统作为二级管理系统的重要组成部分已经在京唐公司上线使用，系统运行稳定，料仓料位控制准确，完全能满足现场生产要求。

B　混匀料场 BLOCK 智能分堆系统

在钢铁厂中，大型混匀料场多采用 BLOCK 堆积作业方式，一个大堆有多个品种参加配料。这种作业方式虽然方便生产，但是会造成混匀料的成分波动，影响实际生产。以往的混匀料生产过程中，主要采用等 SiO_2 堆积法，通过人工经验调整可保证 4 个 BLOCK 内 SiO_2 一致，但 TFe 品位难以控制，波动较大，无法满足工艺要求。为了解决以上混匀料场中出现的问题和难点，北京科技大学研发了混匀料场 BLOCK 智能分堆系统，其工作原则是降低每个 BLOCK 中 SiO_2、TFe 与目标成分的方差，提高各个 BLOCK 混匀矿中 SiO_2、TFe 的稳定率，并综合考虑生产实际及矿粉特点的限制条件，提供成分稳定的 BLOCK 分堆方案，实现等硅等铁分 BLOCK 智能配料，保证每个 BLOCK 中的混匀料的 TFe 与 SiO_2 含量一致，减少烧结在大堆使用、换堆过程等环节中造成混匀矿成分波动的问题，稳定生产高质量烧结矿。

北京科技大学开发的料场分堆智能控制系统功能优势有：

（1）具有任意 BLOCK 中的任意料种配比值偏好设定及自动识别功能；

（2）与人工智能算法得到很好的有机融合；

（3）通过 EXCEL 导入原料信息，EXCEL 导出 BLOCK 优化结果形成完整的配料单，直接打印即可；

（4）对于额外添加的料种，可由用户任意设定，系统自动识别并分配在各 BLOCK 中作为固定配比值；

（5）系统功能总体划分为手动模式和 EXCEL 全自动模式两种模式，在 EXCEL 全自动模式下，用户不需要做任何操作，只需选择 EXCEL 料单即可。

该系统所设置的工艺限制条件为：

（1）每个 BLOCK 铁料品种不能大于 8 个；

（2）含铁料配比大于 30% 的不超过 2 个，小于 7% 的铁料不超过 3 个；

（3）铁料的最小配比不小于 1%；

（4）超过 15% 的铁料为大料钟，尽量分配至每个 BLOCK 中；

（5）每个 BLOCK 质量不低于 2 万吨，前三个 BLOCK 质量相近。

9.2.3.2　原料生产过程的智能控制

烧结球团生产工序是高炉主要含铁原料供应源，其对物料的处理量占钢铁联合企业的第二位。原料生产工艺是钢铁生产的重要环节，具有生产工艺流程长、工艺过程复杂及系统操作参数变量多、滞后大、时变的特点，并且，存在如矿相变化、漏风率等一些关键生产参数难以直接在线检测的情形。这导致长期以来应用常规控制理论、方法很难解决烧结和球团生产过程中的综合控制问题，也难以就其生产过程建立精确的数学模型。应用烧结球团生产智能控制技术，提高生产控制水平和技术经济指标成为国内外科研开发的热点。

A　烧结过程中的智能控制

日本炼铁技术在世界上处于领先位置，其智能控制系统开发技术更是早于其他国家。目前，日本大多数烧结厂也已研制和安装了自己的人工智能系统，用于烧结厂生产的控制。

日本川崎钢铁公司千叶厂于 1980 年研制了操作指导系统（OGS），其中包括一个主系统和四个子系统。在烧结过程中，通过控制烧结料层的透气性和热值水平获得高的生产率和产品质量，即首先根据输入的料层透气性阻力、烧结终点、废气负压、废气温度、废气流量、风箱最高温度和冷风机排风温度等参数，综合评定透气性，再根据评定的透气性及有关产量和质量数据，进行综合判断来决定操作变量。

川崎的水岛厂开发的诊断型专家系统，由烧结终点控制、设备保护和产质量控制功能构成。烧结终点的控制功能包括正常终点控制和异常终点控制功能，其中正常终点控制即采用预测的方法，由原始料层透气性确定的长期预报值和由风箱温度确定的短期预报值来预测终点。

神户钢铁公司 N. Tamlira 等人开发了一个可以用于控制烧结过车工曲线的操作指导系统，包括一个模拟烧结过程的数学模拟和在此模型基础上开发的操作指导系统，并在神户钢铁公司神户 2 号烧结机上得到了成功应用。

住友钢铁公司鹿岛烧结厂应用在铁矿石烧结综合模拟模型基础上开发了最佳烧结操作制度，铁矿石烧结综合模拟用以评价各种控制因素对烧结矿质量的影响，可以预报烧结过程中的烧结矿质量、能耗、产率及其他操作性能。

相比国外先进的智能控制系统，国内大多烧结控制系统均处于局部智能控制。2005年，武钢 435m² 烧结机通过引进、移植奥钢联的烧结终点模糊制技术实现了烧结终点控制；2009 年，首钢京唐 550m² 烧结机研发了由烧结生产过程、质量、信息管理等智能控制子系统构成的烧结全过程智能闭环控制系统，首次在国内实现了烧结机整体智能闭环控制。

B　球团生产过程中的智能控制

首钢京唐钢铁联合有限责任公司球团厂采用世界先进的球团工艺，高水平的自动化技术，拥有年产 400 万吨的带式焙烧机。为了实现其球团厂智能化、无人化控制，首钢京唐钢铁联合有限责任公司在球团厂投入自动配料控制系统，用于实现智能配料控制。自动配料控制系统包含二级和一级两部分，其中，二级部分实现配料模型的预算，一级部分接受二级的控制命令并实现数据采集和设备控制。该自动配料控制系统成功地在球团厂原料系统投入使用，应用效果良好，保证了实施优化的配料方案，稳定了成品矿的成分，极大地提高了原料配比的控制精度，实现了智能化控制，创造了经济效益。

将人工智能技术应用于链箅机-回转窑球团生产过程控制可降低对操作人员经验要求和劳动强度，并在此基础上实现生产优化。当前对链箅机-回转窑及其相似工艺带式焙烧机球团生产过程控制人工智能的研究主要集中在温度、透气性、球团矿化学成分、球团矿强度四个方面。

a 温度

江苏大学学者李伯权等人针对常规 PID 控制器难以保证温度控制精度和稳定性的问题，利用参数辨识建立了算床在预热 I 段和预热 II 段的数学模型，以 S7-300PLC 作为系统硬件核心，采用模糊控制技术和带死区的前馈控制算法设计了链算机篦床温度场的智能控制器，以克服算床温度波动的问题，提高球团质量，延长链算机的使用寿命；中南大学学者王东旭等人采用模糊控制方法研究了回转窑温度控制，设计出回转窑窑温控制算法，采用窑温模糊自适应 PID-Smith 复合控制策略，并根据回转窑热平衡分析结果及 Smith 预估器的特点，用继电辨识方法辨识出不同窑温下的温度控制模型，以离散的方式逼近系统实际模型的连续变化，减少因模型不匹配造成的预估补偿误差；巴西学者 P. R. de Almeida Ribeiro 等人对多网络反馈误差学习进行研究，并应用于球团生产温度控制；加拿大学者 D. Pomerleau 等人综合考虑球团冷却过程非线性、交互性、定向性和动态性等特征，设计了球团冷却基于现象过程模型的非线性预测控制器（NLMPC）和基于 Hammerstein 模型的线性模型预测控制器（MPC），并采用气体温度和压力对这两种控制策略进行了定点跟踪、扰动抑制和鲁棒性评估。

b 透气性

辽宁科技大学学者杨东伟等人采用"松散型模糊神经网络"的复合建模方法以及对二次变量"主次分离"的处理方法研究料层透气性；王介生等人采用减法聚类算法对输入空间进行分割，并将带遗忘因子的梯度下降法和最小二乘法应用于 RBF 神经网络的参数精确调整，建立了基于减法聚类算法的 RBF 神经网络的软测量模型，分别对带式焙烧机球团料层透气性进行了软测量研究；东北大学学者于正军等人提出"卡边生产"智能控制设计方案，利用神经网络技术对带式焙烧机料层透气性进行观测，并在此基础上应用专家系统技术，以保证均热段温度为前提，降低煤气消耗量为目标，实现带式焙烧机球团生产优化控制。

c 球团矿化学成分

基于神经网络-机理混合建模方法，东北大学学者李献辉建立了球团矿化学成分预报的神经网络-机理串联混合模型，采用神经网络对 FeO 化学损耗系数进行预报，把神经网络的预报值作为机理模型的输入，对全部成分做出预报，为过程工艺参数优化及球团矿化学成分最优控制奠定了基础；大连理工大学学者王介生结合球团烧结过程工艺机理，采用 T-S 模糊神经网络建立了球团矿化学成分（FeO 含量和碱度 R）软测量模型，并与球磨机制粉系统多变量解耦控制模型、回转窑温度控制模型相结合，建立了球团烧结过程状态粗糙集专家控制系统，对链算机过程状态进行优化控制。

d 球团矿强度

针对球团矿强度检测周期长、滞后性强的特点，国内外学者围绕球团矿强度，从预报和控制两方面进行了研究。东北大学学者徐建等人采用基于遗传优化 BP 神经网络的方法，建立了以料层厚度、链算机速度、回转窑转速、环冷机速度、鼓风干燥段温度、抽风干燥段温度、预热 I 段温度、预热 II 段温度、回转窑窑头温度、回转窑窑尾温度、环冷机三段温度等指标为输入，以成品球团抗压强度、转鼓指数和筛分指数等指标为输出的黑箱球团矿质量预测模型，并利用实际生产数据进行模拟参数的辨识；北京科技大学学者冯俊小等人建立了三个单隐含层 BP 人工神经网络模型，利用首钢矿业公司生产数据，预测成品球团抗压强度、预热球团抗压强度以及生球落下强度，采用 Levenberg-Marquardt 优化算法进行模型训练，模型预测结果误差低于 3%；东北大学学者冯国锋综合运用粗糙集理论、聚类分析和人工神经网络技术，提出了一种基于粗糙集属性约简和减法聚类的神经模糊推理系统质量预测模型，采用粗糙集理论约简属性，以实现模型输入选择，T-S 模糊模型利用减法聚类进行模糊规则优选，利用神经网络的学习机制从已知数据获得模糊系统的隶属度函数和模糊规则；印度学者 K. Mitra 等人采用广泛使用的多目标遗传算法 NSGA Ⅱ 与球团固结过程第一定律及利用第一定律模型结果建立的基于人工神经网络的改进近似模型相结合，以球团料层压力、温度、机速、料层高度作为决策变量，球团矿抗压强度、耐磨指数、球团最高温度、BTP 作为约束，进行带式焙烧机球团固结过程多目标优化，解决了现有第一定律模型计算量大、无法满足在线应用的问题。

9.2.3.3　高炉冶炼过程中的智能控制

A　高炉煤粉喷吹

高炉喷煤是节能降焦、降低生铁冶炼成本的有效途径，同时也是稳定高炉操作的日常调剂手段。高炉冶炼是一个高度复杂的多变量、大惯性、强耦合系统，大喷煤条件下，风温、风量、富氧率、压差等高炉冶炼参数与炉况顺行程度相关性增强。因此，仅凭借高炉操作者的经验建立、优化操作模式，确定最优喷煤量是主观的、粗糙的和难以更新的。

模糊推理是规则挖掘的最有效方法之一，在描述和处理具有模糊性、不确定性等特征客观现象时模拟人的逻辑思维功能提供了强有力的工具。利用该方法建立 T-S 模糊模型对于高炉冶炼过程控制的积极意义在于，通过从现场积累的大量生产过程历史数据中挖掘出包括各个冶炼参数相互关系、成功优化操作模式等具有实际意义的知识，在不改变高炉工艺流程、不增加生产设备基础上，当系统变量（冶炼参数及其相关衍生参数）发生变化时，通过全面数据的采集、挖掘进行分析匹配，利用分析得到的信息，调整工艺参数，使系统始终处于优化运行状态，从而实现高炉冶炼生产过程操作、控制、决策优化。

浙江大学学者刘祥官从高炉工艺机理分析出发，以高炉生产多年海量历史数据为样本，借助于数据挖掘筛选出的优化数据样本，运用数据驱动建模技术分别建立高炉喷煤 T-S 模糊模型及基于 T-S 模糊模型的高炉喷煤决策模型，自动从历史记录中得出高炉冶炼成功喷煤的优化操作规则、模式，建立起操作模式、生产经济指标、能耗之间的有机联系，基本消除高炉冶炼过程中各类因素对冶炼结果的影响，一定程度上提高了现有经验操作、决策的效果。

内蒙古科技大学学者崔桂梅针对高炉冶炼过程中参数、指标波动较大及喷煤量建模困难的特点，提出了将操作模式匹配应用到高炉喷煤的方法。即以已知的高炉具体生产参数为条件，以高炉喷煤量为研究对象，以高炉运行的历史海量数据为基础，对铁水［Si］含量建立 BP 神经网络预测模型，对喷煤量操作模式进行智能匹配。其流程为：预测当前铁水［Si］含量→基于专家标准挑选出优良模式集→采用模糊均值聚类方法进行分类→操作模式库中寻出与当前输入条件距离最小的操作模式→模式匹配完成，实现喷煤过程优化控制。相比采用遍历搜索合适操作模式的方法，该法减少了由参数波动、人为因素引起的不稳定，更兼具匹配速度和精度的优点，对高炉冶炼喷煤过程具有很好的指导作用。

B 高炉专家系统

a 日本高炉专家系统

日本首先提出开发高炉专家系统，首先是集成数学模型。1986 年，首次在日本钢管公司福山高炉应用，之后在日本大型钢铁公司相继开发与应用不同的高炉专家系统，例如新日铁大分厂 SAFAIA 系统和君津高炉 ALIS 系统，用于软熔带判断、高炉开炉及休风恢复操作指导。京滨高炉专家系统包含无钟炉顶布料模型、装料制度、煤气流分布、炉体温度场、风量，风压、透气性等数学模型。日本钢管福山厂 BAISYS 系统，包含炉况检测诊断与控制、异常炉况预报与控制、布料控制和炉温预报等数学模型。日本住友金公司 HYBRID 系统，将数学模型和高炉专家规则相结合，用于判断炉况、计算炉热指数 TS、铁水［Si］含量与铁水温度的预报和高炉操作指导。

日本川崎 GO-STOP 系统由 8 种指数计算模型构成，对高炉操作因素做定量分析，将各种因素控制在最佳范围内，使用 8 个指数检验、评价和诊断高炉冶炼过程炉况状态，抽取 230 个监测信息用于推理机推理，建立 600 条专家知识规则。之后在 GO-STOP 基础上，又开发与应用 Advanced GO-STOP，目前 GO-STOP 系统已经成为各种专家系统的基础。

b 欧洲高炉专家系统

芬兰 Rautaruuki 高炉专家系统主要由 4 个子系统组成。

（1）高炉热状态系统。计算高炉热指数、下料指数、直接还原度指数及碳素熔损指数、煤气成分指数、渣皮脱落指数、透气性指数、阻力系数及 Rist 操作线等，通过 8 个指数计算，识别操作参数对炉温影响程度，并根据计算结果提出操作建议。

（2）高炉操作炉型管理。计算冷却壁热负荷、炉体温度场分布，监控渣皮脱落、渣皮厚度。

（3）高炉炉况诊断。判断滑料、管道发生概率，计算炉顶压力、炉顶温度及变化幅度、计算料速。对每班及全天煤气流分布进行评价，对煤气利用率、总压差、局部压差做短周期、中周期和长周期评价，分析煤气利用率变化原因。

（4）高炉炉缸平衡管理。高炉物料平衡计算，实时计算炉缸内渣铁生成量和残余量，并与炉缸安全容铁量进行比对，指导高炉出铁操作，间接判断软熔带上下移动程度。

奥钢联 VAiron 高炉专家系统是 1992 年的早期专家系统，是咨询式专家系统，主要功能对工艺参数进行评估和提出操作建议。1996 年升级为具有部分闭环式功能专家系统，闭环功能主要用于焦比控制、入炉碱度控制和蒸汽喷吹量控制。系统由过程信息管理系统、过程数学模型、炉况的诊断评估系统、炉况调节和执行系统组成。

c 我国高炉专家系统

我国最早的数学模型是 1987 年由清华大学与鞍钢合作开发的铁水［Si］含量预报模型，应用在鞍钢 9 号高炉和 4 号高炉，预报命中率 82%，用于辅助高炉操作人员判断炉温发展趋势。20 世纪 90 年代，一些企业与科研机构合作开发与应用一些数学模型。

我国高炉数学模型种类少，前期主要集中在铁水［Si］含量预报模型，虽然后期相继开发一些数学模型，但应用效果均没有达到预期目标。

20 世纪 90 年代以后，随着国内高炉急速向大型化、现代化发展，许多大型高炉在基础自动化改造中采用计算机一级和二级系统，为高炉专家系统的开发与应用奠定了基础。国内高炉专家系统主要有三种类型。

（1）引进国外高炉专家系统。如宝钢引进日本的 GO-STOP 系统，1996 年投入运行；武钢、本钢、首钢和唐钢引进芬兰高炉专家系统；攀钢、沙钢、昆钢、重钢和南钢引进奥钢联的高炉专家系统。

（2）在引进国外专家系统基础上，国内企业与科研机构合作开发的高炉专家系统。例如，宝钢在引进与消化日本"GO-STOP"系统基础上，与复旦大学合作开发了"炉况监视和管理系统"；武钢在引进芬兰高炉专家系统的基础上，与北京科技大学合作在 1 高炉开发自己的高炉专家系统。

（3）自主开发的高炉专家系统。首钢与自动化院合作开发的"人工智能高炉冶炼专家系统"，系统包括炉体热状态判断系统、异常炉况判断和炉体状态判断三个子系统；马钢与自动化院合作开发"马钢高炉况诊断专家系统"；南钢与重庆大学合作开发的"南钢高炉操作管理系统"；鞍钢开发的"11 高炉人工智能系统"；浙江大学开发的"高炉炼铁优化专家系统"分别在杭钢、新临钢铁、莱钢、济钢和邯钢高炉得到推广与应用，该系统针对国内高炉实际条件，利用动态规划理论建立多目标优化数学模型，寻找冶炼参数的最佳范围、最佳组合，从而实现炉况故障诊断、炉温预报与高炉生产报表自动打印，对炉况进行综合推断，使高炉顺行稳定程度提高，实现控制、管理一体化。

C　高炉人工神经网络模型

a　国外模型

韩国浦项光阳钢铁厂使用卷积神经网络（CNNs）和长短期记忆模型（LSTM）开发了一种多元时间预测模型算法，来更准确地预测 POSCO 高炉出铁口的开闭时间，此模型在 ±30min 的误差范围内达到了 90% 以上的精度。预计此模型帮助 POSCO 每年节约 110 万美元的运营成本。

b　国内模型

东北大学学者储满生等用 python 语言实现机器学习算法，依次采用支持向量机（SVM）、随机森林（RF）、梯度提升树（GBRT）、XGBoost、LightGBM、人工神经网络对高炉参数进行机器学习训练和预测。在高炉参数预测时采用了高炉布料仿真模型得出的特征参数，使得预测结果误差减小，为高炉操作者对高炉参数的精准控制提供依据，以改善高炉运行状况，进一步提高高炉生产技术指标。

北京科技大学学者张森等提出了一种基于多层极限学习机（ML-ELM）、主成分分析（PCA）和小波变换的高炉透气性预测模型（W-PCA-ML-ELM），主要选择了鼓风量、鼓风温度、鼓风压力、鼓风温度、顶温和顶压对模型进行训练学习，预测精度达到了理想效果，可以精确地预测高炉的透气性指数。同时还基于灰色关联分析（GRA）和残差修正机制，提出了另外一种改进的 ELM（见图 9-20），来对高炉煤气利用率进行预测，达到了理想效果。

9.2.3.4　非高炉炼铁过程智能控制

目前为止，传统的高炉-转炉流程在钢铁生产中仍占最重要地位，其主导地位预计在相当长的时期之内不会改变，但非高炉炼铁技术已是钢铁工业持续发展、实现节能减排、环境友好发展的前沿技术之一。经过百余年的发展，至今已形成了以直接还原与熔融还原为主体的现代化非高炉炼铁工艺。目前适合于工业化生产采用的熔融还原工艺只有 Corex 一种，其工艺技术正在逐步完善之中。适合大规模直接还原铁生产的有利用焦炉煤气、粉

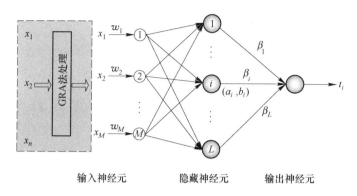

图 9-20 基于 GAR 改进的 ELM

煤制合成气或天然气的氧化球团竖炉联合工艺，转底炉法和回转窑法则适合中小规模直接还原铁生产。

为了更好地理解、控制和改进非高炉炼铁过程，更多的努力被用于开发数学模型，实现非高炉炼铁过程的智能控制。Corex、Midrex、转底炉等工艺数学模型是非高炉炼铁技术数学模型研究的重要方向。面对非高炉炼铁工艺处于不断成熟和向大型化发展的趋势，我们应加快研发、完善非高炉炼铁工艺，提高其竞争力，使之更好地满足我国钢铁工业发展的需要。

习题和思考题

9-1 从原料生产过程、高炉冶炼过程及非高炉炼铁过程等方面举例分析炼铁工艺的智能控制。

9-2 什么是高炉冶炼专家系统，它对高炉冶炼生产有何意义？

9-3 举例说明模糊控制和人工神经网络在钢铁工业中的应用。

9-4 简述钢铁企业信息化建设五层体系。

9-5 简述大数据和云计算在钢铁企业中的应用。

9-6 我国炼铁工艺智能化和信息化的发展趋势是什么？

参考文献及建议阅读书目

[1] 刘玠，马竹梧. 炼铁生产自动化技术 [M]. 北京：冶金工业出版社，2005.

[2] 高征铠，姜钧普，高永，等. 高炉监测与仿真技术及其应用 [C]. 第八届中国钢铁年会论文集，2011.

[3] 何新贵. 模糊知识处理的理论与技术 [M]. 北京：国防工业出版社，2014.

[4] D. Filev, P. Angelov. Fuzzy optimal control [J]. Fuzzy Sets and System, 1992, 47 (3)：151-156.

[5] Nicklaus F. P. Application of neural networks in rolling mill automation [J]. Iron and Steel Engineer, 1995, 72 (2)：33-36.

[6] H. Unzaki, K. Miki, et al. New Control system of sinter plants at CHIBA Works. In：IFAC automation in mining [J]. Mineral and Metal Processing, Tokyo Japan, 1986：209-216.

[7] Jian XU, Shengli WU, Mingyin KOU, et al. Numerical analysis of the characteristics inside pre-reduction

shaft furnace and its operation parameters optimization by using a three-dimensional full scale mathematical model ［J］. ISIJ International, 2013, 53 (4)：576-582.

［8］ 王筱留. 钢铁冶金学（炼铁部分）［M］. 北京：冶金工业出版社, 2004.

［9］ YuFei Ji, Sen Zhang, et al. Application of the improved the ELM algorithm for prediction of blast furnace gas utilization rate ［C］. IFAC Workshpon Mining, Mineral and Metal Processing, 2018.

［10］ Keeyoungkim , ByeongrakSeo, et al. Deep learning for blast furnaces：skip-dense layers deep learning model to predict the remaining time to close tap-holes for blast furnace ［C］. In the 28th ACM International Conference on information and knowledge management，Beijing, China. ACM, New York, NY, USA, 2019.

10 生产现场岗位职责与典型案例

第 10 章数字资源

钢铁人物

虽然近几十年来炼铁技术取得了巨大的进步，但对于炼铁工作者尤其是一线的技术人员而言，高炉炼铁更像是一门技术而不是一门科学，因为日常的操作调整依赖更多的是操作者的经验，而各类模型和算法通常只能作为一种辅助参考。如何将高炉炼铁由"技术"升级为"科学"，并逐步减少对个人经验的依赖，是一代又一代炼铁工作者持之以恒的追求，很多人都为这一目标的实现而做出了各自的贡献，炼铁专家刘云彩教授就是其中的佼佼者。

刘云彩教授 1932 年生于辽宁省桓仁县普乐堡镇大青沟，1952 年考入清华大学。随后面临全国大学院系调整，刘云彩教授所在的冶金矿冶系调入新成立的北京钢铁工业学院，当时全面学习苏联经验，钢铁冶金专业内分了几个"专门化"班，刘云彩教授被分在"炼铁专门化"班。1956 年大学毕业后，正值我国实行第一个五年计划，工业建设热火朝天，同学们纷纷申请到工厂、到一线参加祖国建设，刘云彩教授分到石景山钢铁厂（首钢前身）炼铁部，开启了他辉煌的炼铁人生。

作为炼铁生产一线的技术专家，刘云彩教授特别注重理论联系实践，不仅重视生产经验的探索和积累，还重视运用基础理论创新解决生产工艺技术问题。20 世纪 70—80 年代，刘云彩教授运用数学理论和微分方程对炉料分布进行了描述和计算，结合高炉生产实际经验，推导出了"统一布料方程"。依据刘云彩教授提出的理论进行无料钟炉顶布料操作，在我国第一座采用无料钟炉顶的大型高炉上（首钢 2 号高炉）获得了成功。根据首钢炼铁厂的实践经验，结合大型高炉强化冶炼的新技术，刘云彩教授提出了我国高炉操作的发展方向为精料、大喷吹量、高风温、高富氧和高压操作。20 世纪 70 年代末至 80 年代中期，首钢高炉利用系数、焦比、煤比、燃料比等主要生产技术指标不断提升，达到当时世界先进水平，刘云彩教授在其中提供了关键的技术支撑。

《高炉布料规律》是刘云彩教授将炼铁实践和理论成功结合的重要著作之一，是国内几乎所有炼铁科研人员和一线技术人员的必备指导书籍。经过 20 世纪七八十年代长期的生产实践和不断的钻研探索，刘云彩教授从炉料运动出发，依据力学原理导出炉料在炉内的分布公式，为合理的装料制度提供了计算工具。以往只能依靠反复实践去寻找每座高炉合理的装料制度，刘云彩教授首次以数学的方法解决了高炉布料问题，其研究成果在高炉由"技术"向"科学"的转化中起到了基础指导作用。1984

年，该书一经出版就引起业内巨大反响，认为这是一项炼铁冶金领域开创性成果，并成为炼铁专业的重要参考书籍。之后几乎所有从事炼铁工作的技术人员，在谈论和分析高炉布料时都会想到这本书及其作者刘云彩教授。

10.1　烧　　结

10.1.1　烧结岗位划分及主要操作

烧结现场按照工作职能一般可分为主控、主抽风机、燃料破碎、配料、混合机、看火工、成品、除尘、脱硫脱硝等工作岗位。每个岗位人员配备一般为1~2人，脱硫脱硝根据实际采用的工艺和设备复杂程度，人员配置情况不同，一般需要2~6人。

（1）主控。主控岗位是烧结生产的控制中心，现场岗位、作业长、车间主任、分厂调度等各方面信息均由主控岗位中转传达，作业长通过主控岗位实现对整个生产流程的调控，如图10-1所示。除以上职能外，主控岗位还负责生产参数记录、报表制备及上报、异常情况对外联系等工作。日常主要调控参数包括上料量、机速、风门开度、料层厚度、熔剂和燃料配比。

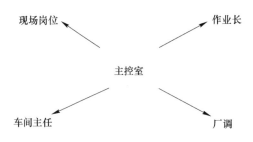

图10-1　主控岗位职责

（2）主抽风机。主抽风机岗位是烧结生产的基本保障，风量大小直接决定了烧结矿产量，主抽岗位职责就是确保主抽风机的正常运行。日常工作以巡检为主，包括及时发现设备出现的异常情况以及对隐患部位的跟踪排查，需填写设备点巡检记录表、隐患排查表以及交接班记录等内容。风机常见问题包括轴承振动过大、轴承升温过高、噪声增大等；润滑系统常见问题主要包括系统压力异常、油位偏低、油温过高等。

（3）燃料破碎。燃料破碎岗位主要职责是确保本岗位设备正常运行，液压系统管道、设备正常，燃料破碎质量或燃料粒度符合生产要求。主要巡检设备包括四辊、机头漏斗、传动机构、托辊、皮带、滚筒等。需要填写设备点巡检记录表、隐患排查表以及交接班记录等内容。日常作业主要是进行燃料粒度跟踪调整，涉及燃料取样、烘干、称量、筛分、汇总计算，及时向中控汇报燃料粒度并做好记录。

（4）配料。配料岗位主要职责是确保设备正常运行基础上，确保下料量正常实现精确配料，同时对水分、粒度、颜色等异常情况及时做出反馈。主要巡检设备包括皮带机、料仓、给料机称量装置等。需要填写设备点巡检记录表、隐患排查表以及交接班记录等内容。配料岗位常见问题主要包括混料、断料、漏斗粘料、漏斗卡杂物等，遇到这类问题要及时处理，否则会导致配料出现偏差影响生产。比如发现混料后，要立即拉停皮带机旁事故开关并向中控汇报混料情况，尽快组织人员清理混料，处理完后告知中控恢复上料。

（5）混合机。混合机岗位主要职责是确保原燃料混合均匀，日常巡检项目主要包括电机、减速机、联轴器、添加水装置、筒体等，重点关注是否有杂音、窜动、磨损、发热、粘料等。常见问题是跑干料、湿料，发现异常后要及时通知中控，明确要求增加或减少的水量，监护水分情况直到恢复正常；同时查找水分异常的原因，确定是加水系统故障还是因为原料发生了变化。

（6）看火工。看火工岗位主要职责是确保混合料水分、含碳量、布料、点火、机尾断面正常，同时确保煤气系统无泄漏，压力正常。日常巡检对象主要包括点火炉、圆辊给料机、九辊布料机、铺底料槽、台车行走状态、漏风情况、机尾断面等，发现异常情况要及时向主控汇报，并配合主控对相关设备做出调整直至恢复正常。日常作业中主要包含布料监视、着火监视、料面监视及排矿监视等。布料监视最关键，要重点注意料面是否均匀，料面不平或有拉沟时要及时排除原因，一般料面问题原因包括圆棍粘料、九辊磨损、刮料板卷起、铺底料厚度不均匀等。

（7）成品。成品岗位主要职责是成品烧结矿的破碎、冷却和运输，烧结矿、返矿、铺底料发生异常及时发现和处理。日常点巡检设备主要包括环冷机、板式给料机、筛子、皮带机等。常见异常情况主要包括环冷机打滑、环冷机台车卡或从轨道脱落、风机故障、板式给料机跑偏、振动筛同步器损坏以及皮带跑偏、压料等。日常作业主要是返矿、铺底料粒度取样和筛分，需区分出 5mm、10mm、20mm 等不同粒度的比例，记录并向主控汇报。

（8）除尘。除尘岗位主要职责是对生产过程中产生的粉尘进行收集，防止粉尘扩散至周围环境造成污染，除尘设施一般包括电除尘和布袋除尘。除尘工艺比较成熟、设备稳定性高，在各部分电流大小、进出口粉尘浓度、压力变化等参数无异常的情况下，现场无须特殊关注。岗位日常作业项目主要是放灰，放灰过程中要严格控制二次扬尘，没有特殊情况，严禁设备带灰启停，一般情况下，料仓应保持料位在 1/4 以上，以达到料位锁风效果；如果具备自动放料条件的应采用自动放料方式。

（9）脱硫脱硝。烧结烟气含有 SO_2、NO_x、粉尘等污染物，需经过净化处理后才能对外排放。目前我国实施了历史上指标最严格的超低排放政策，要求 SO_2、NO_x、粉尘等污染物浓度分别低于 $35mg/m^3$、$50mg/m^3$、$10mg/m^3$。粉尘脱除以布袋除尘为主，近年来也逐步出现了滤筒等新式除尘方式。脱硫主要以循环流化床、活性焦、旋转喷雾干燥等工艺为主，脱硝主要以选择性催化还原、活性焦、氧化法脱硝为主，其中活性焦工艺可以实现一体化脱硫脱硝。烟气净化工艺种类多，不同工艺间的操作方式也差异巨大，此处不再一一赘述。

10.1.2　烧结典型事故案例介绍

碱度是烧结矿的重要性能指标，碱度过高或过低不仅影响烧结矿质量，还会对高炉炉渣碱度平衡产生巨大冲击，因而控制碱度在一定范围是烧结生产的重要任务之一。日常生产中由于原燃料差异以及设备精度等问题，碱度一直处于波动状态，但是每天的操作方针均会对碱度的波动范围做出明确规定，一般连续三次碱度过高或过低均认为属于操作事故。

2019 年 8 月 2 日，某烧结车间碱度控制标准为 1.95±0.08，但是其白班 3 号、4 号、5 号三个碱度分别为 1.75、1.79 和 1.85，连续三个样品碱度过低，造成烧结矿粒度偏碎，高炉炉渣碱度低铁水硫含量高。通过进一步提高白灰配比，6 号样品碱度 1.97，恢复至正常范围。事后对事故进行分析发现，8 月 1 日夜班后半夜接到通知白天要进行环保突击检查，夜班岗位工匆忙对白灰尘进行清扫，由于时间紧迫，在清扫过程中因没有严格按照规范要求进行，使用水管冲洗了白灰称周边，造成 1 号白灰称量皮带的零点大幅漂移，达到 +10t/h，致使白灰少配加 10t/h，造成烧结矿碱度偏低。

除以上客观原因外，当班作业长调剂速度过慢、调剂幅度不到位也是事故发生的重要原因。在发现 3 号样碱度过低后，判断为主要是因为取样偏差造成的，因而未引起重视。进一步在 4 号样碱度同样过低后，主动提高了白灰配比，但调剂增加的幅度过低，致使虽然 5 号样碱度明显提高，但仍未进入操业方针规定的范围。连续三次碱度过低，不仅造成烧结矿强度、粒度、还原性等指标出现了波动，还造成了高炉碱度长时间提不上来，连续出现了两炉二级品，铁水物理热也较正常低 5~10℃。烧结矿成分一共波动 10h 左右，造成高炉减矿批、加焦比，影响当日产量 500t，经济损失 10 万元。鉴于事故的严重性，分厂对烧结车间、当班作业长、车间主任等相关人员均做出了考核。

为了防止类似事故再次发生，烧结车间也制定了预防措施：

（1）完善称量电子秤及电子元器件的清扫标准，要求车间所有皮带秤都有清扫标准和防护罩，并报生产技术科审核；

（2）严格按照自动化部对电子秤工作环境要求整改周围环境，要有完善的清扫作业标准，要求组织相关岗位职工学习；

（3）和自动化沟通，利用皮带称量 10min 均值差值判断配料工艺称情况，做到及时发现问题，及时排查；

（4）发现问题后，提高反应速度和调整幅度，及时调整到位，将波动时间控制在 4h。

10.2　球　　团

当前中国球团产线包括链箅机-回转窑、竖炉、带式焙烧机三种工艺，其中竖炉处于逐步淘汰状态，链箅机-回转窑为主要的生产方式，但是新建球团产线中带式焙烧机工艺越来越多。本节以链箅机-回转窑产线为代表，对现场的球团生产进行介绍。

10.2.1　球团岗位划分及主要操作

链箅机-回转窑球团产线按照作业职能可分为主控、配料、辊压机、强力混合机、造球、链箅机、回转窑、环冷机、风机水泵、除尘以及脱硫脱硝等，一般每个班组人员为 15~20 人，自动化水平越高人员配置越少。球团烟气与烧结烟气脱硝工艺基本一样，工艺方式决定人员配备。

（1）主控。球团主控岗位职责与烧结主控类似，不再赘述。

（2）配料。配料岗位作业职能是按照成品球团矿的物化性能要求将铁精矿粉按比例精确配料。日常作业中负责观察来料情况，发现来料颜色、粒度、水分异常，不符合规定时，要及时向主控方报告；发现大块或杂物、铁器等要及时清除。随时观察圆盘给料机下料是否稳定，防止堵料；发现下料量与设定值有偏差时，及时处理圆盘出料口的杂物或重新复位校秤。配料圆盘堵塞不下料是常见异常情况，发现堵塞后要首先停止圆盘运转，并拉停该圆盘的皮带，检查堵塞原因并做好疏通，如遇到衬板脱落堵料时要立刻上报主控并联系维护人员处理。

（3）辊压机。辊压机作用是将原料碾压成粒度更细、表面活性更高的物料。启动辊压机前要确认液压设备正常，辊间无料无杂物，确认各溜槽无异物，护皮、清扫器、托辊等完好。岗位工要根据原料水分、料量的变化，及时调整辊压机运行参数，以提高辊压效果，确保粒度达到造球要求。遇到辊压机料柱迅速上升时，要立即用风管吹扫漏斗，并调快辊压机转速，如遇到辊筛漏斗有严重粘料，需妥善处理后再决定是否开机；处理时间较长的话必须联系主控做好协调组织工作。

（4）强力混合机。强力混合机作用是将铁精矿、膨润土、除尘灰等原料混合均匀。启动前要确认各溜槽无杂物，护皮、清扫器、托辊等完好，混合筒内无积料杂物，控制柜显示空秤值符合标准要求。岗位工要根据原料水分、料量变化，精确配加膨润土、除尘灰，以保证混合效果。遇到漏斗堵塞卡料、划皮带或有划皮带风险、皮带打滑或接口开裂等情况时要立即停机并向主控汇报。

（5）造球。造球岗位的作用是将物料加工成具有一定强度并且粒度均匀的生球，一般要求生球平均落下强度不小于 5 次/0.5m、生球的抗压强度不小于 9N，粒度一般控制在9～16mm。岗位工随时观察来料情况，发现来料颜色、粒度、水分异常，不符合规定时，要及时向主控方报告；发现大块或杂物、铁器等要及时清除。观察圆盘给料机下料是否稳定，防止堵料；发现下料量与设定值有偏差时，及时处理圆盘出料口的杂物或重新校秤。根据盘面物料分布情况随时调节给料量、给水量、球盘转速等参数，及时清理出球盘内的特大球及异物，并及时清理导料板、筛辊上的积料和筛辊粘料。空盘运转时首先应进行"磨盘底"，即上少量混合料，直接向盘面加水，必要时可直接往盘中抛洒少量膨润土，控制好加水量和转速，使盘底形成一定厚度料衬（30～40mm），并检查调整好刮刀位置和高度。

（6）链箅机。链箅机岗位负责将生球均匀铺到箅床上，使生球干燥预氧化并具有一定的强度。链箅机布料要均匀，严禁断料、露箅板和堆料拉沟，发现异常情况及时通知主控采取措施；每小时观察 1～2 次生球强度、光洁度、粒度等情况，并及时反馈给造球；每半小时观察一次干球预热情况和机内气氛，并及时向主控反馈。随时检查链箅机箅床运行情况，有跑偏等情况要及时向主控进行反馈。发现缺箅板、断链节、小轴弯曲等情况立即向主控汇报，根据主控指令进行处理。链箅机可划分为鼓风干燥段、抽风干燥段、预热一段和预热二段四个部分，鼓风干燥段温度一般控制在低于180℃，抽风干燥段温度控制在200～400℃，预热一段温度控制在550～800℃，预热二段温度控制在900～1050℃。发现箅板脱落时要及时上报主控并做好记号，通知维保人员到现场做好更换准备，待转到下回程快到机尾时，及时通报主控减急速，补上脱落的箅板。箅床使用后期，要增加跑红球、烧皮带的点检频次，防止事故发生。

（7）回转窑。回转窑作用是将生球进行均热、焙烧。岗位工要密切注意回转窑内温度变化情况，采用目测与计算机显示相结合的方法，遇有变化应随时向主控反映，达到稳定温度的焙烧要求，确保提高球团矿产量和质量并降低工序能耗。随时观察回转窑头固定筛上存大块情况，遇有大块要及时清理出去；随时观察窑头排出的球的焙烧情况，必要时人工制样并将焙烧球质量及时反馈给主控室；随时观察回转窑内结圈、气氛、粉末、温度情况，随时向主控反映。回转窑焙烧温度一般控制在 1150~1350℃，窑头温度不小于 700℃。发现窑头固定筛堵料时要立即报告主控并做好扒料准备，主控接到报告后会立即增加窑头负压，待主控调整好后，岗位工穿戴好防护用品打开窑头事故门进行处理。处理完毕后，关好事故门，通知主控恢复生产。

（8）环冷机。环冷机作用是对回转窑烧成的红球进行冷却，冷却过程中进一步提高球团强度。岗位要注意环冷机各段的温度匹配，一般环冷一段控制在 550~1150℃，环冷二段控制在 450~900℃，环冷三段控制在低于 450℃，排料温度要控制低于 150℃。发现跑红球，及时打水，防止烧皮带；皮带压料、跑偏时，及时调整，防止生产事故发生。固定筛和受料斗的水冷装置漏水，应立即停止供料（停机不停水、不停风）并通知主控室进行检修。受料斗如果出现砌砖脱落，则料斗壁会因温度过高而变红，此时应在料斗外壁喷水降温，同时组织停机降温检修料斗。风机发生强烈振动、颤动或摩擦，轴承温度急剧升高超过允许极限时，应紧急停机。

（9）风机水泵。风机水泵岗位职责是做好设备的开停工作，按频次点检设备，确保风、水介质满足产线生产的需要。风机开启前要确认：设备周围无人或障碍物；主电除尘器已开启（除尘岗位开启）；液力耦合器、风门在"零"位；冷却系统、润滑系统能正常开启；供电、驱动系统正常；监测系统无故障。水泵开启前要确认：电机的旋转方向是否正确，泵的转动是否灵活，在泵内满水后检查电机转向，严禁泵内无水空转；蓄水池水位在规定范围内；关闭出水管路上的闸阀，打开进水阀门、排气阀使液体充满整个泵腔，然后关闭排气阀；安全设施完好无损；用手盘泵以使润滑液进入机械密封端面。风机轴承温度上升较快，达到 70℃ 以上时，可加大冷却水流量来降温；耦合器温度升温较快，转速在额定转速 2/3 以上时，要汇报主控室，采取减少输出转速进行调节；冷却水系统故障时，立即降低风机转速，汇报主控室采取强冷却措施，以免高温烧坏设备；主线出现故障时，要按主控室指令调整风机转速，降低风量，满足生产需求，当流量为"0"时，及时关闭风机风门。

（10）球团除尘、脱硫脱硝与烧结一样，不再赘述。

10.2.2　球团典型事故案例介绍

细粒物料在液相的黏结作用下，大量黏结在回转窑内壁，即为结圈现象。回转窑内结圈是链算机-回转窑球团工艺常见问题，如果预防、处理不及时，会造成生产减产、停产，甚至出现安全事故，同时处理的时候还会损坏耐火材料。

2018 年 6 月 8 日，某球团厂回转窑出现了严重结圈事故，造成下料口堵死，回转窑被迫停车。处理结圈问题前后一共花费了 7h，影响球团产量 1500t，造成了重大经济损失。事后分析原因分析认为，使用的膨润土质量差，在分厂要求的五个指标中，胶质价、膨胀容两项达标，吸蓝量、吸水率、水分三个指标均未达到要求，膨润土配比由 1.5% 提高到 2.2%，生球强度仍偏低；煤气压力波动大，同时在煤气波动后现场操作人员调整不到位，造成窑内温度也跟着波动，球团碎裂加剧粉末增多；当班人员未能及时发现结圈，在问题严重后才着手进行处理，对事故也负有重要责任。

针对事故原因，分厂对车间当班作业长、车间主任，以及生产技术科负责膨润土质量的相关人员均进行了考核。

为了防止类似事故再次发生，特别制定了应对措施：

（1）每批膨润土均需在指标检测结果出来后方可使用，指标达不到分厂要求的，按照进场原料采购办法进行考核；

（2）煤气压力出现异常波动，当班人员需及时向分厂调度汇报，由调度负责与能源中心沟通；

（3）造球岗位要加强对生球质量的观察，及时反馈生球质量变化信息；

（4）链箅机岗位增加巡检频次，遇到结大块、结圈问题要及时发现并汇报；

（5）主控人员要时刻注意窑内温度变化，数据异常时要及时汇报作业长并排查原因。

10.3　高　炉

10.3.1　高炉岗位划分及主要操作

高炉生产按照岗位职能可分为工长（中控）、上料、炉前、配管、热风、除尘、冲渣、制粉喷煤等岗位，除炉前外其他岗位每班为 1~2 人，炉前根据装备水平一般人员配备为5~12 人。

10.3.1.1　工长

工长是高炉生产的指挥者，所有岗位的操作调整命令均需要由工长下达，一般工长直接负责的操作包括渣铁取样分析、休风送风操作、变料对料、风氧调整、喷煤量调整、炉温调控，以及炉凉炉热、管道行程、崩料悬料等异常情况的处理。高炉炼铁涉及的生产过程极其复杂，依靠当前的检测控制技术水平和装备，高炉操作距离自动化智能化还很遥远，因此可以认为高炉生产仍严重依赖于操作者的经验。工长是高炉的直接操作者，其技术经验水平对高炉的正常生产和事故的处理至关重要。

渣铁取样分析是工长日常必须经常进行的工作，利用经验判断渣铁成分也是工长的基本工作技能。渣铁样一部分送到检测部门做铁水成分的精确分析，硅、硫是常规关注的指标，这是因为硫含量直接决定了铁水品级，而硅含量可以用来表征炉缸的热量水平，在所有高炉操作方针中，均会对硅、硫含量作出明确规定。碳、锰、磷、钛等元素含量在一定阶段或冶炼特殊矿时也会纳入重点关注指标。除送检分析外，工长还会取更多的渣铁样用于目测以判断炉况，在每一炉铁的前中后阶段，铁水温度、渗碳、蹦出的火花、渣样断面均可作为参考对炉温、碱度进行判断。

变料指的是工长根据炉况和外围原燃料条件变化对上料顺序、上料量或炉料结构进行的调整；对料指的是工长对上料工进行的变动参数进行审核，确保不上错料。变料、对料操作极其重要，现场常有因变料、对料不及时导致炉况波动的情况，因而变料、对料也是对工长的重点考核项目之一。变料、对料一般程序为：根据高炉调剂需要对原燃料配料、布料进行计算；根据计算结果填写变料单；将变料单递交给上料岗位工，让其进行变料操作；上料岗位工变料完成、签字、记录上变料情况后，将变料单返还工长；工长认真核对岗位工实际变料是否准确；工长认真对料，确认无误后，签字确认返还上料岗位工；岗位工将变料单内容抄录岗位操作记录表内；上料岗位工将变料单存档，变料、对料完成。

10.3.1.2 上料

上料岗位职责是将料仓的炉料按照设定的顺序和布料参数，准确无误地加入高炉中。主控室上料岗位负责监控实时的布料情况和参数设定，按规定记录生产参数。上料外部人员负责设备点检查以及槽下各仓异常情况的处理，冬天结冰、夏天料湿对正常上料有重要干扰。主控上料岗位要做到，接班后，交班前和班中至少三次对料，槽下、炉顶的运行程序必须和工长要求的一致，如发现问题要立即向工长汇报；接班后要对所有设备运转情况进行全面检查，发现问题及时联系处理；按工长要求的倒转周期进行倒换溜槽旋转方向；按工长要求的倒罐周期进行炉顶料罐料种的倒换。

崩料后先停止放料，然后立即向工长汇报。两个探尺偏差过大时向工长汇报，在设定料线以内严格按浅尺放料制度执行。亏料线时向工长汇报，执行工长指示的 α 角度变更，并抓紧赶料线。需不停产检修设备时，要提前向工长汇报，压料时备好料后，经许可才能进行检修。出现影响上料的设备故障时。除积极联系处理外，要立即向工长汇报。

槽下矿石、焦炭各振筛均有明确的速度控制标准，单位是 kg/s，上料岗位在规定范围内根据入炉料和返粉粒度状况进行调整。筛后入炉烧结矿、球团、块矿、焦炭粒度检测每日各做一次，取样仓号由高炉根据目测原燃料筛分效果随机选取。出现原燃料明显变差或异常时，临时增加检测或进行相关单位联合检测，指导炉内操作。上料外部岗位工每班检查处理振筛情况，检查后向工长汇报。

10.3.1.3 炉前

炉前岗位职责是保证安全顺利地出铁，开口机和泥炮是炉前最重要的两大设备，开口机用于钻开铁口放出铁水，泥炮用于出铁完成后封堵铁口。出铁作业程序极其复杂，一方面是为了保证出铁作业质量以维持炉况稳定，另一方面也是最重要的前提即必须确保安全。一般出铁前 10min 由铁口岗位工，通过炉内工长联系冲渣开泵，并检查开口机、泥炮等是否达到出铁要求。流槽工检查铁罐是否对正、是否有杂物、数量是否充足。碳包工检查碳包、摆动流槽、铁沟流嘴、冲渣水是否正常，并打开喷淋水、将碳包盖砸开。新碳包铁水流过时，要在大沟内碳包前挡沙子，铁流正常时将沙子除掉。各岗位检查确认正常后，示意当班组长，由当班组长联系炉外工长是否开口。炉外工长答复可以开口后，通知炉内工长开除尘。将开口机用遥控开到铁口前，按规定角度，将铁口打开。如遇到潮泥需要烤干后再出铁，如遇到铁口过硬钻不动或者渣铁渗出、粘住钻杆时，需要用氧气烧开。必须严格按工长通知的时间打开铁口，波动不得超过 10min。铁口打开后，碳包工长要确认铁水顺利通过碳包，流向下铁沟，流槽工需确认铁水顺利通过流槽流到铁罐内。出铁过程中，时刻关注铁流大小的变化、冲渣水压、水量变化、脱水器运行情况，出现卡铁口时要及时将铁口捅开，确保按时出净渣铁。出铁时发现有跑大流征兆时，立即加高渣铁沟两帮，与炉外工长联系，采取措施。流槽工要时刻监视铁口情况，及时换罐、倒线、增加铁罐，铁罐不能放得过满，以炉内工长通知为准。出净渣铁来风上炮前，将泥炮侧大沟沟帮积渣积铁撬开，用氧气将铁口泥套前的残渣铁用氧气吹扫、烧净后，按工长指令开动泥炮上炮堵口。堵口后，流槽工及时将本次出铁量，铁罐使用情况汇报炉内工长，并在流槽无铁流后通知炉内关闭除尘。堵口后，由碳包工确认没有渣流时，通知炉内工长关闭冲渣水与喷淋水。堵口达到规定时间后，退回泥炮，一次出铁作业完成。

10.3.1.4　配管

配管岗位主要负责高炉冷却水相关的设备，具体工作包括高炉送水前管路冲洗、更换煤枪、更换风口、水系统查漏、风口查漏、煤枪堵塞处理等。日常主要以点检巡检为主，如检查各环管、回水总管及各处阀件有无泄漏，各阀是否处于正常状态，检查软水系统各区域水量是否达到要求，如果水量超过或小于规定值，应向工长汇报并做调整，每班现场至少检查两次膨胀罐的工作情况，冬季检查膨胀罐和水位计的蒸汽伴温情况，时刻监视软水系统的运行参数，确保供水温度、压力、流量稳定。

软水系统查漏是配管岗位的重要任务，有以下五种常用方法：

(1) 关水检查法，关小冷却设备进水压力，使煤气从冷却设备破损处排出，冷却设备出水管口发白喘气等可以此来判断冷却设备是否烧损，已经破损可适当关小进水；

(2) 点燃法，关小或短时间关闭冷却设备进水阀门，排除有烟气，此时可能点燃，如能点燃说明冷却设备已漏水；

(3) 打压法，将冷却壁出水管口堵死，将压力泵出水管接冷却壁进水管进行打压，试压压力大于冷却介质压力即可；

(4) 局部关小法，又是在休风后发现炉内大量漏水，此时应根据漏水的多少、方向和部位分析可能漏水的冷却壁，将认为有可能漏水的冷却壁进水阀门关闭直到关到外部来水减小；

(5) 布局控水法，正常生产时，炉皮外部来水、来汽，很难确定哪一块冷却壁漏水，可根据来水、来汽方向部位和水量大小等情况进行详细分析后，将认为有可能漏水的冷却壁进水关小，小于该部位煤气压力，观察进水情况，如来水见小，可每次打开一块冷却壁进水阀门之后看来水有变化，如变化可打开另一块冷却壁进水阀门，直到查找到为止。

10.3.1.5　热风

热风岗位负责给高炉鼓入风量、温度符合要求的热风，一般每座高炉配备 3~4 座热风炉，轮换进行烧炉、送风，以保证生产的连续性，日常主要作业包括烧炉、烧炉与送风模式切换、换炉等。烧炉主要使用高炉煤气，掺烧一定量的转炉煤气以保证温度，经过一段时间燃烧在热风炉温度达到要求后，关闭煤气停止烧炉。冷风经风机吹入热风炉，在通过高温格子砖的过程中被加热至一定温度送至高炉，如温度过高时通过掺入一定的冷风调节。热风炉系统阀门众多，作业过程主要涉及各类阀门的切换。如热风炉由休止转换到送风，送风结束再休止时，完整作业程序为：慢开打开冲压调节阀，待炉内压力和热风管道压力平衡后打开热风阀，打开冷风阀，关闭充压阀，转换"送风"模式到"休止"模式，关冷风阀，关热风阀。

10.3.1.6　除尘

生产过程中出铁场、矿槽会产生大量的粉尘，通常采用布袋除尘器捕捉灰尘，除尘器颗粒物浓度达标排放标准为炉前不大于 $15mg/m^3$，矿槽不大于 $10mg/m^3$。除尘岗位主要操作包括停开机、更换布袋、气力输灰等。布袋在使用过程中会有损坏，导致除尘效果降低，需定期进行更换。更换布袋前按照要求确认更换布袋的仓室，若是分室布袋除尘器，需将相应检修室的提升阀关闭并锁定，切断进出风道，停止喷吹系统，可以实现不停机检查、更换布袋作业。将仓盖打开检查仓内是否干净有无积灰、布袋是否有破损，发现破损布袋，将破损布袋取出，换上新布袋，把仓内积灰清理干净。检查、更换完毕后检查仓内有无异物，将仓盖盖严，恢复布袋仓室的正常运行。

10.3.1.7 冲渣

高炉渣绝大多数均采用水冲渣工艺处理，即在渣沟末端下方利用高压水冲击渣流，炉渣急速冷却变成小颗粒。冲渣水压力和流量是冲渣岗位必须保证的两个参数，否则渣粒化效果不好。一般在高炉开口后，由炉前工观察何时来渣，提前预判并通知冲渣岗位开泵冲水。如果渣流落下之前并未开水，或水量、压力不足，会导致炉渣淤堵，造成恶性事故。出铁结束后，待渣沟中炉渣彻底流干净后，方可通知冲渣岗位停泵。

10.3.1.8 制粉喷煤

制粉喷煤岗位职责是首先将喷吹煤磨成规定的粒度，然后通过输煤系统送至高炉风口喷吹。磨煤设备为中速磨，磨好的煤粉储存在煤粉仓中，然后进入喷吹罐。磨机的进出口温度、氧含量、压差为关键控制参数，控制不当会有安全隐患。喷吹前必须与高炉、空压站、氮气站联系，首先要确认高炉具备喷煤条件，确保喷枪完好不跑风，插入风口深度适宜。然后检查确认空压站、氮气站确保气压稳定，所属设备、阀门、管道、仪表、电磁阀均为正常，储气罐及各气包阀门打开，压缩空气、氮气系统的压力保持正常水平以上，方可进行喷煤作业。喷煤量由高炉工长决定，制粉喷吹岗位按照工长指令调整喷煤速度。

10.3.2 高炉典型事故案例介绍

10.3.2.1 高炉出气流管道导致风口灌渣

2017年4月2日14点49分，某高炉南场1号铁口出铁时，由于冲渣系统故障，紧急带铁堵口，高炉停氧。15点03分开3号铁口出铁，一罐铁后重新富氧3000m³/h，18点05分由于罐容不足再次带铁堵口。堵口后发现3号主沟东邦冒泡，需紧急倒场。18点34分开1号铁口，19点59分来风堵口，出铁仅85min。20点29分按预案倒场，开4号铁口，出铁期间频繁卡铁口，高炉采取炉内停氧、风量减到5400m³/min的措施；23点54分倒2号铁口，开口后也同样卡铁口严重，仍然保持慢风操作。9日1点30分，突然炉内出气流管道，高炉立即采取减风压到200kPa，风量2300m³/min措施。大减风造成了东北方向多个风口变黑（风口进渣、吹管积煤）、慢风欠热。之后采取慢风稳定气流、加焦比、退矿批等措施，中班后期炉温逐渐恢复正常、渣铁出净。10日1点17分休风更换7个吹管，3点17分高炉复风，高炉休风2h。

事后原因分析认为如下。

（1）炉前出铁差，炉内调剂不到位，导致连续亏渣亏铁。从14点49分带铁堵口开始到1点30分出气流的4次出铁，两次带铁堵口，一次出铁时间短，一次卡铁口严重，导致高炉连续亏铁亏渣，分别亏铁70t、82t、110t、30t，亏渣更多。出现亏铁后，作业长未能严格标准化操作，减风减氧不到位，导致连续亏渣铁，是此次事故的主要原因。

（2）炉前渣铁沟点检不到位，导致炉前紧急倒场，增加了亏渣铁程度，是此次事故的重要原因。

（3）车间对高煤比对倒场作业的影响估计不足。近期高炉长时间高煤比作业，冶炼周期长势必造成炉内焦炭变碎，导致炉缸碎焦多，造成倒场时卡铁口，渣铁流速慢，是此次事故的又一原因。

（4）车间日常对职工标准化执行情况管理不够严格是本次事故管理原因。

工长面对炉前出铁差、亏渣铁时，未能严格标准化操作，虽然采取了停氧减风的措施，但力度不够，减风减氧不到位，导致炉内亏渣铁程度增加，并最终出现气流管道，对本次事故负主要责任。车间对炉内操作与炉外出铁的要求不高、管理不严，负有管理责任。当班工长负主要责任，决定考核其一个月奖金；车间主任负次要责任，给予其考核1000元的惩罚。

为了防止类似事故再次发生，要求：严格职工标准化操作，在炉前亏铁、倒场等异常情况时，炉内要严格按照标准化要求主动损失，及时减风、停氧，避免连续亏铁，影响高炉炉况。车间将每月4次对全车间7个岗位的标准进行检查。类似紧急倒场情况，采取在仍可以使用的老铁口的主线兑一个鱼雷罐，出现新铁口出铁异常时，可先打开老铁口往鱼雷罐出铁，再给老铁口兑足副线罐，缓冲对高炉的影响。加强炉前日常管理工作，尤其是新环保常态下的渣铁沟、溜槽制作和设备点检等工作，要求炉前渣铁沟每天点检一次并记录台账，泥炮、开口机等关键设备每次铁检查一次，其他不常用设备每天点检一次，消除事故隐患。完善高煤比条件下高炉倒场预案，减少倒场对出铁影响。强化职工管理与培训工作，车间将组织每个季度组织一次全体职工标准化培训，提高整体职工标准化执行能力。

10.3.2.2 火渣烧脱水器事故

2019年1月18日3点15分，某高炉南场正常堵口后，倒班丙班炉外工长对讲机通知北场准备开口，北场炉前组长接到通知后用对讲机通知炉内工长可以开北场冲渣泵及脱水器，炉内工长接到通知后，正好有电话打进来，导致忘记通知冲渣岗位工开冲渣泵和脱水器。炉前碳包工（负责确认冲渣水和脱水器工况）没有进行现场确认，造成北场在冲渣无水脱水器不转的情况下开口作业。3点24分，北场4号铁口打开；3点55分，另一炉前工对讲机喊脱水器不转、冲渣无水，火渣流入脱水器及冲渣沟，随即紧急堵口。期间炉前冲渣水确认人一直未能现场确认情况，炉内工长也没能发现脱水器监控无电流的异常情况。大量高温火渣直接进入脱水器，烧坏筛板，高炉被迫北场进行风水淬渣作业。

事后原因分析认为：

（1）炉前碳包工（负责确认冲渣水和脱水器工况）没有进行现场确认，造成北场在冲渣无水脱水器不转的情况下开口作业，是此次事故的直接原因；

（2）炉内工长联系及监控不到位，是此次事故的重要原因；

（3）车间对炉前开口标准化作业管理不到位、落实不到位，负有管理责任。

为了起到警示作用，对碳包工实行下岗培训两个月的惩罚，炉内工长下岗培训一个月，车间副主任、主任考核一个月奖金。

为了防止类似事故，车间加强了职工标准化操作培训，严格执行炉前开堵口作业必须做到现场确认和汇报制度。高炉长周期稳定顺行，部分职工（包括车间、大组长、作业长、工长）作业标准降低，岗位管理松懈，车间对7个岗位的标准化作业进行了全面检查。

10.3.2.3　运料皮带刮开事故

2017 年 4 月 11 日 18 点 45 分，高炉槽下岗位工发现运料皮带配重滚筒处有烧结矿掉料，随后检查皮带发现整圈划开，立即拉停皮带，但沿上下游皮带及漏斗处检查未发现异物。高炉按照预案于 20 点 53 分休风，组织人员紧急更换运料皮带，5 月 13 日 13 点 50 分送风，共造成高炉休风 1017min，损失产量 4200t。

检查刮开的运料皮带发现皮带中心位置有硬物刮伤的痕迹，运焦皮带漏斗下料点处托辊也有损伤痕迹，故判断有金属异物通过运焦皮带漏斗时卡在运料皮带上，刮开整圈皮带后异物随皮带进入高炉炉内。因此，金属异物卡在漏斗处刮开皮带是造成事故的直接原因。进一步检查发现槽下岗位在管理上有巨大漏洞，对于皮带点检和异常情况应急处理均缺乏相关应急预案，导致岗位工不能严格执行标准化作业。

为了避免类似事故再次出现，对事故高炉槽下称量斗算网点检列入短周期检查项目，加强对入炉物料运输皮带沿线漏斗进行治理。加强检修施工及清理积灰管理，避免铁质物料及清理工具进入炉料系统。要求槽下岗位及时调整皮带除铁器磁铁吸力、与皮带机之间距离，增强除铁器对料层下部金属吸附能力。延长槽下主皮带受料漏斗沿皮带方向的长度。制定算网等异物追溯制度，追责上游管理单位。增加皮带摄像头数据存储设备，便于分析事故原因。

10.3.2.4　有害元素负荷高炉墙黏结事故

2017 年 12 月开始，受冬季雾霾环保应急响应影响，高炉被迫连续多次的休复风，并长期处于慢风限产状态。同时受环保限产的大环境影响，外围原燃料条件明显变差，焦炭结构劣化明显，经常低料位，整体焦炭质量下降。尤其是有害元素含量较高的高炉布袋灰、烧结机头灰无法外排，直接配加到自产球团和烧结矿中。高炉配吃有害元素含量高的炉料后，锌负荷明显升高。同时为克服冬季长期顶温低，严重影响高炉强化和煤气回收系统布袋安全运行，针对煤比长期不足 100kg/t 的情况，将原来的平台漏斗料制改为中心加焦料制，炉况出现中心气流旺盛、水温差下行、煤气利用率下降、压差升高等现象。其中煤气利用率由 46% 降到 43.8%，水温差由 3.0℃ 降到 2.1℃，压差从 140kPa 升高到 156kPa，探尺动态变差，出现崩料现象，最后发展到深崩料，气流失常，判断为出现了严重的炉墙结厚。

事后分析事故原因认为主要有以下几点：

（1）休风率高，2017 年 12 月高炉休风 3 次，合计 6693min，休风率 14.99%。2018 年 1 月 2—23 日休风 5 次，合计 3020min，休风率 7.23%，且长时间处于限氧、慢风限产状态，休风率、慢风率高，导致炉况稳定性下降；

（2）焦炭结构劣化，受环保影响，1 月 22 日高炉停吃外购干焦，1 月 23 日高炉配吃 100% 外购捣固焦 A，1 月 24 日变成捣固焦 A+捣固焦 B，且质量较差的捣固焦 B 比例从 20% 加到最高 45%，此外还有焦炭供应紧张，连续的低料位导致整体焦炭质量下降明显；

（3）有害元素负荷高，含铁料碱金属、锌金属严重超标，球团矿品种复杂且成分差异巨大，特别是自产球团矿配加大量含有害元素的除尘灰，高炉配吃后炉内异常膨胀粉化，碱金属和锌金属大量增加，炉内循环富集。

为了恢复炉况，有步骤地采取了一些恢复措施。

第一阶段，炉况失常初期的处理。

1月29日，高炉气流失常、崩料、悬料不断，改为全焦冶炼。1月30日，因连续悬料，表风量由正常3560m³/min萎缩到2780m³/min，6点48分休风堵6个风口送风。送风之后加风困难、连续悬料，至1月31日白班炉况慢慢恢复逐步稳定，但由于捅风口较快，2月1日12点后出现气流，后期悬料不断，风量萎缩，调整料制达不到预期效果。2月3日，将质量欠佳的B捣固焦退出，配吃质量较好的顶装焦炭，效果不明显。2月4日18点23分再次休风堵9个风口，送风之后探尺动态改善，至2月8日高炉具备基本局面，表风量达到2980m³/min，压差133kPa，水温差2.3℃，煤气利用率44.7%，退出全焦冶炼。

第二阶段，炉墙频繁结厚的处理。

2月12日，高炉配上30%～40%的B捣固焦后，压差从145kPa升高到148kPa。15日12点出现崩料，16日2点27分悬料，19日气流稳定性变差，压差控到135～140kPa，风量控到3080m³/min，矿批最低退至40t，焦比增加到480kg/t，深崩料减少，但料尺出现偏尺，右尺偏深1.0～1.5m，炉身北侧冷却壁温度明显偏低，出现结厚征兆。2月20日，改善高炉焦炭条件，配上35%的优质顶装焦，矿批加至44t，料线提高0.2～1.20m，并微调料制疏导边缘气流。2月22日，开始针对炉身北侧冷却壁进行间断控水，并提高冷却水温至40℃。到2月底炉况好转，矿批加到45.5t，探尺除偏尺外动作较好。

3月2日，炉墙黏结物脱落，水温差从2.55℃升高到3.97℃，煤气利用率从47.4%降到46.7%，边缘煤气较盛，气流不稳，炉温波动大，探尺动作不好，出现深崩料。针对炉墙黏结物脱落后出现的气流变化，对料制进行适当调整，尝试在保持中心气流下对边缘气流进行控制。水温差下降，煤气利用率稳定性一般，探尺动作仍不稳定，两尺均能见深崩料，焦比基本470kg/t以上。11日7点52分悬料。13日煤气流剧烈波动，最高49.2%，平均仅46.9%，右尺3次深崩料。3月14日，炉身北部出现结厚征兆，探尺偏尺严重，右尺偏深1m。14日14点50分悬料，风量极难恢复，加3罐净焦。净焦下达后再次连续悬料，炉身结厚症状明显，面积扩大，北侧更为严重，水温差降到1.7℃。3月16日，逐步恢复基本风量，17日之后视结厚面积较大，探尺动态尚能接受，高炉接受能力有所提高，逐步扩大矿批减焦比，矿批从43t增加到49t，焦比从478kg/t降到423kg/t。虽然阶段性有减风停氧操作，但风压稳定性尚可；同时采取降低冷却强度，提高冷却水温至45℃，并对结厚方向冷却壁进行阶段性开水控水操作。3月29日，高炉休风后黏结物脱落，送风后通过调整料制抑制边缘气流，边缘气流逐步稳定，炉况好转。

本次事故损失较大，但也增加了许多经验。一是，1月对原燃料变化认识不到位，特别是对原料碱金属、锌金属严重超标没有引起足够的重视，外厂对标学习后在炉况基础较差的情况下变料制、放压差、提指标，时机选择有一定的偏差，诱发炉况失常。二是，对有害元素对炉况的危害认识不足，K、Na、Zn等有害元素在高炉中循环富集对高炉生产危害极大，可以造成高炉悬料、结瘤、炉况不顺、消耗升高。尤其从2017年1月开始急速上升的碱负荷、锌负荷，没有从源头上切实采取有效措施，造成在高炉炉内循环富集，从而造成炉墙黏结。三是，初期矿批退地不到位，后期矿批跟进速度不够，导致矿批与风量不相适应。1月30日，风量2000m³/min时矿批还是45t，加风困难；后来矿批退到42t后，风量适应性增强，但随着风量的增加，特别是3月，后炉况已经恢复后，矿批没有增加，导致上部气流不稳，对炉况的恢复进程有一定的影响。四是，本次炉况不顺除了环保因素影响之外，在摸索中心加焦料制的调整上也走了一些弯路，中心焦角太小，煤气利用率只有42%~44%；矿批太小，基本全风的情况下，只有42t；最大矿角偏离太大，偏差达到1.5°。

为了防止类似事故再次发生，建立有害元素标准、配加和管控制度，从源头上进行治理，这是降低有害元素危害的根本办法。建立废杂灰、混匀料、单品种铁料、高炉入炉料四级有害元素预警机制和应对措施取得了良好的效果。高炉料制大的调整应选择在外围条件稳定、炉况相对平稳的时机进行，否则炉况出现的波动难以区分是外围因素还是料制的因素造成的。平台漏斗料制适应原燃料条件较好的高炉，对于原燃料条件，尤其是焦炭条件变差的高炉可以考虑采用中心加焦料制。

习题和思考题

10-1　请简述高炉岗位划分及相应的主要职责。

10-2　请简述烧结岗位划分及相应的主要职责。

10-3　请简述球团岗位划分及相应的主要职责。

10-4　结合本章及前文中的知识简述高炉有害元素负荷过高的危害，并从现场操作角度阐述适宜应对方法。

10-5　烧结岗位遇到碱度频繁不合格，应该如何应对？

10-6　假设毕业后作为一名高炉或烧结工长，你将如何开展日常工作？